普通高等教育机械类系列教材

机械工程测试与控制技术

主　编　刘　茵　李兆文

副主编　刘鹏博　张　鹏

電子工業出版社

Publishing House of Electronics Industry

北京 · BEIJING

内 容 简 介

本书是机械设计制造及其自动化、机器人工程和智能制造工程专业教材。

全书共分为 12 章：第 1 章自动控制系统基本概念，第 2 章数学建模，第 3 章时域分析，第 4 章频域分析，第 5 章稳定性分析及稳态误差，第 6 章测试技术概述，第 7 章信号分类及其描述，第 8 章测试系统的特性，第 9 章常用传感器，第 10 章信号调理与处理，第 11 章信号数字化处理，第 12 章综合实例分析。每章后附有习题。每章根据内容融入思政小课堂的环节，强化应用创新能力，关注教学创新。

本书将“控制工程基础”和“机械工程测试技术”两门课程的内容相结合，淡化经典测控技术与现代测控技术的界限，重点阐述机械工程共性问题，配合启发式和案例式的教学方式，培养学生理论联系实践及创新的能力。本书主要突出方法论，重视测控技术在滤波器设计、频谱分析和信号数据处理等实际工程中的应用。

图书在版编目（CIP）数据

机械工程测试与控制技术 / 刘茵，李兆文主编. —北京：电子工业出版社，2023.12

ISBN 978-7-121-46785-1

Ⅰ. ①机…　Ⅱ. ①刘…　②李…　Ⅲ. ①机械工程－测试技术－高等学校－教材②机械工程－控制系统－高等学校－教材　Ⅳ. ①TG806②TH-39

中国国家版本馆 CIP 数据核字（2023）第 226852 号

责任编辑：杜　军
印　　刷：涿州市京南印刷厂
装　　订：涿州市京南印刷厂
出版发行：电子工业出版社
　　　　　北京市海淀区万寿路 173 信箱　　　邮编：100036
开　　本：787×1 092　1/16　印张：19.75　　字数：505.6 千字
版　　次：2023 年 12 月第 1 版
印　　次：2023 年 12 月第 1 次印刷
定　　价：65.00 元

凡所购买电子工业出版社图书有缺损问题，请向购买书店调换。若书店售缺，请与本社发行部联系，联系及邮购电话：（010）88254888，88258888。

质量投诉请发邮件至 zlts@phei.com.cn，盗版侵权举报请发邮件至 dbqq@phei.com.cn。

本书咨询联系方式：dujun@phei.com.cn。

前　言

随着新工科发展和新旧动能转换，测试技术的智能化与信息化程度越来越高，传统机械行业中的测试技术已经不能满足现代社会的发展需要。根据对工科类专业人才的现代机械系统综合设计与研究能力的要求及现代测控技术的发展趋势，为了适应机械设计制造及其自动化、机器人工程、智能制造工程等专业对智能化课程的需求，本教材在学生已经具备基本的电工电子相关理论的基础上，以机械类专业为对象，突破传统的控制工程基础与机械工程测试技术两门课程单独设立的模式，通过测控技术的教与学，使学生掌握面向机械工程的测控技术基本知识和技能，测控系统分析和设计的基本方法，以及测量信号的基本分析和处理方法、传感器测量原理，并且能够合理选用测控方法和装置构建测控系统，能从理论和计算机模拟中对测控系统的动态性能和稳态性能进行定性分析，培养学生进行机械工程量测试的基本技能及用试验手段解决工程实际问题的能力，为学生解决机械工程中的测试控制问题打下基础。

本书分为上、中、下 3 篇。上篇为控制系统相关知识，即第 1～5 章内容，主要介绍自动控制系统的基本概念、数学模型的建立及分析，系统的时域分析、频域分析，控制系统的稳定性、准确性、快速性等性能指标的分析与评价方法。中篇为测试技术相关知识，即第 6～11 章内容，主要介绍测试系统的频谱分析、常用传感器的工作原理及应用，信号的调理与处理等内容。下篇为测控系统综合应用实例，即第 12 章的内容，主要介绍测控技术在滤波器设计、频谱分析和信号数据处理等方面的应用。

全书按照基本概念、分析方法、工程应用案例的体系来组织内容，融入思政元素，相关知识点衔接紧密，使学生在了解信号分析、控制与测试系统基本理论的基础上，能够掌握机械产品测试及控制的基本分析和设计方法，提高学生的工程思维和实践应用能力，培养学生的工匠精神与终身学习的能力。本书的编写注重理论联系实际，在内容安排上突出较为系统的基础理论知识，又引进了盛瑞传动股份有限公司、山东山科世鑫科技有限公司等企业在测控方面相关的工程实例，很好地将理论与实践相结合。

本书由刘茵、李兆文担任主编，由刘鹏博、张鹏担任副主编，周婷婷、李智参与编写。上篇的第 1～3 章由刘茵编写，第 4～5 章由刘鹏博编写，中篇的第 6～9 章由李兆文编写，第 10～11 章由周婷婷编写，下篇的第 12 章由张鹏、李智编写。在编写本书的过程中，编者参考了众多国内外相关书籍和文献，以及一些院校的讲义和资料，并得到许多同事的关心和帮助，在此表示诚挚的感谢，也非常感谢学院领导的支持，以及出版社编辑同志们的辛勤工作和帮助。

由于时间紧迫及编者学识水平和经验有限，书中难免存在诸多疏漏和错误之处，恳切希望各位同行专家和广大读者批评指正。

编　者

2023 年 5 月

目　录

上　篇

中　篇

下 篇

上　篇

第 1 章　自动控制系统基本概念

1.1　自动控制理论简述

控制工程是一门新兴的技术学科，也是一门边缘学科，是一个充满新奇和挑战的领域。控制工程以工程控制论为理论基础，综合应用了信息理论和计算机理论的相关概念。控制工程基础不局限于任何一个工程学科，在机械工程、采矿工程、管理工程、航空工程、电气工程、生物工程、土木工程等工程学科中都有广泛的应用。因此，从本质上讲，控制理论是一个跨学科的综合性工程学科，反过来又渗透到各个工程领域。

根据自动控制理论的内容和发展的不同阶段，控制理论可分为经典控制理论和现代控制理论两大部分。

经典控制理论的内容以传递函数为基础，将频率法和根轨迹法作为分析和综合系统的基本方法，主要研究单输入、单输出这类控制系统的分析和设计问题。

现代控制理论是在经典控制理论的基础上，于 20 世纪 60 年代发展起来的。它的主要内容以状态空间法为基础，研究多输入、多输出、时变参数、分布参数、随机参数、非线性等控制系统的分析和设计问题。最优控制、最优滤波、系统辨识、自适应控制等理论都是这一领域重要的分支，特别是近年来由于电子计算机技术和现代应用数学研究的迅速发展，使现代控制理论在大系统理论和模仿人类智能活动的人工智能控制等诸多领域有了重大发展。

1.2　自动控制基本概念

控制系统通过人或外加的辅助设备或装置（控制装置或控制器），使得被控对象（如机器、生产过程等）或系统的工作状态或参数（被控量）按照预定的规律运行。无须人直接干预即可运行的控制系统称为自动控制系统。

例如，数控加工中心能够按预先设定的工艺程序自动地进刀切削，加工出预先设计的几何形状；焊接机器人可按工艺要求焊接流水线上的各个机械零件；温度控制系统能保持恒温等。所有这些系统都有一个共同点，即它们都是由一个或一些被控制的物理量按照给定量的变化而变化的，给定量可以是具体的物理量（如电压、位移、角度等），也可以是数字量（如电机的开和关等）。一般来说，使被控量按照给定量的变化规律而变化，是控制系统所要解决的基本任务。

自动控制主要解决两个方面的问题：一是通过分析给定控制系统的结构及工作原理，建立系统数学模型，从而分析系统的稳定性、准确性、快速性等性能指标；二是根据对被控对象的特性要求进行控制系统的设计，并利用机、电、液、气等元部件实现这一控制系统。前者主要是系统分析问题，后者是系统综合和设计问题，但无论要解决哪方面的问题，都必须具有丰富的控制理论知识。

系统的输入就是控制量，它是作用在系统的激励信号，其中，使系统具有预定性能的输入信号称为控制输入（也称为指令输入或参考输入），而干扰或破坏系统预定性能的输入信号则称为扰动。系统的输出也称为被控量，它表征控制对象或过程的状态和性能。

1.2.1 自动控制系统工作原理

以温度控制系统为例，实现恒温控制有两种办法：人工温度控制和自动温度控制。图 1-1 所示为人工控制的恒温箱。

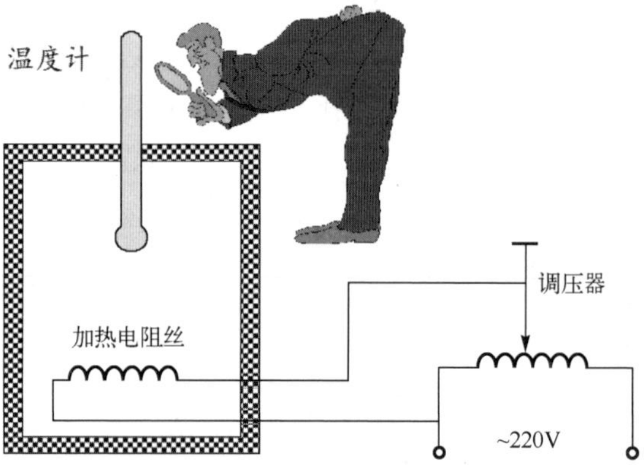

图 1-1 人工控制的恒温箱

人们可以通过调压器改变电阻丝的电流，以达到控制温度的目的，恒温箱内温度由温度计测量。人工调节过程可归结如下：

（1）通过眼睛观测由测量元件（温度计）测出的恒温箱内的温度（被控量）。

（2）将被测温度与要求的温度值（给定的期望值）进行比较，得出偏差的大小和方向。此过程由人脑完成。

（3）根据偏差的大小和方向再进行控制。此过程通过人脑发出信号，驱动人手完成。

控制方法：当恒温箱内温度高于给定温度时，就向左移动调压器的滑动端，使施加在加热电阻丝上的电压降低，减小通过加热电阻丝的电流，从而降低温度；当恒温箱内温度低于给定温度时，则向右移动调压器的滑动端，增大施加在加热电阻丝上的电压，使电流增大，温度升高。因此，人工控制的过程就是人眼观测温度，通过人脑求偏差，再通过人手控制调压器以消除偏差的过程。简单地讲，控制就是不断地检测偏差并消除偏差的过程。图 1-2 所示为人工控制恒温箱系统的功能方框图。

对于这样一个简单的控制形式，如果能找到一个控制器代替人的功能，那么人工调节系统就可以变成自动控制系统。图 1-3 所示就是一个自动控制的恒温箱系统。

其中，恒温箱内的温度是由给定信号电压 u_1 控制的。当外界因素引起箱内温度变化时，作为测量元件的热电偶把温度转换成对应的电压信号 u_2，并反馈回去与给定信号比较，所得结果即温度偏差对应的电压信号。该电压信号经电压放大、功率放大后，用以改变电动机的转速和方向，并通过传动装置拖动调压器动触头。当温度偏高时，动触头向着减小电流的方向运动；反之，加大电流，直到温度达到给定的期望值为止。只有在偏差信号为零时，电动机才停转。这样就完成了所要求的控制任务。所有的这些装置便组成了一个自动控制系统。图 1-4 所示为自动控制恒温箱系统的功能方框图。

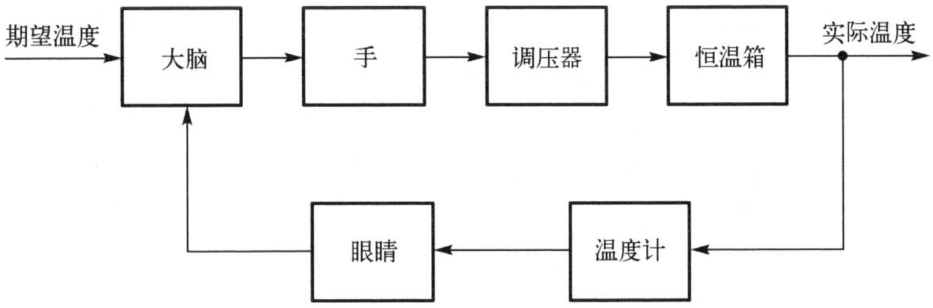

图 1-2　人工控制恒温箱系统的功能方框图

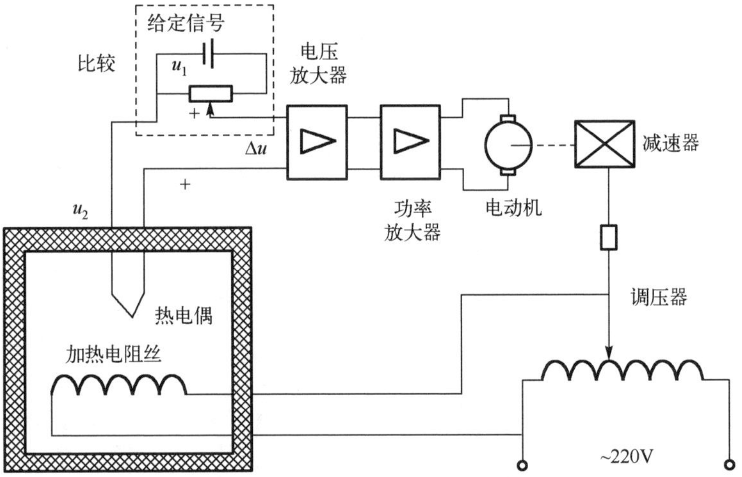

图 1-3　自动控制的恒温箱系统

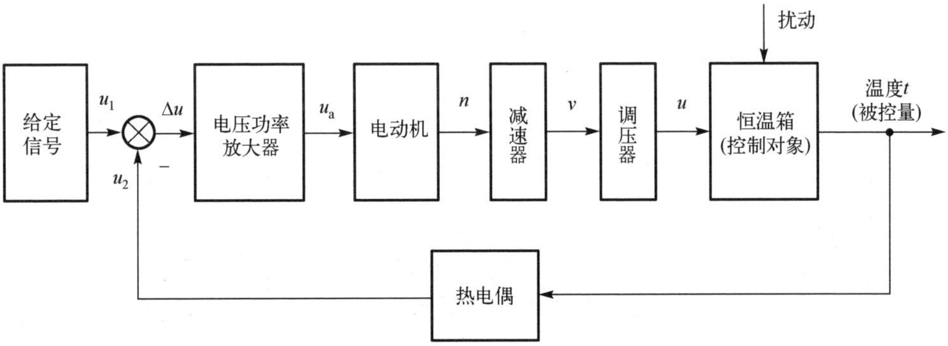

图 1-4　自动控制恒温箱系统的功能方框图

由此可以归纳出，无论是人工控制系统还是自动控制系统，它们的工作原理都是类似的：

（1）检测输出量的实际值；

（2）将实际值与给定值（输入量）进行比较，得出偏差值；

（3）用偏差值产生控制调节作用，消除偏差。

这种基于反馈原理，通过检测偏差再纠正偏差的系统称为反馈控制系统。可见，作为反馈控制系统至少应具备检测、比较（或计算）和执行三个基本功能。

图 1-5 交通信号灯的自动控制系统

1.2.2 自动控制系统举例

例 1-1 交通信号灯的自动控制系统（见图 1-5）。

城市里繁忙的交通路口常见无人管理的自动信号灯，其一般按照给定的时间间隔以绿、黄、红的顺序反复切换，以此来控制在路口通过的交通元（人流和车流）。

例 1-2 水池水位人工控制系统（见图 1-6）。

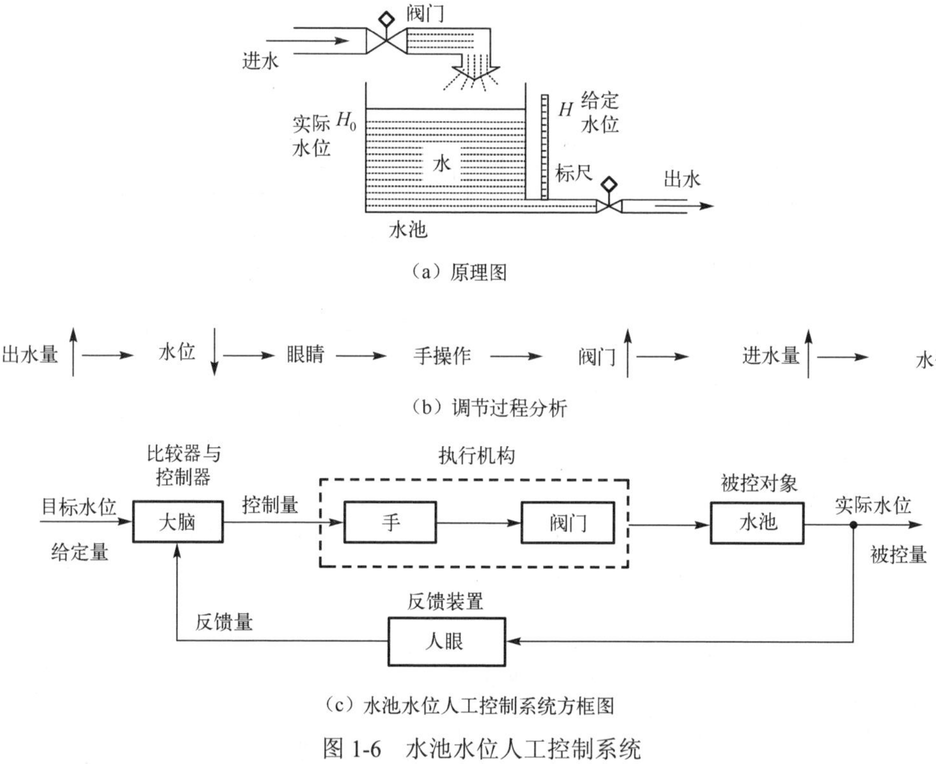

图 1-6 水池水位人工控制系统

在图 1-6（a）所示的原理图中，水自水泵源源不断地通过管道和阀门流进水池，再由出水管道流出，供用户使用。系统控制要求是在用水量随意改变的情况下，保持水池水位的高度不变。其中，水池是被控对象，实际水位是被控量。被控制的物理量简称被控量。由原理图可知，当实际水位低于或高于给定水位时，就需要对流入量进行适当的调节；当水位高度达到给定期望值且流入量与流出量相等时，水池里的水位就处于平衡状态。用人工操作来实现的过程是：操作人员首先测量水池的实际水位 H_0，并将其和给定的水位值 H 相比较，得出偏差或误差，然后根据偏差值调节进水阀门的打开程度，改变进水量。

当用水量增大、水池水位迅速下降时，应开大阀门使进水量大于出水量，使水位回升，调节过程分析如图 1-6（b）所示。当水池水位回升到给定值时，调节阀门使进水量等于出水量。如果出水量等于零，则应关闭阀门使水位保持在给定的高度。

图 1-6（c）所示为水池水位人工控制系统方框图。通过分析可知，水池水位人工控制系统需要人参与，并且需要对其进行 24 小时看护，用工成本较高。但随着工程技术人员的开发设计，水池水位阀门连动控制系统实现了自动控制。

例 1-3　水池水位自动控制系统（见图 1-7）。

在图 1-7（a）所示的原理图中，浮球相当于人的眼睛，用来测量水位高低，连杆机构相当于人的大脑和手，用来进行比较、计算偏差并实施控制。杠杆的一端由浮球带动，另一端连接着进水调节阀门。当实际水位高于给定的期望值时，浮球顶起杠杆，从而关小阀门使进水量小于出水量，水位下降。相反，当实际水位低于期望值时，浮球下降，并作用于杠杆使阀门打开，进水量大于出水量，水位上升，最终达到进出平衡。在整个过程中，无须人工直接参与，调节过程是自动完成的。被控对象是水池，被控量是实际水位，控制器是浮球、杠杆和阀门。图 1-7（b）所示为水位自动调节过程分析，图 1-7（c）所示为连杆机构自动调节水位的系统方框图。

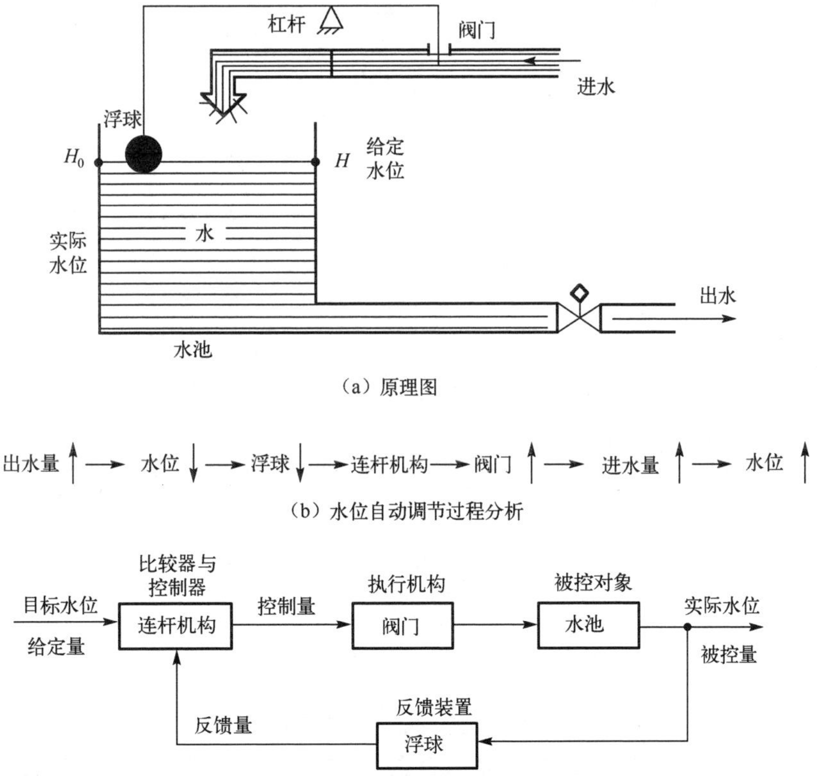

（a）原理图

（b）水位自动调节过程分析

（c）连杆机构自动调节水位的系统方框图

图 1-7　水池水位自动控制系统示意图

必须指出的是，图 1-7 所示的系统虽然可以实现自动控制，但由于调节装置简单而存在缺陷，其主要表现是被控制的水位的实际高度与给定水位之间的偏差较大。水池的出水量越多，水池的水位就越低，偏离期望值就越远，偏差也就越大。其控制结果总是存在一定范围的偏差值。这是因为当出水量增加时，为使水池水位保持恒定不变，就得开大阀门，增加进水量。而要开大阀门，唯一的途径是浮球要下降得更多，这就意味着实际水位要偏离期望值更多。于是，整个系统就会在较低的水位上建立起新的平衡状态。

例 1-4 改进水池水位自动控制系统。

图 1-8 所示为将图 1-7 所示系统进行改进后的水池水位自动控制系统。在图 1-8（a）所示的原理图中，浮球相当于人的眼睛，对实际水位进行测量。连杆和电位器相当于人的大脑，将实际水位与给定水位进行比较，给出偏差的大小和方向。电动机和减速器相当于人的手，调节阀门开度，对水位进行控制。在正常情况下，实际水位等于给定的期望值，电位器的滑臂居中，$\Delta u = 0$。当出水量增大时，浮球下降，带动电位器滑臂向上移动，输出电压$\Delta u > 0$，经放大器放大后成为u_0，使电动机正向旋转，以增大阀门开口，使水位回升。当实际水位等于期望值时，$\Delta u = 0$，水位系统达到新的平衡状态。由此可见，无论何种干扰引起水位出现偏差，该水位系统都能自动进行调节，最终总是使实际水位等于期望值，因而大大提高了控制精度和可靠性。图 1-8（b）所示的是水位自动调节的系统方框图。

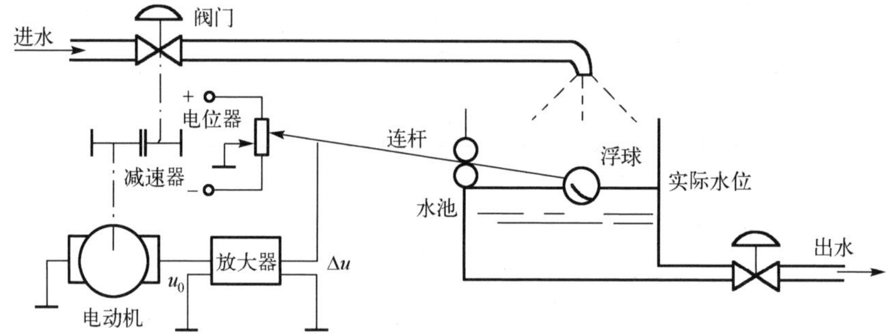

（a）原理图

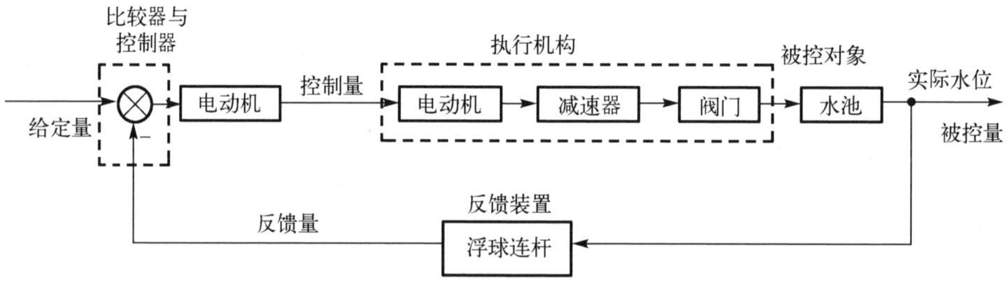

（b）水位自动调节的系统方框图

图 1-8 改进后的水池水位自动控制系统

不难看出，自动控制和手动控制极为相似：比较器与控制器相当于人脑，执行机构相当于人手，反馈装置相当于人的眼睛。此外，它们还有一个共同的特点：都需要检测偏差，偏差是由控制量的反馈量与给定量相比较产生的。它们都需要用检测到的偏差去纠正系统中存在的偏差，使之减小或消除。这种基于反馈的“检测偏差并用以纠正偏差”的原理就是自动控制原理，也称为反馈控制原理，利用反馈控制原理组成的系统称为反馈控制系统。

1.3　自动控制系统的组成

图 1-9 所示为一个较完整的自动控制系统的功能方框图。自动控制系统一般应该包括给定元件、反馈元件、比较元件、放大元件、执行元件及校正元件等。

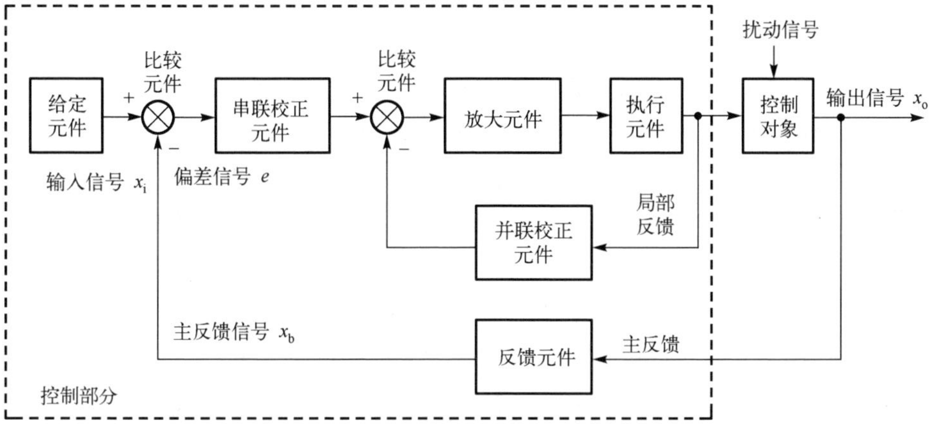

图 1-9　一个较完整的自动控制系统的功能方框图

（1）给定元件：主要用于产生给定信号或输入信号，如前述的温度自动控制系统中所给出的与恒温值所对应的电压值。

（2）反馈元件：也叫测量元件，它检测被控量或输出量，产生主反馈信号。一般来说，为了便于传输，主反馈信号多为电信号。因此，反馈元件通常是一些用电量来测量非电量的元件。例如，用电位器或旋转变压器将机械转角变换为电压信号；用测速发电机将转速变换为电压信号；用热电偶将温度变换为电压信号。

必须指出，在机械、液压、气动、机电、电机等系统中存在着内在反馈。这是一种没有专设反馈元件的信息反馈。

（3）比较元件：其功能是把反馈元件检测到的被控量的实际值与给定元件给出的输入量进行比较，求出它们之间的偏差。常用的比较元件有差动放大器、机械差动装置、电桥电路等。

（4）放大元件：其功能是将比较元件给出的偏差信号进行放大，用来推动执行元件去控制被控对象。电压偏差信号可用集成电路、晶闸管等组成的电压放大器和功率放大器进行放大。

（5）执行元件：其功能是直接推动被控对象，使被控量发生变化。用来作为执行元件的有阀门、电动机、液压马达、气缸等。

（6）控制对象：控制系统所要操作的对象，它的输出量为系统的被控量，如恒温控制系统中的恒温箱。

（7）校正元件：也叫补偿元件，它是结构或参数便于调整的元件，用串联或并联的方式连接在系统中，用以改善系统的性能。最简单的校正元件是由电阻、电容、电感或运算放大器等组成的无源或有源网络，复杂的校正元件则用计算机通过编程实现。

1.4 控制系统的基本控制方式

自动控制系统的基本控制方式有开环控制方式、闭环控制方式和复合控制方式 3 种。

1.4.1 开环控制方式

开环控制方式是最简单的控制方式，系统的输入量对输出量产生控制作用，输出量对系统没有控制作用。简单的开环控制系统方框图如图 1-10 所示，输入量直接通过控制器作用于被控对象，但当有扰动信号出现时，系统不能得到理想的输出量，因此开环控制没有抗干扰能力。由于开环控制方式结构简单、成本低，所以在扰动影响较小的情况下应用较广，日常生活中常见的自动售货机、交通路口红绿灯的控制都是采用的开环控制方式。

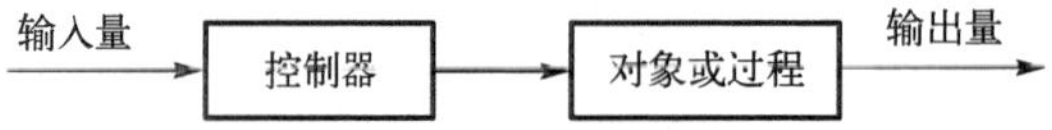

图 1-10 简单的开环控制系统方框图

图 1-11 所示是一个典型的数控机床工作台进给系统方框图，由于没有反馈通道，所以是一个开环控制系统，系统的输出量仅受输入量的控制。

图 1-11 数控机床工作台进给系统方框图

1.4.2 闭环控制方式

闭环控制方式又称反馈控制方式，是最基本、应用广泛的一种控制方式。闭环控制将输出量通过测量元件的检测、转换后，再反馈到输入端与输入量进行比较（相减），并将比较后的偏差经过控制器控制被控对象，使输出量接近期望值，图 1-12 所示为简单的闭环控制系统方框图。在闭环控制方式中，系统内部存在反馈，输出量也参与控制，系统抗干扰能力强，具有抑制内部或外部扰动对被控对象产生影响的能力。

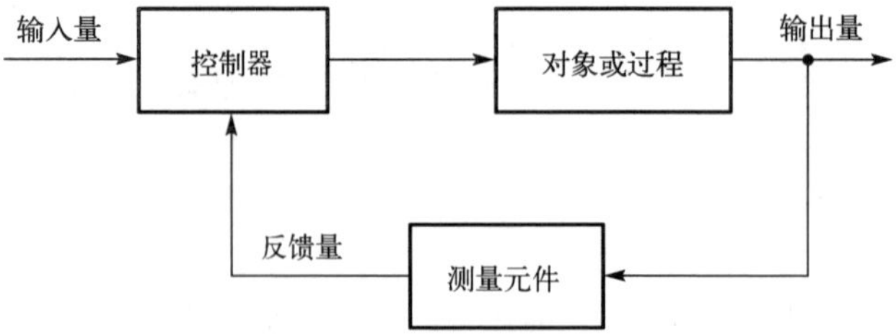

图 1-12 简单的闭环控制系统方框图

图 1-13 所示是仓库大门自动开关控制系统，该系统的工作过程为：当操作人员合上开门开关时，由于桥式测量电路的平衡状态被破坏，电桥会自动测量出开门位置与大门实际位置间对应的偏差电压，而偏差电压经放大器放大后，直接驱动伺服电动机带动绞盘转动，把大

门向上提起。与此同时，和大门连在一起的电刷也向上移动，直到大门达到开启位置，桥式测量电路达到新的平衡，伺服电动机停止转动。反之，当合上关门开关时，伺服电动机带动绞盘反向旋转，使大门向下运动，直到大门达到关闭位置，从而实现仓库大门的自动关闭。

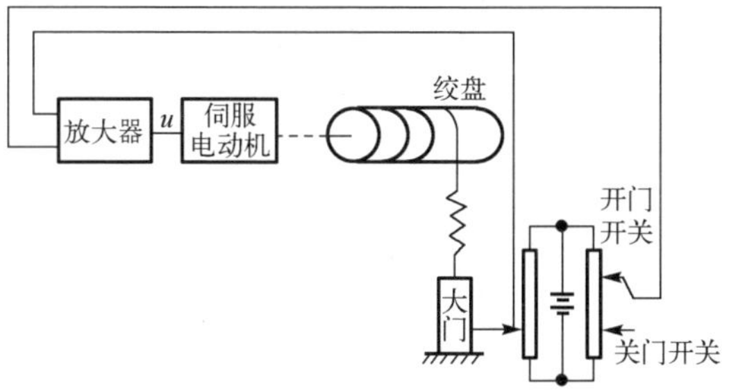

（a）原理简图

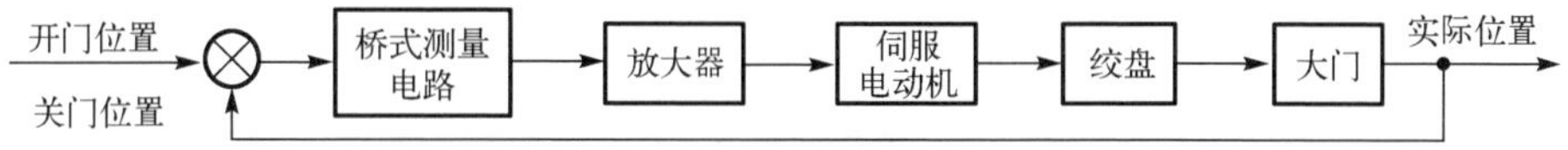

（b）系统方框图

图 1-13　仓库大门自动开关控制系统

1.4.3　复合控制方式

开环控制系统和闭环控制系统分别是按扰动原则构成的系统和按偏差原则构成的系统，前者比后者在技术上简单，但只适用于扰动可测的场合，且一个补偿装置只能对一种扰动进行补偿，对其他扰动没有补偿作用。所以将两种方式结合到一起，既可以对主要的扰动采用适当的补偿装置实现按扰动原则控制，又可以通过组成闭环控制实现按偏差原则控制，以消除其他扰动带来的偏差。这种把按偏差控制与按扰动控制结合起来的系统就称为复合控制系统。简单来说，就是将开环控制方式与闭环控制方式结合，在闭环控制回路的基础上，附加一个输入信号或扰动作用的通路，并对主要的扰动采用适当的补偿装置。复合控制系统的控制效果更好。图 1-14 所示为转速复合控制系统。

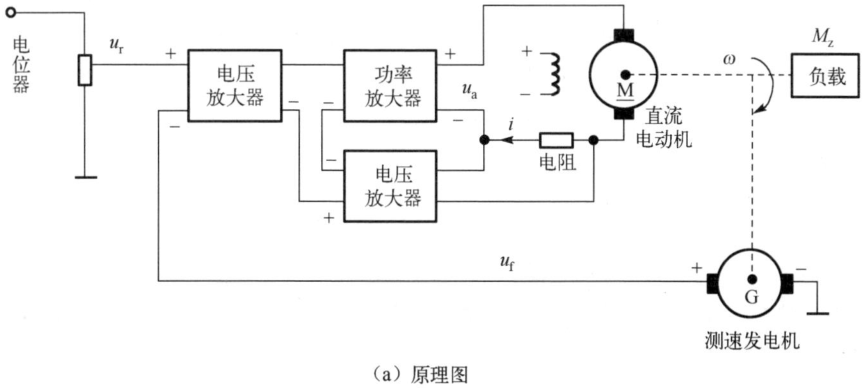

（a）原理图

图 1-14　转速复合控制系统

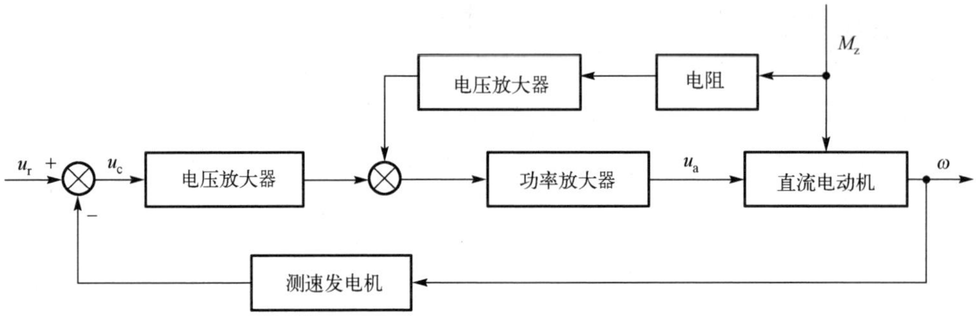

（b）方框图

图 1-14　转速复合控制系统（续）

1.4.4　开环控制系统与闭环控制系统的比较

表 1-1 给出了两种控制系统的优缺点。

表 1-1　两种控制系统的优缺点

控制方式	优点	缺点
开环控制方式	结构简单； 经济； 无稳定性问题； 便于调试	抗干扰能力差； 控制精度不高； 无自动纠偏能力
闭环控制方式	抗干扰能力强； 控制精度高； 对外部扰动和系统参数变化不敏感	结构复杂； 价格高； 系统存在稳定、振荡、超调等问题； 难以调试； 系统性能分析和设计麻烦

1.5　自动控制系统的分类

自动控制系统的形式多种多样，其分类方法也各有不同。自动控制系统按系统主要元件的输入/输出特性，可分为线性系统和非线性系统；按系统传递信号的性质，可分为连续系统和离散系统；按系统参数是否随时间变化，可分为定常系统和时变系统；按输入量的特征，可分为恒值控制系统、随动系统和程序控制系统等。

1．按系统主要元件的输入/输出特性分类

1）线性系统

满足叠加原理的系统称为线性系统，叠加原理具有叠加性和齐次性的特点。

齐次性：若给定系统 $x_i(t) \to x_o(t)$，则对于任意不等于 0 的常数 a，都有 $ax_i(t) \to ax_o(t)$。

叠加性：若给定系统 $x_{i1}(t) \to x_{o1}(t)$，$x_{i2}(t) \to x_{o2}(t)$，则有 $x_{i1}(t) + x_{i2}(t) \to x_{o1}(t) + x_{o2}(t)$。

线性系统由线性元件组成，能够用线性微分（或差分）方程描述，系统的输入量、输出量及各阶导数均为线性。

2）非线性系统

非线性系统存在非线性元件，描述非线性系统的微分（或差分）方程的系数与自变量有关，非线性系统不满足叠加原理。

2. 按系统传递信号的性质分类

1）连续系统

系统中各部分传递的信号都是连续时间变量的系统称为连续系统。连续系统又有线性系统和非线性系统之分。用线性微分方程描述的系统称为线性系统，不能用线性微分方程描述，存在着非线性元件的系统称为非线性系统。

2）离散系统

系统中某一处或某几处的信号是脉冲序列或数字量的系统称为离散系统（又称数字控制系统）。在离散系统中数字测量、放大、比较、给定等元件一般均由微处理机实现，计算机的输出经 D/A 转换加给伺服放大器，然后驱动执行元件；或由计算机直接输出数字信号，经数字放大器后驱动数字式执行元件。

由于连续系统和离散系统的信号形式有较大区别，因此它们在分析方法上也有明显的不同。连续系统以微分方程来描述系统的运动状态，并用拉氏变换法求解微分方程；而离散系统则用差分方程来描述系统的运动状态，用 z 变换法引出脉冲传递函数来研究系统的动态特性。

3. 按输入量的特征分类

1）恒值控制系统

这种系统的输入量是一个恒定值，一经给定，在运行过程中就不再改变（但可定期校准或更改输入量）。恒值控制系统的任务是保证在任何扰动下系统的输出量为恒值。

工业生产中的温度、压力、流量、液位等参数的控制，有些原动机的速度控制，机床的位置控制，电力系统的电网电压、频率控制等，均属此类。

2）程序控制系统

这种系统的输入量不为常值，但其变化规律是预先知道和确定的。可以预先将输入量的变化规律编成程序，由该程序发出控制指令，在输入装置中将控制指令转换为控制信号，经过全系统的作用，使控制对象按指令的要求而运动。计算机绘图仪就是典型的程序控制系统。工业生产中的过程控制系统按生产工艺的要求编制成特定的程序，由计算机来实现其控制，这就是近年来迅速发展起来的数字程序控制系统和计算机控制系统。微处理机控制将程序控制系统推向更普遍的应用领域。

3）随动系统

随动系统在工业部门被称为伺服系统。这种系统的输入量的变化规律是不能预先确定的。当输入量发生变化时，要求输出量迅速而平稳地跟随其变化，且能排除各种干扰因素的影响，准确地复现控制信号的变化规律，这就是伺服的含义。控制指令可以由操作者根据需要随时发出，也可以由目标物或相应测量装置发出。

此外，还可按照系统部件的物理属性分为机械、电气、机电、液压、气动、热力等控制系统。

1.6 对控制系统的基本要求

对不同场合的控制系统有着不同的性能要求。但对各种控制系统有一些共同的基本要求，即稳定性、准确性和快速性。

1．稳定性

由于控制系统均包含储能元件，所以若系统参数匹配不当，能量在储能元件间的交换就可能引起振荡。稳定性就是指系统动态过程的振荡倾向及其恢复平衡状态的能力。对于稳定的系统，当输出量偏离平衡状态时，系统应能随着时间收敛并且最后回到初始的平衡状态。稳定性是保证控制系统正常工作的先决条件。

2．准确性

控制系统的准确性一般以稳态误差来衡量。稳态误差是指以一定变化规律的输入信号作用于系统后，当调整过程结束而趋于稳定时，输出量的实际值与期望值之间的误差值。它反映了动态过程后期的性能。这种误差一般是很小的。例如，数控机床的加工误差小于 0.02mm，一般恒速、恒温控制系统的稳态误差都在期望值的 1%以内。

3．快速性

快速性是指当系统的输出量与输入量之间产生偏差时，消除这种偏差的快慢程度。快速性好的系统，消除偏差的过渡过程时间短，能复现快速变化的输入信号，因而具有较好的动态性能。

根据不同的具体情况，各系统对稳定性、准确性、快速性这三方面的要求各有侧重。例如，调速系统对稳定性要求较高，而随动系统则会对快速性提出较高的要求。

需要指出的是，对一个控制系统而言，稳、准、快是相互制约的。提高快速性，可能会使系统发生强烈振荡；改善了稳定性，控制过程又有可能过于迟缓，甚至精度也会变差。分析和解决这些矛盾，正是控制理论所要讨论的主要内容之一。

1.7 控制理论的发展

从控制理论的形成和发展来看，它是为了解决生产实践问题的。早期的控制装置原理，大都可以凭直觉解释，尽管有些装置在工艺上做得精巧复杂，但都属于自动技术问题，还没有上升到理论。

在我国，远在三千多年以前，就有关于自动技术方面的伟大发明。据记载，春秋以前，我国发明了漏壶（又叫壶漏、刻漏或铜壶滴漏）。漏壶是一种水计时仪器。它的构造在各个朝代虽有不同，但基本原理却是一样的。漏壶上面的三个壶底都有漏水孔，最上面的壶里装满了水，依次漏到下面的水壶中。上面两个壶的深度依次减少一寸，使平水壶的水量可以常满。平水壶的后壁上方有一个孔，如果水多了，就可以从这里漏到下面的受水壶中，这样可使平水壶在一定时间内保持一定的水量漏进受水壶中。受水壶中有一个铜人，抱着一根可以上下活动的漏箭，漏箭上刻有用标尺去量度的时刻，漏箭下端装一个浮舟浮在水面。受水壶的水逐渐满起来，从漏箭上升的位置就可以知道时间。春秋战国时期我国发明的指南车就是一个按扰动控制原则构成的开环控制系统。公元前 256 年，由李冰父子主持设计修筑的著名水利工程都江堰是一个典型的液面控制系统，它充分利用了大自然的资源，将分水、排沙完全交给大自然处理。

在国外，俄国的普尔佐诺夫于 1765 年发明的蒸汽锅炉水位调节器，以及英国的瓦特于 1788 年发明的蒸汽机离心式转速调节器（用来控制蒸汽机的速度），是自动控制发展中的很大突破，并由此产生了第一次工业革命。

然而，在早期的控制装置中，很快就产生了难以简单地用直觉解释的问题，从而引起了自动控制系统初期的理论研究，自此，控制工程就在理论与实践的相互促进下发展起来。实际问题要求理论分析，理论分析则提供了更合理的设计方法，并扩大了实践工程师们所能处理的控制问题的范围。

20 世纪 30 年代，自动控制理论逐步形成了一门独立的学科。在最初的阶段，主要集中研究系统的稳定性问题，并取得了较大进展。1868 年，麦克斯韦解决了蒸汽机调速系统中出现的剧烈振荡的不稳定问题，提出了简单的稳定性代数判据。1877 年劳斯（Routh）提出劳斯稳定判据，1895 年赫尔维茨（Hurwitz）提出赫尔维茨稳定判据，1932 年奈奎斯特（H.Nyquist）提出线性系统的稳定性判据——奈奎斯特稳定判据。他们的工作，把频率法引进了自动控制理论的领域，大大推动了自动控制理论的发展，同时也为实际工作者提供了一种研究自动控制系统的强有力的武器。

在第二次世界大战期间，对自动控制的要求发生了变化。武器的进化要求适应战争的需要，军舰的大炮及高射炮组要求快速跟踪、高精度控制，随动系统得到了发展，系统的瞬态响应成为衡量系统质量的重要内容。

1945 年，美国的博德发表《网络分析与反馈放大器设计》，将反馈放大器原理应用到了自动控制系统中，这是一项重大突破，从此出现了闭环负反馈控制系统。1948 年，伊万斯（W.R.Evans）提出了根轨迹法，从理论上提供了一个研究系统的微分方程式模型的简单而有效的方法。这标志着控制工程发展的第一阶段基本完成。

建立在奈奎斯特稳定判据及根轨迹法上的理论，目前统称为经典控制理论。到 20 世纪 50 年代，经典控制理论已发展得相当成熟，不仅应用在实际中，而且被列入大学正式课程。

但是后来，经典控制理论暴露出 3 个十分严重的局限性，阻碍它用于研究更为复杂的控制问题：

（1）限于线性定常系统（时不变系统）。

（2）限于单输入单输出系统（标量系统）。

（3）在设计或综合系统时要用试探法，不能一次得出满意的结果。

上述局限性推动了经典控制理论的进一步发展。我们知道，经典的方法都是采用了系统的单输入/单输出描述，就像面对一个黑匣子，只能描述其外部特性，即输入和输出两个外部变量间的关系，淹没了系统内部的变量特性。它在本质上忽视了系统结构的内在特性，从而不能同时有效地处理多变量问题。为了解决复杂系统的控制问题，满足越来越严格的要求，到 20 世纪 50 年代末 60 年代初，在实践的基础上，尤其在空间技术实践的基础上，形成了现代控制理论。

1948 年，维纳（N.Wiener）所著的《控制论》的出版，标志着这门学科的正式诞生。1954

年，钱学森在美国用英文发表《工程控制论》一书，首次将控制理论应用于工程实践，该著作可以看作由经典控制理论向现代控制理论发展的启蒙著作。

现代控制理论是建立在线性代数的数学基础上的，并在一定程度上与函数分析有关，所以许多分析及设计步骤包含大量的耗费时间的计算及运算，影响和限制了理论研究的发展进度。20 世纪 60 年代以来，电子计算机技术的飞速发展为现代控制理论的研究提供了有力的工具和保证，促进了现代控制理论的迅速发展，并使其在各种空间技术中首先得到了应用。随着小型数字计算机和微型机的发展和普及，目前现代控制理论在各控制领域中得到了广泛的应用。

在接下来的短短几十年里，在各国科学家和科学技术人员的努力下，又相继出现了生物控制论、经济控制论和社会控制论等，控制理论已经渗透到各个领域，并伴随着其他科学技术的发展，改变着整个世界。控制理论自身也在创造人类文明的进程中不断向前发展。控制理论的中心思想是通过信息的传递、加工处理并对其加以反馈来进行控制，控制理论是信息学科的重要组成方面。

思政小课堂

五年归国路，十年造两弹

钱学森被誉为中国自动化控制之父，是著名的空气动力学家、中国载人航天奠基人、中国科学院及中国工程院院士、中国两弹一星功勋奖章获得者。当他在美国学习工作 20 年之后准备将所学报效祖国时，受到美国政府的阻拦。经过中美两国外交谈判，才踏上祖国的土地。回国后，根据他的建议，国家成立了航空工业委员会、中国力学学会、中国自动化学会、中国科学技术大学（为“两弹一星”工程培养人才）。在他的带领下，1964 年 10 月 16 日中国第一颗原子弹爆炸成功，1967 年 6 月 17 日中国第一颗氢弹空爆试验成功，1970 年 4 月 24 日中国第一颗人造卫星发射成功。

通过了解老一辈科学家为航空航天事业做出杰出贡献的感人事迹，激发同学们科技报国的家国情怀和使命担当，使其自觉融入实现中华民族伟大复兴的中国梦中，实现自己的人生价值。

习　题

1-1　什么是自动控制及自动控制系统？

1-2　分析比较开环控制系统与闭环控制系统的特征、优缺点和应用场合。

1-3　组成控制系统的主要环节有哪些？它们各有什么特点？各起什么作用？

1-4　对控制系统的基本要求是什么？

1-5　电位计式机械手随动系统如图 1-15 所示，试简述其工作原理，并画出系统原理结构方框图。

1-6　叙述蒸汽机飞球离心调速系统（见图 1-16）的工作原理，并绘制其方框图。

1-7　绘制图 1-17 所示的函数记录仪的方框图，并说明其工作原理。

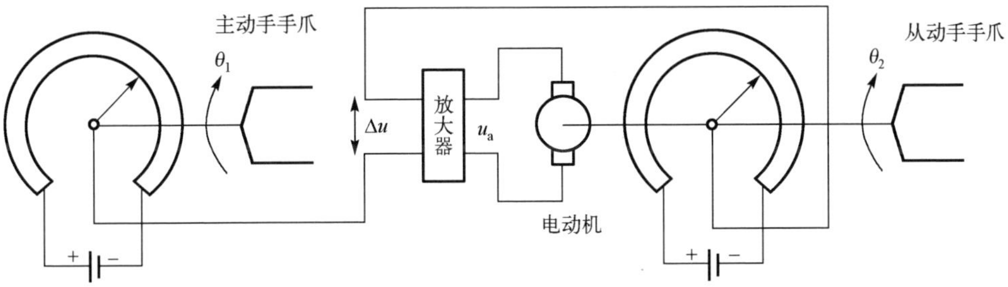

图 1-15　题 1-5 图

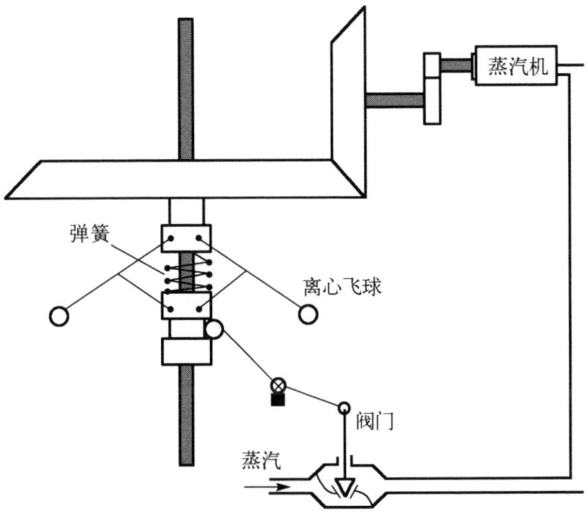

图 1-16　题 1-6 图

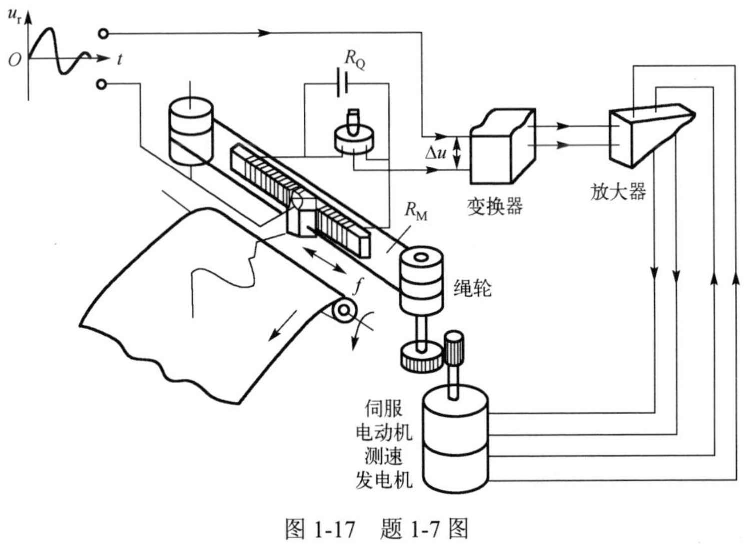

图 1-17　题 1-7 图

1-8　电压-位置随动系统如图 1-18 所示，试分析系统的工作原理，并画出系统的方框图。

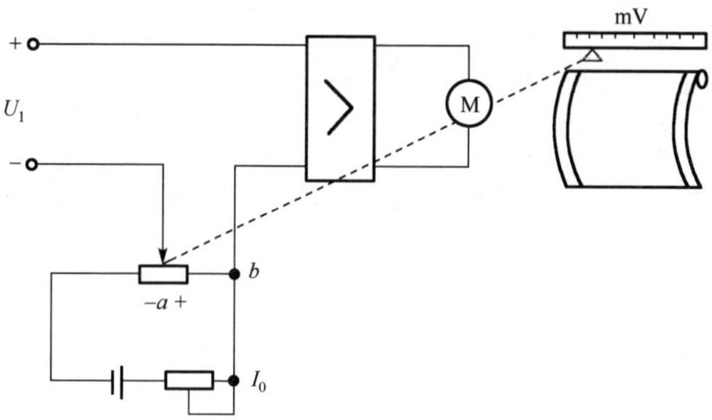

图 1-18　题 1-8 图

第 2 章　数 学 建 模

在控制系统的定性分析、定量计算过程中，首先要建立系统的数学模型。控制系统的组成可以是多种多样的，如电气的、机械的、液压的和气动的，但描述这些系统的数学模型可以是相同的。因此，通过数学模型来研究自动控制系统，可以摆脱不同类型系统的外部特征，研究它们内在的、共性的运动规律。

建立控制系统数学模型的方法主要有两种：解析法和实验法。解析法是指依据系统及元件各变量之间所遵循的物理或化学规律列写出相应的数学关系式，建立模型。实验法是指给系统施加某种测试信号，记录其输出响应，并用适当的数学模型去逼近系统的输入/输出特性，该方法也称为系统辨识。

控制系统的数学模型就是描述系统内部各变量（系统输入、输出变量及内部其他变量）之间关系的数学表达式。数学模型的表示有多种。时域中常用的数学模型有微分方程、差分方程和状态方程；复数域中有传递函数、系统方框图和信号流图；频域中有频率特性等。本章主要讨论利用解析法建立微分方程、传递函数和系统方框图三种线性系统数学模型及它们之间相互转换的工具——拉普拉斯变换和傅里叶变换的基础内容。

2.1　微分方程的建立

微分方程是在时域中描述控制系统的运动状态和动态性能的数学模型。利用微分方程可以得到其他多种形式的数学模型，因此它是数学模型的基本形式。建立系统微分方程的一般步骤如下：

（1）分析系统的工作原理和信号传递变换的过程，确定系统和各元件的输入量、输出量和中间变量。

（2）从系统的输入端开始，按照信号传递变换的过程，依据各变量遵循的物理学定律，依次列写组成系统各元件的运动方程（动态微分方程）。

（3）联立方程，消去中间变量，得到描述元件或系统的有关输入量与输出量之间关系的微分方程。

（4）标准化，即将与输出量有关的各项放在方程的左端，与输入量有关的各项放在方程的右端，等式两边按降幂排列。

为方便理解，针对常用的机械系统和电气系统举例说明系统微分方程列写的方法和步骤。

2.1.1　机械系统举例

在实际的机械平移系统中，经常先按集中参数建立系统的物理模型，然后进行性能分析。在这种物理模型中，有三个基本的无源元件：质量块、弹簧、阻尼器。将它们组合，可以构成各种机械平移系统模型。搞清楚这三种元件的力学性质和作用，是分析机械系统的基础。

（1）质量块。质量块模型图如图 2-1 所示。质量为 m 的质量块在力 $f_{\mathrm{m}}(t)$ 的作用下发生位移，产生速度，根据牛顿第二定律，可列写出力和位移之间的关系式：

$$f_{\mathrm{m}}=m\frac{\mathrm{d}}{\mathrm{d}t}v(t)=m\frac{\mathrm{d}^2}{\mathrm{d}t^2}x(t) \tag{2-1}$$

（2）弹簧。弹簧模型图如图 2-2 所示。若弹簧的弹力系数为 K，对弹簧挤压后会产生弹力 $f_{\mathrm{K}}(t)$，其大小与形变成正比，即

$$\begin{aligned} f_{\mathrm{K}}&=K[x_1(t)-x_2(t)]=Kx(t)\\ &=K\int_{-\infty}^{t}[v_1(t)-v_2(t)]\mathrm{d}t\\ &=K\int_{-\infty}^{t}v(t)\mathrm{d}t \end{aligned} \tag{2-2}$$

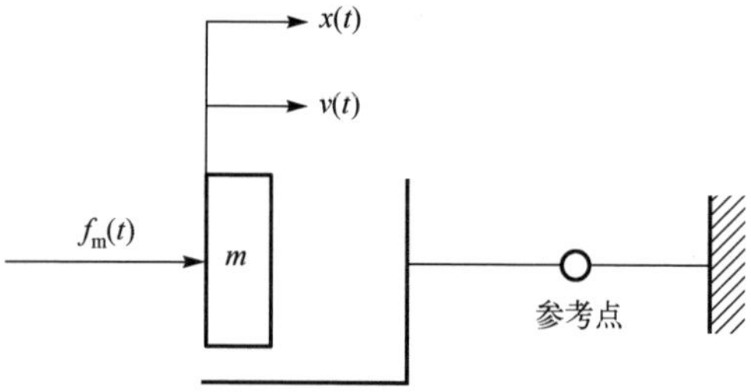

图 2-1　质量块模型图

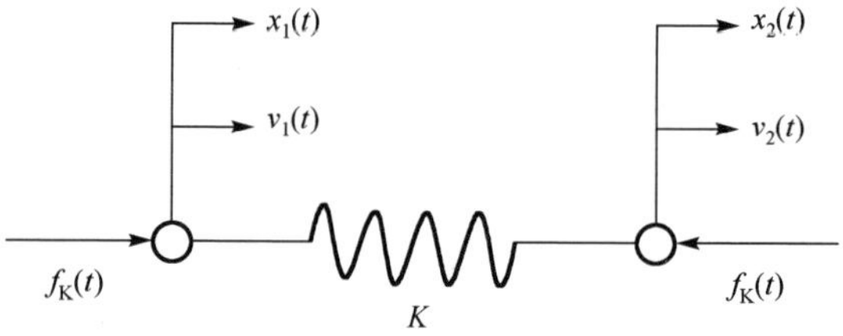

图 2-2　弹簧模型图

（3）阻尼器。阻尼器模型图如图 2-3 所示。若阻尼器的阻尼系数为 C，阻尼器受到力以后产生阻尼力 $f_{\mathrm{C}}(t)$，其大小与阻尼器中活塞和缸体的相对运动速度成正比，即

$$\begin{aligned} f_{\mathrm{C}}&=C[v_1(t)-v_2(t)]=Cv(t)\\ &=C\left(\frac{\mathrm{d}x_1(t)}{\mathrm{d}t}-\frac{\mathrm{d}x_2(t)}{\mathrm{d}t}\right)\\ &=C\frac{\mathrm{d}x(t)}{\mathrm{d}t} \end{aligned} \tag{2-3}$$

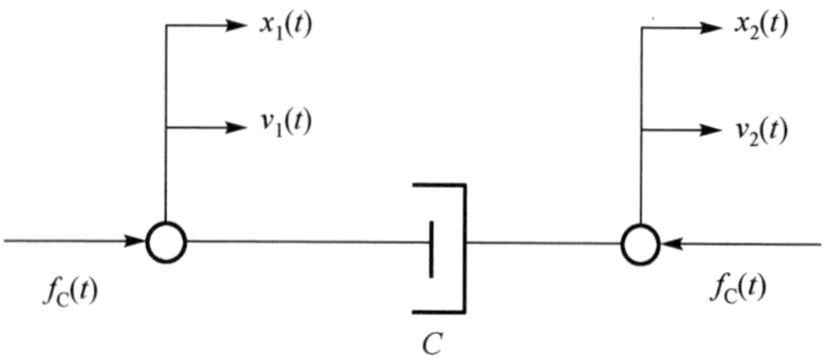

图 2-3　阻尼器模型图

下面举例说明机械系统建立微分方程的步骤和过程。

例 2-1　图 2-4 所示是弹簧-质量-阻尼器机械平移系统，试列出质量块在外力 $f_{\mathrm{i}}(t)$ 的作用下，位移 $x_{\mathrm{o}}(t)$ 的运动微分方程。

解：分析系统可知，输入量为 $f_{\mathrm{i}}(t)$，输出量为 $x_{\mathrm{o}}(t)$，质量块受到的弹力 $f_{\mathrm{K}}(t)$ 和阻尼力 $f_{\mathrm{C}}(t)$ 为中间变量。根据牛顿第二定律，可列写出微分方程：

$$\begin{cases} f_{\mathrm{i}}(t)-f_{\mathrm{C}}(t)-f_{\mathrm{K}}(t)=m\dfrac{\mathrm{d}^2}{\mathrm{d}t^2}x_{\mathrm{o}}(t)\\ f_{\mathrm{K}}(t)=Kx_{\mathrm{o}}(t)\\ f_{\mathrm{C}}(t)=C\dfrac{\mathrm{d}}{\mathrm{d}t}x_{\mathrm{o}}(t) \end{cases}$$

消去中间变量，并将方程标准化处理后可得

$$m\frac{\mathrm{d}^2}{\mathrm{d}t^2}x_{\mathrm{o}}(t)+C\frac{\mathrm{d}}{\mathrm{d}t}x_{\mathrm{o}}(t)+Kx_{\mathrm{o}}(t)=f_{\mathrm{i}}(t) \tag{2-4}$$

式中，m、C、K 通常均为常数，故图 2-4 所示的机械平移系统可以由二阶常系数微分方程描述。

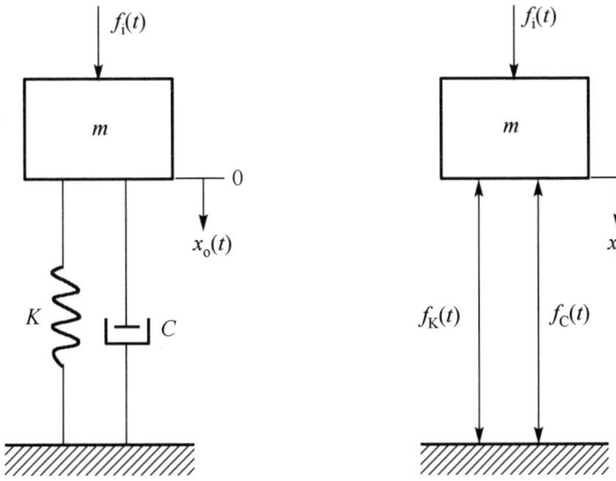

（a）系统图　　（b）受力模型

图 2-4　弹簧-质量-阻尼器机械平移系统

显然，微分方程的系数取决于系统的结构参数，而阶次等于系统中独立储能元件（惯性质量、弹簧）的数量。

2.1.2　电气系统举例

对实际的复杂电路的分析，通常按集中参数建立电气系统的物理模型。在这种系统模型中，有三种线性双向的无源元件：电阻、电感、电容。将它们组合，可以构成各种网络电路。这三种元件的性能和作用在电工原理中已经介绍得很清楚，这里只强调一下它们的能量特性。电感是一种储存磁能的元件，而电容是储存电能的元件。电阻不储存能量，是一种耗能元件，将电能转换成热能耗散掉。三种电气元件模型图如图 2-5～图 2-7 所示。它们的阻抗、电流和电压之间的关系分别是：

（1）电阻：$u(t)=Ri(t)$。

（2）电容：$u(t)=\dfrac{1}{C}\int i(t)\mathrm{d}t$。

（3）电感：$u(t)=L\dfrac{\mathrm{d}i(t)}{\mathrm{d}t}$。

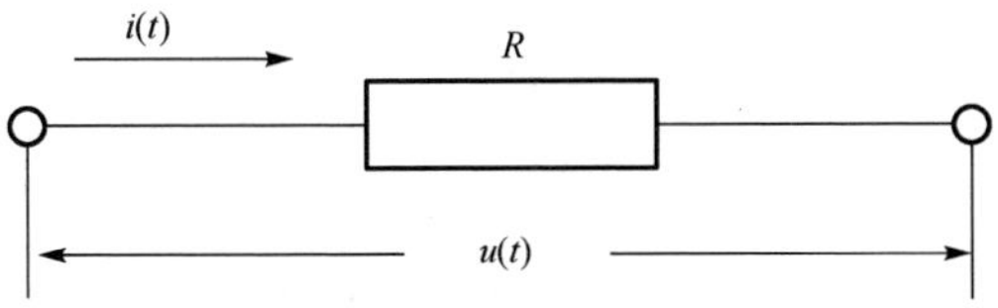

图 2-5　电阻模型图

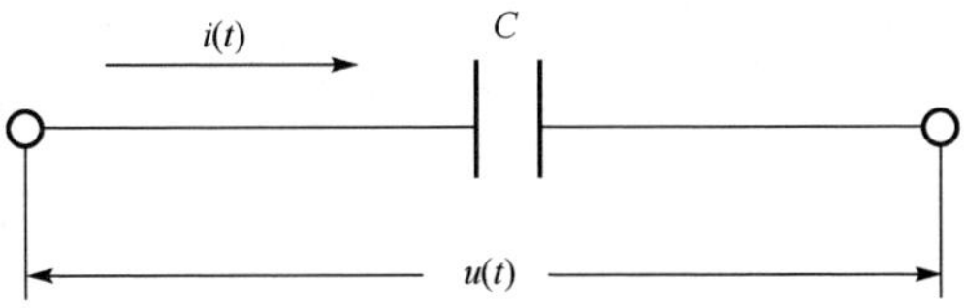

图 2-6　电容模型图

例 2-2 RLC 无源电路如图 2-8 所示，试列出以 $u_{\mathrm{i}}(t)$ 为输入量，$u_{\mathrm{o}}(t)$ 为输出量的微分方程。

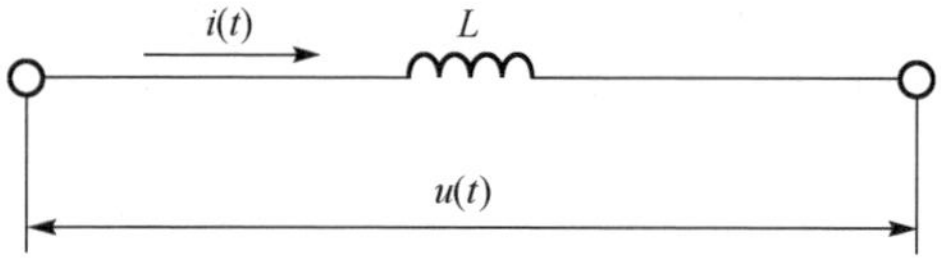

图 2-7 电感模型图

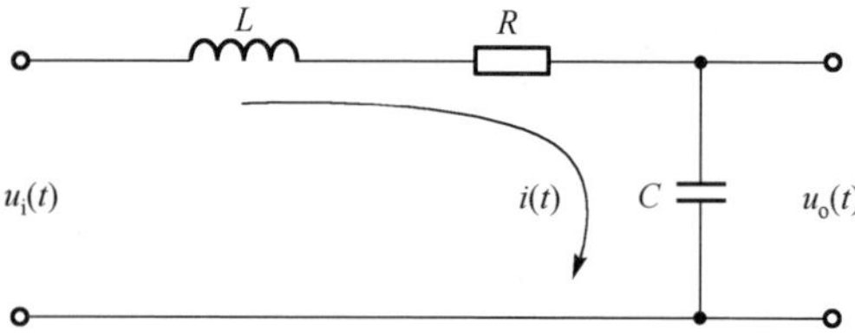

图 2-8 RLC 无源电路

解：RLC 无源电路系统的输入量为 $u_{\mathrm{i}}(t)$，输出量为 $u_{\mathrm{o}}(t)$，中间变量为 $i(t)$，由基尔霍夫定律可得

$$\begin{cases} u_{\mathrm{i}}(t) = Ri(t) + L\dfrac{\mathrm{d}}{\mathrm{d}t}i(t) + \dfrac{1}{C}\displaystyle\int i(t)\mathrm{d}t \\ u_{\mathrm{o}}(t) = \dfrac{1}{C}\displaystyle\int i(t)\mathrm{d}t \end{cases}$$

消去中间变量，整理成标准形式，可得

$$LC\frac{\mathrm{d}^2}{\mathrm{d}t^2}u_{\mathrm{o}}(t) + RC\frac{\mathrm{d}}{\mathrm{d}t}u_{\mathrm{o}}(t) + u_{\mathrm{o}}(t) = u_{\mathrm{i}}(t) \tag{2-5}$$

式中，R、L、C 均为常数，RLC 无源电路系统可由二阶常系数微分方程表示。

由机械平移系统和 RLC 无源电路系统两个例题可以看出，两个不同的系统的数学模型都是二阶微分方程，微分方程的系数都是常数。这也就意味着，抛开系统的物理属性，物理本质不同的系统，可以有相同的数学模型。

通常情况下，元件或系统微分方程的阶次等于元件或系统中所包含的独立储能元件（惯性质量、弹性要素、电感、电容、液感、液容等）的个数，因为系统每增加一个独立储能元件，其内部就多一层能量（信息）的交换。

2.2 拉普拉斯变换

拉普拉斯变换是一种积分变换，它可将时间域内的微分方程变换成复数域内的代数方程，并在变换时引入了初始条件，可以方便地求解线性定常系统的微分方程；同时，拉普拉斯变换也是建立系统复数域的数学模型——传递函数的数学基础。

2.2.1 拉普拉斯变换的定义

设函数 $f(t)$ 当 $t \geqslant 0$ 时有定义，而且积分

$$F(s) = \int_0^{\infty} f(t)\mathrm{e}^{-st}\mathrm{d}t \tag{2-6}$$

存在，则称 $F(s)$ 是 $f(t)$ 的拉普拉斯变换，简称拉氏变换，记作 $F(s) = L[f(t)]$，其中，$s = \sigma + \mathrm{j}\omega$ 是复变量。$F(s)$ 称为时间域内的函数 $f(t)$ 的象函数，$f(t)$ 称为 $F(s)$ 的原函数。

2.2.2　典型函数的拉氏变换

1．单位阶跃函数 1(*t*)

$$1(t)=\begin{cases}1, & t\geqslant 0\\ 0, & t<0\end{cases}$$

单位阶跃函数的时域波形图如图 2-9 所示。

根据拉氏变换的定义：

$$L[1(t)]=\int_0^{\infty}1(t)\mathrm{e}^{-st}\mathrm{d}t=-\frac{1}{s}\mathrm{e}^{-st}\Big|_0^{\infty}=\frac{1}{s},\quad \mathrm{Re}(s)>0$$

即

$$F(s)=L[1(t)]=\frac{1}{s} \tag{2-7}$$

2．指数函数

$$f(t)=\mathrm{e}^{-at},\quad a\text{为常数}$$

指数函数的时域波形图如图 2-10 所示。

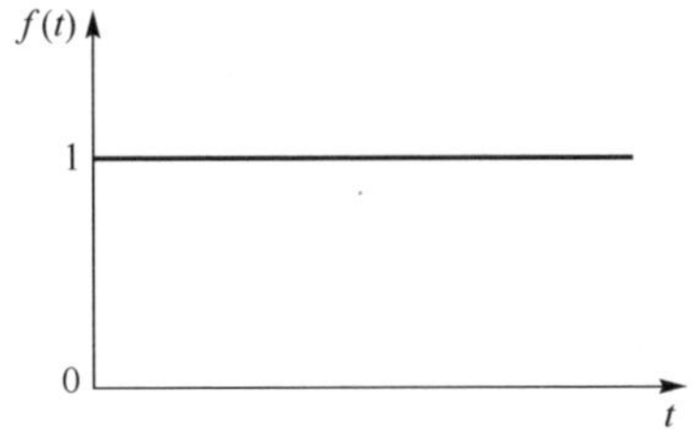

图 2-9　单位阶跃函数的时域波形图

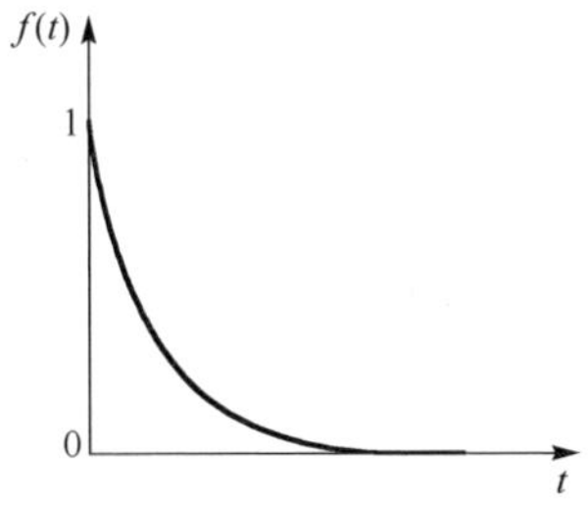

图 2-10　指数函数的时域波形图

根据拉氏变换的定义：

$$\begin{aligned}L[\mathrm{e}^{-at}]&=\int_0^{\infty}\mathrm{e}^{-at}\cdot\mathrm{e}^{-st}\mathrm{d}t\\&=\int_0^{\infty}\mathrm{e}^{-(s+a)t}\mathrm{d}t\\&=\frac{1}{s+a},\quad \mathrm{Re}(s+a)>0\end{aligned}$$

即

$$F(s)=L[\mathrm{e}^{-at}]=\frac{1}{s+a} \tag{2-8}$$

3．谐波函数

谐波函数包含正弦函数和余弦函数，正弦函数和余弦函数的时域波形图如图 2-11 所

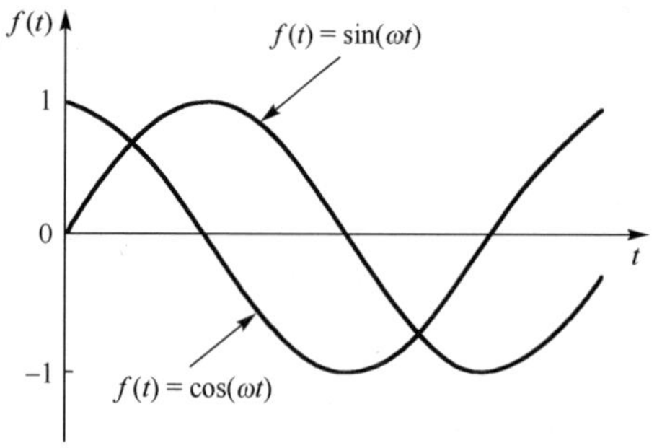

图 2-11 正弦函数和余弦函数的时域波形图

示。其拉氏变换积分在计算时用分部积分的计算工作量比较大，因此可以考虑运用欧拉公式简化计算。

$$e^{j\omega t}=\cos(\omega t)+j\sin(\omega t)$$

$$e^{-j\omega t}=\cos(\omega t)-j\sin(\omega t)$$

$$\sin(\omega t)=\frac{1}{2j}(e^{j\omega t}-e^{-j\omega t})$$

$$\cos(\omega t)=\frac{1}{2}(e^{j\omega t}+e^{-j\omega t})$$

根据拉氏变换的定义：

$$\begin{aligned}L[\sin(\omega t)]&=\frac{1}{2j}\left(\int_0^{\infty}e^{j\omega t}e^{-st}dt-\int_0^{\infty}e^{-j\omega t}e^{-st}dt\right)\\&=\frac{1}{2j}\left(\frac{1}{s-j\omega}-\frac{1}{s+j\omega}\right)\\&=\frac{\omega}{s^2+\omega^2},\quad \mathrm{Re}(s)>0\end{aligned}$$

$$\begin{aligned}L[\cos(\omega t)]&=\frac{1}{2j}\left(\int_0^{\infty}e^{j\omega t}e^{-st}dt+\int_0^{\infty}e^{-j\omega t}e^{-st}dt\right)\\&=\frac{1}{2j}\left(\frac{1}{s-j\omega}+\frac{1}{s+j\omega}\right)\\&=\frac{s}{s^2+\omega^2},\quad \mathrm{Re}(s)>0\end{aligned}$$

即

$$F(s)=L[\sin(\omega t)]=\frac{\omega}{s^2+\omega^2} \tag{2-9}$$

$$F(s)=L[\cos(\omega t)]=\frac{s}{s^2+\omega^2} \tag{2-10}$$

4. 单位脉冲函数 $\delta(t)$

$$\delta(t)=\begin{cases}0, & t<0且t>\varepsilon\\ \lim\limits_{\varepsilon\to 0}\dfrac{1}{\varepsilon}, & 0\leqslant t\leqslant\varepsilon\end{cases}$$

单位脉冲函数的时域波形图如图 2-12 所示。

根据拉氏变换的定义：

$$L[\delta(t)]=\int_0^{\infty}\lim_{\varepsilon\to 0}\frac{1}{\varepsilon}\cdot e^{-st}dt=\lim_{\varepsilon\to 0}\frac{1}{\varepsilon s}(1-e^{-\varepsilon s})$$

由洛必达法则：$\lim\limits_{\varepsilon\to 0}\frac{1}{\varepsilon s}(1-\mathrm{e}^{-\varepsilon s})=\lim\limits_{\varepsilon\to 0}\frac{(1-\mathrm{e}^{-\varepsilon s})'}{(\varepsilon s)'}$，有

$$L[\delta(t)]=\lim_{\varepsilon\to 0}\frac{\varepsilon\cdot\mathrm{e}^{-\varepsilon s}}{\varepsilon}=1$$

即

$$F(s)=L[\delta(t)]=1 \tag{2-11}$$

5．单位速度函数（单位斜坡函数）

$$f(t)=\begin{cases}0, & t<0\\ t, & t\geqslant 0\end{cases}$$

单位速度函数的时域波形图如图 2-13 所示。

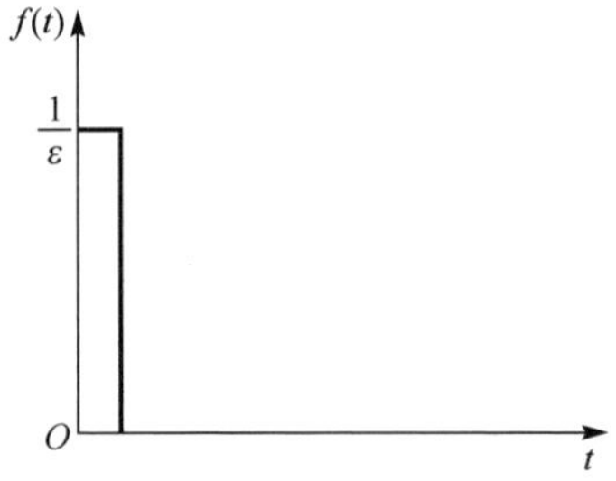

图 2-12　单位脉冲函数的时域波形图

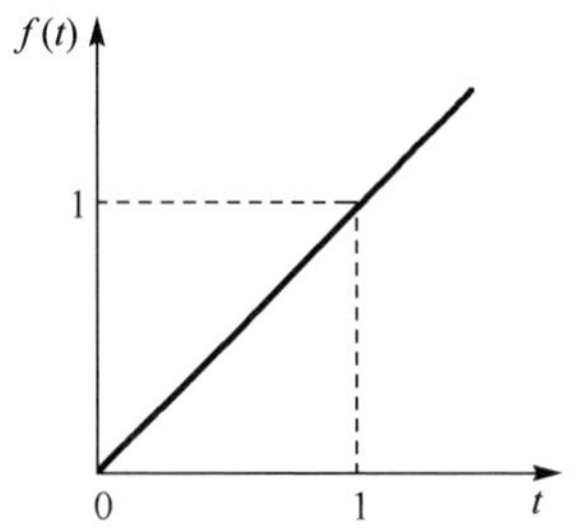

图 2-13　单位速度函数的时域波形图

根据拉氏变换的定义：

$$\begin{aligned}L[f(t)]&=\int_0^{\infty}t\mathrm{e}^{-st}\mathrm{d}t\\&=t\frac{\mathrm{e}^{-st}}{-s}\bigg|_0^{\infty}-\int_0^{\infty}\frac{\mathrm{e}^{-st}}{-s}\mathrm{d}t\\&=\frac{1}{s^2},\quad \mathrm{Re}(s)>0\end{aligned}$$

即

$$F(s)=L[t]=\frac{1}{s^2} \tag{2-12}$$

6．单位加速度函数

$$f(t)=\begin{cases}0, & t<0\\ \frac{1}{2}t^2, & t\geqslant 0\end{cases}$$

单位加速度函数的时域波形图如图 2-14 所示。

根据拉氏变换的定义：

$$L[f(t)]=\int_0^{\infty}\frac{1}{2}t^2\mathrm{e}^{-st}\mathrm{d}t=\frac{1}{s^3},\quad \mathrm{Re}(s)>0$$

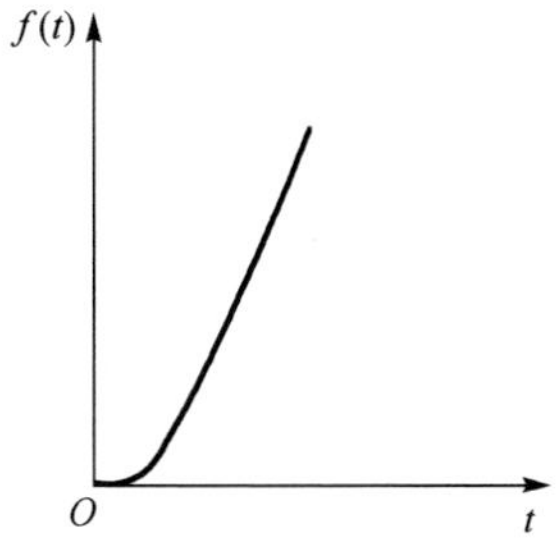

图 2-14　单位加速度函数的时域波形图

即

$$F(s)=L\left[\frac{1}{2}t^2\right]=\frac{1}{s^3} \tag{2-13}$$

2.2.3 拉氏变换的主要定理

1．叠加定理

叠加定理包括齐次性和叠加性，拉氏变换服从线性函数的齐次性和叠加性。

设 $L[f(t)]=F(s)$， $L[g(t)]=G(s)$， a,b 都是常数，有

$$\text{齐次性：}\ L[af(t)]=aF(s) \tag{2-14}$$

$$\text{叠加性：}\ L[f(t)+g(t)]=F(s)+G(s) \tag{2-15}$$

式（2-14）与式（2-15）结合起来有

$$L[af(t)+bg(t)]=aF(s)+bG(s)$$

2．微分定理

设 $L[f(t)]=F(s)$，有

$$L\left[\frac{\mathrm{d}f(t)}{\mathrm{d}t}\right]=sF(s)-f(0),\quad f(0)=f(t)|_{t=0} \tag{2-16}$$

若推广到高阶，则有

$$\begin{cases} L\left[\dfrac{\mathrm{d}^2f(t)}{\mathrm{d}t^2}\right]=s^2F(s)-sf(0)-f'(0) \\ \qquad\vdots \\ L\left[\dfrac{\mathrm{d}^nf(t)}{\mathrm{d}t^n}\right]=s^nF(s)-s^{n-1}f(0)-s^{n-2}f'(0)-\cdots-f^{(n-1)}(0) \end{cases} \tag{2-17}$$

式中， $f'(0),f''(0),\cdots,f^{(n-1)}(0)$ 表示 $f(t)$ 的各阶导数在 $t=0$ 时的值。

若 $f(t)$ 是零初始条件，即 $f(t)$ 及其各阶导数在 $t=0$ 时的值均为 0，则微分定理可表示为

$$\begin{cases} L\left[\dfrac{\mathrm{d}f(t)}{\mathrm{d}t}\right]=sF(s) \\ L\left[\dfrac{\mathrm{d}^2f(t)}{\mathrm{d}t^2}\right]=s^2F(s) \\ \qquad\vdots \\ L\left[\dfrac{\mathrm{d}^nf(t)}{\mathrm{d}t^n}\right]=s^nF(s) \end{cases} \tag{2-18}$$

3．复微分定理

设 $L[f(t)]=F(s)$，则除 $F(s)$ 的极点外，有

$$\frac{\mathrm{d}}{\mathrm{d}s}F(s) = -L[tf(t)]$$

$$\frac{\mathrm{d}^2}{\mathrm{d}s^2}F(s) = L[t^2 f(t)] \qquad (2\text{-}19)$$

$$\vdots$$

$$\frac{\mathrm{d}^n}{\mathrm{d}s^n}F(s) = (-1)^n L[t^n f(t)], \quad n = 1,2,3,\cdots$$

4．积分定理

设 $L[f(t)] = F(s)$，有

$$L\left[\int f(t)\mathrm{d}t\right] = \frac{F(s)}{s} + \frac{f^{(-1)}(0)}{s}, \quad f^{(-1)}(0) = \int f(t)\,\mathrm{d}t\Big|_{t=0} \qquad (2\text{-}20)$$

当初始条件为零时，有

$$L\left[\int f(t)\mathrm{d}t\right] = \frac{1}{s}F(s) \qquad (2\text{-}21)$$

若推广到 n 阶，则有

$$L\left[\underbrace{\int\cdots\int}_{n个} f(t)\mathrm{d}t\right] = \frac{1}{s^n}F(s) + \frac{1}{s^n}f^{(-1)}(0) + \cdots + \frac{1}{s}f^{(-n)}(0)$$

当初始条件为零时，有

$$L\left[\underbrace{\int\cdots\int}_{n个} f(t)\mathrm{d}t\right] = \frac{1}{s^n}F(s) \qquad (2\text{-}22)$$

5．延迟定理

$f(t)$ 的时域波形图及其延迟信号波形图如图 2-15 所示，当 $t<0$ 时，$f(t)=0$，$f(t-\tau)$ 是 $f(t)$ 延迟了时间 τ 的函数。

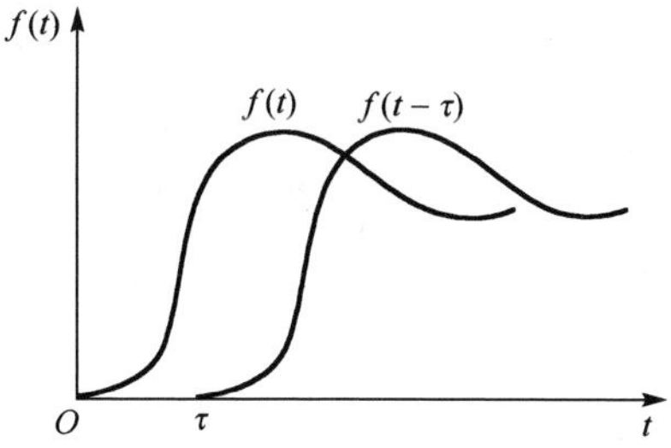

图 2-15　$f(t)$ 的时域波形图及其延迟信号波形图

设 $L[f(t)] = F(s)$，对于任意 $\tau \geqslant 0$，有

$$L[f(t-\tau)] = \mathrm{e}^{-\tau s}F(s) \qquad (2\text{-}23)$$

6．位移定理

设 $L[f(t)] = F(s)$，有

$$L[\mathrm{e}^{-at}f(t)] = F(s+a) \qquad (2\text{-}24)$$

例如，$\cos(\omega t)$ 的拉氏变换是 $\dfrac{s}{s^2+\omega^2}$，根据位移定理可知，$\mathrm{e}^{-at}\cos(\omega t)$ 的拉氏变换为 $\dfrac{s+a}{(s+a)^2+\omega^2}$。

7．初值定理

设 $L[f(t)]=F(s)$，有

$$\lim_{t\to 0} f(t)=\lim_{s\to\infty} sF(s) \tag{2-25}$$

即原函数的初值等于 s 乘象函数的终值。

8．终值定理

设 $L[f(t)]=F(s)$，且 $\lim_{t\to\infty} f(t)$ 存在，有

$$\lim_{t\to\infty} f(t)=f(\infty)=\lim_{s\to 0} sF(s) \tag{2-26}$$

即原函数的终值等于 s 乘象函数的初值。

9．卷积定理

两个时域信号卷积的定义为

$$f(t)*g(t)\equiv\int_0^t f(t-\tau)g(\tau)\mathrm{d}\tau=\int_0^t f(\tau)g(t-\tau)\mathrm{d}\tau$$

设 $L[f(t)]=F(s)$， $L[g(t)]=G(s)$，有

$$L[f(t)*g(t)]=F(s)G(s) \tag{2-27}$$

上式说明两个原函数的卷积的拉氏变换等于它们象函数的乘积。

$$L[f(t)g(t)]=F(s)*G(s) \tag{2-28}$$

上式说明两个原函数乘积的拉氏变换等于它们象函数的卷积。

10．时间比例尺

设 $L[f(t)]=F(s)$，有

$$L\left[f\left(\frac{t}{a}\right)\right]=aF(as)，\ a>0 \tag{2-29}$$

例如，e^{-t} 的拉氏变换是 $\dfrac{1}{s+1}$，则根据时间比例尺定理，e^{-at} 的拉氏变换是 $aF(as)=\dfrac{a}{as+1}$。

2.3 拉氏反变换

拉普拉斯反变换（简称拉氏反变换）的公式为

$$f(t)=L^{-1}[F(s)]=\frac{1}{2\pi\mathrm{j}}\int_{\sigma-\mathrm{j}\infty}^{\sigma+\mathrm{j}\infty}F(s)\mathrm{e}^{st}\mathrm{d}s，\quad t>0 \tag{2-30}$$

式中，L^{-1} 是拉氏反变换的符号。

在根据定义计算拉氏反变换时，要进行复变函数积分，一般很难直接计算，通常用部分分式展开法将复变函数展开成有理分式的函数之和，然后由拉氏变换表一一查出对应的拉氏反变换函数，即可求出原函数 $f(t)$。

2.3.1 部分分式展开法

在控制理论中，常遇到的象函数是 s 的有理分式

$$F(s)=\frac{B(s)}{A(s)}=\frac{b_0s^m+b_1s^{m-1}+\cdots+b_{m-1}s+b_m}{a_0s^n+a_1s^{n-1}+\cdots+a_{n-1}s+a_n},\quad n\geqslant m$$

为了将 $F(s)$ 写成部分分式，需要将 $F(s)$ 的分母进行因式分解，则有

$$F(s)=\frac{B(s)}{A(s)}=\frac{b_0s^m+b_1s^{m-1}+\cdots+b_{m-1}s+b_m}{(s+p_1)(s+p_2)\cdots(s+p_n)}$$

式中，$-p_1,-p_2,\cdots,-p_n$ 为方程 $A(s)=0$ 的根，称为 $F(s)$ 的极点。此时，可将 $F(s)$ 展开成部分分式。根据根的取值情况可分成以下 3 种情况。

1. $F(s)$ 只含有不同的实数极点

$$F(s)=\frac{B(s)}{A(s)}=\frac{A_1}{s+p_1}+\frac{A_2}{s+p_2}+\cdots+\frac{A_n}{s+p_n}=\sum_{i=1}^{n}\frac{A_i}{s+p_i} \tag{2-31}$$

式中，A_i 为常数，称为方程在极点 $s=-p_i$ 处的留数，求法如下：

$$A_i=[F(s)\cdot(s+p_i)]_{s=-p_i} \tag{2-32}$$

根据拉氏变换的叠加定理，即可求出原函数

$$f(t)=L^{-1}[F(s)]=L^{-1}\left[\sum_{i=1}^{n}\frac{A_i}{s+p_i}\right]=\sum_{i=1}^{n}A_i\mathrm{e}^{-p_it} \tag{2-33}$$

例 2-3 求 $F(s)=\dfrac{s^2-s+2}{s(s^2-s-6)}$ 的原函数。

解：

$$F(s)=\frac{s^2-s+2}{s(s^2-s-6)}=\frac{s^2-s+2}{s(s-3)(s+2)}=\frac{A_1}{s}+\frac{A_2}{s-3}+\frac{A_3}{s+2}$$

$$A_1=[sF(s)]_{s=0}=\left[\frac{s^2-s+2}{(s-3)(s+2)}\right]_{s=0}=-\frac{1}{3}$$

$$A_2=[(s-3)F(s)]_{s=3}=\left[\frac{s^2-s+2}{s(s+2)}\right]_{s=3}=\frac{8}{15}$$

$$A_3=[(s+2)F(s)]_{s=-2}=\left[\frac{s^2-s+2}{s(s-3)}\right]_{s=-2}=\frac{4}{5}$$

$$F(s)=-\frac{1}{3}\cdot\frac{1}{s}+\frac{8}{15}\cdot\frac{1}{s-3}+\frac{4}{5}\cdot\frac{1}{s+2}$$

$$f(t)=L^{-1}[F(s)]=-\frac{1}{3}+\frac{8}{15}\mathrm{e}^{3t}+\frac{4}{5}\mathrm{e}^{-2t},\quad t\geqslant 0$$

2. $F(s)$ 含有共轭复数极点

假设 $F(s)$ 含有一对共轭复数极点 $-p_1$、$-p_2$，其余极点均为各不相同的实数极点，则其可分解成

$$F(s)=\frac{B(s)}{A(s)}=\frac{A_1s+A_2}{(s+p_1)(s+p_2)}+\frac{A_3}{s+p_3}+\cdots+\frac{A_n}{s+p_n} \qquad (2\text{-}34)$$

式中，A_1 和 A_2 的值由下式求解：

$$[F(s)(s+p_1)(s+p_2)]_{s=-p_1或s=-p_2}=[A_1s+A_2]_{s=-p_1或s=-p_2}$$

上式为复数方程，令方程两端的实部、虚部分别相等即可确定 A_1 和 A_2 的值。

例 2-4 试求 $G(s)=\dfrac{3s^2+2s+8}{s(s+2)(s^2+2s+4)}$ 的原函数。

解：

$$G(s)=\frac{A_1}{s}+\frac{A_2}{s+2}+\frac{A_3s+A_4}{s^2+2s+4} \qquad (2\text{-}35)$$

式中，s^2+2s+4 的两个复数根分别是 $-1\pm \mathrm{j}\sqrt{3}$，另外还有两个实数根 0 和−2。下面分别求 A_1、A_2、A_3 和 A_4 的值。

$$A_1=[G(s)s]_{s=0}=1$$

$$A_2=[G(s)(s+2)]_{s=-2}=-2$$

$G(s)=\dfrac{3s^2+2s+8}{s(s+2)(s^2+2s+4)}$ 的等号两边同时乘 s^2+2s+4，并令 $s=-1+\mathrm{j}\sqrt{3}$，则有

$$\left[\frac{3s^2+2s+8}{s(s+2)}\right]_{s=-1+\mathrm{j}\sqrt{3}}=[A_3s+A_4]_{s=-1+\mathrm{j}\sqrt{3}}$$

将 $s=-1+\mathrm{j}\sqrt{3}$ 代入后得 $\mathrm{j}\sqrt{3}=(-A_3+A_4)+\mathrm{j}\sqrt{3}A_3$。

由上式两边的实部和虚部分别相等，得

$$\begin{cases}-A_3+A_4=0\\ \sqrt{3}=\sqrt{3}A_3\end{cases}$$

可求得 $A_3=1$，$A_4=1$。

将求出的 A_1、A_2、A_3 和 A_4 的值代入式（2-35），整理后得 $G(s)$ 的部分分式为

$$G(s)=\frac{1}{s}-\frac{2}{s+2}+\frac{s+1}{s^2+2s+4}=\frac{1}{s}-\frac{2}{s+2}+\frac{s+1}{(s+1)^2+(\sqrt{3})^2}$$

进行拉氏变换后可得

$$g(t)=1-2\mathrm{e}^{-2t}+\mathrm{e}^{-t}\cos\sqrt{3}t,\quad t\geqslant 0$$

3. $F(s)$ 含有重极点

设 $F(s)$ 存在 r 重极点 $-p_0$，其余极点均不同，则

$$F(s)=\frac{B(s)}{A(s)}=\frac{b_0s^m+b_1s^{m-1}+\cdots+b_{m-1}s+b_m}{(s+p_0)^r(s+p_{r+1})\cdots(s+p_n)}$$
$$=\frac{A_{01}}{(s+p_0)^r}+\frac{A_{02}}{(s+p_0)^{r-1}}+\cdots+\frac{A_{0r}}{(s+p_0)}+\frac{A_{r+1}}{(s+p_{r+1})}+\cdots+\frac{A_n}{(s+p_n)} \tag{2-36}$$

式中，$A_{r+1},A_{r+2},\cdots,A_n$ 的求法与极点为各不相同的实数极点中 A_i 的求法相同。

$A_{01},A_{02},\cdots,A_{0r}$ 的求法如下：

$$A_{01}=[F(s)(s+p_0)^r]_{s=-p_0}$$
$$A_{02}=\left\{\frac{\mathrm{d}}{\mathrm{d}s}[F(s)(s+p_0)^r]\right\}_{s=-p_0}$$
$$A_{03}=\frac{1}{2!}\left\{\frac{\mathrm{d}^2}{\mathrm{d}s^2}[F(s)(s+p_0)^r]\right\}_{s=-p_0}$$
$$\vdots$$
$$A_{0r}=\frac{1}{(r-1)!}\left\{\frac{\mathrm{d}^{r-1}}{\mathrm{d}s^{r-1}}[F(s)(s+p_0)^r]\right\}_{s=-p_0}$$

因为 $L^{-1}\left[\frac{1}{(s+p_0)^n}\right]=\frac{t^{n-1}}{(n-1)!}\mathrm{e}^{-p_0t}$，所以

$$f(t)=L^{-1}[F(s)]$$
$$=\left[\frac{A_{01}}{(r-1)!}t^{r-1}+\frac{A_{02}}{(r-2)!}t^{r-2}+\cdots+A_{0r}\right]\mathrm{e}^{-p_0t}+A_{r+1}\mathrm{e}^{-p_{r+1}t}+\cdots+A_n\mathrm{e}^{-p_nt},\quad t\geqslant 0 \tag{2-37}$$

例 2-5　试求 $F(s)=\frac{s+3}{(s+2)^2(s+1)}$ 的原函数。

解： $F(s)=\frac{s+3}{(s+2)^2(s+1)}$ 含有两个重极点，可将其分母进行分解：

$$F(s)=\frac{A_{01}}{(s+2)^2}+\frac{A_{02}}{s+2}+\frac{A_3}{s+1} \tag{2-38}$$

下面求系数 A_{01}、A_{02} 和 A_3：

$$A_{01}=[F(s)(s+2)^2]_{s=-2}=\left[\frac{s+3}{s+1}\right]_{s=-2}=-1$$

$$A_{02}=\left\{\frac{\mathrm{d}}{\mathrm{d}s}[F(s)(s+2)^2]\right\}_{s=-2}=\left\{\frac{\mathrm{d}}{\mathrm{d}s}\left[\frac{s+3}{s+1}\right]\right\}_{s=-2}$$
$$=\left[\frac{(s+3)'(s+1)-(s+3)(s+1)'}{(s+1)^2}\right]_{s=-2}=-2$$

$$A_3 = [F(s)(s+1)]_{s=-1} = 2$$

将所求得的 A_{01}、A_{02} 和 A_3 代入式（2-38），即得 $F(s)$ 的部分分式为

$$F(s) = \frac{-1}{(s+2)^2} - \frac{2}{s+2} + \frac{2}{s+1}$$

于是，$f(t) = L^{-1}[F(s)] = -(t+2)\mathrm{e}^{-2t} + 2\mathrm{e}^{-t}$，$t \geqslant 0$。

2.3.2 应用拉氏变换解线性微分方程

应用拉氏变换解线性微分方程（见图 2-16）的一般步骤如下：

（1）分别对微分方程的每一项进行拉氏变换，将微分方程变为关于 s 的代数方程；

（2）解代数方程，得到有关变量的拉氏变换表达式；

（3）应用拉氏反变换，得到微分方程的时域解。

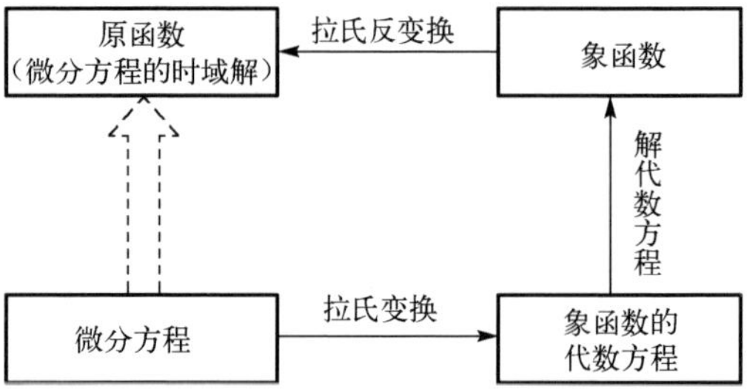

图 2-16 应用拉氏变换解线性微分方程

例 2-6 设系统微分方程为 $\frac{\mathrm{d}^2 x_o(t)}{\mathrm{d}t^2} + 5\frac{\mathrm{d}x_o(t)}{\mathrm{d}t} + 6x_o(t) = x_i(t)$，若 $x_i(t) = 1(t)$，初始条件分别为 $x_o(0)$、$x_o'(0)$，试求 $x_o(t)$。

解：

对微分方程左边进行拉氏变换：

$$L\left[\frac{\mathrm{d}^2 x_o(t)}{\mathrm{d}t^2}\right] = s^2 X_o(s) - sx_o(0) - x_o'(0)$$

$$L\left[5\frac{\mathrm{d}x_o(t)}{\mathrm{d}t}\right] = 5sX_o(s) - 5x_o(0)$$

$$L[6x_o(t)] = 6X_o(s)$$

$$L\left[\frac{\mathrm{d}^2 x_o(t)}{\mathrm{d}t^2} + 5\frac{\mathrm{d}x_o(t)}{\mathrm{d}t} + 6x_o(t)\right] = (s^2+5s+6)X_o(s) - (s+5)x_o(0) - x_o'(0)$$

对微分方程右边进行拉氏变换：

$$L[x_i(t)] = X_i(s) = L[1(t)] = \frac{1}{s}$$

从而有

$$(s^2+5s+6)X_o(s) - [(s+5)x_o(0) + x_o'(0)] = \frac{1}{s}$$

$$X_o(s) = \frac{1}{s(s^2+5s+6)} + \frac{(s+5)x_o(0) + x_o'(0)}{s^2+5s+6}$$

$$= \frac{A_1}{s} + \frac{A_2}{s+2} + \frac{A_3}{s+3} + \frac{B_1}{s+2} + \frac{B_2}{s+3}$$

$$A_1=\left[\frac{1}{s^2+5s+6}\right]_{s=0}=\frac{1}{6}$$

$$A_2=\left[\frac{1}{s(s+3)}\right]_{s=-2}=-\frac{1}{2}$$

$$A_3=\left[\frac{1}{s(s+2)}\right]_{s=-3}=\frac{1}{3}$$

$$B_1=\left[\frac{(s+5)x_o(0)+x_o'(0)}{s+3}\right]_{s=-2}=3x_o(0)+x_o'(0)$$

$$B_2=\left[\frac{(s+5)x_o(0)+x_o'(0)}{s+2}\right]_{s=-3}=-2x_o(0)-x_o'(0)$$

$$X_o(s)=\frac{\frac{1}{6}}{s}+\frac{-\frac{1}{2}}{s+2}+\frac{\frac{1}{3}}{s+3}+\frac{3x_o(0)+x_o'(0)}{s+2}+\frac{-2x_o(0)-x_o'(0)}{s+3}$$

$$x_o(t)=\frac{1}{6}-\frac{1}{2}e^{-2t}+\frac{1}{3}e^{-3t}+[3x_o(0)+x_o'(0)]e^{-2t}-[2x_o(0)+x_o'(0)]e^{-3t},\quad t\geqslant 0$$

当初始条件为零时，有

$$x_o(t)=\frac{1}{6}-\frac{1}{2}e^{-2t}+\frac{1}{3}e^{-3t},\quad t\geqslant 0$$

2.4 傅里叶变换

傅里叶变换能将满足一定条件的某个函数表示成三角函数（正弦和/或余弦函数）或它们的积分的线性组合，其目的是将时域（时间域）上的信号转变为频域（频率域）上的信号。随着域的不同，对同一个事物的了解角度也就随之改变，因此在时域中某些不好处理的地方，在频域中就可以较为简单地进行处理。

傅里叶变换的公式为

$$X(f)=\int_{-\infty}^{\infty}x(t)e^{-j2\pi ft}dt \tag{2-39}$$

$X(f)$ 称为 $x(t)$ 的傅里叶变换，表示为 $X(f)=F[x(t)]$。$x(t)$ 称为 $X(f)$ 的傅里叶逆变换，表示为 $x(t)=F^{-1}[X(f)]$。

傅里叶变换是在信号分析与处理中，将信号在时域与频域之间进行相互转换的基本数学工具。掌握傅里叶变换的主要性质有助于了解信号在某一域中变化时在另一域中相应的变化规律，从而使复杂信号的计算分析得以简化。下面介绍傅里叶变换的主要性质。

1. 线性叠加性

若 $X(f)=F[x(t)]$，$Y(f)=F[y(t)]$，且 a、b 是常数，则

$$F[ax(t)+by(t)]=aX(f)+bY(f) \tag{2-40}$$

即时域中两函数线性叠加的傅里叶变换等于频域上两函数傅里叶变换的线性叠加。

2. 对称性

若 $X(f)=F[x(t)]$，则

$$x(-f)=F[X(t)] \tag{2-41}$$

此性质表明：傅里叶变换与傅里叶逆变换之间存在对称关系。利用这个性质，可由已知的傅里叶变换对获得逆向相应的变换对。

3. 尺度改变性质

若 $X(f)=F[x(t)]$，且 k 为大于零的常数，则

$$F[x(kt)]=\frac{1}{k}X\left(\frac{f}{k}\right) \tag{2-42}$$

此性质表明：当时域尺度压缩（$k>1$）时，对应的频域展宽且幅值减小；当时域尺度展宽（$k<1$）时，对应的频域压缩且幅值增加。

4. 时移性质

若 $X(f)=F[x(t)]$，且 t_0 为常数，则

$$F[x(t\pm t_0)]=X(f)e^{\pm j2\pi ft_0} \tag{2-43}$$

此性质表明：当时域中信号沿时间轴平移一个常值 t_0 时，对应的频谱函数将乘 $e^{\pm j2\pi ft_0}$。

5. 频移性质

若 $X(t)=F^{-1}[x(f)]$，且 f_0 为常数，则

$$F^{-1}[X(f\pm f_0)]=x(t)e^{\mp j2\pi f_0 t} \tag{2-44}$$

此性质表明：当频谱沿频率轴平移一个常值 f_0 时，对应的时域函数将乘 $e^{\mp j2\pi f_0 t}$。

6. 微分和积分性质

若 $X(f)=F[x(t)]$，则有

$$F\left[\frac{dx(t)}{dt}\right]=j2\pi fX(f) \tag{2-45}$$

$$F\left[\int_{-\infty}^{t}x(t)dt\right]=\frac{1}{j2\pi f}X(f) \tag{2-46}$$

对于高阶微分，有

$$F\left[\frac{d^n x(t)}{dt^n}\right]=(j2\pi f)^n X(f)$$

对于 n 重积分，有

$$F\left[\underbrace{\int_{-\infty}^{t}\cdots\int_{-\infty}^{t}}_{n\text{个}} x(t)\mathrm{d}t\right]=\frac{1}{(\mathrm{j}2\pi f)^n}X(f)$$

7．卷积性质

定义 $\int_{-\infty}^{t} x_1(\tau)x_2(t-\tau)\mathrm{d}\tau$ 为函数 $x_1(t)$ 和 $x_2(t)$ 的卷积，记作 $x_1(t)*x_2(t)$。

若 $X_1(f)=F[x_1(t)]$，$X_2(f)=F[x_2(t)]$，则有

$$F[x_1(t)*x_2(t)]=X_1(f)X_2(f) \tag{2-47}$$

$$F[x_1(t)x_2(t)]=X_1(f)*X_2(f) \tag{2-48}$$

该性质表明：时域卷积对应频域乘积，时域乘积对应频域卷积。通常卷积的积分计算比较困难，但是利用卷积性质，可以大大简化信号分析，因此卷积性质在信号分析及经典控制理论中，都占有重要位置。

2.5 传递函数

控制系统的微分方程是在时域中描述系统动态性能的数学模型。在控制工程中直接求解系统微分方程是分析研究系统的基本方法。在给定的外作用和初始条件下，求解控制系统的微分方程可得到系统输出响应的表达式，可以分析系统的动态特性，并可得到输出量的时间响应曲线，从而直观地反映出系统的动态过程。但是由于没有计算机的帮助，微分方程求解过程烦琐，计算复杂、费时，而且难以直接从微分方程本身研究和判断系统的动态性能，因此这种方法有很大的局限性。当系统参数或结构发生改变时，需要重写微分方程。微分方程的阶数越高，工作越复杂，因此使用微分方程这一数学模型对系统进行分析与设计会存在一定的不便。

为了描述线性定常系统输入与输出的关系，在经典控制理论中最常用的一种数学模型是传递函数，它是在拉氏变换的基础上建立的。用传递函数描述系统，不必求解微分方程就可以间接地分析系统结构及参数与系统性能的关系，并且可以根据传递函数在复平面上的形状直接判断系统的动态性能，找出改善系统品质的方法。因此，传递函数是经典控制理论的基础，是一个极其重要的基本概念。

2.5.1 传递函数的定义及一般表达式

线性定常系统的传递函数可定义为当初始条件为零时，输出量 $y(t)$ 的拉氏变换 $Y(s)$ 与输入量 $x(t)$ 的拉氏变换 $X(s)$ 之比，即

$$H(s)=\frac{Y(s)}{X(s)} \tag{2-49}$$

零初始条件指的是以下两个条件：

（1）当 $t<0$ 时，输入量及其各阶导数均为 0。

（2）在输入量施加于系统之前，系统处于稳定的工作状态，即当$t<0$时，输出量及其各阶导数均为0。

实际大多数工程系统都满足这样的条件。零初始条件的规定不仅能简化运算，而且有利于在同等条件下比较系统性能。

线性定常系统微分方程的一般形式为

$$\begin{aligned}&a_0\frac{\mathrm{d}^n}{\mathrm{d}t^n}x_\mathrm{o}(t)+a_1\frac{\mathrm{d}^{n-1}}{\mathrm{d}t^{n-1}}x_\mathrm{o}(t)+\cdots+a_{n-1}\frac{\mathrm{d}}{\mathrm{d}t}x_\mathrm{o}(t)+a_nx_\mathrm{o}(t)\\&=b_0\frac{\mathrm{d}^m}{\mathrm{d}t^m}x_\mathrm{i}(t)+b_1\frac{\mathrm{d}^{m-1}}{\mathrm{d}t^{m-1}}x_\mathrm{i}(t)+\cdots+b_{m-1}\frac{\mathrm{d}}{\mathrm{d}t}x_\mathrm{i}(t)+b_mx_\mathrm{i}(t),\quad n\geqslant m\end{aligned}\tag{2-50}$$

式中，$x_\mathrm{i}(t)$为系统的输入量；$x_\mathrm{o}(t)$为系统的输出量；$a_0,a_1,a_2,\cdots,a_n$，$b_0,b_1,b_2,\cdots,b_m$均是由系统结构、参数决定的常系数。

在零初始条件下，对式（2-50）进行拉氏变换，可得

$$(a_0s^n+a_1s^{n-1}+\cdots+a_{n-1}s+a_n)X_\mathrm{o}(s)=(b_0s^m+b_1s^{m-1}+\cdots+b_{m-1}s+b_m)X_\mathrm{i}(s)$$

根据传递函数的定义，可得

$$G(s)=\frac{X_\mathrm{o}(s)}{X_\mathrm{i}(s)}=\frac{b_0s^m+b_1s^{m-1}+\cdots+b_{m-1}s+b_m}{a_0s^n+a_1s^{n-1}+\cdots+a_{n-1}s+a_n},\quad n\geqslant m\tag{2-51}$$

从数学变换关系上来看，传递函数是由系统的微分方程经拉氏变换后得到的，而拉氏变换是一种线性变换，只是将变量从时域变换到复数域，因而它必然同微分方程一样能表征系统的固有特性，即成为描述控制系统运动的又一形式的数学模型。同时，传递函数包含了微分方程的所有系数。如果不产生分子与分母相消，则传递函数与微分方程所包含的信息量相同。事实上，传递函数的分母多项式就是微分方程左端的微分多项式，也就是特征多项式。

传递函数与微分方程两种数学模型是共通的。通过微分运算符$\frac{\mathrm{d}}{\mathrm{d}t}$与复变量$s$的互换，就可以很容易地实现两种模型之间的互化。传递函数$G(s)$是以s为自变量的函数，这里的s是复变量：$s=\sigma+\mathrm{j}\omega$，所以$G(s)$是一个复变函数。

传递函数本质上是数学模型，与微分方程等价，在形式上它却是一个函数，而不是一个方程。这不但使运算大为简便，而且可以很方便地用图形来表示，因此在工程上广泛采用传递函数分析系统。

2.5.2 传递函数的性质

（1）传递函数是复数域中的系统数学模型，是关于复变量s的有理分式，它具有复变函数的所有性质。因为实际物理系统总是存在惯性，并且能源功率有限，所以实际系统传递函数的分母阶次n总是大于或等于分子阶次m，即$n\geqslant m$。

（2）传递函数只取决于系统的结构和参数，与输入、输出的形式无关，与外作用无关，也不反映系统内部的信息。

（3）系统的传递函数是由微分方程经过拉氏变换得来的，因此两者可以相互转换。若给

定了系统（元件）的微分方程，只要将其中的微分运算符 $\frac{\mathrm{d}}{\mathrm{d}t}$ 用相应的 s 代替，就可以得到系统（元件）的传递函数。

（4）传递函数只适用于单输入/单输出线性定常系统。

应当注意传递函数的局限性及适用范围。传递函数是从拉氏变换导出的，拉氏变换是一种线性变换，因此，传递函数只适用于描述线性定常系统。传递函数是在零初始条件下被定义的，所以它不能反映非零初始条件下系统的自由响应运动规律。

2.6　系统方框图

2.6.1　系统方框图的基本概念

控制系统一般由许多元件组成，为了表明元件在系统中的功能，以便对系统进行分析和研究，我们经常要用到系统方框图。在建立了控制系统传递函数的概念之后，方框图就可以与传递函数结合起来，进一步描述系统变量之间的因果关系。系统的方框图描述系统各元件之间的相互关系和信号传递转换的过程，它将系统结构和原理分析中对各元件和各变量之间的定性分析上升到定量分析，为工程上分析、设计系统提供了一种有力的数学工具。

系统方框图实质上是系统原理图与数学方程的结合，既补充了系统原理图所缺少的定量描述，又避免了纯数学的抽象运算。在结构上，用方框图可以进行数学运算，也可以直观了解各元件的相互关系及其在系统中所起的作用，重要的是可以方便地求得系统的传递函数。所以，系统方框图也是控制系统的一种数学模型，既适用于线性控制系统，也适用于非线性控制系统。

图 2-17 所示为一个简单控制系统的方框图。一般情况下，系统方框图由四个基本单元组成（见图 2-18）：信号线、函数方框、求和点和信号引出点/线。

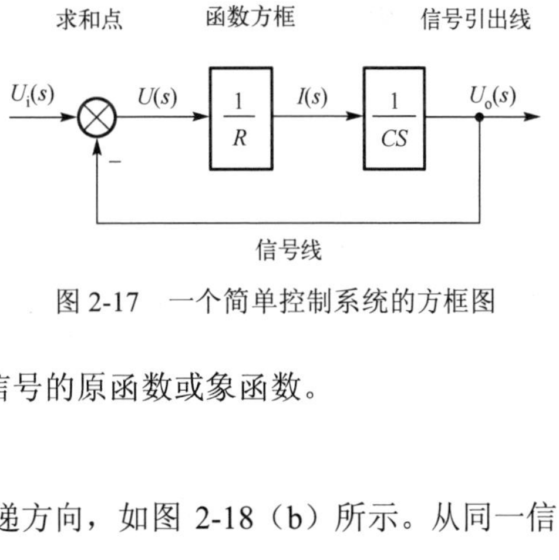

图 2-17　一个简单控制系统的方框图

1．信号线

信号线是带有箭头的直线，如图 2-18（a）所示。箭头表示信号的传递方向，在信号线旁边标明信号的原函数或象函数。

2．信号引出点/线

信号引出点/线表示信号引出或测量的位置或传递方向，如图 2-18（b）所示。从同一信号线上引出的信号，其性质、大小完全一样。

3．函数方框

函数方框是传递函数的图解表示，如图 2-18（c）所示。函数方框具有运算功能，在图 2-18（c）中，$X_2(s)=G(s)X_1(s)$。

4．求和点（比较点、综合点）

求和点是信号之间进行代数加减运算的图解，如图 2-18（d）所示。求和点用符号“⊗”及相应的信号箭头表示，每个箭头前方的“+”或“−”分别表示加上此信号或减去此信号。相邻求和点可以互换、合并和分解，即满足代数运算的交换律、结合律和分配律。求和点可以有多个输入，但输出是唯一的。求和点之间运算的相互转换如图 2-19 所示。

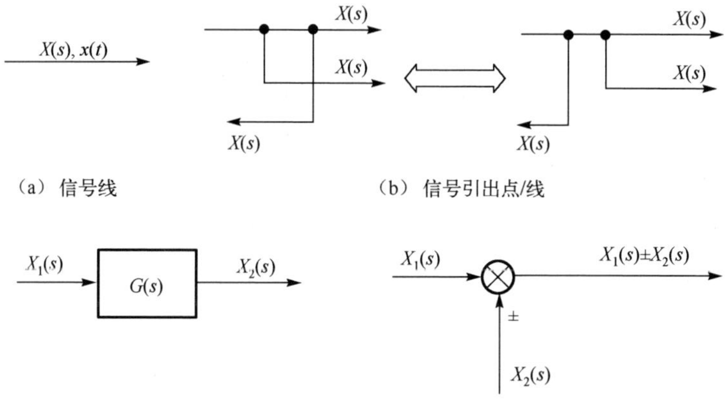

（a）信号线　　（b）信号引出点/线

（c）函数方框　　（d）求和点

图 2-18　系统方框图的基本单元

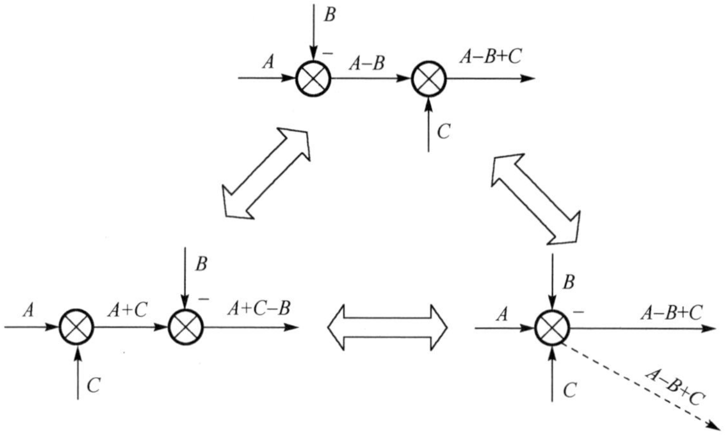

图 2-19　求和点之间运算的相互转换

2.6.2　绘制系统方框图

绘制控制系统方框图的一般步骤如下：

（1）分析控制系统的工作原理，找出被控对象；

（2）建立系统各元件的微分方程，明确信号的因果关系（输入与输出关系）；

（3）对上述微分方程进行拉氏变换，绘制各个环节的方框图；

（4）按照信号在系统中的传递、变换过程，依次将各环节的方框图用信号线连接起来，得到控制系统方框图。

值得注意的是，虽然系统方框图是根据系统元件的数学模型得到的，但方框与实际系统的元件并不是一一对应的。一个实际元件可以用一个方框或几个方框表示，而一个方框也可以代表几个元件或一个子系统，或者是一个大的复杂系统。

下面举例说明系统方框图的绘制。

例 2-7　图 2-20 所示为 RC 无源电路。设输入端电压 $u_i(t)$、输出端电压 $u_o(t)$ 分别为系统的输入量、输出量。试绘制该系统的方框图。

解：设回路电流为 $i(t)$，由基尔霍夫定理可列回路方程：

$$Ri(t) = u_i(t) - u_o(t)$$

$$u_o(t) = \frac{1}{C}\int i(t)\mathrm{d}t$$

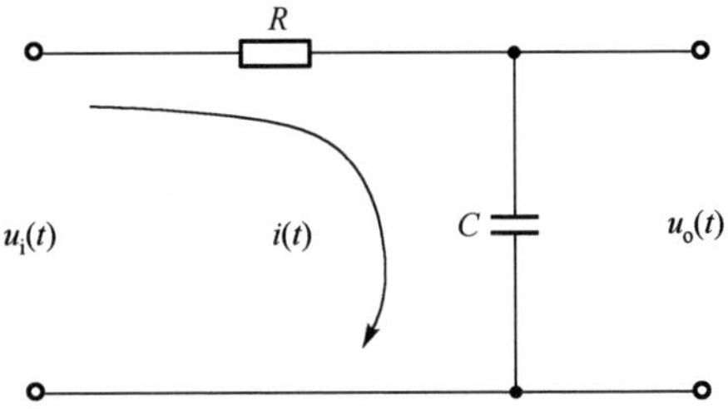

图 2-20　RC 无源电路

对微分方程进行拉氏变换，得

$$RI(s) = U_i(s) - U_o(s)$$

$$U_o(s) = \frac{1}{Cs}I(s)$$

整理可得

$$I(s) = \frac{1}{R}[U_i(s) - U_o(s)]$$

$$U_o(s) = \frac{1}{Cs}I(s)$$

从而可得系统各方框单元及其方框图，如图 2-21 所示。

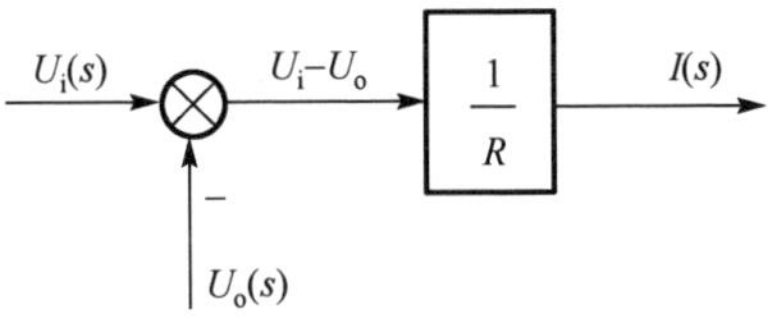

（a）$I(s) = \frac{1}{R}[U_i(s) - U_o(s)]$

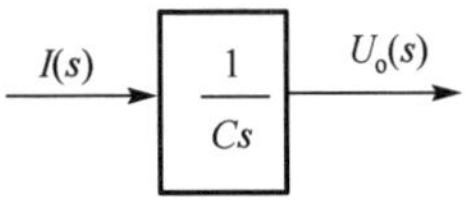

（b）$U_o(s) = \frac{1}{Cs}I(s)$

图 2-21　RC 无源电路各方框单元及其方框图

将各方框单元按信号传递关系连接起来就可以得到图 2-22 所示的系统方框图。

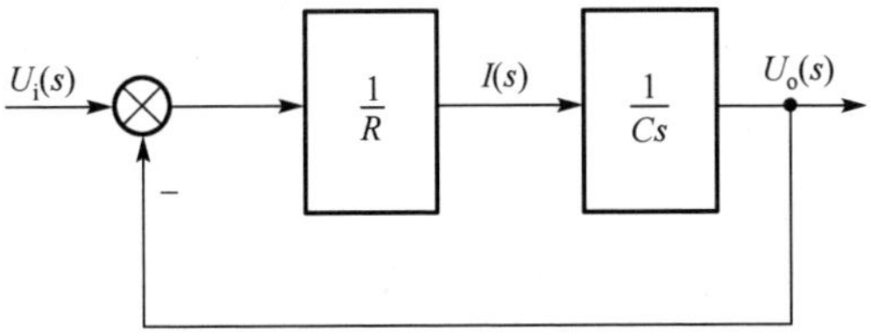

图 2-22　RC 无源电路系统方框图

例 2-8　图 2-23 所示为弹簧–质量–阻尼器机械平移系统。质量块在外力 $f_i(t)$ 的作用下，产生位移 $x_o(t)$。试绘制该机械平移系统的系统方框图。

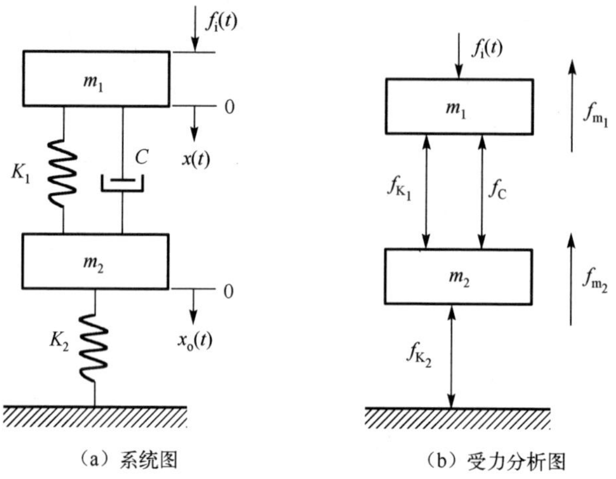

图 2-23 弹簧-质量-阻尼器机械平移系统

解：分析系统可知，输入量为 $f_i(t)$，输出量为 $x_o(t)$，质量块受到的弹力 $f_K(t)$ 和阻尼力 $f_C(t)$ 为中间变量。根据牛顿第二定律列出微分方程：

$$m_1\ddot{x}(t) = f_i(t) - f_C(t) - f_{K_1}(t)$$

$$f_{K_1}(t) = K_1[x(t) - x_o(t)]$$

$$f_C(t) = C\left(\frac{dx(t)}{dt} - \frac{dx_o(t)}{dt}\right)$$

$$m_2\ddot{x}_o(t) = f_{K_1}(t) + f_C(t) - f_{K_2}(t)$$

$$f_{K_2}(t) = K_2 x_o(t)$$

分别对每个微分方程进行拉氏变换：

$$X(s) = \frac{1}{m_1 s^2}[F_i(s) - F_C(s) - F_{K_1}(s)] \tag{2-52}$$

$$F_{K_1}(s) = K_1[X(s) - X_o(s)] \tag{2-53}$$

$$F_C(s) = Cs[X(s) - X_o(s)] \tag{2-54}$$

$$X_o(s) = \frac{1}{m_2 s^2}[F_{K_1}(s) + F_C(s) - F_{K_2}(s)] \tag{2-55}$$

$$F_{K_2}(s) = K_2 X_o(s) \tag{2-56}$$

根据式（2-52）～式（2-56）可画出弹簧-质量-阻尼器机械平移系统各部分的方框图，如图 2-24 所示。

根据信号的转换、传递关系，将图 2-24 所示的 4 个图连接起来就可以得到弹簧-质量-阻尼器机械平移系统的方框图，如图 2-25 所示。

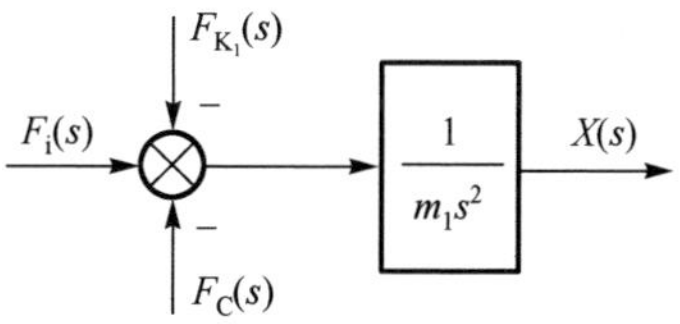

（a）$X(s)=\dfrac{1}{m_1 s^2}[F_i(s)-F_C(s)-F_{K_1}(s)]$

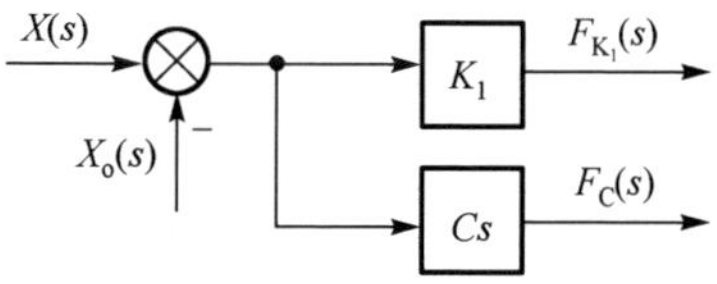

（b）$F_{K_1}(s)=K_1[X(s)-X_o(s)]$,
$F_C(s)=Cs[X(s)-X_o(s)]$

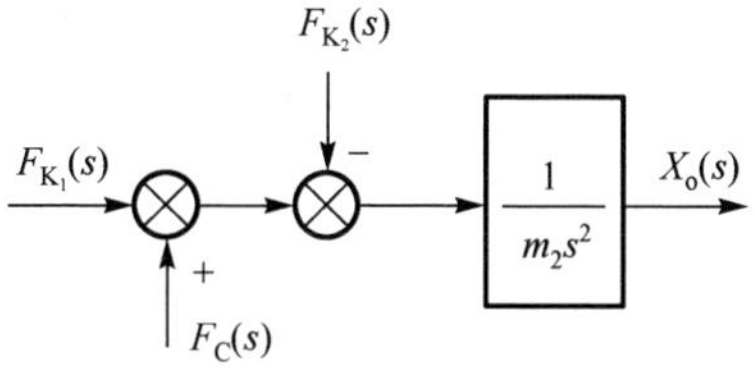

（c）$X_o(s)=\dfrac{1}{m_2 s^2}[F_{K_1}(s)+F_C(s)-F_{K_2}(s)]$

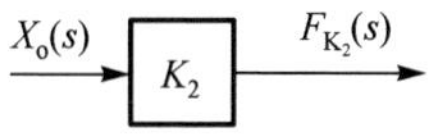

（d）$F_{K_2}(s)=K_2 X_o(s)$

图 2-24　弹簧-质量-阻尼器机械平移系统各部分的方框图

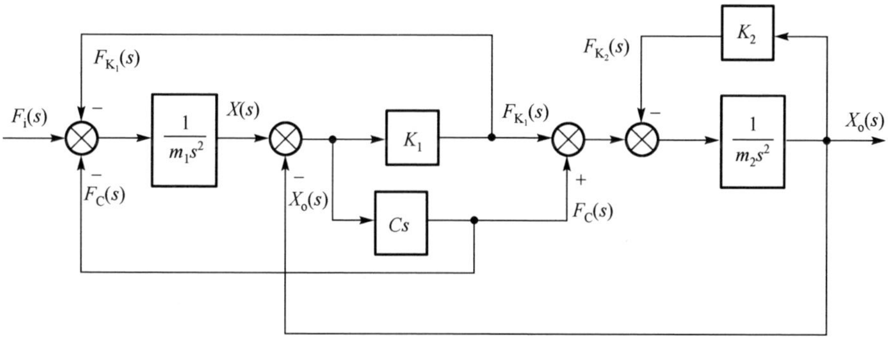

图 2-25　弹簧-质量-阻尼器机械平移系统的方框图

2.6.3　系统方框图的等效变换

在自动控制系统的传递函数的系统方框图中，各环节间常常存在着错综复杂的关系。为了分析系统的动态性能，需要对系统的方框图进行运算和变换，求出总的传递函数。这种运算和变换，就是设法将系统方框图转化为一个等效的方框，而方框中的数学表达式为输入与输出之间总的数学关系，这个数学关系在系统总传递变换前、后应保持不变。显然，变换的实质相当于对所描述系统的方程组进行消元，求出系统输入与输出的总关系式。

1．方框图的运算法则

从前述的一些示例中可以看出，方框的基本连接形式可分为三种：串联连接、并联连接和反馈连接。

1）串联连接

串联连接方框图是指方框与方框首尾相连，前一方框的输出就是后一方框的输入，如图 2-26 所示。前后相连的方框之间无负载效应，方框串联后，总的传递函数等于每个方框单元传递函数的乘积。

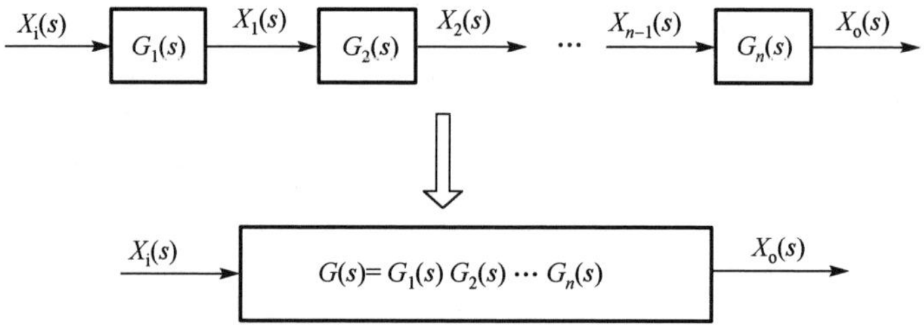

图 2-26 串联连接方框图

2）并联连接

并联连接方框图是指多个方框具有同一个输入，且以各方框单元输出的代数和作为总输出，如图 2-27 所示。方框并联后，总的传递函数等于所有并联方框单元的传递函数之和。

3）反馈连接

将一个方框的输出输入另一个方框，得到的输出再返回并作用于前一个方框的输入端，这种结构称为反馈连接，反馈连接方框图如图 2-28 所示。

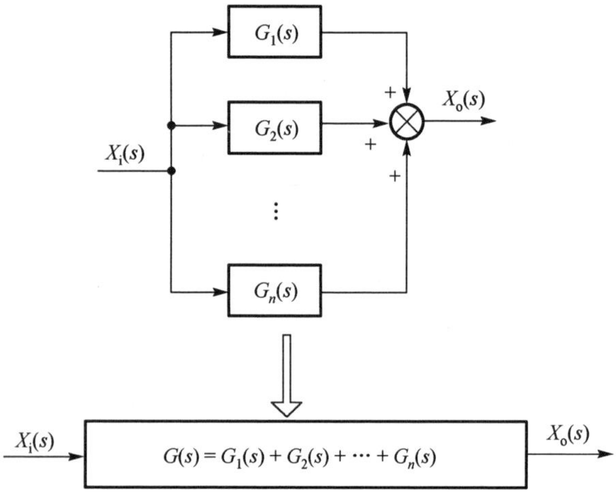

图 2-27 并联连接方框图

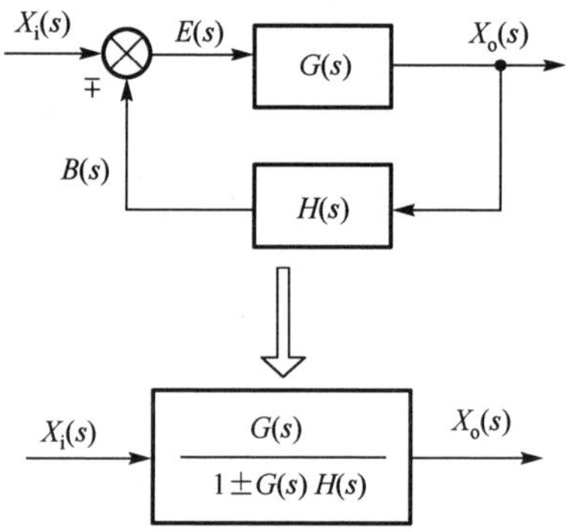

图 2-28 反馈连接方框图

在图 2-28 中，按信号传递的关系可写出

$$X_o(s) = G(s)E(s)$$
$$E(s) = X_i(s) \mp B(s)$$
$$B(s) = H(s)X_o(s)$$

消去 $E(s)$、$B(s)$，得闭环传递函数为

$$\Phi(s) = \frac{X_o(s)}{X_i(s)} = \frac{G(s)}{1 \pm G(s)H(s)}$$

式中，分母上的加号对应负反馈，减号对应正反馈。

方框反馈连接后，其等价的闭环传递函数等于前向通道的传递函数除以 1 加（或减）前向通道与反馈通道的传递函数的乘积。

任何复杂系统的方框图，都不外乎是由串联、并联和反馈三种基本连接方式的方框交叉组成的，但要实现上述三种运算，则必须将复杂的交叉状态变换为可运算的状态，这就要进行方框图的等效变换。

2. 方框图的等效变换法则

方框图的等效变换就是先将求和点或引出点在等效的原则上进行适当的移动，消除方框之间的变叉连接，然后一步步运算，求出系统总的传递函数。

1）求和点的移动

图 2-29 所示为求和点后移的等效结构。将 $G(s)$ 方框前的求和点后移到 $G(s)$ 的输出端，而且仍要保持信号 A、B、C 的关系不变，则在被移动的通路上必须串入 $G(s)$ 方框。

移动前的信号关系为

$$C(s)=G(s)(A\pm B)$$

移动后的信号关系为

$$C(s)=G(s)A\pm G(s)B$$

因为 $G(s)(A\pm B)=G(s)A\pm G(s)B$，满足运算乘法分配律，所以求和点移动前后方框图的输出是等效的。

图 2-30 所示为求和点前移的等效结构。

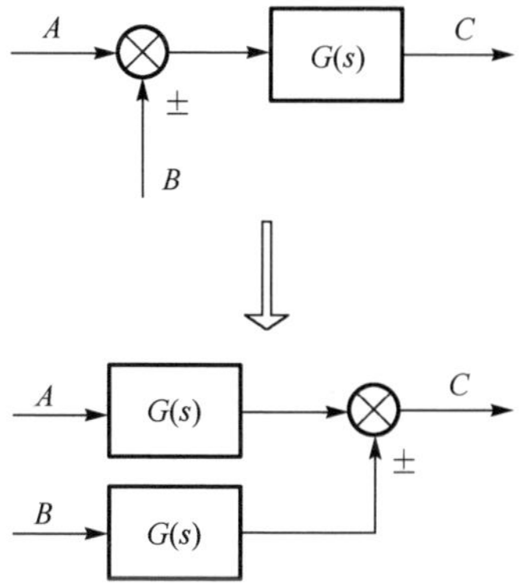

图 2-29　求和点后移的等效结构

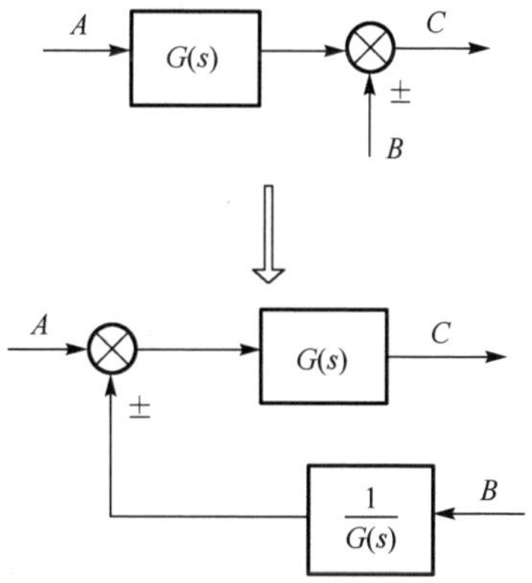

图 2-30　求和点前移的等效结构

移动前的信号关系为

$$C(s)=G(s)A\pm B$$

移动后的信号关系为

$$C(s)=G(s)\left[A\pm\frac{1}{G(s)}B\right]$$

求和点移动前后方框图的输出也是等效的。

2）引出点的移动

图 2-31 所示为引出点前移的等效结构。将 $G(s)$ 方框输出端的引出点移动到 $G(s)$ 的输入端，要保持总的信号关系不变，则在被移动的通路上应该串入 $G(s)$ 的方框。

移动前，引出点引出的信号为

$$C(s)=G(s)A$$

移动后，引出点引出的信号仍要保证为 $C(s)$，需在引出线一端加入一个传递函数为 $G(s)$ 的函数方框，这样就能保证得到的输出信号和移动前一致。

图 2-32 所示为引出点后移的等效结构。显然，移动后的输出 A 仍为

$$A=\frac{1}{G(s)}G(s)A=A$$

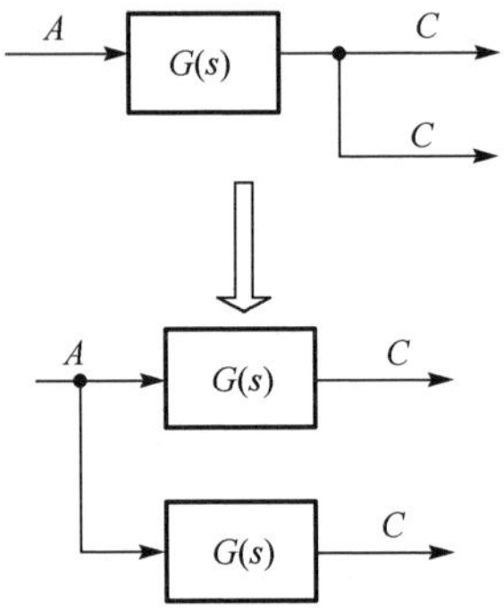

图 2-31 引出点前移的等效结构

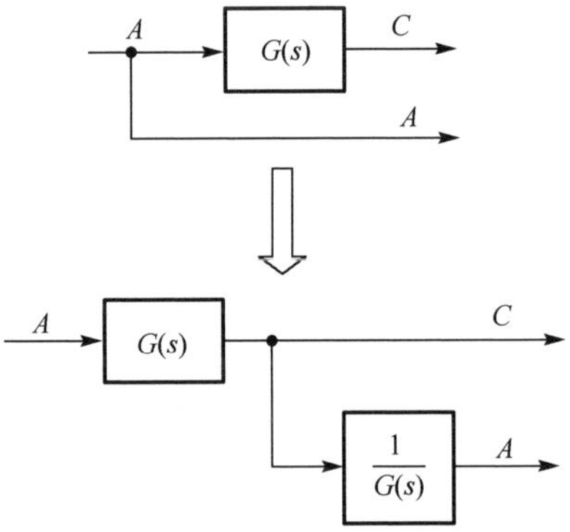

图 2-32 引出点后移的等效结构

为了便于计算，建议方框图在简化时尽可能采用求和点后移和引出点前移的等效变换法则。

3. 由系统方框图求传递函数

下面举例具体说明如何运用等效变换法则，逐步将一个比较复杂的系统方框图简化，并求得其传递函数。简化的基本思路是利用等效变换法则，移动求和点和引出点，消去交叉回路，变换成可以运算的简单回路。

例 2-9 求图 2-33 所示系统的传递函数。

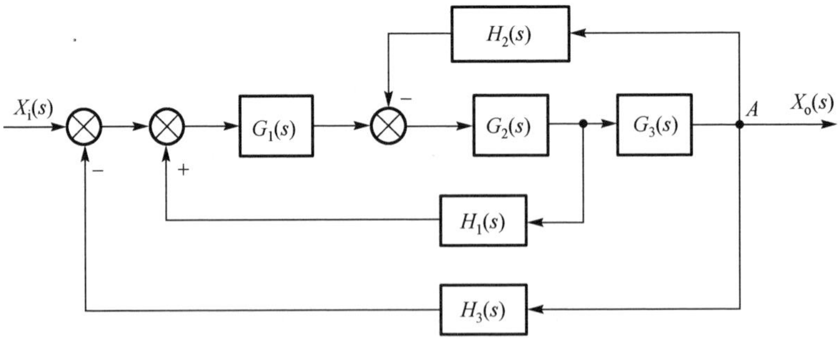

图 2-33 例 2-9 系统方框图

解：（1）引出点 A 前移，得到的方框图如图 2-34 所示。

（2）消去 $H_2(s)G_3(s)$反馈回路，得到的方框图如图 2-35 所示。

（3）消去 $H_1(s)$反馈回路，得到的方框图如图 2-36 所示。

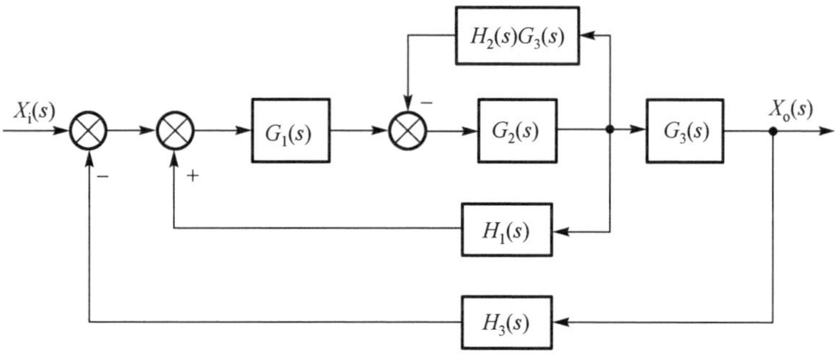

图 2-34　引出点 A 前移

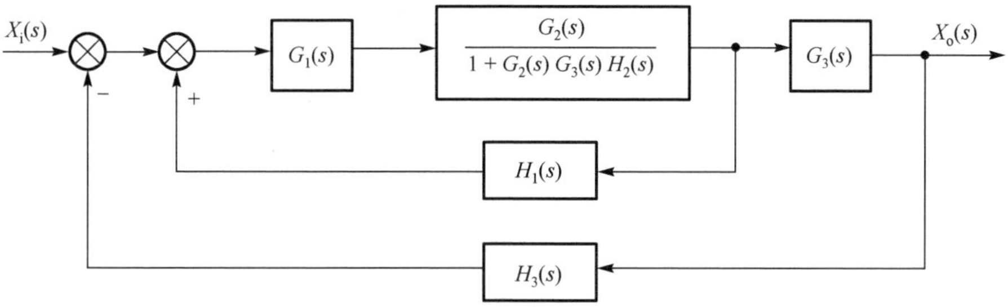

图 2-35　消去 $H_2(s)G_3(s)$反馈回路

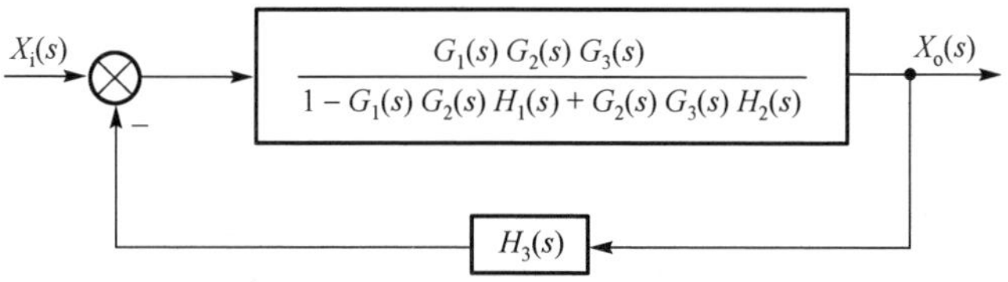

图 2-36　消去 $H_1(s)$反馈回路

（4）消去 $H_3(s)$反馈回路，得到的方框图如图 2-37 所示。

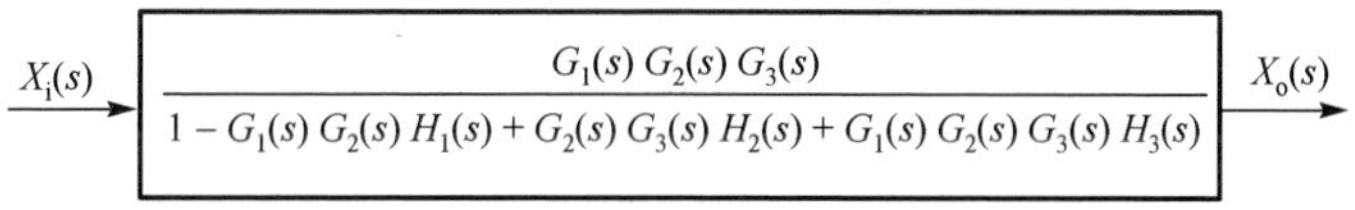

图 2-37　消去 $H_3(s)$反馈回路

2.7　控制系统的传递函数

自动控制系统在工作过程中经常会受到两类外作用信号的影响：一类是有用信号，也称为给定信号、输入信号、参考输入等，常用 $x_i(t)$ 表示；另一类是扰动信号，也称为干扰信号，常用 $n(t)$ 表示。给定信号 $x_i(t)$ 通常加在系统的输入端，而扰动信号 $n(t)$ 一般作用在被控对象上，但也可能出现在其他元件上，甚至夹杂在给定信号中。一个闭环控制系统的典型结构如图 2-38 所示。

其中，$X_i(s)$到 $X_o(s)$的信号传递通道称为前向通道；$X_o(s)$到 $B(s)$的信号传递通道称为反馈通道。

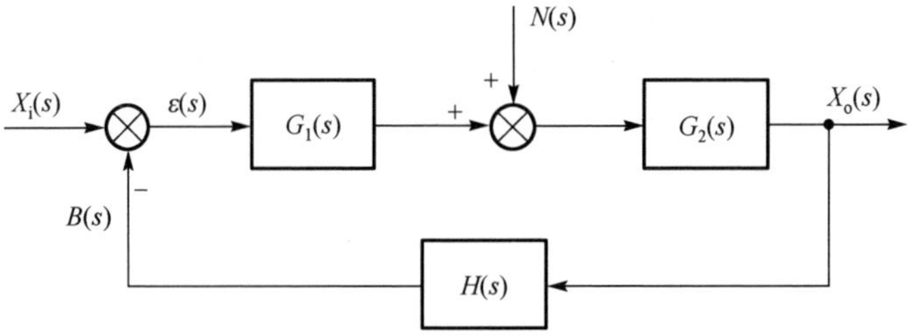

图 2-38　闭环控制系统的典型结构

2.7.1　闭环系统的开环传递函数

在图 2-38 中，当将闭环控制系统的主反馈通道的输出断开，即 $H(s)$的输出通道断开时，前向通道传递函数与反馈通道传递函数的乘积 $G_1(s)G_2(s)H(s)$称为该闭环控制系统的开环传递函数，记为 $G_K(s)$。

闭环系统的开环传递函数也可定义为反馈信号 $B(s)$和偏差信号 $\varepsilon(s)$之间的传递函数，即

$$G_K(s)=\frac{B(s)}{\varepsilon(s)}=G_1(s)G_2(s)H(s) \tag{2-57}$$

必须指出，开环传递函数是闭环控制系统的一个重要概念，它并不是开环系统的传递函数。

2.7.2　系统的闭环传递函数

1．系统在 $x_i(t)$ 作用下的闭环传递函数

令 $n(t)=0$，这时图 2-38 简化为图 2-39。此时在输入 $x_i(t)$ 的作用下，系统的闭环传递函数为

$$\Phi_i(s)=\frac{X_{o1}(s)}{X_i(s)}=\frac{G_1(s)G_2(s)}{1+G_1(s)G_2(s)H(s)} \tag{2-58}$$

为了分析系统偏差信号$\varepsilon(s)$的变化规律，寻求偏差信号与输入信号之间的关系，将图 2-39 所示的系统方框图转换成图 2-40。列出输入 $X_i(s)$ 与偏差 $\varepsilon(s)$ 之间的传递函数，此传递函数称为输入作用下的偏差传递函数，用 $\Phi_{\varepsilon i}(s)$ 表示。

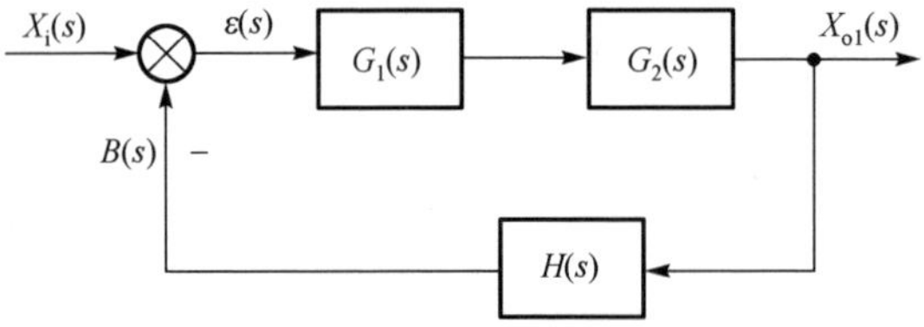

图 2-39　$x_i(t)$ 作用下的闭环控制系统

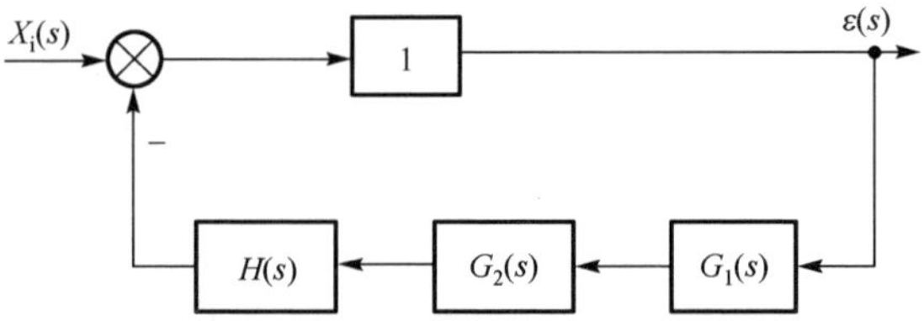

图 2-40　图 2-39 转换成的闭环控制系统

$$\Phi_{\varepsilon i}(s)=\frac{\varepsilon_i(s)}{X_i(s)}=\frac{1}{1+G_1(s)G_2(s)H(s)} \tag{2-59}$$

2．系统在 $n(t)$ 作用下的闭环传递函数

为研究干扰对系统的影响，需要求出以 $N(s)$ 作为输入的系统输入与输出之间的传递函数。这时令 $x_i(t)=0$，则图 2-38 简化为图 2-41。由图 2-41 可知，系统在输入 $n(t)$ 作用下的闭环传递函数（干扰传递函数）为

$$\Phi_N(s)=\frac{X_{o2}(s)}{N(s)}=\frac{G_2(s)}{1+G_1(s)G_2(s)H(s)} \tag{2-60}$$

同理，系统在扰动作用下的偏差传递函数称为扰动偏差传递函数，用 $\Phi_{\varepsilon N}(s)$ 表示。$n(t)$ 作用下的闭环控制系统方框图如图 2-42 所示。

$$\Phi_{\varepsilon N}(s)=\frac{\varepsilon_N(s)}{N(s)}=\frac{-G_2(s)H(s)}{1+G_1(s)G_2(s)H(s)} \tag{2-61}$$

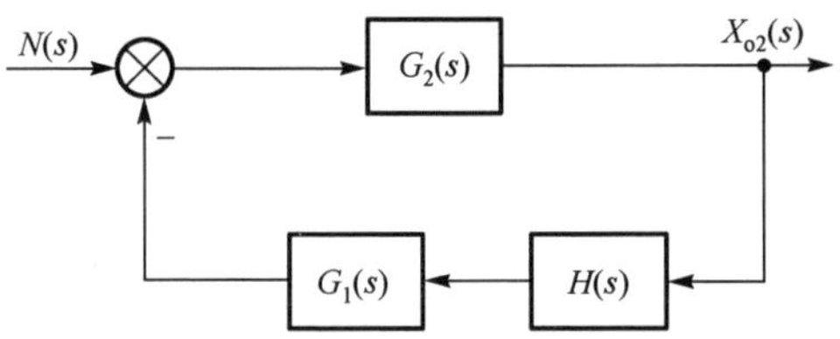

图 2-41　$n(t)$ 作用下的闭环控制系统

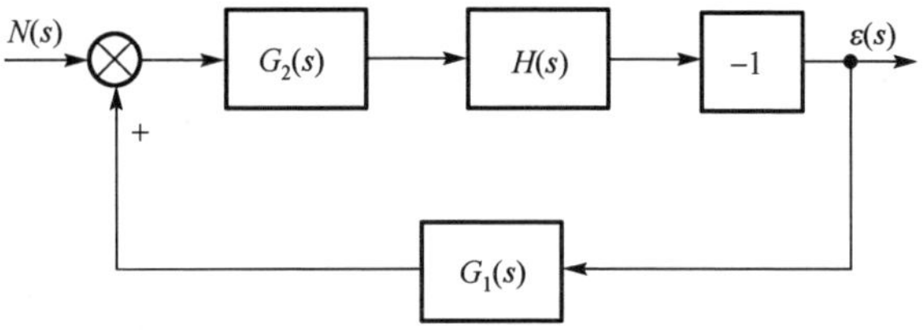

图 2-42　$n(t)$ 作用下的闭环控制系统方框图

从式（2-58）～式（2-61）可以看出，系统的闭环传递函数 $\Phi_i(s)$、$\Phi_{\varepsilon i}(s)$、$\Phi_N(s)$、$\Phi_{\varepsilon N}(s)$ 具有相同的特征多项式：$1+G_1(s)G_2(s)H(s)$。其中，$G_1(s)G_2(s)H(s)$ 为系统的开环传递函数。也就是说，闭环传递函数的极点相同。这说明：系统的固有特性与输入、输出的形式、位置均无关，即同一个外作用加在系统不同的位置上，虽然系统的响应不同，但不会改变系统的固有特性。

2.7.3　系统的总输出

根据线性系统的叠加原理，系统在同时受到输入 $x_i(t)$ 及扰动 $n(t)$ 的作用时，其总输出应为各外作用分别引起的输出的总和，即系统的总输出为

$$\begin{aligned}X_o(s)&=X_{o1}(s)+X_{o2}(s)\\&=\frac{G_1(s)G_2(s)}{1+G_1(s)G_2(s)H(s)}X_i(s)+\frac{G_2(s)}{1+G_1(s)G_2(s)H(s)}N(s)\end{aligned} \tag{2-62}$$

若 $|G_1(s)G_2(s)H(s)|\gg 1$ 且 $|G_1(s)H(s)|\gg 1$，则

$$X_o(s)\approx\frac{1}{H(s)}X_i(s) \tag{2-63}$$

上式表明，采用反馈控制的系统，适当选择元件的结构参数可以增强系统抑制干扰的能力。同时，系统的输出只取决于反馈通道上的传递函数及输入信号，与前向通道上的传递函

数无关。特别是当 $H(s)=1$，即系统为单位负反馈时，$X_o(s) \approx X_i(s)$，这表明系统几乎实现了对输入信号的完全复现，即获得较高的工作精度。

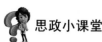

思政小课堂

将人生比作一个自动控制系统（见图 2-43），如果只是勇往直前，而不回头反省，那就如同开环控制系统一样，无法对行进过程中的偏差进行修正。不忘奋发图强、科学报国的初心，为祖国的科研事业贡献力量，这是新时代大学生的使命与责任，也是该系统的“给定量”。将扪心自问、反躬自省作为系统的“反馈环节”，当理想信念因为外界诱惑偏离初心时形成“反馈”通道，做到实时修正，不断减小偏差，这样才能去除杂念、坚定信念，实现目标。

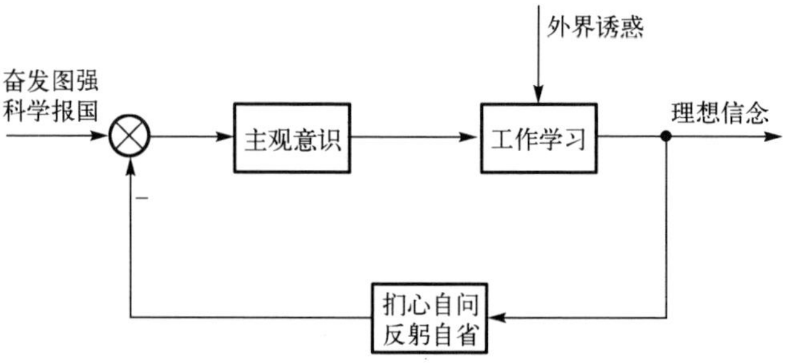

图 2-43 将人生比作一个自动控制系统

习 题

2-1 机械系统如图 2-44 所示，其中，x_i 是输入位移，x_o 是输出位移。试分别写出各系统的微分方程。

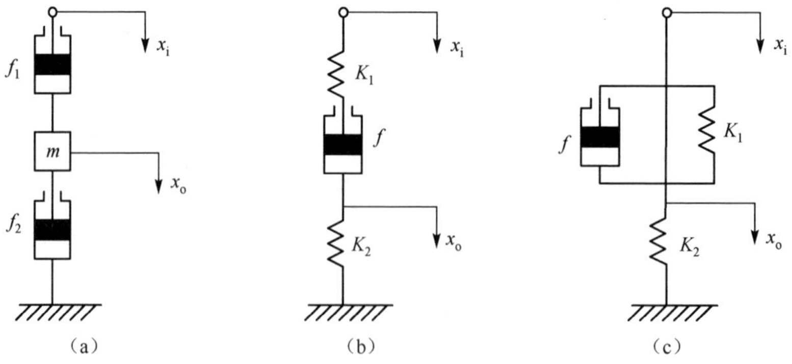

图 2-44 题 2-1 图

2-2 试求图 2-45 所示电路的微分方程和传递函数。

2-3 试求图 2-46 所示的运算放大器构成的电路的传递函数。

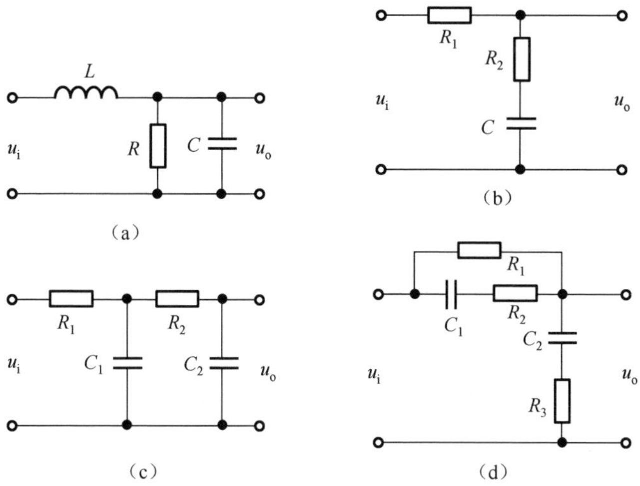

图2-45 题2-2图

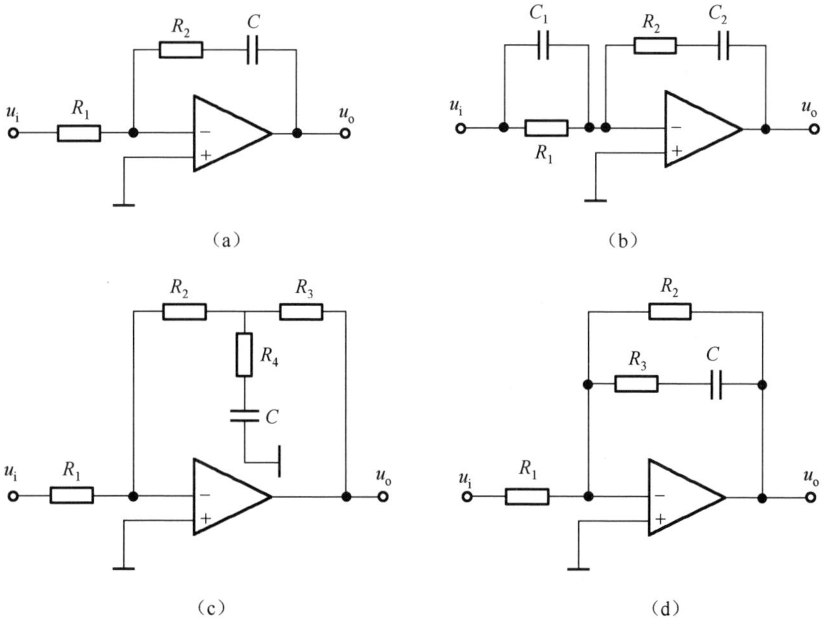

图2-46 题2-3图

2-4 求下列函数的拉氏变换。

（1） $f(t)=t^2+3t+2$ 。

（2） $f(t)=5\sin 2t-3\cos 2t$ 。

（3） $f(t)=t^n e^{at}$ 。

（4） $f(t)=e^{-at}\sin 6t$ 。

（5） $f(t)=t\cos at$ 。

（6） $f(t)=\cos^2 t$ 。

（7） $f(t)=e^{2t}+5\delta(t)$ 。

（8） $f(t)=(4t+5)\delta(t)+(t+2)\cdot 1(t)$ 。

（9）$f(t)=\sin\left(5t+\dfrac{\pi}{3}\right)\cdot 1(t)$。

（10）$f(t)=\begin{cases}\sin t, & 0\leqslant t\leqslant \pi \\ 0, & t<0, t>\pi\end{cases}$。

（11）$f(t)=\left[4\cos\left(2t-\dfrac{\pi}{3}\right)\right]\cdot 1\left(t-\dfrac{\pi}{6}\right)+\mathrm{e}^{-5t}\cdot 1(t)$。

（12）$f(t)=(15t^2+4t+6)\delta(t)+1(t-2)$。

（13）$f(t)=\mathrm{e}^{-6t}(\cos 8t+0.25\sin 8t)\cdot 1(t)$。

2-5 求下列函数的拉氏反变换。

（1）$G(s)=\dfrac{s+c}{(s+a)(s+b)^2}$。

（2）$G(s)=\dfrac{s+1}{s^2+s-6}$。

（3）$G(s)=\dfrac{2s+3}{s^2+9}$。

（4）$G(s)=\dfrac{10}{s(s^2+4)(s+1)}$。

（5）$G(s)=\dfrac{2s+12}{s^2+2s+5}$。

（6）$G(s)=\dfrac{3s^2+2s+8}{s(s+2)(s^2+2s+4)}$。

（7）$G(s)=\dfrac{s^2+2s+3}{(s+1)^3}$。

（8）$G(s)=\dfrac{s+2}{s(s+1)^2(s+3)}$。

2-6 用拉氏变换解下列微分方程。

（1）$\ddot{x}(t)+3\dot{x}(t)+2x(t)=0$，$x(0)=a$，$\dot{x}(0)=b$，式中，$a$ 和 b 均为常数。

（2）$\ddot{x}(t)-x(t)=4\sin t+5\cos 2t$，$x(0)=1$，$\dot{x}(0)=-2$。

（3）$\ddot{x}(t)+2\dot{x}(t)+5x(t)=3$，$x(0)=0$，$\dot{x}(0)=0$。

（4）$\ddot{x}(t)+6\dot{x}(t)+8x(t)=1$，$x(0)=1$，$\dot{x}(0)=0$。

（5）$\ddot{x}(t)+2\dot{x}(t)+2x(t)=0$，$x(0)=0$，$\dot{x}(0)=1$。

（6）$\dddot{x}(t)+3\ddot{x}(t)+3\dot{x}(t)+x(t)=1$，$x(0)=\dot{x}(0)=\ddot{x}(0)=0$。

2-7 已知系统方程组如下：

$$\begin{cases}X_1(s)=G_1(s)R(s)-G_1(s)[G_7(s)-G_8(s)]C(s) \\ X_2(s)=G_2(s)[X_1(s)-G_6(s)X_3(s)] \\ X_3(s)=[X_2(s)-C(s)G_5(s)]G_3(s) \\ C(s)=G_4(s)X_3(s)\end{cases}$$

试绘制系统方框图，并求闭环传递函数 $\dfrac{C(s)}{R(s)}$。

2-8　已知 $F(s)=\dfrac{10}{s(s+1)}$。

（1）利用终值定理，求当 $t\to\infty$ 时 $f(t)$的值。

（2）通过取 $F(s)$的拉氏反变换，求当 $t\to\infty$ 时 $f(t)$的值。

2-9　已知控制系统方框图如图 2-47 所示，试通过方框图的等效变换法则求系统的传递函数 $\dfrac{X_o(s)}{X_i(s)}$。

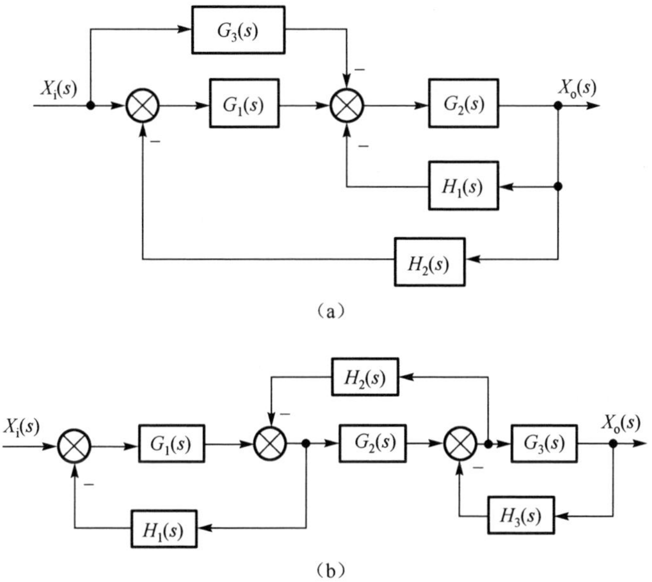

图 2-47　题 2-9 图

2-10　利用方框图的等效变换法则，把图 2-48（a）所示的方框图简化为图 2-48（b）所示的结构。

（1）求图 2-48（b）中的 $G(s)$和 $H(s)$。

（2）求 $\dfrac{X_o(s)}{X_i(s)}$。

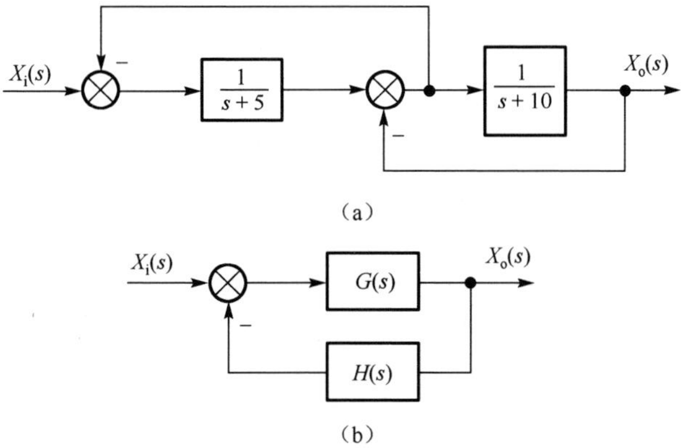

图 2-48　题 2-10 图

2-11　求图 2-49 所示系统的传递函数 $\dfrac{X_o(s)}{X_i(s)}$ 和 $\dfrac{X_o(s)}{N(s)}$。

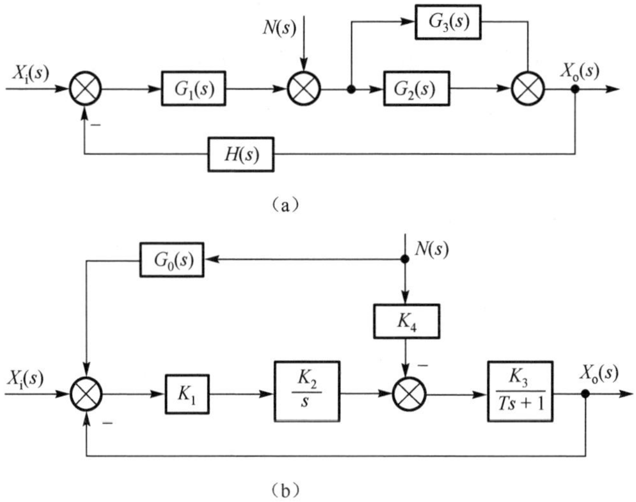

图 2-49　题 2-11 图

2-12　试化简图 2-50 所示的各系统方框图，并求传递函数 $\dfrac{X_o(s)}{X_i(s)}$。

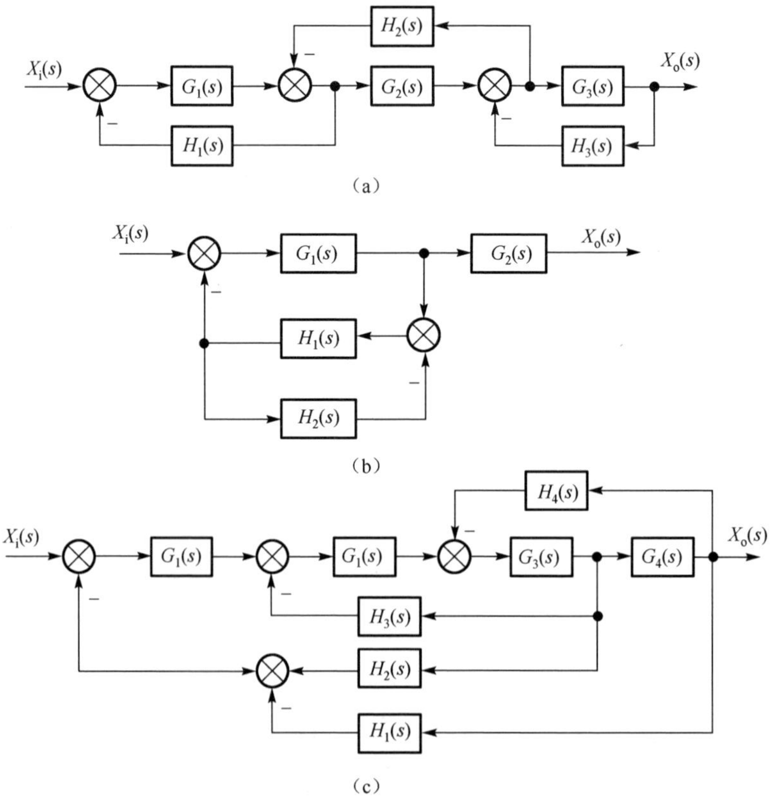

图 2-50　题 2-12 图

第3章 时域分析

3.1 线性系统及其主要性质

3.1.1 线性系统的定义

当系统的输入 $x(t)$和输出 $y(t)$之间的关系可以用常系数线性微分方程，即式（3-1）来描述时，就称该系统为定常线性系统或时不变线性系统（简称线性系统）。

$$\begin{aligned} & a_n \frac{\mathrm{d}^n y(t)}{\mathrm{d}t^n} + a_{n-1} \frac{\mathrm{d}^{n-1} y(t)}{\mathrm{d}t^{n-1}} + \cdots + a_1 \frac{\mathrm{d}y(t)}{\mathrm{d}t} + a_0 y(t) \\ = & b_m \frac{\mathrm{d}^m x(t)}{\mathrm{d}t^m} + b_{m-1} \frac{\mathrm{d}^{m-1} x(t)}{\mathrm{d}t^{m-1}} + \cdots + b_1 \frac{\mathrm{d}x(t)}{\mathrm{d}t} + b_0 x(t) \end{aligned} \tag{3-1}$$

式中，t 为时间自变量；系数 $a_n, a_{n-1}, \cdots, a_0$ 和 $b_m, b_{m-1}, \cdots, b_0$ 均为不随时间变化的常数。

一个实际的物理系统由于其组成中的各元器件的物理参数并非能保持常数，如电子元器件中的电阻、电容及半导体器件的特性等都会受温度的影响，从而导致了系统微分方程系数 a_n，$a_{n-1}, \cdots, a_0$ 和 $b_m, b_{m-1}, \cdots, b_0$ 的时变性，所以理想的定常线性系统是不存在的。在工程实际中，常常以足够的精确度认为多数常见物理系统的系数 $a_n, a_{n-1}, \cdots, a_0$ 和 $b_m, b_{m-1}, \cdots, b_0$ 是时不变的常数，从而把一些时变线性系统当作定常线性系统来处理。本书的讨论限于定常线性系统。

3.1.2 线性系统的主要性质

若以 $x(t) \rightarrow y(t)$表示线性系统输入与输出的对应关系，则线性系统具有以下主要性质。

1. 叠加原理

当几个输入同时作用于线性系统时，其响应等于各个输入单独作用于该系统的响应之和。即若 $x_1(t) \rightarrow y_1(t)$，$x_2(t) \rightarrow y_2(t)$，则

$$[x_1(t) \pm x_2(t)] \rightarrow [y_1(t) \pm y_2(t)] \tag{3-2}$$

叠加原理表明，对于线性系统，一个输入的存在并不影响另一个输入的响应，各个输入产生的响应是互不影响的。因此，对于一个复杂的输入，就可以将其分解成一系列简单的输入之和，系统对复杂激励的响应便等于这些简单输入的响应之和。

2. 比例特性

若线性系统的输入扩大为原来的 k 倍，则其响应也将扩大为原来的 k 倍，即对于任意常数 k，必有

$$kx(t) \rightarrow ky(t) \tag{3-3}$$

3．微分特性

线性系统对输入导数的响应等于对该输入响应的导数，即

$$\frac{\mathrm{d}x(t)}{\mathrm{d}t} \to \frac{\mathrm{d}y(t)}{\mathrm{d}t} \tag{3-4}$$

4．积分特性

若线性系统的初始状态为零（当输入为零时，其响应也为零），则对输入 $x(t)$积分的响应等于对该输入响应的积分，即

$$\int_0^t x(t)\mathrm{d}t \to \int_0^t y(t)\mathrm{d}t \tag{3-5}$$

5．频率保持性

若线性系统的输入为某一频率的简谐信号，则其稳态输出必是同一频率的简谐信号。

若 $x(t) \to y(t)$，输入信号为 $x(t)=x_0\sin(\omega t)$，则有

$$y(t)=y_0\sin(\omega t+\varphi) \tag{3-6}$$

3.1.3 典型输入信号

控制系统的动态性能可以通过其在输入信号作用下的响应过程来评价，响应过程不仅与其本身的特性有关，还与外加输入信号的形式有关。通常情况下，系统所收到的外加输入信号有些是确定的，有些则是随机的，无法预先知道，而且难以用简单的解析式表示。因此可预先规定一些特殊的实验输入信号来比较各种系统对这些实验输入信号的响应。在分析和设计控制系统时，为了便于对控制系统的性能进行比较，需要假定一些基本的输入函数形式，通常选定几种典型的实验信号作为外加的输入信号，这些信号称为典型输入信号。典型输入信号是指，根据对系统常遇到的复杂的实际输入信号的近似和抽象，并在数学描述上对其加以理想化的一些基本输入函数。

所选定的典型输入信号需满足以下要求：能够使系统工作在最不利的情形下；形式简单，便于解析；在实际中可以实现或近似实现。控制系统中常用的典型输入信号有单位阶跃信号、单位速度信号、单位加速度信号、单位脉冲信号和正、余弦信号，如表 3-1 所示，这些信号都是简单的时间函数，便于进行数学分析和实验研究。

表 3-1 控制系统中常用的典型输入信号

名称	时域表达	复数域表达	名称	时域表达	复数域表达
单位阶跃信号	$1(t)$	$\frac{1}{s}$	单位加速度信号	$\frac{1}{2}t^2$	$\frac{1}{s^3}$
单位脉冲信号	$\delta(t)$	1	正弦信号	$\sin(\omega t)$	$\frac{\omega}{s^2+\omega^2}$
单位速度信号	t	$\frac{1}{s^2}$	余弦信号	$\cos(\omega t)$	$\frac{s}{s^2+\omega^2}$

在实际应用时采用哪一种典型输入信号取决于系统常见的工作状态；同时，在所有可能的输入信号中，往往选取最不利的信号作为系统的典型输入信号，这种处理方法在许多场合是可行的。典型输入信号的选择原则：能反映系统在工作过程中大部分的实际情况。

若实际系统的输入具有突变性质，可选单位阶跃信号。例如，室温调节系统、水位调节系统及工作状态突然改变或突然受到恒定输入作用的控制系统，都可以采用单位阶跃信号作为典型输入信号。若实际系统的输入随时间逐渐变化，则可选单位速度信号。例如，跟踪通信卫星的天线控制系统，以及输入信号随时间逐渐变化的其他控制系统，单位速度信号是比较合适的典型输入信号。单位加速度信号可用来作为宇宙飞船控制系统的典型输入信号。当控制系统的输入信号是冲击输入量时，采用单位脉冲信号最为合适。当系统的输入作用具有周期性的变化时，可选择正弦信号作为典型输入信号。

值得注意的是，对于同一系统，无论采用哪种典型输入信号，由时域分析法分析系统所得出的结论不会改变。控制系统的模型所描述的是系统本身的固有特性，它与系统的输入形式和输入位置没有关系。

3.2　一阶系统的时间响应

以一阶微分方程作为运动方程的控制系统，称为一阶系统。在实际工程中，一阶系统不乏其例。图 3-1 所示的 RC 电路就是一个一阶系统，其微分方程为

$$RC\frac{\mathrm{d}}{\mathrm{d}t}u_{\mathrm{o}}(t)+u_{\mathrm{o}}(t)=u_{\mathrm{i}}(t)$$

式中，$u_{\mathrm{o}}(t)$为电路输出电压，$u_{\mathrm{i}}(t)$为电路输入电压。令 $T=RC$，T 称为时间常数，则一阶系统的传递函数为

$$G(s)=\frac{1}{Ts+1} \tag{3-7}$$

典型一阶系统的系统方框图如图 3-2 所示。

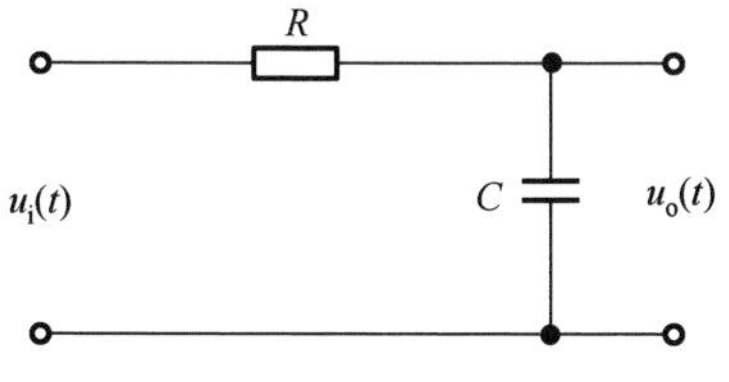

图 3-1　RC 电路

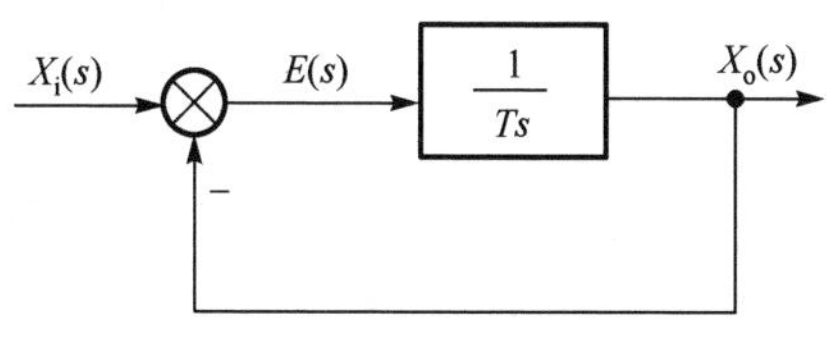

图 3-2　典型一阶系统的系统方框图

3.2.1　一阶系统的单位阶跃响应

当一阶系统的输入信号为单位阶跃函数，即 $x_{\mathrm{i}}(t)=1(t)$时，其拉氏变换为

$$X_{\mathrm{i}}(s)=\frac{1}{s}$$

从而可得系统单位阶跃响应的拉氏变换为

$$X_o(s) = G(s)X_i(s) = \frac{1}{Ts+1} \cdot \frac{1}{s} = \frac{1}{s} - \frac{1}{s+\frac{1}{T}} \tag{3-8}$$

对式（3-8）取拉氏反变换，可得一阶系统的单位阶跃响应为

$$x_o(t) = 1 - e^{-\frac{t}{T}}, \quad t \geqslant 0 \tag{3-9}$$

由式（3-9）可看出一阶系统的单位阶跃响应分为两部分：1 为稳态响应，表示当 $t \to \infty$ 时，系统的输出状态；$e^{-\frac{t}{T}}$ 为瞬态响应，表示系统输出量从初态到终态的变化过程。图 3-3 所示为一条初始值为 0，随着 t 增加以指数规律上升到终值 1 的一阶系统单位阶跃响应曲线。

由图 3-3 和式（3-9）可知：

（1）一阶系统单位阶跃响应的初值为 0，即 $x_o(0) = 0$，随时间的推移，$x_o(t)$指数增大，且无振荡。$x_o(\infty) = 1$，无稳态误差。

（2）当 $t = T$ 时，$x_o(T) = 1-e^{-1} = 0.632$，即经过时间 T，系统响应达到其稳态输出值的 63.2%。

（3）在 $t = 0$ 处，响应曲线的切线斜率为 $1/T$，即

$$\left.\frac{dx_o(t)}{dt}\right|_{t=0} = \frac{1}{T}$$

（4）时间常数 T 反映了系统响应的快慢。通常当响应曲线达到并保持在稳态值的 95%～98%时，在工程中会认为系统响应过程基本结束。所以惯性环节的过渡过程时间为 $3T$～$4T$。

（5）将一阶系统的单位阶跃响应式（3-9）改写为

$$e^{-\frac{t}{T}} = 1 - x_o(t)$$

两边取对数，得

$$-\frac{1}{T}t = \ln[1 - x_o(t)]$$

即 $\ln[1 - x_o(t)]$ 与时间 t 呈线性关系。将时间 t 作为横坐标，$\ln[1 - x_o(t)]$ 作为纵坐标，可得一条经过原点的直线，即一阶系统识别曲线，如图 3-4 所示。

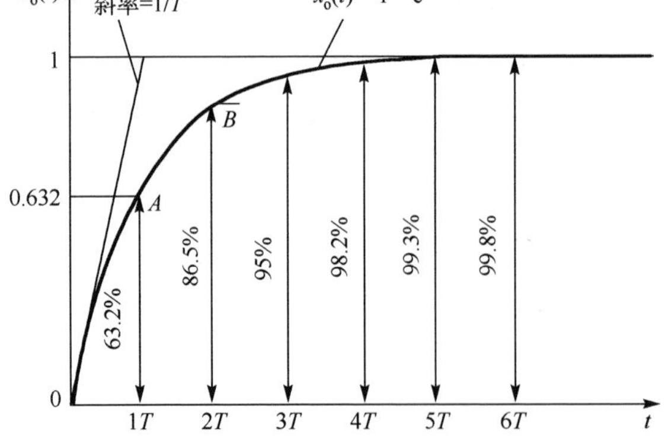

图 3-3　一阶系统单位阶跃响应曲线

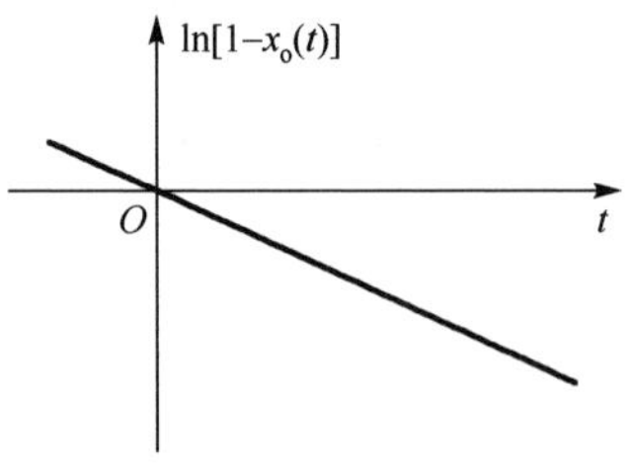

图 3-4　一阶系统识别曲线

3.2.2　一阶系统的单位速度响应

单位速度函数的拉氏变换为

$$X_i(s)=\frac{1}{s^2}$$

一阶系统的单位速度响应的拉氏变换为

$$X_o(s)=G(s)X_i(s)=\frac{1}{Ts+1}\cdot\frac{1}{s^2}=\frac{1}{s^2}-\frac{T}{s}+\frac{T}{s+\frac{1}{T}}$$

对其进行拉氏反变换，可得

$$x_o(t)=t-T+Te^{-\frac{t}{T}},\quad t\geqslant 0 \tag{3-10}$$

图 3-5 所示为单位速度函数输入曲线和一阶系统的单位速度响应曲线。可以得到这时的系统响应误差为

$$e(t)=x_i(t)-x_o(t)=T(1-e^{-\frac{t}{T}})$$

$$e(\infty)=T$$

经过足够长的时间（当曲线达到稳态值时，如 $t>4T$），输出增长速率与输入增长速率近似相同，此时的输出为 $t-T$，即输出相对于输入滞后时间 T。显然，一阶系统的时间常数越小，稳态误差就越小。

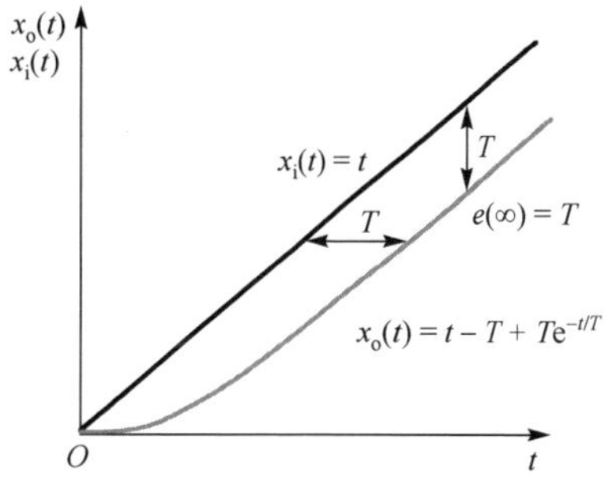

图 3-5　单位速度函数输入曲线和一阶系统的单位速度响应曲线

3.2.3　一阶系统的单位脉冲响应

单位脉冲函数的拉氏变换为

$$X_i(s)=1$$

所以单位脉冲响应的拉氏变换为

$$X_o(s)=G(s)=\frac{1}{T}\cdot\frac{1}{s+\frac{1}{T}}$$

求拉氏反变换可得

$$x_o(t)=\frac{1}{T}e^{-\frac{t}{T}},\quad t\geqslant 0 \tag{3-11}$$

一阶系统单位脉冲响应包括两部分：瞬态响应，即 $\frac{1}{T}e^{-\frac{t}{T}}$；稳态响应，即 0。响应曲线如图 3-6 所示。当 $t=0$ 时，$x_o(0)=1/T$；当 $t\to\infty$ 时，$x_o(t)\to 0$，即一阶系统的单位脉冲响应的稳态响应为零；当 $t=T$ 时，$x_o(t)=0.368/T$。响应曲线为一条单调下降的指数曲线。

在曲线起点处做一条曲线的切线，切线的斜率为

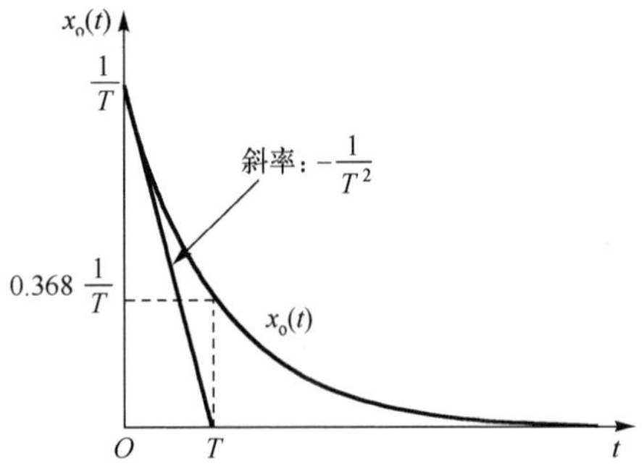

图 3-6 一阶系统单位脉冲响应曲线

$$\left.\frac{\mathrm{d}x_o(t)}{\mathrm{d}t}\right|_{t=0} = -\frac{1}{T^2}$$

这条切线与 t 轴的交点为$(T, 0)$。从这条切线与横轴的交点位置可以看出，T 越小，系统的惯性越小，过渡过程越短，系统的快速性越好；反之，T 越大，系统的惯性越大，系统的响应越慢。

由以上分析可知，一阶系统的典型输入响应特性与时间常数 T 密切相关，时间常数 T 越小、单位脉冲响应的衰减越快，单位阶跃响应的调整时间越小，单位速度响应的稳态误差及滞后时间也越小。

对于实际系统，通常应用具有较小脉冲宽度（脉冲宽度小于 $0.1T$）和有限幅值的脉冲代替理想脉冲信号。

3.2.4 线性定常系统时间响应的性质

系统时域响应通常由稳态分量和瞬态分量共同组成，前者反映系统的稳态特性，后者反映系统的动态特性。

注意到：

$$\begin{aligned} \delta(t) &= \frac{\mathrm{d}}{\mathrm{d}t}[1(t)] \\ 1(t) &= \frac{\mathrm{d}}{\mathrm{d}t}[t] \end{aligned} \tag{3-12}$$

对于一阶系统：

$$\begin{matrix} x_{o\delta}(t) = \frac{1}{T}\mathrm{e}^{-\frac{t}{T}} & & \\ x_{o1}(t) = 1 - \mathrm{e}^{-\frac{t}{T}} & \Leftrightarrow & \begin{matrix} x_{o\delta}(t) = \frac{\mathrm{d}}{\mathrm{d}t}x_{o1}(t) \\ x_{o1}(t) = \frac{\mathrm{d}}{\mathrm{d}t}x_{ot}(t) \end{matrix} \\ x_{ot}(t) = t - T + T\mathrm{e}^{-\frac{t}{T}} & & \end{matrix} \tag{3-13}$$

即系统对输入信号导数的响应等于系统对该输入信号响应的导数。

同样可知，系统对输入信号积分的响应等于系统对该输入信号响应的积分，其积分常数由初始条件确定。

这种输入与输出间的积分、微分性质对任何线性定常系统均成立。

3.3 二阶系统的时间响应

用二阶微分方程描述的系统称为二阶系统。从物理意义上讲，二阶系统包含两个储能元件，能量在两个元件之间交换，使系统具有往复振荡的趋势。当系统阻尼不够大时，系统呈现出振荡的特性，所以二阶系统也称为二阶振荡系统。它在控制系统中的应用极为广泛，如机械弹簧-质量-阻尼器机械平移系统、RLC 电路系统、忽略电枢电感后的电动机等，且许多高阶系统在一定条件下可以近似地简化为二阶系统来进行研究处理，因此，分析二阶系统的响应特性具有重要的实际意义。

例 2-1 的弹簧-质量-阻尼器机械平移系统就是一个典型的二阶系统，其运动微分方程为

$$m\frac{\mathrm{d}^2}{\mathrm{d}t^2}x_o(t)+C\frac{\mathrm{d}}{\mathrm{d}t}x_o(t)+Kx_o(t)=f_i(t)$$

得其传递函数为

$$G(s)=\frac{X_o(s)}{F_i(s)}=\frac{1}{ms^2+Bs+K}=\frac{\frac{1}{K}}{T^2s^2+2\xi Ts+1} \tag{3-14}$$

式中，$T=\sqrt{\frac{m}{K}}$ 为系统的时间常数，也称为无阻尼自由振荡周期；$\xi=\frac{B}{2\sqrt{mK}}$ 为二阶系统的阻尼比。

在式（3-14）中，令 $\omega_n=\frac{1}{T}$，经过归一化处理后式（3-14）可写为

$$G(s)=\frac{\omega_n^2}{s^2+2\xi\omega_n s+\omega_n^2} \tag{3-15}$$

式中，ω_n 为二阶系统的无阻尼自然振荡角频率（固有频率）。二阶系统的固有频率和阻尼比是两个重要的参数，因为它们决定着二阶系统的时间响应特性。通常称系统传递函数的分母为特征多项式。令分母等于 0，可得二阶系统的特征方程为

$$s^2+2\xi\omega_n s+\omega_n^2=0 \tag{3-16}$$

求解特征方程，得到系统的两个特征根（极点）为

$$p_{1,2}=-\xi\omega_n\pm\omega_n\sqrt{\xi^2-1}$$

由此可见，二阶系统的特征根（极点）由阻尼比和固有频率决定，尤其是随着阻尼比ξ取值的不同，二阶系统特征根的性质也各不相同。

3.3.1 二阶系统几种不同的状态

（1）当 $0<\xi<1$ 时，为欠阻尼二阶系统，这时系统的特征方程具有一对共轭复数根，即

$$p_{1,2}=-\xi\omega_n\pm \mathrm{j}\omega_n\sqrt{1-\xi^2}=-\xi\omega_n\pm \mathrm{j}\omega_d$$

式中，$\omega_d=\omega_n\sqrt{1-\xi^2}$ 为有阻尼振荡角频率。

系统时域响应含有衰减的复指数振荡项：

$$\mathrm{e}^{(-\xi\omega_n\pm \mathrm{j}\omega_d)t}=\mathrm{e}^{-\xi\omega_n t}\mathrm{e}^{\pm \mathrm{j}\omega_d t}$$

（2）当$\xi=1$ 时，为临界阻尼二阶系统，特征方程具有两个相等的负实数根，即

$$p_{1,2}=-\omega_n$$

系统包含两类瞬态衰减分量：$\mathrm{e}^{-\omega_n t}$ 和 $t\mathrm{e}^{-\omega_n t}$。

（3）当$\xi>1$ 时，为过阻尼二阶系统，特征方程具有两个不相等的负实数根，即

$$p_{1,2}=-\xi\omega_{\mathrm{n}}\pm\omega_{\mathrm{n}}\sqrt{\xi^2-1}$$

系统包含两类瞬态衰减分量：

$$\exp\left[(-\xi\omega_{\mathrm{n}}\pm\omega_{\mathrm{n}}\sqrt{\xi^2-1})t\right]$$

（4）当$\xi=0$时，为零阻尼二阶系统，特征方程具有一对共轭虚数根，即

$$p_{1,2}=\pm\mathrm{j}\omega_{\mathrm{n}}$$

系统时域响应含有复指数振荡项：$\mathrm{e}^{\pm\mathrm{j}\omega_{\mathrm{n}}t}$。

（5）当$\xi<0$时，为负阻尼二阶系统，特征方程根的实部大于零，响应发散，系统不稳定。

3.3.2 二阶系统在单位阶跃信号作用下的响应特点

单位阶跃信号的拉氏变换为

$$X_{\mathrm{i}}(s)=\frac{1}{s}$$

二阶系统的单位阶跃响应为

$$X_{\mathrm{o}}(s)=G(s)X_{\mathrm{i}}(s)=\frac{\omega_{\mathrm{n}}^2}{s(s^2+2\xi\omega_{\mathrm{n}}s+\omega_{\mathrm{n}}^2)} \tag{3-17}$$

下面根据ξ取值的不同来分析二阶系统单位阶跃响应的特点。

1. 欠阻尼状态（$0<\xi<1$）

在欠阻尼状态下，二阶系统包含一对共轭复数极点，单位阶跃响应的拉氏变换可展开成部分分式：

$$X_{\mathrm{o}}(s)=\frac{1}{s}-\frac{s+\xi\omega_{\mathrm{n}}}{s^2+2\xi\omega_{\mathrm{n}}s+\omega_{\mathrm{n}}^2}-\frac{\xi}{\sqrt{1-\xi^2}}\frac{\omega_{\mathrm{d}}}{s^2+2\xi\omega_{\mathrm{n}}s+\omega_{\mathrm{n}}^2} \tag{3-18}$$

对式（3-18）取拉氏反变换，得到二阶系统在欠阻尼状态下的单位阶跃响应为

$$\begin{aligned}x_{\mathrm{o}}(t)&=1-\mathrm{e}^{-\xi\omega_{\mathrm{n}}t}\cos(\omega_{\mathrm{d}}t)-\frac{\xi}{\sqrt{1-\xi^2}}\mathrm{e}^{-\xi\omega_{\mathrm{n}}t}\sin(\omega_{\mathrm{d}}t)\\&=1-\frac{\mathrm{e}^{-\xi\omega_{\mathrm{n}}t}}{\sqrt{1-\xi^2}}\left[\sqrt{1-\xi^2}\cos(\omega_{\mathrm{d}}t)+\xi\sin(\omega_{\mathrm{d}}t)\right]\\&=1-\frac{\mathrm{e}^{-\xi\omega_{\mathrm{n}}t}}{\sqrt{1-\xi^2}}\sin(\omega_{\mathrm{d}}t+\varphi),\quad t\geqslant 0\end{aligned} \tag{3-19}$$

式中，$\omega_{\mathrm{d}}=\omega_{\mathrm{n}}\sqrt{1-\xi^2}$，$\varphi=\arctan\dfrac{\sqrt{1-\xi^2}}{\xi}=\arccos\xi$。

图 3-7 所示为欠阻尼二阶系统单位阶跃响应曲线，可以看出，欠阻尼二阶系统单位阶跃响应的稳态分量为 1，瞬态分量为振幅等于$\mathrm{e}^{-\xi\omega_{\mathrm{n}}t}\big/\sqrt{1-\xi^2}$的阻尼正弦振荡，其振幅衰减得快

慢由ξ和ω_n决定，振荡幅值随ξ减小而增大。当$t \to \infty$时，曲线趋于稳态值 1，系统的稳态误差为 0。

2．临界阻尼状态（$\xi = 1$）

在临界阻尼状态下，二阶系统具有两个相等的负实数极点，单位阶跃响应的拉氏变换可展开成部分分式：

$$\begin{aligned} X_o(s) &= \frac{\omega_n^2}{s(s^2 + 2\xi\omega_n s + \omega_n^2)} = \frac{\omega_n^2}{s(s+\omega_n)^2} \\ &= \frac{1}{s} - \frac{1}{s+\omega_n} - \frac{\omega_n}{(s+\omega_n)^2} \end{aligned} \tag{3-20}$$

将式（3-20）进行拉氏反变换，得出二阶系统在临界阻尼状态下的单位阶跃响应为

$$x_o(t) = 1 - (1 + \omega_n t)e^{-\omega_n t}, \quad t \geqslant 0$$

临界阻尼二阶系统单位阶跃响应曲线是一条无振荡、无超调、单调上升的曲线，如图 3-8 所示。当$t \to \infty$时，曲线趋于稳态值 1，系统的稳态误差为 0。

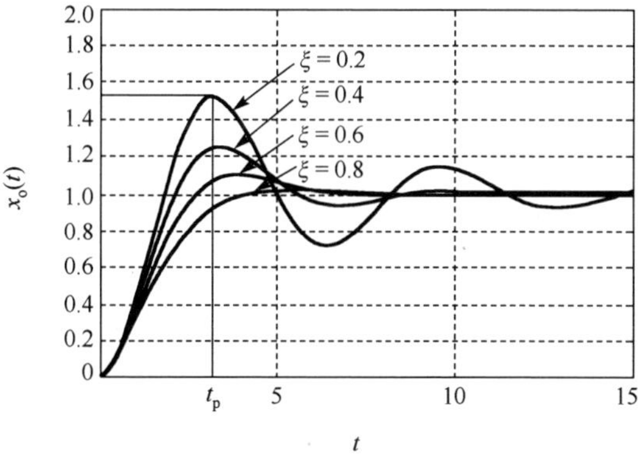

图 3-7 欠阻尼二阶系统单位阶跃响应曲线

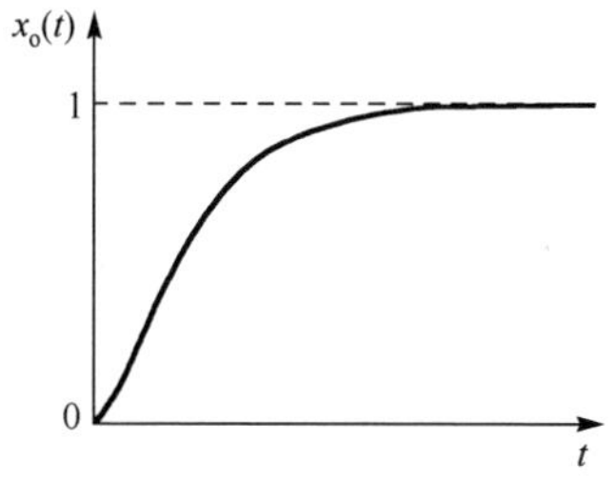

图 3-8 临界阻尼二阶系统单位阶跃响应曲线

3．过阻尼状态（$\xi > 1$）

在过阻尼状态下，二阶系统具有两个不相等的负实数极点，单位阶跃响应的拉氏变换可展开成部分分式：

$$\begin{aligned} X_o(s) &= \frac{\omega_n^2}{s(s^2 + 2\xi\omega_n s + \omega_n^2)} \\ &= \frac{1}{s} - \frac{1}{2(1+\xi\sqrt{\xi^2-1}-\xi^2)(s+\xi\omega_n-\omega_n\sqrt{\xi^2-1})} - \\ &\quad \frac{1}{2(1-\xi\sqrt{\xi^2-1}-\xi^2)(s+\xi\omega_n+\omega_n\sqrt{\xi^2-1})} \end{aligned} \tag{3-21}$$

将式（3-21）进行拉氏反变换，得到二阶系统在过阻尼状态下的单位阶跃响应为

$$x_{\mathrm{o}}(t)=1-\frac{1}{2(1+\xi\sqrt{\xi^2-1}-\xi^2)}\mathrm{e}^{-(\xi-\sqrt{\xi^2-1})\omega_{\mathrm{n}}t}-\frac{1}{2(1-\xi\sqrt{\xi^2-1}-\xi^2)}\mathrm{e}^{-(\xi+\sqrt{\xi^2-1})\omega_{\mathrm{n}}t},\quad t\geqslant 0$$

过阻尼二阶系统单位阶跃响应曲线是一条无振荡、无超调、单调上升的曲线，过渡过程持续时间较长，如图 3-9 所示。当 $t\to\infty$ 时，曲线趋于稳态值 1，系统的稳态误差为 0。

4．零阻尼状态（$\xi=0$）

在零阻尼状态下，二阶系统具有一对共轭虚数极点，单位阶跃响应的拉氏变换可展开成部分分式：

$$X_{\mathrm{o}}(s)=\frac{\omega_{\mathrm{n}}^2}{s(s^2+\omega_{\mathrm{n}}^2)}=\frac{1}{s}-\frac{s}{s^2+\omega_{\mathrm{n}}^2} \tag{3-22}$$

将式（3-22）进行拉氏反变换，得到二阶系统在零阻尼状态下的单位阶跃响应为

$$x_{\mathrm{o}}(t)=1-\cos\omega_{\mathrm{n}}t,\quad t\geqslant 0$$

零阻尼二阶系统单位阶跃响应曲线是一条无阻尼、频率为 ω_{n} 的等幅振荡曲线，如图 3-10 所示，二阶系统处于临界稳定状态。

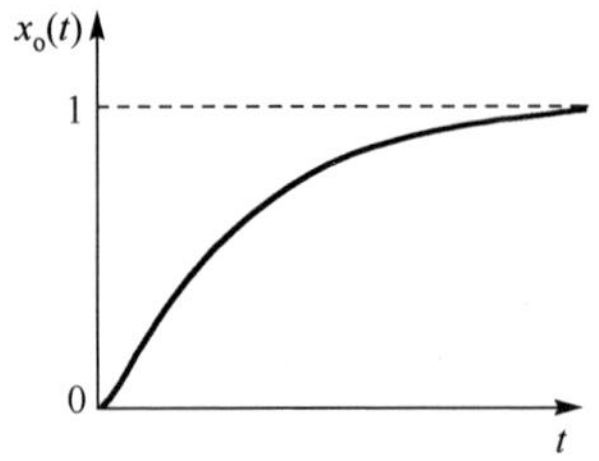

图 3-9　过阻尼二阶系统单位阶跃响应曲线

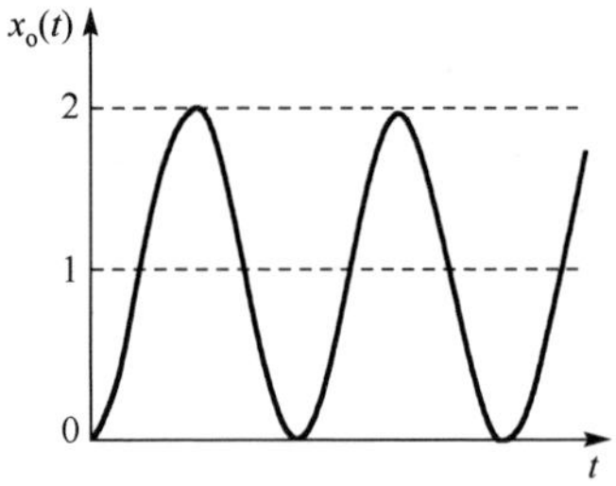

图 3-10　零阻尼二阶系统单位阶跃响应曲线

5．负阻尼状态（$\xi<0$）

在负阻尼状态下，分析方法与上述 4 种方法类似，可以推导出当 $t\to\infty$ 时，$x_{\mathrm{o}}(t)\to\infty$，即负阻尼二阶系统的阶跃响应是发散的，系统不稳定。当 $-1<\xi<0$ 时，负阻尼二阶系统的单位阶跃响应输出表达式与欠阻尼二阶系统的相同，曲线是振荡发散的，如图 3-11（a）所示；当 $\xi\leqslant -1$ 时，负阻尼二阶系统的单位阶跃响应输出表达式与过阻尼二阶系统的相同，曲线是单调发散的，如图 3-11（b）所示。

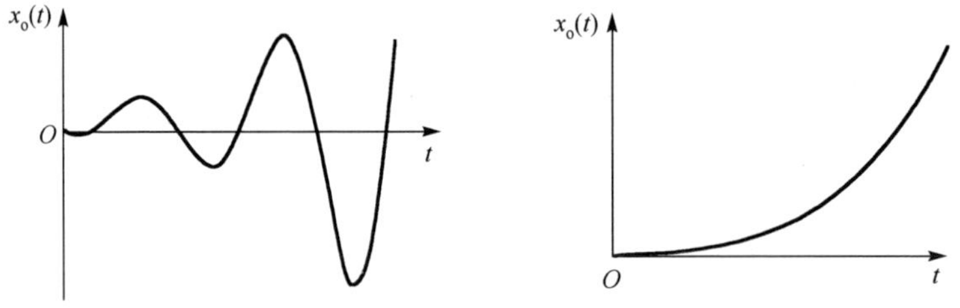

（a）$-1<\xi<0$　　（b）$\xi\leqslant -1$

图 3-11　负阻尼二阶系统单位阶跃响应曲线

在工程中除了一些不允许产生振荡的应用，如指示和记录仪表系统等，通常采用欠阻尼

系统，且阻尼比通常选择在 0.4～0.8 之间，以保证系统的快速性，同时不至于产生过大的振荡。二阶系统的阻尼比ξ决定了其振荡特性：

（1）当$\xi < 0$时，阶跃响应发散，系统不稳定。

（2）当$\xi \geqslant 0$时，无振荡、无超调，过渡过程长。

（3）当$0 < \xi < 1$时，响应有振荡，ξ越小，振荡越严重，但响应越快。

（4）当$\xi = 0$时，出现等幅振荡。

（5）当ξ一定时，ω_n越大，瞬态响应分量衰减越迅速，即系统能够更快达到稳态值，响应的快速性越好。

3.3.3 二阶系统在单位脉冲信号作用下的响应特点

对于单位脉冲输入信号$\delta(t)$，由于其相应的拉氏变换为 1，即$X_i(s) = 1$，因此二阶系统单位脉冲响应$X_o(s)$为

$$X_o(s) = G(s) = \frac{\omega_n^2}{s^2 + 2\xi\omega_n s + \omega_n^2} \tag{3-23}$$

对式（3-23）进行拉氏反变换，得到响应的时域表达式。

当$\xi > 1$时

$$x_o(t) = \frac{\omega_n}{2\sqrt{\xi^2 - 1}}[e^{-(\xi-\sqrt{\xi^2-1})\omega_n t} - e^{-(\xi+\sqrt{\xi^2-1})\omega_n t}], \quad t \geqslant 0$$

当$\xi = 1$时

$$x_o(t) = \omega_n^2 t e^{-\omega_n t}, \quad t \geqslant 0$$

当$0 < \xi < 1$时

$$x_o(t) = \frac{\omega_n e^{-\xi\omega_n t}}{\sqrt{1 - \xi^2}} \sin(\omega_d t), \quad t \geqslant 0$$

当$\xi = 0$时

$$x_o(t) = \omega_n \sin(\omega_n t), \quad t \geqslant 0$$

当$\xi < 0$时，时域响应与正阻尼状态下的计算公式相同，但应注意此时的阻尼比为负值，因此可以得出结论：该系统的响应输出一定是发散的，即系统不稳定。

图 3-12 所示为当ξ取不同值时二阶系统的输出响应曲线。

通过对二阶系统单位阶跃响应及单位脉冲响应的分析，我们发现，两种响应曲线都与二阶系统的阻尼比有很大的关系：

（1）阻尼比越大（$\xi > 1$），响应曲线的变化越平缓；随着阻尼比的逐渐减小（$0 < \xi < 1$），响应曲线开始发生振荡；当阻尼比$\xi = 0$甚至$\xi < 0$时，响应曲线开始等幅振荡甚至发散振荡。

（2）对$\xi > 0$的二阶系统，两种输出响应都有跟随输入信号变化的特性；对于阶跃输入信号，输出响应逐渐稳定于阶跃输入信号的幅值；而对于脉冲输入信号，输出响应亦逐渐稳定于脉冲输入信号的零幅值。

（3）输出响应的振荡频率与系统的无阻尼自然振荡角频率ω_n和阻尼比有关。

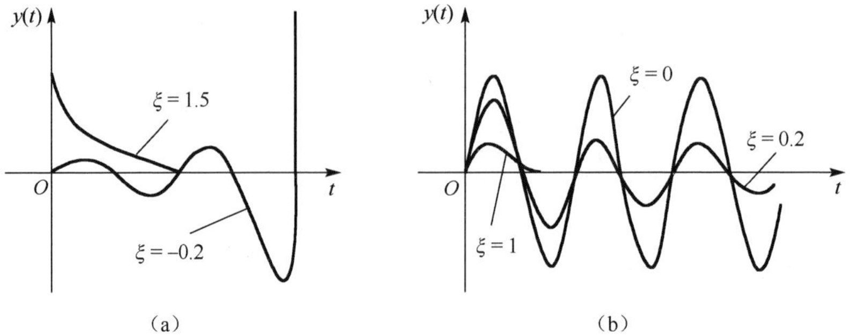

图 3-12 当ξ取不同值时二阶系统的输出响应曲线

3.3.4 二阶系统在单位速度信号作用下的响应特点

对于单位速度信号 $x_i(t) = t$，其相应的拉氏变换为$\dfrac{1}{s^2}$，即 $X_i(s)=\dfrac{1}{s^2}$。二阶系统单位速度响应 $X_o(s)$为

$$X_o(s)=G(s)X_i(s)=\frac{\omega_n^2}{s^2(s^2+2\xi\omega_n s+\omega_n^2)} \tag{3-24}$$

对式（3-24）进行拉氏反变换，就得到响应的时域表达式。

当$\xi>1$ 时

$$x_o(t)=t-\frac{2\xi}{\omega_n}+\frac{2\xi^2-1+2\xi\sqrt{\xi^2-1}}{2\omega_n\sqrt{\xi^2-1}}e^{-(\xi-\sqrt{\xi^2-1})\omega_n t}-\frac{2\xi^2-1+2\xi\sqrt{\xi^2-1}}{2\omega_n\sqrt{\xi^2-1}}e^{-(\xi+\sqrt{\xi^2-1})\omega_n t},\quad t\geqslant 0$$

当$\xi=1$ 时

$$x_o(t)=t-\frac{2}{\omega_n}+\frac{2}{\omega_n}\left(1+\frac{1}{2}\omega_n t\right)e^{-\omega_n t},\quad t\geqslant 0$$

当 $0<\xi<1$ 时

$$x_o(t)=t-\frac{2\xi}{\omega_n}+\frac{1}{\omega_d}e^{-\xi\omega_n t}\sin(\omega_d t+\varphi),\quad t\geqslant 0$$

其中，$\omega_d=\omega_n\sqrt{1-\xi^2}$ ，$\varphi=\arctan\dfrac{2\xi\sqrt{1-\xi^2}}{2\xi^2-1}$。

当$\xi=0$ 时

$$x_o(t)=t-\frac{1}{\omega_n}\sin(\omega_n t),\quad t\geqslant 0$$

前面针对二阶系统单位阶跃响应及单位脉冲响应进行讨论得出的三点结论，同样适用于二阶系统单位速度响应。经仔细研究会发现，前两种信号的输出响应，当响应时间足够长（$t\to\infty$）时，系统的稳态响应$x_o(\infty)$渐趋输入信号的终值，稳态误差为零；但系统对单位速度信号的响应则不同，其稳态响应$x_o(\infty)$不等于输入信号的终值。现以欠阻尼状态为例，当

$t \to \infty$ 时，其输入与输出的偏差为 T，即两者存在一个差值（稳态误差）。这个差值对一阶系统来说是一个定值（见图 3-5），而对二阶系统来说则是一个随阻尼比的变化而变化的值。

例 3-1　当单位脉冲信号输入时，系统的响应为 $x_o(t) = 7 - 5e^{-6t}$，求系统的传递函数。

解：由题意，有 $X_i(s) = 1$，所以系统的传递函数为

$$G(s) = \frac{X_o(s)}{X_i(s)} = X_o(s) = L[x_o(t)] = L[7 - 5e^{-6t}] = \frac{7}{s} - \frac{5}{s+6} = \frac{2s+42}{s(s+6)}$$

例 3-2　已知系统的传递函数为 $G(s) = \dfrac{2s+1}{(s+1)^2}$，求系统的单位阶跃响应和单位脉冲响应。

解：（1）当单位阶跃输入时

$$X_o(s) = G(s)X_i(s) = \frac{2s+1}{s(s+1)^2} = \frac{1}{s} + \frac{1}{(s+1)^2} - \frac{1}{s+1}$$

从而有 $x_o(t) = L^{-1}[X_o(s)] = 1 + te^{-t} - e^{-t}$。

（2）当单位脉冲输入时，由于

$$\delta(t) = \frac{d}{dt}[1(t)]$$

因此

$$x_{o\delta}(t) = \frac{d}{dt}x_{o1}(t) = 2e^{-t} - te^{-t}$$

3.4　二阶系统的时间响应性能指标

控制系统的性能指标是评价系统动态性能的定量指标，是定量分析的基础。时域性能指标比较直观，通常通过系统的单位阶跃响应进行定义。常见的性能指标有上升时间 t_r、峰值时间 t_p、调整时间 t_s、最大超调量 M_p 和振荡次数 N。二阶系统单位阶跃响应曲线图如图 3-13 所示。

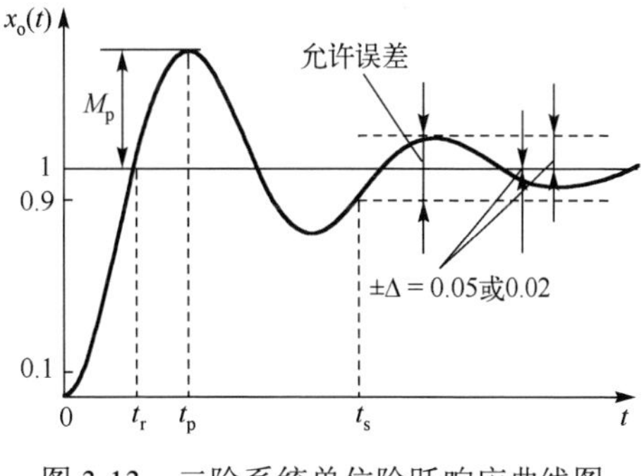

图 3-13　二阶系统单位阶跃响应曲线图

3.4.1　评价系统快速性的性能指标

1．上升时间 t_r

t_r 指响应曲线从零时刻出发首次到达稳态值所需的时间。对于无超调系统，上升时间一般定义为响应曲线从稳态值的 10%上升到 90%所需的时间。

欠阻尼二阶系统的单位阶跃响应为

$$x_o(t) = 1 - \frac{e^{-\xi\omega_n t}}{\sqrt{1-\xi^2}}\sin(\omega_d t + \varphi),\quad t \geqslant 0$$

根据上升时间的定义，当 $t = t_r$ 时，有 $x_o(t_r) = 1$，即

$$x_{\mathrm{o}}(t_{\mathrm{r}})=1-\frac{\mathrm{e}^{-\xi\omega_{\mathrm{n}}t_{\mathrm{r}}}}{\sqrt{1-\xi^2}}\sin(\omega_{\mathrm{d}}t_{\mathrm{r}}+\varphi)=1$$

即

$$\frac{\mathrm{e}^{-\xi\omega_{\mathrm{n}}t_{\mathrm{r}}}}{\sqrt{1-\xi^2}}\sin(\omega_{\mathrm{d}}t_{\mathrm{r}}+\varphi)=0 \tag{3-25}$$

因为 $\mathrm{e}^{-\xi\omega_{\mathrm{n}}t_{\mathrm{r}}}\neq 0$， $\sqrt{1-\xi^2}>0$，所以只能是

$$\sin(\omega_{\mathrm{d}}t_{\mathrm{r}}+\varphi)=0$$

$$\omega_{\mathrm{d}}t_{\mathrm{r}}+\varphi=k\pi\text{，}\quad k=0,\pm1,\pm2,\cdots$$

因为上升时间是响应曲线第一次到达稳态值的时间，故取 $k=1$。从而

$$t_{\mathrm{r}}=\frac{\pi-\varphi}{\omega_{\mathrm{d}}}=\frac{\pi-\arctan\dfrac{\sqrt{1-\xi^2}}{\xi}}{\omega_{\mathrm{n}}\sqrt{1-\xi^2}}=\frac{\pi-\arctan\xi}{\omega_{\mathrm{n}}\sqrt{1-\xi^2}} \tag{3-26}$$

显然，当 ξ 一定时，ω_{n} 越大，t_{r} 越小；当 ω_{n} 一定时，ξ 越大，t_{r} 越大。

2．峰值时间 t_{p}

t_{p} 是响应曲线从零上升到第一个峰值所需的时间。如图 3-13 所示，当 $t=t_{\mathrm{p}}$ 时，函数值取最大值，即

$$\left.\frac{\mathrm{d}x_{\mathrm{o}}(t)}{\mathrm{d}t}\right|_{t=t_{\mathrm{p}}}=0$$

对式（3-19）求导数，并将 $t=t_{\mathrm{p}}$ 代入，可得

$$\frac{\xi\omega_{\mathrm{n}}}{\sqrt{1-\xi^2}}\mathrm{e}^{-\xi\omega_{\mathrm{n}}t_{\mathrm{p}}}\sin(\omega_{\mathrm{d}}t_{\mathrm{p}}+\varphi)-\frac{\omega_{\mathrm{d}}}{\sqrt{1-\xi^2}}\mathrm{e}^{-\xi\omega_{\mathrm{n}}t_{\mathrm{p}}}\cos(\omega_{\mathrm{d}}t_{\mathrm{p}}+\varphi)=0 \tag{3-27}$$

由于 $\mathrm{e}^{-\xi\omega_{\mathrm{n}}t_{\mathrm{p}}}\neq 0$， $\sqrt{1-\xi^2}>0$， $\omega_{\mathrm{d}}=\omega_{\mathrm{n}}\sqrt{1-\xi^2}$ ，所以式（3-27）可化为

$$\tan(\omega_{\mathrm{d}}t_{\mathrm{p}}+\varphi)=\frac{\sqrt{1-\xi^2}}{\xi}$$

因为 $\tan\varphi=\dfrac{\sqrt{1-\xi^2}}{\xi}$，所以

$$\omega_{\mathrm{d}}t_{\mathrm{p}}+\varphi=\varphi+k\pi\text{，}\quad k=0,\pm1,\pm2,\cdots$$

根据 t_{p} 的定义，它指的是曲线首次到达第一个峰值的时间，故 $k=1$，从而有

$$t_{\mathrm{p}}=\frac{\pi}{\omega_{\mathrm{d}}}=\frac{\pi}{\omega_{\mathrm{n}}\sqrt{1-\xi^2}} \tag{3-28}$$

可见，峰值时间等于阻尼振荡周期 $T_{\mathrm{p}}=2\pi/\omega_{\mathrm{d}}$ 的一半。且当 ξ 一定时， ω_{n} 越大，t_{p} 越小；当 ω_{n} 一定时，ξ 越大，t_{p} 越大。

3. 调整时间 t_s

t_s 指响应曲线到达并保持在允许误差范围（一般指稳态值的±2%或±5%）内所需的时间。根据调整时间的定义，当 $t \geqslant t_s$ 时，$|x_o(t)-x_o(\infty)| \geqslant x_o(\infty)\times\Delta\%$，即

$$\left|\frac{e^{-\xi\omega_n t_s}}{\sqrt{1-\xi^2}}\sin(\omega_d t_s+\varphi)\right| \leqslant \Delta\% \tag{3-29}$$

由于式（3-29）不易计算，所以要得到调整时间的表达式比较困难。对于欠阻尼二阶系统，其单位阶跃响应的包络线为一对对称于响应稳态分量 1 的指数曲线，即

$$1\pm\frac{e^{-\xi\omega_n t}}{\sqrt{1-\xi^2}}$$

二阶系统单位阶跃响应曲线及其包络线如图 3-14 所示。

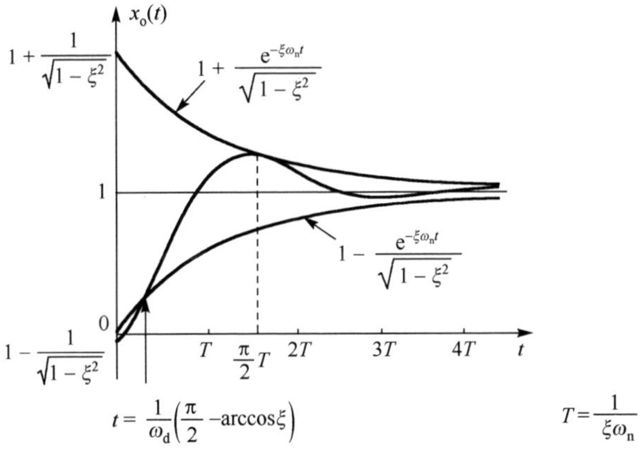

图 3-14　二阶系统单位阶跃响应曲线及其包络线

由于实际响应曲线的收敛速度比包络线的收敛速度要快，因此可用包络线代替实际响应来估算调整时间，即当响应曲线的包络线进入误差带时，调整过程结束。当包络线进入允许误差范围之内时，单位阶跃响应曲线必然也处于允许误差范围内。因此利用

$$1\pm\frac{e^{-\xi\omega_n t_s}}{\sqrt{1-\xi^2}}=1\pm\Delta$$

可以求得

$$t_s=\frac{-\ln\Delta-\ln\sqrt{1-\xi^2}}{\xi\omega_n}\approx\begin{cases}\dfrac{3}{\xi\omega_n}, & \Delta=0.05\\[2mm] \dfrac{4}{\xi\omega_n}, & \Delta=0.02\end{cases} \tag{3-30}$$

若 ω_n 一定，当 $\xi=0.707$ 时，t_s 为极小值，即系统的响应速度最快；当 $0<\xi<0.707$ 时，ξ 越小，t_s 越大；当 $\xi>0.707$ 时，ξ 越大，t_s 越大。当 ξ 一定时，ω_n 越大，t_s 越小，系统响应越快。

3.4.2 评价系统平稳性的性能指标

1. 最大超调量 M_p

M_p 指响应曲线的最大峰值与稳态值之差和稳态值的比值，通常用百分数表示。

$$M_p = \frac{x_o(t_p) - x_o(\infty)}{x_o(\infty)} \times 100\% \tag{3-31}$$

若 $x_o(t_p) < x_o(\infty)$，则响应无超调。

欠阻尼二阶系统的稳态值为 1，即 $x_o(\infty) = 1$。

$$x_o(t_p) - x_o(\infty) = -\frac{e^{-\xi\omega_n t_p}}{\sqrt{1-\xi^2}}\sin(\omega_d t_p + \varphi) \tag{3-32}$$

将 $t_p = \dfrac{\pi}{\omega_n\sqrt{1-\xi^2}}$ 分别代入上式中的各部分，得

$$e^{-\xi\omega_n t_p} = e^{-\xi\omega_n \frac{\pi}{\omega_n\sqrt{1-\xi^2}}} = e^{-\frac{\xi\pi}{\sqrt{1-\xi^2}}}$$

$$\begin{aligned}\sin(\omega_d t_p + \varphi) &= \sin\left(\omega_d \frac{\pi}{\omega_n\sqrt{1-\xi^2}} + \varphi\right) = \sin\left(\omega_n\sqrt{1-\xi^2}\,\frac{\pi}{\omega_n\sqrt{1-\xi^2}} + \varphi\right) \\ &= \sin(\pi + \varphi) = -\sqrt{1-\xi^2}\end{aligned}$$

从而式（3-31）可以写为

$$M_p = e^{-\frac{\xi\pi}{\sqrt{1-\xi^2}}} \times 100\% \tag{3-33}$$

M_p 仅与阻尼比 ξ 有关。最大超调量直接说明了系统的阻尼特性。ξ 越大，M_p 越小，系统的平稳性越好，当 $\xi = 0.4$～0.8 时，可以求得相应的 M_p 为 25.4%～1.5%。二阶系统 M_p-ξ 图如图 3-15 所示。

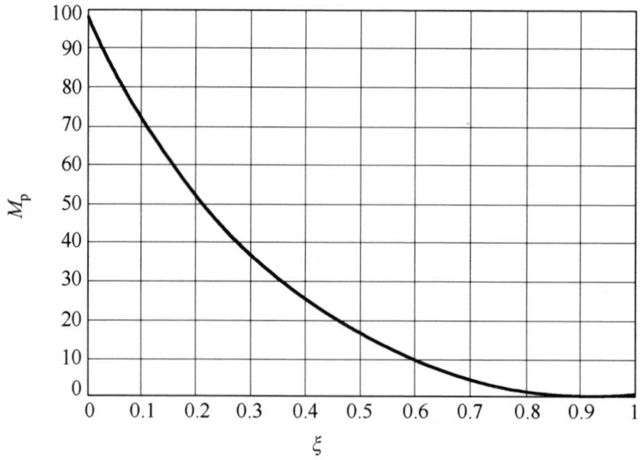

图 3-15　二阶系统 M_p-ξ 图

2．振荡次数 N

N 指在调整时间 t_s 内系统响应曲线的振荡次数。在实测时，可按响应曲线穿越稳态值次数的一半计数。

对于欠阻尼二阶系统，其振荡周期为

$$T_d = \frac{2\pi}{\omega_d} = \frac{2\pi}{\omega_n\sqrt{1-\xi^2}}$$

则

$$N = \frac{t_s}{T_d} = \frac{t_s\omega_n\sqrt{1-\xi^2}}{2\pi} = \begin{cases} \dfrac{1.5\sqrt{1-\xi^2}}{\xi\pi}, & \Delta = 0.05 \\ \dfrac{2\sqrt{1-\xi^2}}{\xi\pi}, & \Delta = 0.02 \end{cases} \tag{3-34}$$

由上式可知，N 仅与 ξ 有关。N 与 M_p 一样直接说明了系统的阻尼特性。ξ 越大，N 越小，系统平稳性越好。

综上可知，二阶系统的动态性能由 ω_n 和 ξ 决定。增加 ξ 可以抑制振荡、减小最大超调量 M_p 和振荡次数 N，但系统响应的快速性降低，t_r、t_p 增加；ξ 一定，ω_n 越大，系统响应的快速性越好，t_r、t_p、t_s 越小。

通常根据允许的最大超调量来确定 ξ。ξ 一般选择在 0.4～0.8 之间，然后调整 ω_n 以获得合适的瞬态响应时间。

例 3-3　在图 3-16（a）所示的机械系统中，当在质量块上施加 $f(t) = 8.9\text{N}$ 的阶跃力后，质量块的位移时间响应曲线如图 3-16（b）所示。试求系统中质量块的质量 m、弹性系数 K 和阻尼系数 C。

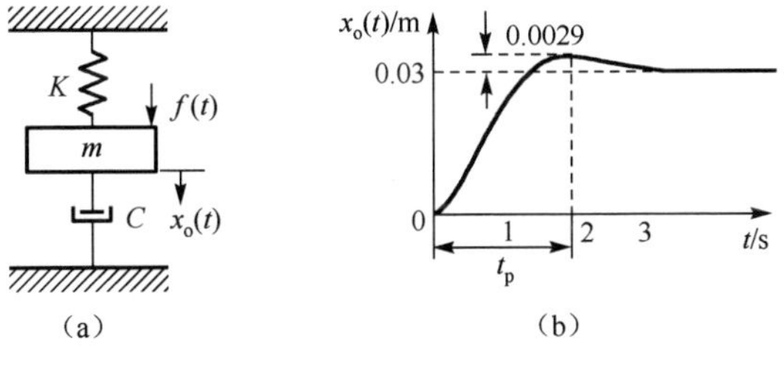

图 3-16　例 3-3 机械系统和质量块的位移时间响应曲线

解：根据牛顿第二定律，有

$$f(t) - Kx_o(t) - C\frac{\mathrm{d}x_o(t)}{\mathrm{d}t} = m\frac{\mathrm{d}^2x_o(t)}{\mathrm{d}t^2}$$

系统的传递函数为

$$G(s) = \frac{X_o(s)}{F(s)} = \frac{1}{ms^2 + Cs + K} = \frac{\frac{1}{K}\omega_n^2}{s^2 + 2\xi\omega_n s + \omega_n^2}$$

其中，

$$\omega_{\rm n}=\sqrt{\frac{K}{m}}\,,\quad \xi=\frac{C}{2\sqrt{Km}}$$

由于 $F(s)=L[f(t)]=L[8.9]=8.9/s$，因此

$$X_{\rm o}(s)=F(s)G(s)=\frac{8.9}{s}\cdot\frac{1}{ms^2+Cs+K}$$

根据拉氏变换的终值定理，有

$$x_{\rm o}(\infty)=\lim_{s\to 0}sX_{\rm o}(s)=\lim_{s\to 0}\frac{8.9}{ms^2+Cs+K}=\frac{8.9}{K}$$

由图 3-16（b）知，$x_{\rm o}(\infty)=0.03\text{m}$，因此

$$K=\frac{8.9}{0.03}\approx 297\ （\text{N/m}）$$

$$M_{\rm p}={\rm e}^{-\frac{\xi\pi}{\sqrt{1-\xi^2}}}\times 100\%=\frac{0.0029}{0.03}\times 100\%\approx 9.7\%$$

解得 $\xi=0.6$。

又由图 3-16（b）知：

$$t_{\rm p}=\frac{\pi}{\omega_{\rm n}\sqrt{1-\xi^2}}=2$$

可得 $\omega_{\rm n}=1.96\text{rad/s}$。

根据

$$\omega_{\rm n}=\sqrt{\frac{K}{m}}\,,\quad \xi=\frac{C}{2\sqrt{Km}}$$

解得 $m=77.3\text{kg}$，$C=181.8\text{N·m/s}$。

例 3-4 已知单位反馈系统的开环传递函数为

$$G(s)=\frac{5K}{s(s+34.5)}$$

求当 $K=200$ 时，系统单位阶跃响应的动态性能指标。若 K 增大到 1500，试分析动态性能指标的变化情况。

解：系统的闭环传递函数为

$$\Phi(s)=\frac{G(s)}{1+G(s)}=\frac{5K}{s^2+34.5s+5K}$$

（1）当 $K=200$ 时

$$\Phi(s)=\frac{1000}{s^2+34.5s+1000}$$

对照二阶系统传递函数的标准形式[式（3-15）]，可求出 $\omega_{\rm n}\approx 31.62\text{rad/s}$，$\xi\approx 0.546$。

$$t_{\rm r}=\frac{\pi-\arccos\xi}{\omega_{\rm n}\sqrt{1-\xi^2}}\approx 0.081\ （\text{s}）$$

$$t_p = \frac{\pi}{\omega_n\sqrt{1-\xi^2}} \approx 0.12 \text{（s）}$$

$$M_p = e^{-\frac{\xi\pi}{\sqrt{1-\xi^2}}} \times 100\% \approx 13\%$$

$$t_s \approx \frac{3}{\xi\omega_n} \approx 0.174 \text{（s），} \Delta \text{取} 0.05$$

$$N = \frac{1.5\sqrt{1-\xi^2}}{\xi\pi} \approx 0.73\text{，} \Delta \text{取} 0.05$$

（2）当 $K = 1500$ 时，求出 $\omega_n \approx 86.6\text{rad/s}$，$\xi \approx 0.2$，同样地，计算可得

$$t_r \approx 0.021\text{s}，t_p \approx 0.037\text{s}，M_p \approx 52.7\%，t_s \approx 0.173\text{s}，N \approx 2.34$$

可见，增大 K，ξ 减小，ω_n 增大，从而引起 t_p 减小，M_p 增大，而 t_s 无变化。

3.5 高阶系统的时间响应

通常描述系统的微分方程高于二阶的系统为高阶系统。高阶系统的计算往往比较困难，并且在工程设计中，过分讲究精确往往是不必要的，甚至是无意义的。因此，工程上通常采用闭环极点的概念将高阶系统适当地近似成低阶系统（如二阶或三阶）进行分析。

3.5.1 高阶系统的单位阶跃响应

实际的控制系统大部分是高于二阶的系统，即高阶系统。高阶系统的传递函数为

$$G(s) = \frac{X_o(s)}{X_i(s)} = \frac{b_0 s^m + b_1 s^{m-1} + \cdots b_{m-1}s + b_m}{a_0 s^n + a_1 s^{n-1} + \cdots a_{n-1}s + a_n}$$

$$= \frac{K\prod_{i=1}^{m}(s+z_i)}{\prod_{j=1}^{q}(s+p_j)\prod_{k=1}^{r}(s^2+2\xi_k\omega_k s+\omega_k^2)}, \quad q+2r=n \geqslant m, K=\frac{b_0}{a_0}$$

式中，$-z_i$ 为系统的零点，个数为 m；$-p_j$ 为系统的极点，个数为 q；有 r 对互为共轭的复数极点。

假设系统极点互不相同，当输入信号为单位阶跃信号，即 $X_i(s) = 1/s$ 时

$$X_o(s) = \frac{K\prod_{i=1}^{m}(s+z_i)}{s\prod_{j=1}^{q}(s+p_j)\prod_{k=1}^{r}(s^2+2\xi_k\omega_k s+\omega_k^2)} \tag{3-35}$$

$$= \frac{a}{s} + \sum_{j=1}^{q}\frac{a_j}{s+p_j} + \sum_{k=1}^{r}\frac{b_k(s+\xi_k\omega_k)+c_k\omega_k\sqrt{1-\xi_k^2}}{(s+\xi_k\omega_k)^2+(\omega_k\sqrt{1-\xi_k^2})^2}$$

式中，a 和 a_j 分别为 $X_o(s)$在极点 $s = 0$ 和 $s = -p_j$ 处的留数；b_k、c_k 分别是与 $X_o(s)$在极点 $s = -\xi_k\omega_k \pm j\omega_k\sqrt{1-\xi_k^2}$ 处的留数有关的常数。

对式（3-35）进行拉氏变换，可得

$$x_o(t) = a + \sum_{j=1}^{q} a_j e^{-p_j t} + \sum_{k=1}^{r} b_k e^{-\xi_k\omega_k t}\cos\left(\omega_k\sqrt{1-\xi_k^2}\right)t + \sum_{k=1}^{r} c_k e^{-\xi_k\omega_k t}\sin\left(\omega_k\sqrt{1-\xi_k^2}\right)t, \quad t \geqslant 0 \tag{3-36}$$

由式（3-36）可知，高阶系统的单位阶跃响应由一阶和二阶系统的时间响应函数叠加而成。各分量的相对大小由其系数决定，所以了解其分量和相对大小，就可知高阶系统的稳态响应。由输出响应可知：

（1）如果所有闭环极点都在 s 左半平面内，即所有闭环极点都具有负实部（p_j、$\xi_k\omega_k$ 大于零），则系统响应中所有指数项和阻尼振荡项都随时间 t 的增大而趋于零。随着时间 $t\to\infty$，$x_o(\infty) = a_0$，即系统是稳定的。

（2）动态分量中的各分量的性质完全取决于相应极点在 s 平面上的位置，若极点位于 s 平面的左半部，则该极点对应的动态分量一定是衰减的；若极点位于 s 平面的右半部，则该极点对应的动态分量是渐增的；若极点位于实轴上，则该分量是非振荡的，否则就是振荡的。

3.5.2 系统零、极点分布对时域响应的影响

设某系统传递函数的零、极点分布图如图 3-17（a）所示，图 3-17（b）所示为该系统的单位脉冲响应函数各分量的曲线图。由图 3-17（b）可知，由共轭复数极点 p_1、p_2 确定的分量在该系统的单位脉冲响应函数中起主导作用，因为它衰减得最慢。其他远离虚轴的极点 p_3、p_4、p_5 所对应的单位脉冲响应函数衰减较快，它们仅在过渡过程的极短时间内产生一定影响。因此，在对高阶系统过渡过程（瞬态响应）进行分析时，可以忽略这些分量对系统过渡过程的影响。

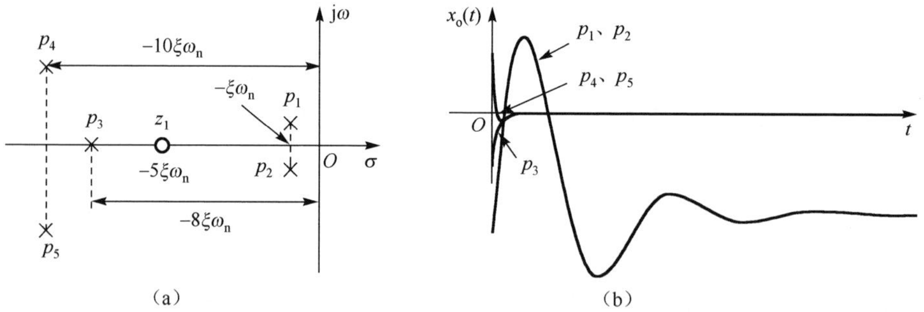

图 3-17 某系统传递函数的零、极点分布图与单位脉冲响应函数各分量的曲线图

由以上分析可知，在系统传递函数的极点中，极点距虚轴的距离决定了其所对应的暂态分量衰减得快慢，距离越远，衰减越快。

如果距虚轴最近的一对共轭复数极点附近没有零点，而其他的极点与虚轴的距离都在这对极点与虚轴距离的 5 倍以上，则系统的过渡过程的状态及其性能指标主要取决于距虚轴最近的这对共轭复数极点。这对共轭复数极点称为系统的主导极点。应用主导极点分析高阶系统的过渡过程，实质上就是把高阶系统近似作为二阶振荡系统来处理，这样就大大简化了系

统的分析和综合工作。但在应用这种方法时一定要注意条件。特别是在精确分析中，其他极点与零点对系统过渡过程的影响不能忽视。

系统零点影响各极点处的留数的大小（各个瞬态分量的相对强度）。如果在某一极点附近存在零点，则其对应的瞬态分量的强度将变小，所以一对靠得很近的零点和极点其瞬态响应分量可以忽略，这对零、极点称为偶极子。偶极子的概念对控制系统的综合设计很有用，利用它可以消去对系统性能有不利影响的极点，使系统性能得到改善。通常，如果闭环零点和极点的距离比其模值小一个数量级，则该极点和零点构成一对偶极子，可以对消。

例 3-5　已知系统的闭环传递函数为

$$\Phi(s)=\frac{X_o(s)}{X_i(s)}=\frac{3.12\times10^5 s+6.25\times10^6}{s^4+100s^3+8000s^2+4.4\times10^5 s+6.24\times10^6}$$

求系统的近似单位阶跃响应。

解：系统闭环传递函数的零、极点形式为

$$\Phi(s)=\frac{3.12\times10^5(s+20.03)}{(s+20)(s+60)(s+10+\mathrm{j}71.4)(s+10-\mathrm{j}71.4)}$$

系统的零、极点分布图如图 3-18 所示。

由图 3-18 可知，零点 $z_1=-20.03$ 和极点 $p_1=-20$ 构成一对偶极子，可以消去，共轭复数极点 $p_{3,4}=-10\pm\mathrm{j}71.4$ 与极点 $p_2=-60$ 相距很远，$p_{3,4}$ 为系统的主导极点，p_2 对响应的影响可以忽略。

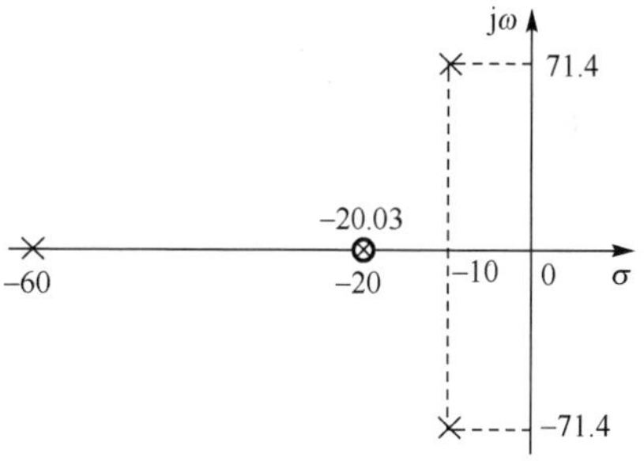

图 3-18　例 3-5 系统的零、极点分布图

从而系统的闭环传递函数可简化为

$$\Phi(s)\approx\frac{3.12\times10^5}{60(s+10+\mathrm{j}71.4)(s+10-\mathrm{j}71.4)}=\frac{5.2\times10^3}{s^2+20s+5.2\times10^3}$$

对照二阶系统传递函数的标准形式，可求出 $\omega_n\approx72.11\mathrm{rad/s}$，$\xi\approx0.139$。

系统的近似单位阶跃响应为

$$x_o(t)\approx1-1.01\mathrm{e}^{-10t}\sin(71.4t+1.43),\quad t\geqslant0$$

习　　题

3-1　已知在零初始条件下，系统的单位阶跃响应为 $x_o(t)=1-2\mathrm{e}^{-2t}+\mathrm{e}^{-t}$，试求系统的传递函数和脉冲响应。

3-2　已知单位反馈系统的开环传递函数为 $G(s)=\dfrac{4}{s(s+5)}$，求该系统的单位阶跃响应和单位脉冲响应。

3-3　已知控制系统结构图如图 3-19 所示，求当输入 $x_i(t)=3\cdot1(t)$ 时系统的输出 $x_o(t)$。

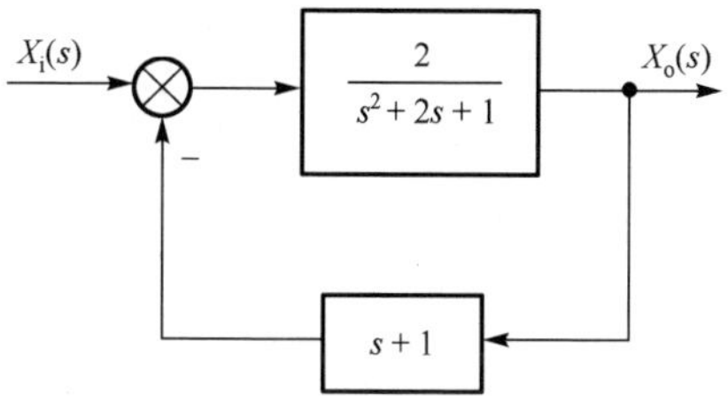

图 3-19　题 3-3 图

3-4　试比较图 3-20 中两个系统的单位阶跃响应。

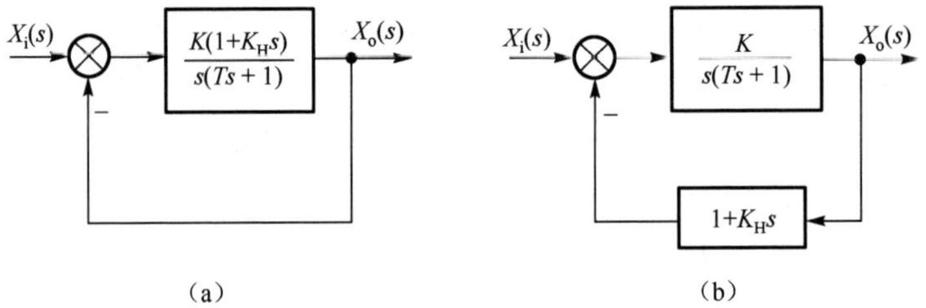

图 3-20 题 3-4 图

3-5 某伺服机构的单位阶跃响应为 $x_o(t)=1+0.2e^{-60t}-1.2e^{-10t}$，计算系统的闭环传递函数，并求出系统的固有频率和阻尼比。

3-6 试求图 3-21 所示系统的闭环传递函数，并求出当闭环阻尼比为 0.5 时所对应的 K 值。

3-7 某单位反馈系统的开环传递函数为 $G(s)=\dfrac{1}{s(s+1)}$，试求上升时间、峰值时间、最大超调量和调整时间。

3-8 某一阶系统方框图如图 3-22 所示。若系统闭环增益为 2，调整时间 $t_s \leqslant 0.4$s（误差范围 $\Delta=2\%$），试确定参数 K_1、K_2 的值。

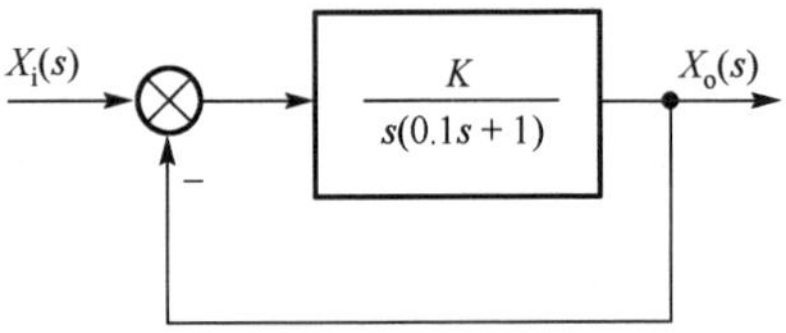

图 3-21 题 3-6 图

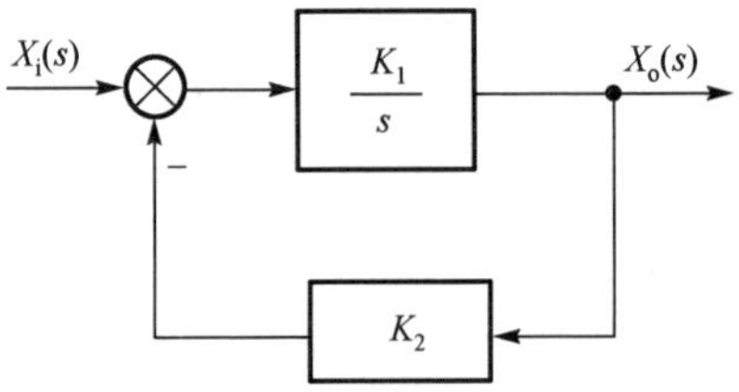

图 3-22 题 3-8 图

3-9 两系统的闭环传递函数分别为 $G_1(s)=\dfrac{2}{2s+1}$ 和 $G_2(s)=\dfrac{1}{s+1}$，当输入信号为单位阶跃信号时，试判断其到达各自稳态值的 63.2%的时间。

3-10 系统的闭环传递函数为 $G(s)=\dfrac{\omega_n^2}{s^2+2\xi\omega_n s+\omega_n^2}$，为使系统单位阶跃响应有 5%的最大超调量和 2s 的调整时间，试求 ξ 和 ω_n 的值。

3-11 已知某系统的微分方程为

$$\frac{d^2y(t)}{dt^2}+2\xi\frac{dy(t)}{dt}+y(t)=x(t), \quad 0<\xi<1$$

当 $x(t)=1(t)$ 时，试求最大超调量。

3-12 设单位负反馈系统的开环传递函数为 $G(s)=\dfrac{K}{s(s+10)}$，当阻尼比为 0.5 时，求 K 的值，并求系统的峰值时间、最大超调量和调整时间。

3-13 某系统方框图如图 3-23 所示，试求单位阶跃响应的最大超调量 M_p、上升时间 t_r 和调整时间 t_s。

3-14 在图 3-24 所示的系统中，$K=10$，输入信号为单位阶跃信号，为使最大超调量 $M_p=16\%$，$\omega_n=10$，求 a、b 的值。

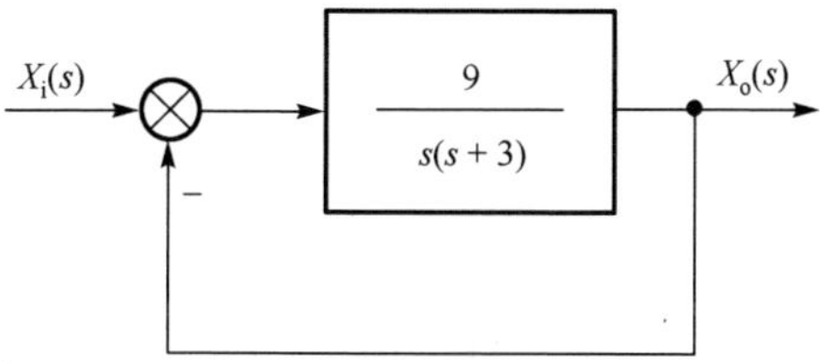

图 3-23 题 3-13 图

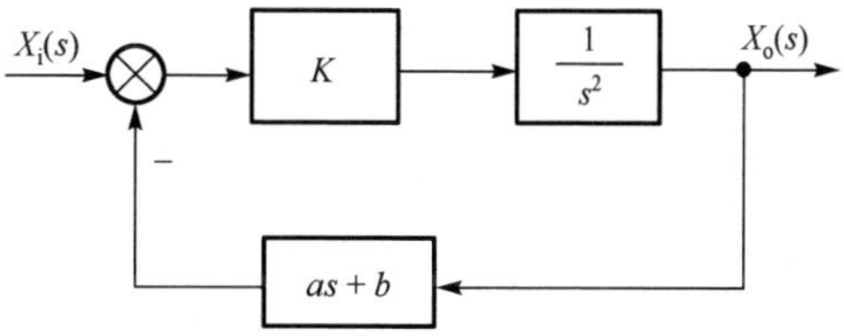

图 3-24 题 3-14 图

3-15 单位负反馈系统的开环传递函数为$G(s)=\dfrac{K}{s(Ts+1)}$，其中，$K>0$，$T>0$，开环增益K减少多少能使系统单位阶跃响应的最大超调量从 75%降到 25%？

3-16 图 3-25（a）所示系统的单位阶跃响应如图 3-25（b）所示。试确定参数K_1、K_2和a的值。

3-17 某典型二阶系统的单位阶跃响应如图 3-26 所示。试确定系统的闭环传递函数。

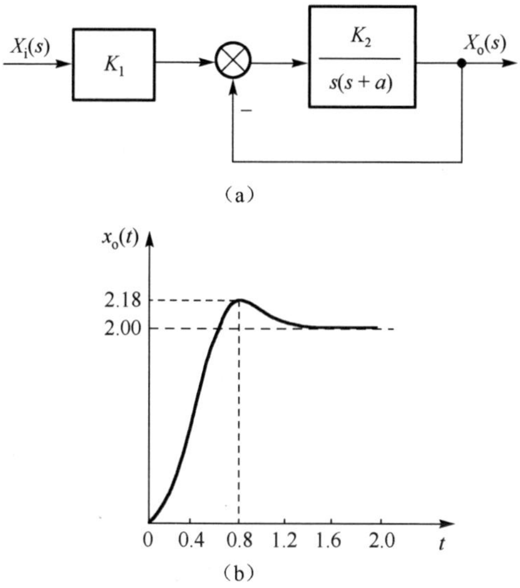

图 3-25 题 3-16 图

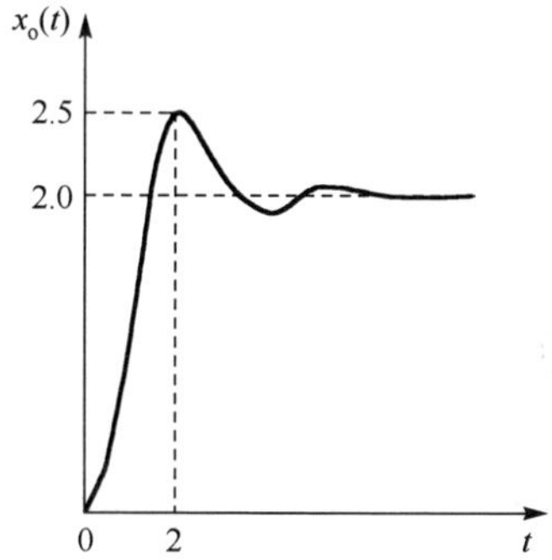

图 3-26 题 3-17 图

3-18 设一单位反馈系统的开环传递函数为$G(s)=\dfrac{10}{s(s+1)}$，该系统的阻尼比为 2.157，无阻尼固有角频率为 3.16rad/s。现将系统改变为图 3-27 所示的系统，使阻尼比为 0.5，试确定K_n的值。

3-19 控制系统方框图如图 3-28 所示，若系统单位阶跃响应的最大超调量$M_p=20\%$，调整时间$t_s<1.5s$（$\Delta=0.05$），试确定K与t_r的值。

3-20 图 3-29（a）所示为一个机械振动系统的简化原理图。当有$f(t)=3N$的力（单位阶跃输入）作用于系统时，系统中的质量块做图 3-29（b）所示的运动，根据响应曲线，确定质量块的质量m、阻尼系数C和弹性系数K。

3-21 机器人控制系统方框图如图 3-30 所示。试确定参数K_1、K_2的值，以使系统单位阶跃响应的峰值时间为 0.5s，最大超调量为 2%。

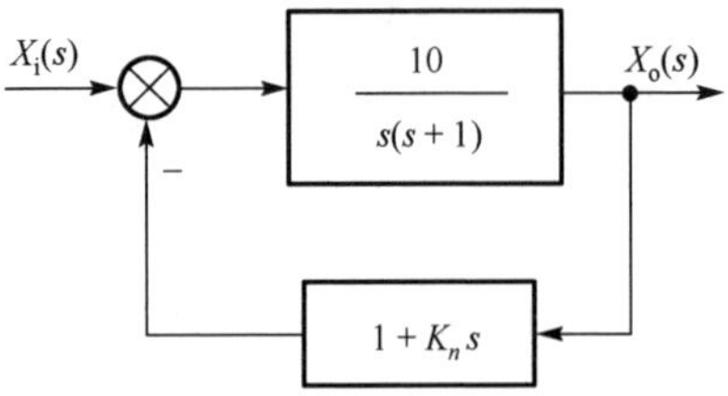

图 3-27　题 3-18 图

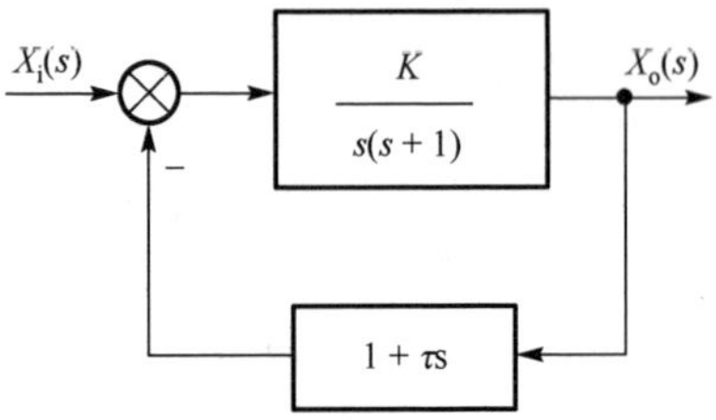

图 3-28　题 3-19 图

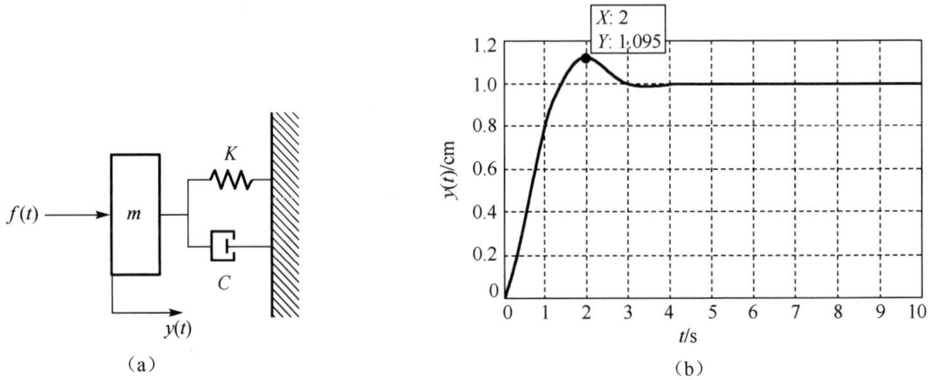

图 3-29　题 3-20 图

3-22　已知系统方框图如图 3-31 所示，单位阶跃响应的 $M_p = 16.3\%$，峰值时间 $t_p = 1\text{s}$。试求：

（1）开环传递函数 $G(s)$。

（2）闭环传递函数 $\Phi(s)$。

（3）根据已知性能指标 M_p 及 t_p，确定参数 K 及 t_r 的值。

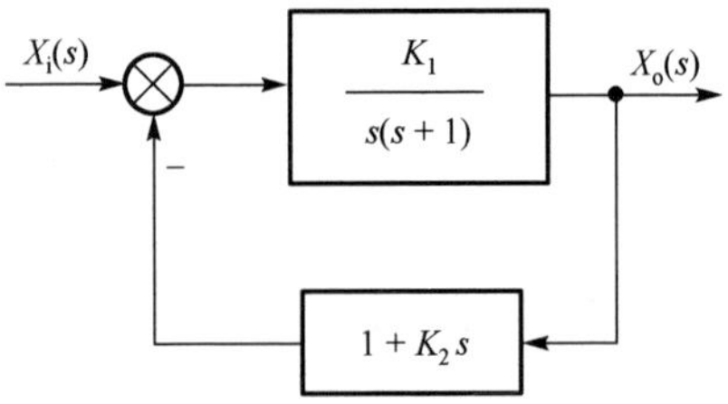

图 3-30　题 3-21 图

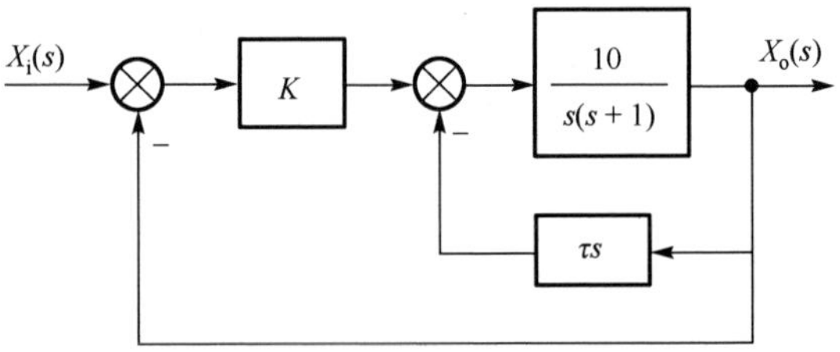

图 3-31　题 3-22 图

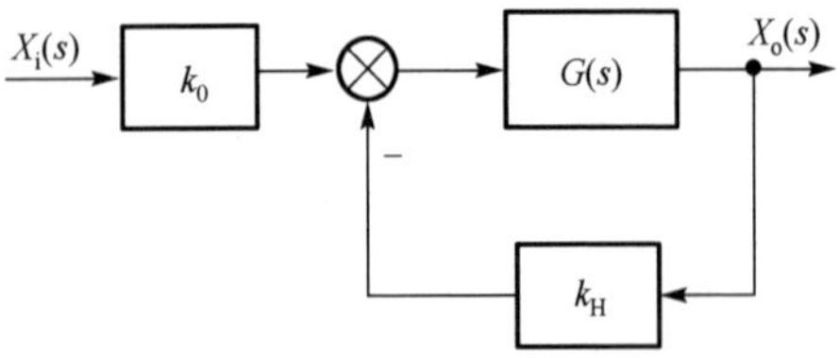

图 3-32　题 3-23 图

3-23　已知一阶系统的方框图如图 3-32 所示，其传递函数为 $G(s)=\dfrac{10}{0.2s+1}$，若采用负反馈的方法将调整时间 t_s 减小为原来的 1/10，并且保证总的放大系数不变，试选择 k_H 和 k_0 的值。

3-24　一高阶系统的传递函数为 $G(s)=\dfrac{10(s+3.2)}{(s+3)(s+10)(s^2+2s+2)}$，试求单位阶跃响应的动态性能和稳态输出。

第 4 章　频 域 分 析

频率特性分析法是分析线性系统的工程实用方法。系统对不同频率的正弦输入信号的稳态响应称为频率响应。所谓频率特性，就是系统的频率响应与对应频率的正弦输入信号之间幅值及相位的关系。系统的频率特性可以直接反映系统的稳态性能，并且可以间接反映系统的稳定性及暂态性能，用系统的频率特性研究控制系统性能的方法称为控制系统的频域分析法。

用频域分析法分析线性系统具有如下优点：

（1）方便获得控制系统各个环节的频率特性，并用曲线表示，使得分析和设计可以用图解的方式进行。

（2）频率特性物理意义明确，可用实验方法确定稳定系统的频率特性。对于某些对对象机理了解不充分的系统具有重要意义。

（3）可方便、直观地分析多个参数变化对系统性能的影响，并能大致指出改善系统性能的途径。

（4）采用频域分析法设计控制系统可以兼顾动态响应和噪声抑制的要求。

4.1　频率响应函数

4.1.1　线性系统的正弦稳态响应和频率特性

这里以 RC 电路的正弦稳态响应为例介绍频率特性的概念。图 4-1 所示是一个一阶 RC 电路，由于电阻的耗能性质，该电路是渐近稳定的。因此在任意激励下，暂态分量会很快衰减，最后得到由激励决定的强制分量。当外加幅值一定的正弦激励信号时，随着激励信号频率的变化，输出信号的幅值和相位也在发生变化。下面对这一性质进行具体分析。

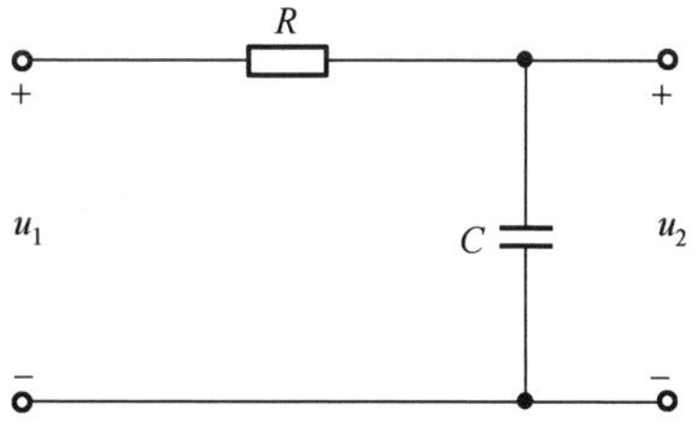

图 4-1　一阶 RC 电路

由图 4-1 可以得到输出和输入之间的传递函数为

$$G(s)=\frac{U_2(s)}{U_1(s)}=\frac{1}{RCs+1}$$

设输入信号为 $u_1=U_{1\text{m}}\sin(\omega t)$，则输出信号的拉氏变换为

$$U_2(s)=\frac{1}{RCs+1}\cdot\frac{U_{1\text{m}}\omega}{s^2+\omega^2}=\frac{\frac{1}{RC}}{s+\frac{1}{RC}}\cdot\frac{U_{1\text{m}}\omega}{s^2+\omega^2}=\frac{K_1}{s+\frac{1}{RC}}+\frac{K_2}{s+\text{j}\omega}+\frac{K_3}{s-\text{j}\omega}$$

$$=\frac{\frac{\omega RC}{1+(RC)^2\omega^2}U_{1\text{m}}}{s+\frac{1}{RC}}+\frac{U_{1\text{m}}}{2\text{j}\sqrt{1+(RC\omega)^2}}\left(-\frac{\text{e}^{-\text{j}\varphi(\omega)}}{s+\text{j}\omega}+\frac{\text{e}^{\text{j}\varphi(\omega)}}{s-\text{j}\omega}\right)$$

式中，$\varphi(\omega) = -\arctan(RC\omega)$。对上式求拉氏反变换得

$$u_2 = \frac{U_{1m}\omega RC}{1+(RC\omega)^2}\mathrm{e}^{-\frac{1}{RC}} + \frac{U_{1m}}{\sqrt{1+(RC\omega)^2}}\sin[\omega t + \varphi(\omega)]$$

式中，第一项 $\frac{U_{1m}\omega RC}{1+(RC\omega)^2}\mathrm{e}^{-\frac{1}{RC}}$ 为暂态分量，随着时间的增长将趋于零；第二项为正弦稳态响应分量

$$u_{2p}(t) = \frac{U_{1m}}{\sqrt{1+(RC\omega)^2}}\sin[\omega t + \varphi(\omega)]$$

如果用复数向量 $\boldsymbol{U}_{1m}(\mathrm{j}\omega) = U_{1m}\angle 0°$ 表示频率为 ω 的正弦稳态输入，那么输出可以用复数向量 $\boldsymbol{U}_{2m}(\mathrm{j}\omega) = \frac{U_{1m}}{\sqrt{1+(RC\omega)^2}}\angle\varphi(\omega)$ 表示，则系统的频率特性可以定义为

$$G(\mathrm{j}\omega) = \frac{\boldsymbol{U}_{2m}(\mathrm{j}\omega)}{\boldsymbol{U}_{1m}(\mathrm{j}\omega)} = \frac{1}{\sqrt{1+(RC\omega)^2}}\angle\arctan(RC\omega) = A(\omega)\mathrm{e}^{\mathrm{j}\varphi(\omega)} \tag{4-1}$$

式中，$A(\omega) = \frac{1}{\sqrt{1+(RC\omega)^2}}$ 称为幅频特性，$\varphi(\omega) = -\arctan(RC\omega)$ 称为相频特性。式（4-1）还可以写为复数的代数形式

$$G(\mathrm{j}\omega) = \frac{1}{1+\mathrm{j}RC\omega} \tag{4-2}$$

而图 4-1 所示电路的传递函数为 $G(s) = \frac{U_2(S)}{U_1(S)} = \frac{1}{1+RCs}$，可见频率特性可以视为传递函数中令 $s = \mathrm{j}\omega$ 的一个特例。

这里对频率特性做出如下解释说明：

（1）幅频特性反映了系统对不同频率的正弦信号的幅值稳态衰减（或放大）特性；

（2）相频特性表示系统在不同频率的正弦信号下输出的相位移；

（3）已知系统的传递函数，令 $s = \mathrm{j}\omega$，可得系统的频率特性；

（4）频率特性包含了系统的全部动态结构参数，反映了系统的内在性质。

4.1.2 频率特性与传递函数的关系

下面进一步分析系统的频率特性与传递函数之间的关系。根据传递函数的定义

$$G(s) = \left.\frac{C(s)}{R(s)}\right|_{\text{零状态}} \tag{4-3}$$

式中，$C(s) = \int_0^{\infty} c(t)\mathrm{e}^{-st}\mathrm{d}t$，$R(s) = \int_0^{\infty} r(t)\mathrm{e}^{-st}\mathrm{d}t$，$s = \sigma + \mathrm{j}\omega$。由于是零状态响应，因此有

$$c(t) = \begin{cases} 0, & t < 0 \\ c(t), & t \geqslant 0 \end{cases} \tag{4-4}$$

$$r(t)=\begin{cases}0, & t<0\\ r(t), & t\geqslant 0\end{cases} \tag{4-5}$$

所以 $C(s)$ 和 $R(s)$ 又可以写为

$$C(s)=\int_{-\infty}^{\infty}c(t)\mathrm{e}^{-st}\mathrm{d}t \tag{4-6}$$

$$R(s)=\int_{-\infty}^{\infty}r(t)\mathrm{e}^{-st}\mathrm{d}t \tag{4-7}$$

若 $C(s)$ 和 $R(s)$ 的收敛域包含虚轴，即当 $s=\mathrm{j}\omega$ 时式（4-6）和式（4-7）收敛，则有

$$C(\mathrm{j}\omega)=\int_{-\infty}^{\infty}c(t)\mathrm{e}^{-\mathrm{j}\omega t}\mathrm{d}t \tag{4-8}$$

$$R(\mathrm{j}\omega)=\int_{-\infty}^{\infty}r(t)\mathrm{e}^{-\mathrm{j}\omega t}\mathrm{d}t \tag{4-9}$$

式（4-8）和式（4-9）正是输出信号和输入信号的傅里叶变换，因此当 $C(s)$ 的收敛域包含虚轴时，系统的频率特性是零状态响应与输入的傅里叶变换之比，即

$$G(\mathrm{j}\omega)=\frac{C(\mathrm{j}\omega)}{R(\mathrm{j}\omega)} \tag{4-10}$$

综上所述，频率特性可看作是传递函数的一个特例，而传递函数可看作是频率特性的推广，由于频率特性可以通过实验获得，这就为研究控制系统提供了很大方便。传递函数和频率特性之间的对应关系如图 4-2 所示。

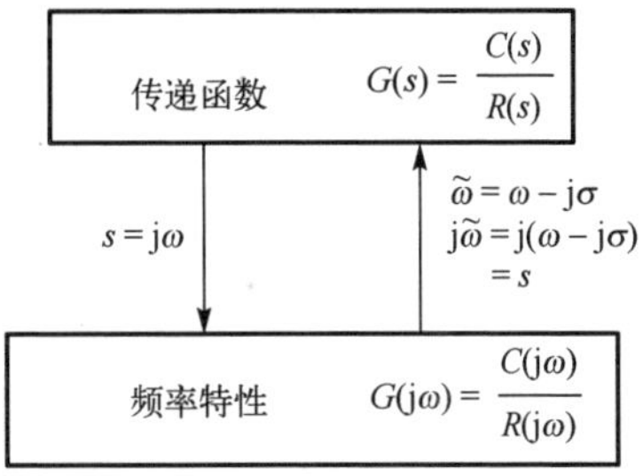

图 4-2　传递函数和频率特性之间的对应关系

4.1.3　频率特性的表示方式

频率特性的表示有三种方式：一是幅频特性和相频特性的表示方式；二是采用极坐标形式的表示方式；三是采用对数频率特性图的表示方式。下面分别讨论。

1. 幅频特性和相频特性

频率特性一般是一个实变量 ω 的复数值函数，可以写为

$$G(\mathrm{j}\omega)=|G(\mathrm{j}\omega)|\mathrm{e}^{\mathrm{j}\varphi(\omega)}=A(\omega)\angle\varphi(\omega) \tag{4-11}$$

式中，$A(\omega)=|G(\mathrm{j}\omega)|$ 称为幅频特性，$\varphi(\omega)$ 称为相频特性。知道了 $G(\mathrm{j}\omega)$ 的表达式后，通过逐点描图法就可以绘得幅频特性曲线和相频特性曲线。

例 4-1　绘制 RC 电路输入-输出电压频率特性 $G(\mathrm{j}\omega)=\dfrac{1}{1+\mathrm{j}\omega RC}$ 的幅频特性曲线和相频特性曲线，其中，$RC=1\mathrm{s}$。

解： $A(\omega)=\dfrac{1}{\sqrt{1+(\omega RC)^2}}=\dfrac{1}{\sqrt{1+\omega^2}}$，$\varphi(\omega)=-\arctan(RC\omega)=-\arctan\omega$。

列表计算如下：

ω	0	1	2	5	∞
$A(\omega)$	1	0.707	0.447	0.196	0
$\varphi(\omega)$	0°	−45°	−63.43°	−78.69°	−90°

进行逐点描图，并将其平滑连接。RC 电路的幅频特性曲线和相频特性曲线如图 4-3 所示。

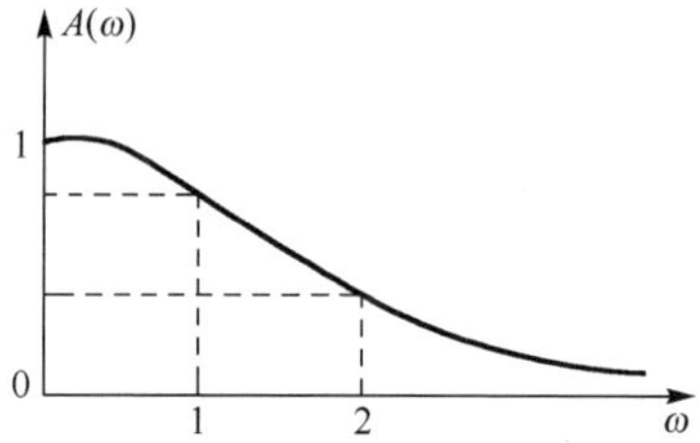

（a）幅频特性曲线

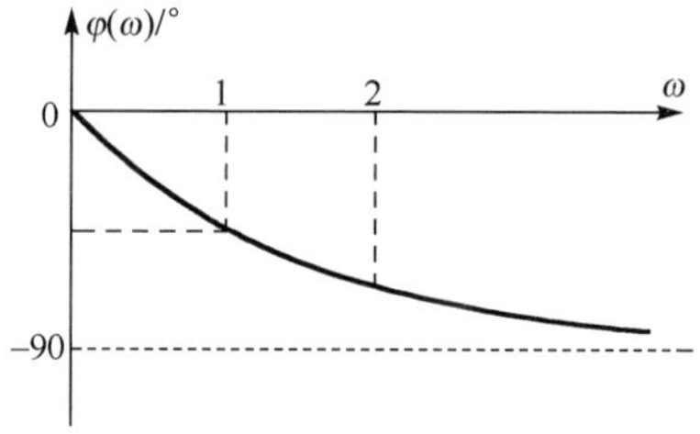

（b）相频特性曲线

图 4-3 RC 电路的幅频特性曲线和相频特性曲线

2．幅相频率特性图（极坐标图）

幅相频率特性图（简称幅相图）又称极坐标图、奈奎斯特图，是在复平面上直接根据不同频率对应的频率特性复向量，平滑连接对应的矢端曲线所得到的图形。在幅相频率特性图中，频率作为参变量出现，图中曲线在某一频率对应的点到复平面原点的线段构成一个矢量，矢量的模就是幅频特性在该频率时的幅值，矢量和正实轴的夹角就是相频特性在该频率时的相角。幅相频率特性图一般用逐点描图法绘制。

例 4-2 绘制惯性环节 $C(s)=\dfrac{1}{Ts+1}$ 对应频率特性的幅相频率特性图。

解：令 $s=\mathrm{j}\omega$，可得频率特性的解析表达式为

$$G(\mathrm{j}\omega)=\frac{1}{1+\mathrm{j}\omega T}$$

有 $A(\omega)=\dfrac{1}{\sqrt{1+\omega^2T^2}}$，$\varphi(\omega)=-\arctan(\omega T)$。

列表计算如下：

ω	0	$1/T$	$2/T$	$5/T$	∞
$A(\omega)$	1	0.707	0.447	0.196	0
$\varphi(\omega)$	0°	−45°	−63.43°	−78.69°	−90°

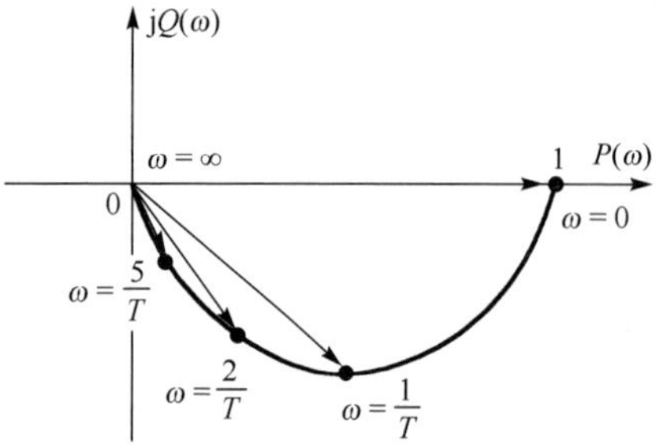

图 4-4 惯性环节的幅相频率特性图

绘出幅相频率特性图，如图 4-4 所示。

3．对数频率特性图（伯德图）

控制系统工作的频率范围很宽，且增益范围很广，用直接计算 $A(\omega)$ 和 $\varphi(\omega)$ 的方式绘图不太方便，而且控制系统一般要求在低频段对频率特性曲线的绘制细致一些，在高频段可以粗略一些，所以采用对数坐标比较方便。采用对数坐标绘制的频率特性图称为对数频率特性图，又称伯德图。

对数频率特性分为对数幅频特性 $L(\omega)$ 和对数相频特性 $\varphi(\omega)$ 。

对数幅频特性曲线的横坐标为 $\lg\omega$，纵坐标为 $20\lg A(\omega)$ ，单位为 dB。在多数情况下，对数幅频特性曲线的横坐标按 ω 取刻度，如图 4-5（a）所示。如果将横坐标按 $\lg\omega$ 取刻度，则如图 4-5（b）所示。对数坐标中每十倍频程中的对数分度如表 4-1 所示。

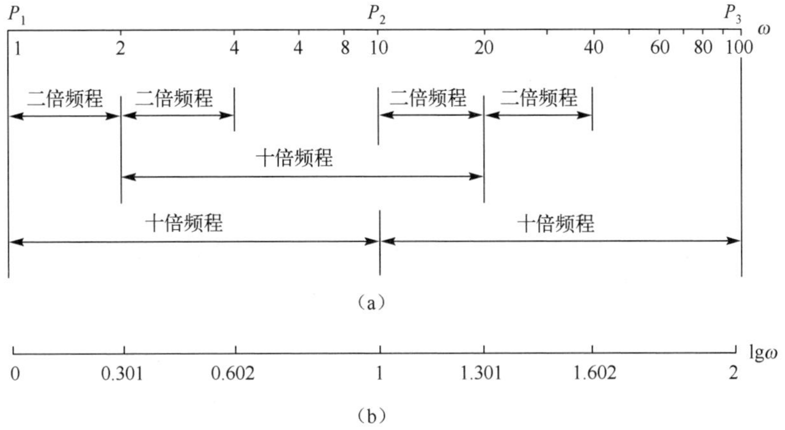

图 4-5　对数幅频特性曲线的横坐标刻度

表 4-1　对数坐标中每十倍频程中的对数分度

ω	1	2	3	4	5	6	7	8	9	10
$\lg\omega$	0	0.301	0.477	0.602	0.699	0.778	0.845	0.903	0.954	1

备注：对数幅频特性曲线的横坐标以 10 倍 ω 单位（十倍频程）为均匀刻度，即

$$\lg 1 = 0, \lg 10 = 1, \lg 100 = 2, \cdots, \lg 10^k = k$$

纵坐标以 20dB 为均匀刻度，即

$$当\ \frac{A(\omega_1)}{A(\omega_2)} = 10\ 时，\ 20\lg\frac{A(\omega_1)}{A(\omega_2)} = 20\ （\text{dB}）$$

对数相频特性曲线的横坐标为 ω，纵坐标为 $\varphi(\omega)$，但横坐标通常以 ω 的对数刻度标注，如图 4-6 所示。

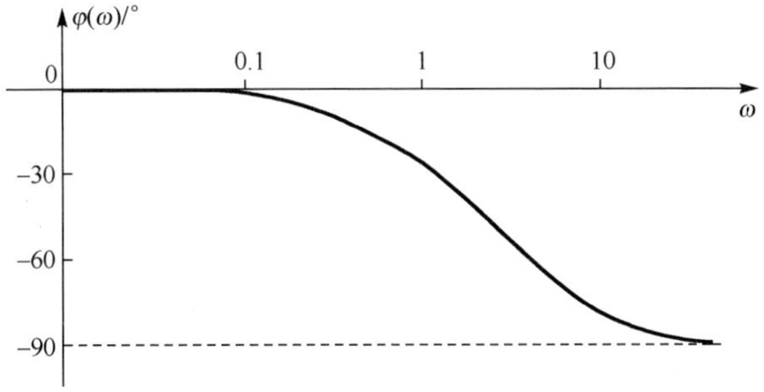

图 4-6　对数相频特性曲线

例 4-3　绘制惯性环节 $C(s) = \dfrac{1}{Ts+1}$ 的伯德图。

解：频率特性的解析表达式为 $G(\mathrm{j}\omega)=\dfrac{1}{1+\mathrm{j}\omega T}$，对数幅频特性 $L(\omega)$ 和对数相频特性 $\varphi(\omega)$ 分别为

$$L(\omega)=20\lg A(\omega)=20\lg\left(\frac{1}{\sqrt{1+\omega^2T^2}}\right)=-10\lg(1+\omega^2T^2)$$

$$\varphi(\omega)=-\arctan(\omega T)$$

在绘制伯德图中的对数幅频特性曲线时，一般先绘制渐近线。当 $\omega\ll\dfrac{1}{T}$ 时，$L(\omega)=-10\lg(1+\omega^2T^2)\approx-10\lg1=0$，这说明当 $\omega\ll\dfrac{1}{T}$ 时，$L(\omega)$ 趋于零，即在坐标系中渐近线是一条和横轴重合的水平线。

当 $\omega\gg\dfrac{1}{T}$ 时，$L(\omega)=-10\lg(1+\omega^2T^2)\approx-10\lg(\omega^2T^2)=-20\lg(\omega T)$，这表明渐近线是一条斜率为−20 dB/dec（dec 表示对数坐标系中的十倍频程）的直线。两条渐近线在 $\omega=\dfrac{1}{T}$ 处相交，$\omega=\dfrac{1}{T}$ 称为惯性环节的转折频率，$L(\omega)$ 的渐近线如图 4-7 所示。惯性环节 $L(\omega)$ 的渐近线和精确曲线的最大误差发生在 $\omega=\dfrac{1}{T}$ 处，误差为

$$-20\lg\sqrt{1+T^2\omega^2}\Big|_{\omega=\frac{1}{T}}=-20\lg\sqrt{2}=-3\ (\mathrm{dB})$$

有了渐近线和其与精确曲线在转折频率处的最大误差，可以快速画出 $L(\omega)$ 精确曲线的草图。

对数相频特性曲线可用逐点描图法绘制，其特点是曲线关于 $\left(\dfrac{1}{T},-45^\circ\right)$ 奇对称。惯性环节的伯德图如图 4-8 所示。

这里再说明一下对数频率特性的优点：①对数频率特性便于综合考查控制系统的特性。在低频时，可以将频率划分得很细，便于细致分析稳态性能；在高频时，将高频段以十倍频程拉近，便于看出变化趋势。②对常见频率特性可以通过叠加得到综合结果，作图方便。例如，已知

$$L_1(\omega)=20\lg A_1(\omega),\quad L_2(\omega)=20\lg A_2(\omega)$$

若 $A(\omega)=A_1(\omega)A_2(\omega)$，则 $L(\omega)=20\lg A(\omega)=L_1(\omega)+L_2(\omega)$。可见，由于对数的特性，可以将幅频特性的相乘转换为对数幅频特性的相加，这给由若干环节串联所构成的系统求对数频率特性带来很大方便。当已知各个环节的对数幅频特性时，可以通过叠加得到合成的幅频特性，绘制系统的伯德图非常方便。特别是在对曲线精度要求不高时，可用合成渐近线得到系统频率特性的曲线，此方法工作量很小，便于工程师采用。

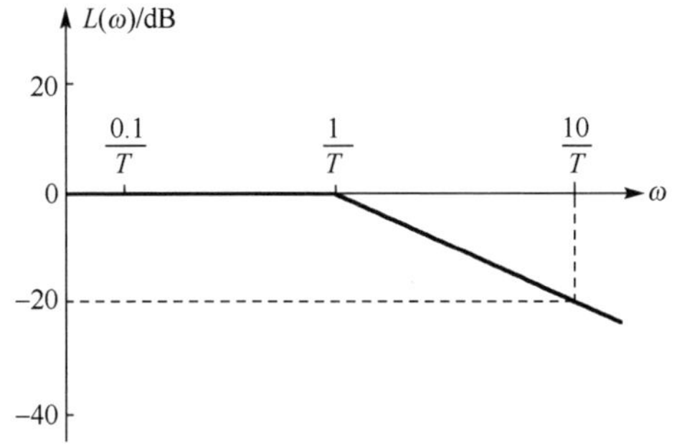

图 4-7　对数幅频特性的渐近线

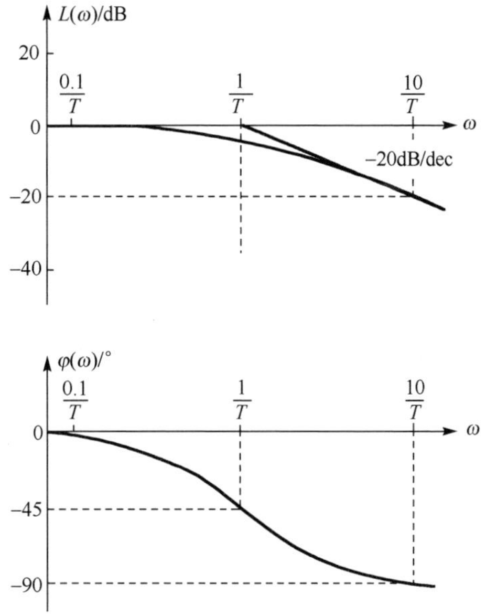

图 4-8　惯性环节的伯德图

4.2　典型环节的传递函数和频率特性

4.2.1　典型环节的传递函数

对于一个控制系统，虽然可以按照传递函数的定义由系统的微分方程求拉氏变换得到传递函数，但是这样仍然需要推导系统的微分方程，对运算过程的简化效果不显著。实际上，控制系统总是由若干部分（环节）按照一定方式连接而成的，如果先求得典型环节的传递函数，然后对由典型环节连接而成的复杂系统按照一定方法求得系统的传递函数，无疑可以简化运算，并且可以使我们对系统的性能分析具有更加全面的角度。

应当注意的是，环节是根据数学模型的形式划分的，不完全对应具体的物理装置或元件。从数学模型的角度来看，一个环节有时由几个元件之间的运动特性共同组成，而同一元件在不同系统中由于作用不同、输入/输出的物理量不同，可能会在不同环节起到不同的作用。

从数字模型的角度来看，典型环节分为以下几类：比例环节、微分环节、积分环节、惯性环节、二阶振荡环节、一阶微分环节、二阶微分环节、延迟（滞后）环节。

1. 比例环节、微分环节和积分环节

1）比例环节

比例环节又称放大环节，它的特点是：输出不失真、不延迟、成比例地复现输入信号的变化。电子比例放大器、电阻（电位器）、齿轮传送器、感应式变送器等都可以视为比例环节。

比例环节输入与输出的关系方程为

$$c(t) = Kr(t) \tag{4-12}$$

传递函数为

$$G(s)=\frac{C(s)}{R(s)}=K \tag{4-13}$$

图 4-9 所示是比例环节实例。

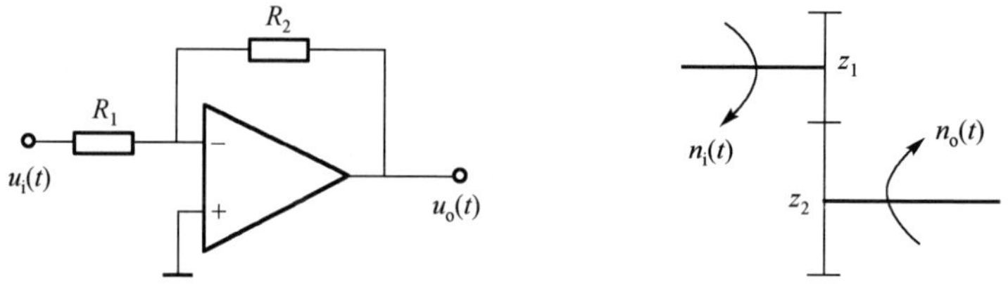

$$G(s)=\frac{U_o(s)}{U_i(s)}=-\frac{R_2}{R_1}=-K$$

（a）比例放大器

$$G(s)=\frac{N_o(s)}{N_i(s)}=\frac{z_1}{z_2}=K$$

（b）齿轮传送器

图 4-9　比例环节实例

2）微分环节

微分环节输入与输出的关系为

$$c(t)=\frac{\mathrm{d}r(t)}{\mathrm{d}t} \tag{4-14}$$

传递函数为

$$G(s)=\frac{C(s)}{R(s)}=s \tag{4-15}$$

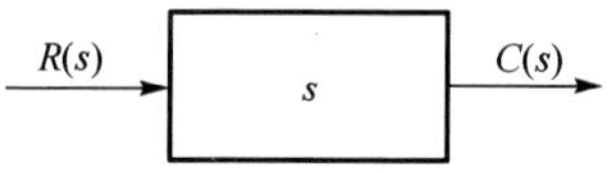

图 4-10　微分环节示意图

微分环节示意图如图 4-10 所示。

微分环节的特点是：输出量与输入量的一阶导数成正比，输出能预示输入信号的变化趋势。它常用来作为控制器的组成部分，以改善动态系统的性能。

3）积分环节

积分环节的输出量是输入量对时间的积分，即

$$c(t)=\int_{t_0}^{t} r(t)\mathrm{d}t \tag{4-16}$$

传递函数为

$$G(s)=\frac{C(s)}{R(s)}=\frac{1}{s} \tag{4-17}$$

积分环节在不同输入信号作用下的输出响应如图 4-11 所示，当输入 $r(t)$ 不为 0 时，输出 $c(t)$ 体现输入的累加效果；当输入 $r(t)$ 等于 0 时，输出 $c(t)$ 仍可以保持原值不变。积分环节的这一特性在反馈控制系统中具有重要作用。系统中可以看作是积分环节的实际例子有：电动机速度与位移间的传递函数、模拟计算机中的积分器、阻尼器在外力作用下的位移与力的关系等。

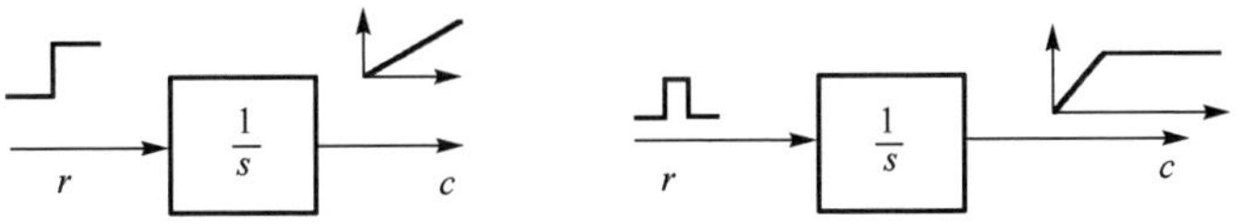

（a）阶跃信号作用　　（b）脉冲信号作用

图 4-11　积分环节在不同输入信号作用下的输出响应

在控制系统中，比例环节、微分环节、积分环节除了模拟系统某些部分的特性外，一个常见的作用就是可以利用这三种环节的不同组合，构成不同的控制器模型。例如：

PI 控制器
$$G_e(s)=K_\mathrm{P}+\frac{1}{T_\mathrm{I}s} \tag{4-18}$$

PD 控制器
$$G_e(s)=K_\mathrm{P}+K_\mathrm{D}s \tag{4-19}$$

PID 控制器
$$G_e(s)=K_\mathrm{P}+K_\mathrm{D}s+\frac{1}{T_\mathrm{I}s} \tag{4-20}$$

2. 惯性环节

惯性环节是控制系统模型中最重要的环节之一。惯性环节具有储能元件，其输出量延缓地反映输入量的变化。归一化的惯性环节的微分方程为

$$T\frac{\mathrm{d}c(t)}{\mathrm{d}t}+c(t)=r(t) \tag{4-21}$$

这是一个一阶微分方程，其传递函数为

$$G(s)=\frac{C(s)}{R(s)}=\frac{1}{Ts+1} \tag{4-22}$$

式中，T 称为惯性环节的时间常数，传递函数具有一个实数极点，为 $s=-\frac{1}{T}$。惯性环节方框图如图 4-12 所示。

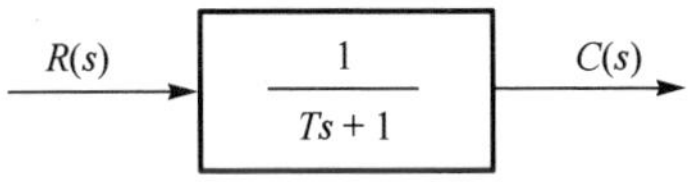

图 4-12　惯性环节方框图

典型惯性环节的实例有一阶 RC 低通滤波电路、一阶 RL 励磁电路、简单液面控制系统等。

通常将惯性环节对输入为单位阶跃信号 1(*t*)的零状态响应称为阶跃响应。

$$R(s)=L[1(t)]=\frac{1}{s}$$

$$C(s)=G(s)R(s)=\frac{1}{s(Ts+1)}=\frac{\frac{1}{T}}{s\left(s+\frac{1}{T}\right)}=\frac{1}{s}-\frac{1}{s+\frac{1}{T}}$$

$$c(t)=L^{-1}[C(s)]=[1-\mathrm{e}^{-\frac{1}{T}t}]1(t)$$

惯性环节的阶跃响应如图 4-13 所示。可以看到，经过 3*T*～4*T*，输出可认为进入稳态，这正是 *T* 被称为时间常数的原因。

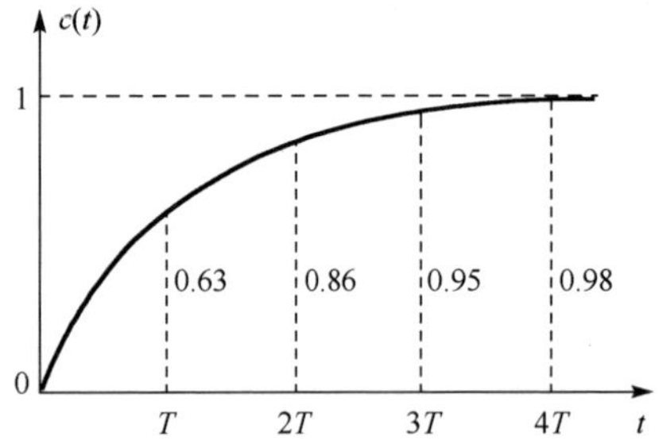

图 4-13 惯性环节的阶跃响应

3. 二阶振荡环节

二阶振荡环节的物理特点是：系统含有两种形式的储能元件，且阻尼较小，所存储的能量可相互转换，从而使输出可以呈衰减振荡形式。从数学模型来看，如果传递函数的极点为一对共轭复数，则这对共轭复数极点所构成的环节就是二阶振荡环节。二阶振荡环节的微分方程为

$$T^2\frac{\mathrm{d}^2c(t)}{\mathrm{d}t^2}+2\zeta T\frac{\mathrm{d}c(t)}{\mathrm{d}t}+c(t)=r(t) \tag{4-23}$$

传递函数为

$$G(s)=\frac{C(s)}{R(s)}=\frac{1}{T^2s^2+2\zeta Ts+1}=\frac{\omega_\mathrm{n}^2}{s^2+2\zeta\omega_\mathrm{n}s+\omega_\mathrm{n}^2} \tag{4-24}$$

式中，T 称为二阶振荡环节的时间常数；ζ 称为二阶振荡环节的阻尼比，$0<\zeta<1$；$\omega_\mathrm{n}=\dfrac{1}{T}$ 称为二阶振荡环节的无阻尼自然振荡角频率。传递函数的极点为

$$p_{1,2}=-\frac{\zeta}{T}\pm \mathrm{j}\frac{1}{T}\sqrt{1-\zeta^2}=-\zeta\omega_\mathrm{n}\pm \mathrm{j}\omega_\mathrm{n}\sqrt{1-\zeta^2} \tag{4-25}$$

通常令 $\omega_\mathrm{d}=\omega_\mathrm{n}\sqrt{1-\zeta^2}$，$\omega_\mathrm{d}$ 称为阻尼振荡角频率，则二阶振荡环节的极点可以写为

$$p_{1,2}=-\zeta\omega_\mathrm{n}\pm \mathrm{j}\omega_\mathrm{d} \tag{4-26}$$

下面求二阶振荡环节的单位脉冲响应 $g(t)$：

$$\begin{aligned}g(t)&=L^{-1}[G(s)]=L^{-1}\left[\frac{\omega_\mathrm{n}^2}{s^2+2\zeta\omega_\mathrm{n}s+\omega_\mathrm{n}^2}\right]\\&=L^{-1}\left[\frac{\omega_\mathrm{n}^2}{(s+\zeta\omega_\mathrm{n})^2+\omega_\mathrm{n}^2(1-\zeta^2)}\right]=L^{-1}\left[\frac{\dfrac{\omega_\mathrm{n}^2}{\omega_\mathrm{d}}\omega_\mathrm{d}}{(s+\zeta\omega_\mathrm{n})^2+\omega_\mathrm{d}^2}\right]\\&=\frac{\omega_\mathrm{n}^2}{\omega_\mathrm{d}}[\mathrm{e}^{-\zeta\omega_\mathrm{n}t}\sin(\omega_\mathrm{d}t)]1(t)=\frac{\omega_\mathrm{n}}{\sqrt{1-\zeta^2}}[\mathrm{e}^{-\zeta\omega_\mathrm{n}t}\sin(\omega_\mathrm{n}t\sqrt{1-\zeta^2})]1(t)\end{aligned}$$

其波形图如图 4-14 所示。

最后要说明的是，不是所有的二阶系统都可以看作振荡环节。从物理角度来看，该二阶系统一定要有两类储能元件，且有能量的相互交换，同时阻尼比较小；从数学角度来看，其传递函数的极点一定是共轭复数。例如，电机系统通常不能看作振荡环节，但可视为两个惯性环节相串联所形成的二阶系统。

4. 一阶微分环节和二阶微分环节

一阶微分环节的传递函数为

$$G(s)=\tau s+1 \tag{4-27}$$

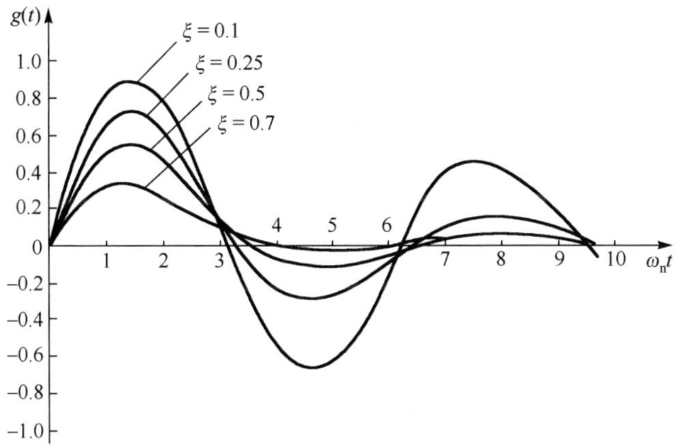

图 4-14 二阶振荡环节的单位脉冲响应波形图

式中，τ 称为一阶微分环节的时间常数。二阶微分环节的传递函数为

$$G(s)=\tau^2 s^2+2\zeta\tau s+1 \tag{4-28}$$

式中，ζ 称为二阶振荡环节的阻尼比，$0<\zeta<1$；τ 称为二阶微分环节的时间常数。

一阶微分环节可作为 PD 控制器的理想模型，二阶微分环节是传递函数分子多项式的共轭复数零点所对应部分的数学模型，一般只具有数学意义，在系统分析中起作用。目前很少有完全对应的物理元件可产生二阶微分的作用。

5. 延迟（滞后）环节

延迟环节又称滞后环节、时滞环节。延迟环节的特点是：输出信号比输入信号滞后一定的时间，也就是说，延迟环节的输出 $c(t)$ 在一个延迟时间 τ 后，完全复现输入信号 $r(t)$，用数学式表示为

$$c(t)=r(t-\tau)\cdot 1(t-\tau) \tag{4-29}$$

对上式两端进行拉氏变换，考虑位移性质，有

$$C(s)=\mathrm{e}^{-\tau s}R(s) \tag{4-30}$$

其传递函数为

$$G(s)=\frac{C(s)}{R(s)}=\mathrm{e}^{-\tau s} \tag{4-31}$$

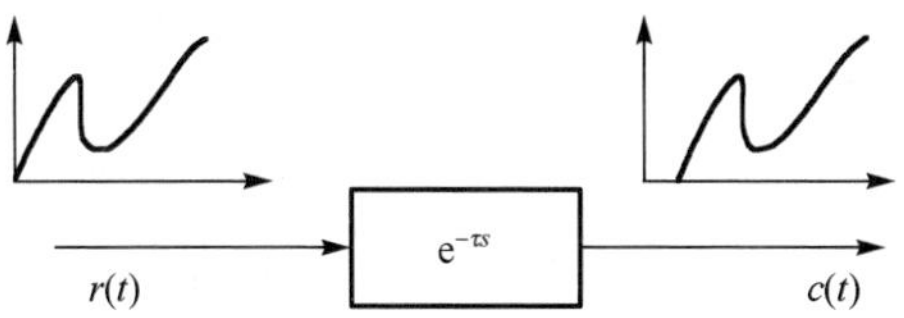

图 4-15 延迟环节的示意图

延迟环节的示意图如图 4-15 所示。

当 τ 很小时，可以将 $\mathrm{e}^{-\tau s}$ 进行泰勒级数展开，略去高阶项，则

$$\mathrm{e}^{-\tau s}=\frac{1}{1+\tau s+\frac{1}{2!}\tau^2 s^2+\frac{1}{3!}\tau^2 s^2+\cdots}\approx\frac{1}{1+\tau s} \tag{4-32}$$

可以近似为一个惯性环节。

必须说明，延迟环节与惯性环节有明显的区别：惯性环节从输入开始的时刻起就已有输

出，仅由于惯性，输出要滞后一段时间才接近所要求的输出值；而延迟环节从输入开始之初，在 $0\sim\tau$ 时间内并没有输出，但在 $t\geqslant\tau$ 之后，输出完全等于输入。

在过程控制中，管道压力、流量等物理量的数学模型就包含延迟环节。电力电子整流装置也可视为延迟环节，当外加控制信号改变时，必须延迟 τ，触发信号才能使晶闸管导通。

典型环节的数学模型如表 4-2 所示。

表 4-2　典型环节的数学模型

环节	时域方程（时域模型）	传递函数（复数域模型）
比例环节	$c(t)=Kr(t)$	$G(s)=K$
微分环节	$c(t)=\dfrac{\mathrm{d}r(t)}{\mathrm{d}t}$	$G(s)=s$
积分环节	$c(t)=\int_{t_0}^{t}r(t)\mathrm{d}t$	$G(s)=\dfrac{1}{s}$
惯性环节	$T\dfrac{\mathrm{d}c(t)}{\mathrm{d}t}+c(t)=r(t)$	$G(s)=\dfrac{1}{Ts+1}$
二阶振荡环节	$T^2\dfrac{\mathrm{d}^2c(t)}{\mathrm{d}t^2}+2\zeta T\dfrac{\mathrm{d}c(t)}{\mathrm{d}t}+c(t)=r(t)$	$G(s)=\dfrac{1}{T^2s^2+2\zeta Ts+1}$ （$0<\zeta<1$）
一阶微分环节	$c(t)=\tau\dfrac{\mathrm{d}r(t)}{\mathrm{d}t}+r(t)$	$G(s)=\tau s+1$
二阶微分环节	$c(t)=\tau^2\dfrac{\mathrm{d}^2r(t)}{\mathrm{d}t^2}+2\zeta\tau\dfrac{\mathrm{d}r(t)}{\mathrm{d}t}+r(t)$	$G(s)=\tau^2s^2+2\zeta\tau s+1$ （$0<\zeta<1$）
延迟环节	$c(t)=r(t-\tau)\cdot 1(t-\tau)$	$G(s)=\mathrm{e}^{-\tau s}$

当系统的传递函数为有理分式的形式时，可以应用典型环节的传递函数，将系统的传递函数写为

$$G(s)=K\frac{\prod\limits_{i=1}^{m_1}(\tau_i s+1)\prod\limits_{l=1}^{m_2}(\tau_l{}^2s^2+2\zeta_l\tau_l s+1)}{s^v\prod\limits_{j=1}^{n_1}(T_j s+1)\prod\limits_{k=1}^{n_2}(T_k{}^2s^2+2\zeta_k T_k s+1)}$$

$G(s)$ 的有理分式表述方式，零、极点表述方式和典型环节表述方式是自动控制原理中常用的表述方式，我们应熟悉它们各自的特点，以在不同场合采用适当的方式对系统进行分析。

4.2.2　典型环节的频率特性

前面已经介绍了频率特性的概念，以及绘制控制系统的频率特性曲线是进行频域分析的基础。而控制系统通常由典型环节经过级联、并联、反馈等连接方式组合而成，所以要了解控制系统的频率特性，首先要掌握典型环节的频率特性。熟练掌握各典型环节的频率特性，对绘制反馈控制系统的开环频率特性曲线很有帮助，对控制系统的频域分析具有重要的意义。

1．比例环节、微分环节和积分环节

1）比例环节

比例环节的传递函数为常数 K，它的特点是其输出能够无失真和无滞后地复现输入信号。其频率特性的表达式为

$$G(\mathrm{j}\omega)=K \tag{4-33}$$

幅频特性和相频特性为

$$\begin{cases} A(\omega) = K \\ \varphi(\omega) = 0° \end{cases} \tag{4-34}$$

对数频率特性为

$$\begin{cases} L(\omega) = 20\lg K \\ \varphi(\omega) = 0° \end{cases} \tag{4-35}$$

比例环节的各种频率特性图如图 4-16 所示。

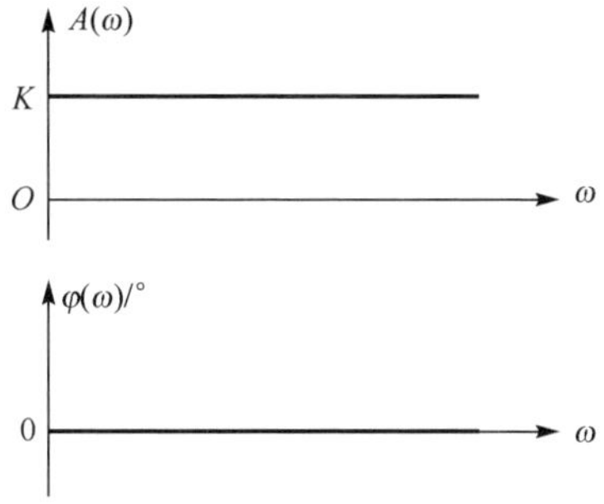

（a）幅频特性和相频特性曲线

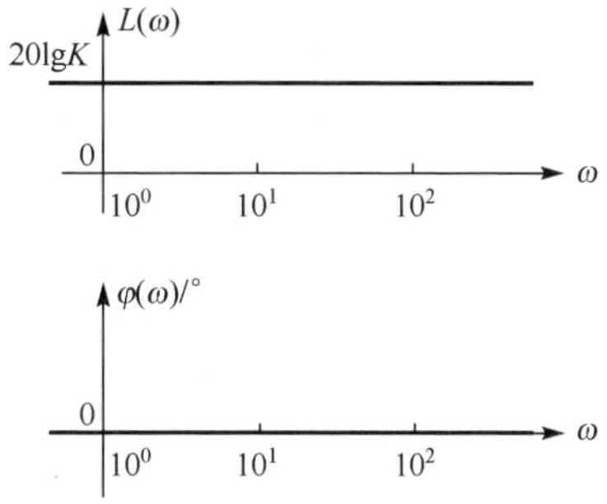

（b）对数幅频特性和相频特性曲线

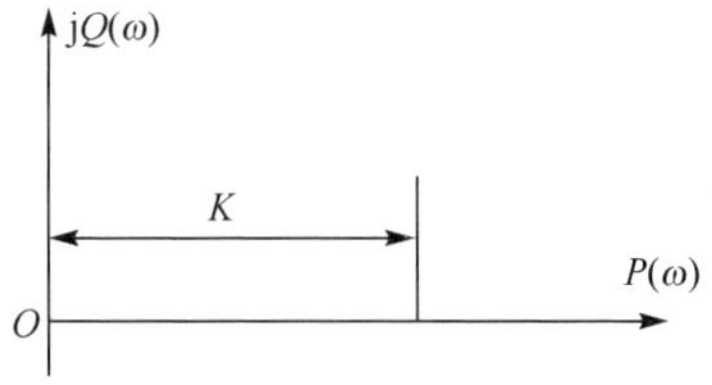

（c）幅相图

图 4-16　比例环节的各种频率特性图

2）微分环节

微分环节的输出量是输入量对时间的微分，其传递函数为 $G(s) = s$ 。表现在频率特性上，幅频特性与 ω 成正比，且输出对于输入有 90° 的超前，即有

$$G(\mathrm{j}\omega) = \mathrm{j}\omega = \omega \mathrm{e}^{\mathrm{j}\frac{\pi}{2}} \tag{4-36}$$

幅频特性和相频特性为

$$\begin{cases} A(\omega) = \omega \\ \varphi(\omega) = \dfrac{\pi}{2} \end{cases} \tag{4-37}$$

对数频率特性为

$$\begin{cases} L(\omega) = 20\lg \omega \\ \varphi(\omega) = \dfrac{\pi}{2} \end{cases} \tag{4-38}$$

微分环节的各种频率特性图如图 4-17 所示。从图 4-17（a）可以看出，幅频特性曲线是

一条在第一象限与ω成正比的直线，相频特性曲线是一条恒为90°的平行于横轴的直线，与ω无关。从图 4-17（b）可以看出，对数幅频特性曲线是一条通过横坐标$\omega=1$（$\lg\omega=0$）、纵坐标 0dB 的直线，其斜率为+20dB/dec，其中，dec 是对数坐标中十倍频程的意思；对数相频特性曲线也是平行于横轴的一条直线。从图 4-17（c）可以看出，幅相图随ω的变化沿纵轴向ω增加的方向变化，其相位与横轴的夹角恒为90°。

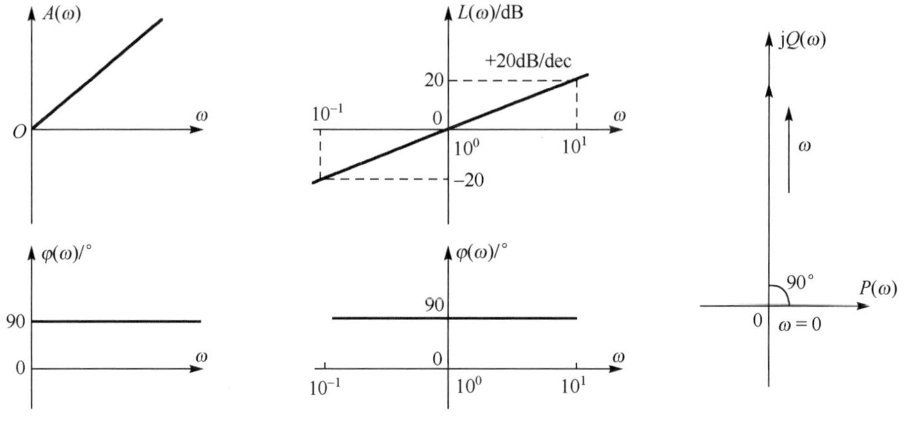

（a）幅频特性和相频特性曲线　（b）对数幅频特性和相频特性曲线　（c）幅相图

图 4-17　微分环节的各种频率特性图

3）积分环节

积分环节的输出量是输入量对时间的积分，其传递函数为$G(s)=\dfrac{1}{s}$。频率特性为

$$G(\mathrm{j}\omega)=\frac{1}{\mathrm{j}\omega}=\frac{1}{\omega}\mathrm{e}^{-\mathrm{j}\frac{\pi}{2}} \tag{4-39}$$

幅频特性和相频特性为

$$\begin{cases} A(\omega)=\dfrac{1}{\omega} \\ \varphi(\omega)=-\dfrac{\pi}{2} \end{cases} \tag{4-40}$$

从上式可以看出，积分环节的幅频特性与ω成反比，相频特性为常数，恒为−90°，表明输出对输入的滞后效应。积分环节的对数频率特性为

$$\begin{cases} L(\omega)=20\lg\dfrac{1}{\omega}=-20\lg\omega \\ \varphi(\omega)=-\dfrac{\pi}{2} \end{cases} \tag{4-41}$$

积分环节的各种频率特性图如图 4-18 所示。由式（4-41）可知，对数幅频特性曲线是一条通过横坐标$\omega=1$（$\lg\omega=0$）、纵坐标 0dB 的直线，其斜率为−20dB/dec，如图 4-18（b）所示。积分环节的幅相图随ω的变化沿纵轴负半轴从$-\infty$向ω增加的方向变化，其相位与横轴的夹角恒为−90°，如图 4-18（c）所示。

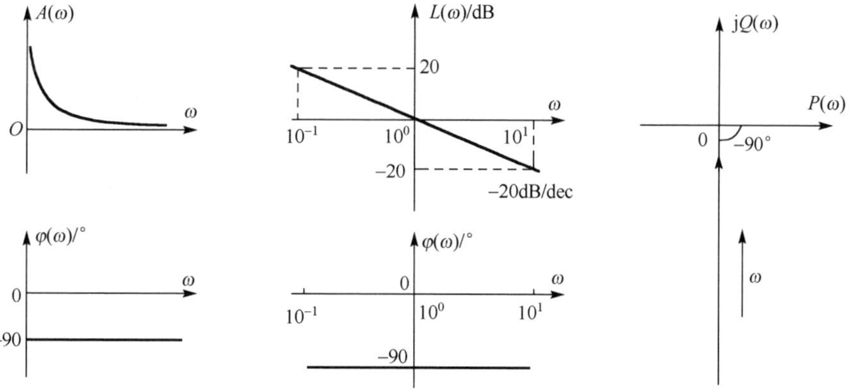

（a）幅频特性和相频特性曲线 （b）对数幅频特性和相频特性曲线 （c）幅相图

图 4-18 积分环节的各种频率特性图

2．惯性环节和一阶微分环节

1）惯性环节

惯性环节是控制系统中最常见的环节之一，掌握其频率特性的特点具有重要的意义。

惯性环节的传递函数为

$$G(s)=\frac{1}{Ts+1} \tag{4-42}$$

频率特性为

$$G(\mathrm{j}\omega)=\frac{1}{1+\mathrm{j}\omega T} \tag{4-43}$$

下面分别讨论惯性环节的各类频率特性。

（1）幅频特性和相频特性。

惯性环节的幅频特性和相频特性为

$$\begin{cases} A(\omega)=\dfrac{1}{\sqrt{1+(\omega T)^2}} \\ \varphi(\omega)=-\arctan(\omega T) \end{cases} \tag{4-44}$$

首先讨论幅频特性。当 $\omega=0$ 时，$A(\omega)=1$；当 $\omega=\dfrac{1}{T}$ 时，$A(\omega)=\dfrac{1}{\sqrt{2}}\approx 0.707$；当 $\omega\to\infty$ 时，$A(\omega)=0$。惯性环节的幅频特性曲线如图 4-19（a）所示。在滤波器理论中，称使 $A(\omega)=\dfrac{1}{\sqrt{2}}\approx 0.707$ 的频率 ω_0 为截止频率，对应地，称 $\omega_b=\omega_0$ 为频带宽度。在控制理论中，一般多在讨论开环系统的频率特性中涉及惯性环节，而在开环系统的频率特性中，一般称使 $A(\omega)=\dfrac{1}{\sqrt{2}}\approx 0.707$ 的频率 ω_0 为转折频率。注意区分各自不同的含义。

其次讨论惯性环节的相频特性。当 $\omega=0$ 时，$\varphi(\omega)=0°$；当 $\omega=\dfrac{1}{T}$ 时，$\varphi(\omega)=-\arctan 1=-45°$；当 $\omega\to\infty$ 时，$\varphi(\omega)\to -90°$。惯性环节的相频特性曲线如图 4-19（b）所示。

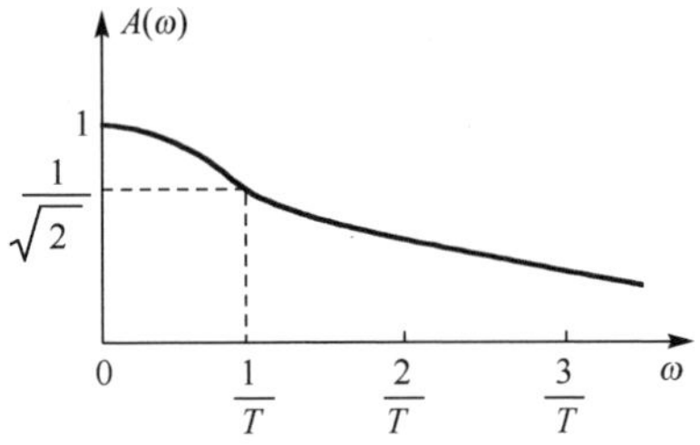

（a）幅频特性曲线

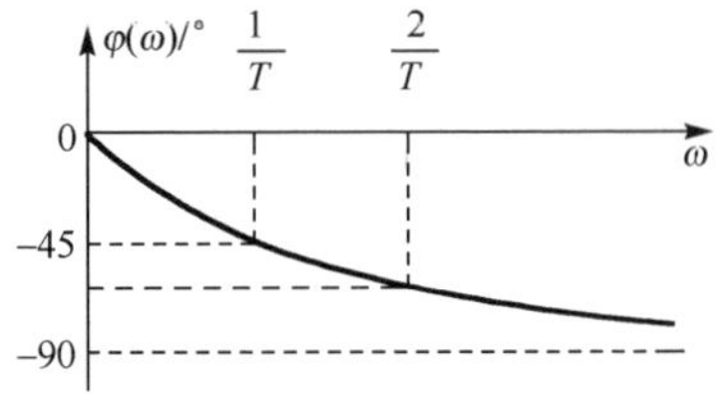

（b）相频特性曲线

图 4-19 惯性环节的幅频特性和相频特性曲线

（2）对数频率特性（伯德图）。

惯性环节的对数幅频特性 $L(\omega)$ 和相频特性 $\varphi(\omega)$ 分别为

$$L(\omega)=20\lg\frac{1}{\sqrt{1+\omega^2T^2}}=-10\lg(1+\omega^2T^2) \tag{4-45}$$

$$\varphi(\omega)=-\arctan(\omega T) \tag{4-46}$$

在绘制伯德图中的对数幅频特性曲线时，一般先绘制其渐近线。渐近线主要考虑当 ω 很小及 ω 很大时 $L(\omega)$ 的趋势。

当 $\omega \ll \frac{1}{T}$ 时，$L(\omega)=-10\lg(1+\omega^2T^2)\approx-10\lg1=0$，这说明当 $\omega \ll \frac{1}{T}$ 时，$L(\omega)$ 趋于零，即渐近线在坐标系中是和横轴重合的水平线。当 $\omega \gg \frac{1}{T}$ 时，$L(\omega)=-10\lg(1+\omega^2T^2)\approx -10\lg(\omega^2T^2)=-20\lg(\omega T)$，这表明渐近线是一条斜率为–20dB/dec 的直线。两条渐近线在 $\omega=\frac{1}{T}$ 处相交，$\omega=\frac{1}{T}$ 称为惯性环节的转折频率。惯性环节对数幅频特性的渐近线如图 4-20（a）所示。

作为粗略的计算，许多情况下采用渐近线来大致分析系统的性能。对于细致一些的分析，一般会计算出惯性环节对数幅频特性的精确曲线和渐近线之间的误差，绘出误差曲线，以便在渐近线的基础上将其快速修正。惯性环节对数幅频特性的误差曲线如图 4-20（b）所示。惯性环节 $L(\omega)$ 的渐近线和精确曲线的最大误差发生在 $\omega=\frac{1}{T}$ 处，误差为

$$-20\lg\sqrt{1+T^2\omega^2}\Big|_{\omega=\frac{1}{T}}=-20\lg\sqrt{2}=-3\ (\text{dB})$$

可以看出，当 $\omega\leqslant\frac{0.1}{T}$ 及 $\omega\geqslant\frac{10}{T}$ 时，误差曲线数值很小，接近于零，可以用渐近线来代替精确曲线。

有了渐近线和误差曲线，可以快速画出 $L(\omega)$ 的精确曲线，如图 4-21（a）所示。

惯性环节的对数相频特性曲线可用逐点描图法绘制，如图 4-21（b）所示，其特点是曲线关于点 $\left(\frac{1}{T},-45^\circ\right)$ 奇对称。

一般可以根据幅频特性和相频特性的公式（4-44），采用矢端曲线的逐点描图法得出幅相图。对于惯性环节，也可以从频率特性出发，导出幅相图的解析表达式。由于

$$G(\mathrm{j}\omega)=\frac{1}{1+\mathrm{j}\omega T}=\frac{1-\mathrm{j}\omega T}{1+(\omega T)^2}=P(\omega)+\mathrm{j}Q(\omega)$$

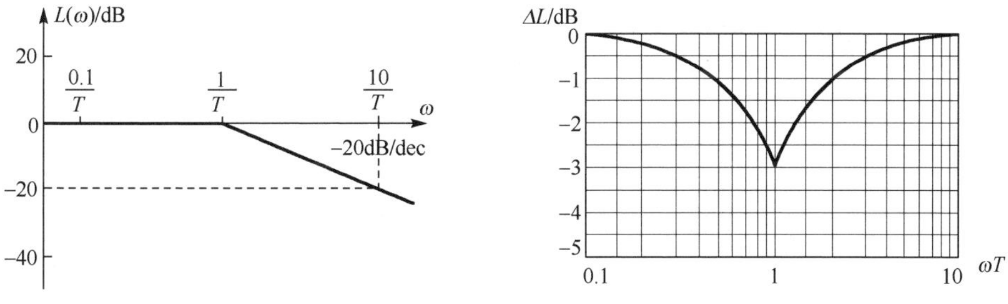

（a）渐近线　　（b）误差曲线

图 4-20　惯性环节对数幅频特性的渐近线和误差曲线

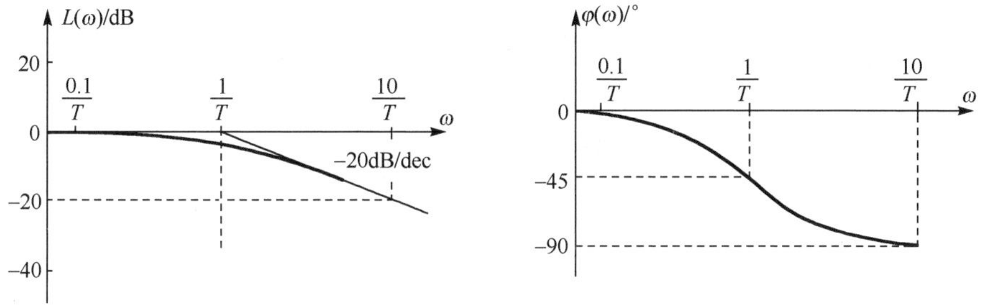

（a）对数幅频特性曲线　　（b）对数相频特性曲线

图 4-21　惯性环节的伯德图

式中，$P(\omega)=\dfrac{1}{1+(\omega T)^2}$，$Q(\omega)=-\dfrac{\omega T}{1+(\omega T)^2}$，则

$$\left[P(\omega)-\frac{1}{2}\right]^2+[Q(\omega)]^2=\frac{1-2(\omega T)^2+(\omega T)^4+4(\omega T)^2}{4[1+(\omega T)^2]^2}=\left(\frac{1}{2}\right)^2 \tag{4-47}$$

因此，$G(\mathrm{j}\omega)$ 的幅相图的轨迹为圆心在点$\left(\dfrac{1}{2},0\right)$处，半径为$\dfrac{1}{2}$的圆。由于$G(\mathrm{j}\omega)$ 的相角在 0°～−90° 之间变化，因此，幅相图为在第四象限的半圆。惯性环节的幅相图如图 4-22 所示。

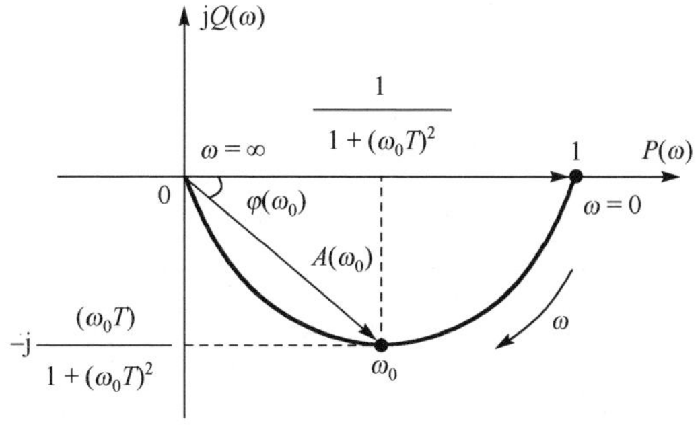

图 4-22　惯性环节的幅相图

2）一阶微分环节

一阶微分环节是 PD 控制器的典型描述，因此对于其频率特性的讨论具有重要的意义。一阶微分环节的传递函数为

$$G(s)=1+\tau s \tag{4-48}$$

频率特性为

$$G(\mathrm{j}\omega)=1+\mathrm{j}\omega\tau \tag{4-49}$$

幅频特性和相频特性为

$$\begin{cases} A(\omega)=\sqrt{1+(\omega\tau)^2} \\ \varphi(\omega)=\arctan(\omega\tau) \end{cases} \tag{4-50}$$

可以绘出一阶微分环节的幅频特性和相频特性曲线，如图 4-23 所示。由图 4-23（a）可以看出，当 $\omega=0$ 时，$A(\omega)=0$，当 $\omega=\dfrac{1}{\tau}$ 时，$A(\omega)=\sqrt{2}$，当 $\omega\to\infty$ 时，$A(\omega)\to\omega\tau$，即渐近线为一条斜率为 τ 的直线。而一阶微分环节的相频特性曲线和惯性环节的相频特性曲线关于横轴对称。

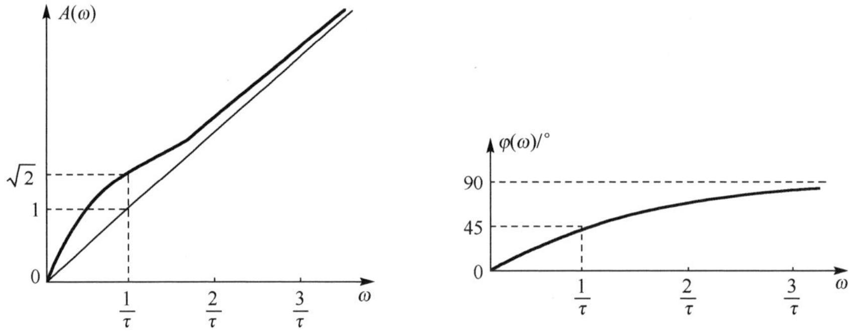

（a）幅频特性曲线　　（b）相频特性曲线

图 4-23　一阶微分环节的幅频特性和相频特性曲线

一阶微分环节的对数幅频特性和相频特性为

$$\begin{cases} L(\omega)=20\lg\sqrt{1+(\omega\tau)^2} \\ \varphi(\omega)=\arctan(\omega\tau) \end{cases} \tag{4-51}$$

可以看出，一阶微分环节和惯性环节的对数频率特性正好相差一个负号，因此容易得出一阶微分环节的伯德图，如图 4-24 所示。

由式（4-49）可以直接得出一阶微分环节的幅相图是在第一象限的平行于虚轴的一条直线，其实部恒为 1，虚部与 ω 成正比，如图 4-25 所示。

虽然惯性环节和一阶微分环节的幅频特性和幅相图有很大差别，但是伯德图却有可以类比之处，即关于横轴对称。

3．二阶振荡环节

二阶振荡环节是控制系统中常遇到的典型环节，其频率特性也具有一些特殊性，故做重

点介绍。二阶振荡环节的传递函数为

$$G(s)=\frac{\omega_n^2}{s^2+2\zeta\omega_n s+\omega_n^2}=\frac{1}{T^2s^2+2\zeta Ts+1} \tag{4-52}$$

式中，$\omega_n=\dfrac{1}{T}$ 称为二阶振荡环节的自然振荡角频率，ζ（$0<\zeta<1$）称为阻尼比。令 $s=j\omega$ 得到二阶振荡环节的频率特性为

$$G(j\omega)=\frac{1}{\left(1-\dfrac{\omega^2}{\omega_n^2}\right)+j2\zeta\dfrac{\omega}{\omega_n}}=A(\omega)e^{j\varphi(\omega)} \tag{4-53}$$

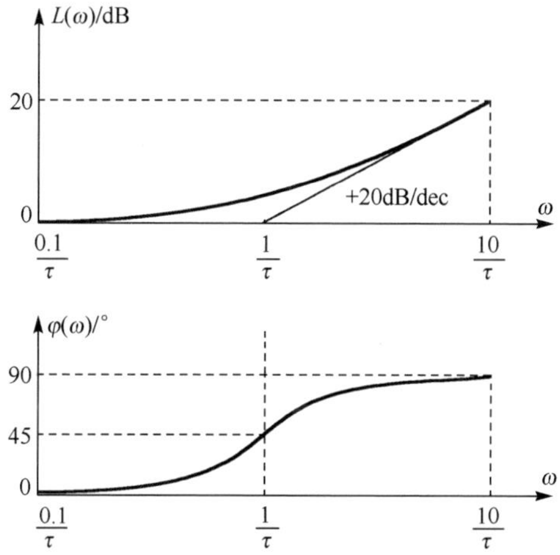

图 4-24　一阶微分环节的伯德图

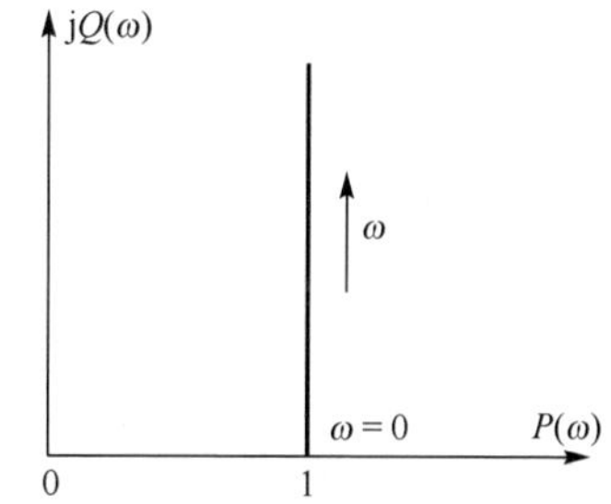

图 4-25　一阶微分环节的幅相图

1）幅频特性和相频特性

二阶振荡环节的幅频特性为

$$A(\omega)=\frac{1}{\sqrt{\left(1-\dfrac{\omega^2}{\omega_n^2}\right)^2+\left(2\zeta\dfrac{\omega}{\omega_n}\right)^2}} \tag{4-54}$$

相频特性为

$$\varphi(\omega)=-\arctan\left(\frac{2\zeta\dfrac{\omega}{\omega_n}}{1-\dfrac{\omega^2}{\omega_n^2}}\right) \tag{4-55}$$

首先讨论幅频特性。从式（4-54）可以看出，当 $\omega=0$ 时，$A(0)=1$；当 $\omega\to\infty$ 时，$A(\omega)\to 0$；当 $\omega=\dfrac{1}{T}=\omega_n$ 时，$A(\omega_n)=\dfrac{1}{2\zeta}$。可见，$A(\omega_n)$ 仅与 ζ 有关。如果 $\zeta<0.5$，则 $A(\omega_n)>1$；如果 $\zeta\to 0$，则 $A(\omega_n)\to\infty$。因此可以看到，对于某些 ζ，$A(\omega)$ 将会在 ω 的变化过程中出现极大值，这种现象称为谐振峰。下面对此进一步分析。

将 $A(\omega)$ 对 ω 求导，即

$$\frac{\mathrm{d}A(\omega)}{\mathrm{d}\omega}=\frac{\mathrm{d}}{\mathrm{d}\omega}\left[\frac{1}{\sqrt{\left(1-\frac{\omega^2}{\omega_n^2}\right)^2+\left(2\zeta\frac{\omega}{\omega_n}\right)^2}}\right]=\frac{4\frac{\omega}{\omega_n^2}\left(2\zeta^2+\frac{\omega^2}{\omega_n^2}-1\right)+8\zeta^2\frac{\omega}{\omega_n^2}}{\sqrt[3]{\left(1-\frac{\omega^2}{\omega_n^2}\right)^2+\left(2\zeta\frac{\omega}{\omega_n}\right)^2}}$$

令 $\left.\frac{\mathrm{d}A(\omega)}{\mathrm{d}\omega}\right|_{\omega=\omega_r}=0$，得

$$\omega_r=\omega_n\sqrt{1-2\zeta^2} \tag{4-56}$$

式中，ω_r 称为谐振频率。由式（4-56）可知，当 $\zeta<0.707$ 时，$\omega_r>0$；当 $\zeta=0.707$ 时，$\omega_r=0$；当 $\zeta>0.707$ 时，ω_r 无意义，因此仅当 $0<\zeta\leqslant 0.707$ 时，$A(\omega)$ 才会出现极大值。将 $\omega=\omega_r$ 代入式（4-54），得幅频特性 $A(\omega)$ 的峰值为

$$M_r=A(\omega_r)=\frac{1}{2\zeta\sqrt{1-\zeta^2}}=\frac{A(\omega_n)}{\sqrt{1-\zeta^2}} \tag{4-57}$$

式中，M_r 称为谐振峰值。可以看到，当 ζ 很小时，$\omega_r\approx\omega_n$，$M_r\approx A(\omega_n)$。根据以上讨论可得二阶振荡环节的幅频特性曲线如图 4-26 所示。

下面再讨论二阶振荡环节的相频特性。和惯性环节类似，二阶振荡环节的相频特性曲线可以通过逐点描图法得到。由式（4-55）可以得到，当 $\omega=0$ 时，$\varphi(0)=0°$。注意到当 $\omega\to\omega_{n-}$ 时，$\frac{2\zeta\frac{\omega}{\omega_n}}{1-\frac{\omega^2}{\omega_n^2}}\to\infty$，当 $\omega\to\omega_{n+}$ 时，$\frac{2\zeta\frac{\omega}{\omega_n}}{1-\frac{\omega^2}{\omega_n^2}}\to-\infty$，根据正切函数的性质可知，当 $\omega<\omega_n$ 时，$\varphi(\omega)>-90°$，当 $\omega=\omega_n$ 时，$\varphi(\omega)=-90°$，当 $\omega>\omega_n$ 时，$\varphi(\omega)<-90°$，即 $\varphi(\omega)$ 是单调减小的函数，最后可以推得，当 $\omega\to\infty$ 时，$\varphi(\omega)\to-180°$。当 ζ 不同时，$\varphi(\omega)$ 在 ω_n 附近的变化趋势也不相同，ζ 越小，$\varphi(\omega)$ 在 ω_n 附近下降得越迅速。但是不论 ζ 为多少，都有 $\varphi(\omega_n)=-90°$。二阶振荡环节的相频特性曲线如图 4-27 所示。

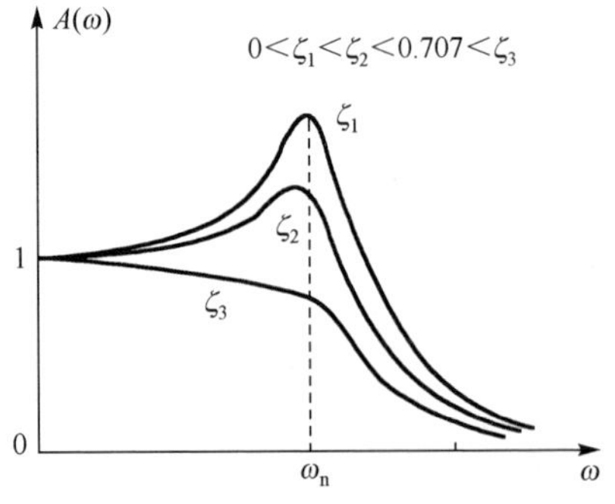

图 4-26　二阶振荡环节的幅频特性曲线

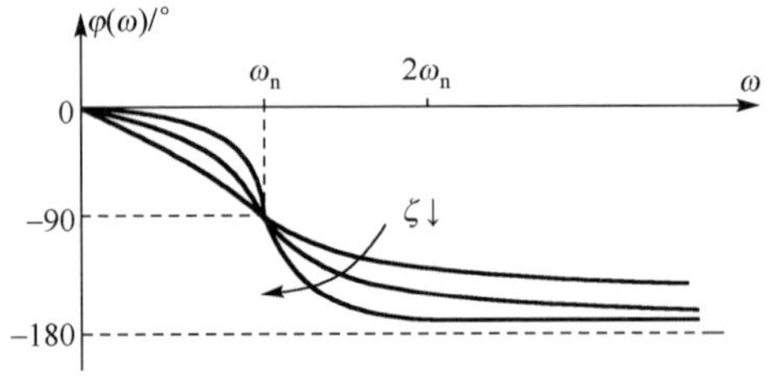

图 4-27　二阶振荡环节的相频特性曲线

2）对数频率特性

二阶振荡环节的对数频率特性为

$$
\begin{cases}
L(\omega)=20\lg A(\omega)=-20\lg\sqrt{\left(1-\dfrac{\omega^2}{\omega_n^2}\right)^2+\left(2\zeta\dfrac{\omega}{\omega_n}\right)^2} \\
\varphi(\omega)=-\arctan\left(\dfrac{2\zeta\dfrac{\omega}{\omega_n}}{1-\dfrac{\omega^2}{\omega_n^2}}\right)
\end{cases}
\tag{4-58}
$$

首先讨论对数幅频特性。通过前面的讨论已经知道，二阶振荡环节的频率特性曲线不仅与角频率 ω 有关，还与阻尼比 ζ 有关。尽管如此，当 ω 远离 $\omega_n=\dfrac{1}{T}$ 时，其渐近线仍然可以很好地表示出对数幅频特性的渐近特性。

当 $\omega<\omega_n$ 时，$L(\omega)=20\lg A(\omega)\approx-20\lg\sqrt{1}=0$。因此，二阶振荡环节的低频渐近线为一条 0dB 的水平线。

当 $\omega>\omega_n$ 时，$L(\omega)=20\lg A(\omega)\approx-20\lg\left(\dfrac{\omega^2}{\omega_n^2}\right)=-40\lg\dfrac{\omega}{\omega_n}$。因此，二阶振荡环节的高频渐近线为一条斜率为–40dB/dec 的直线。而当 $\omega=\omega_n$ 时，$-40\lg\dfrac{\omega_n}{\omega_n}=0$，故两条渐近线相交于横轴 $\omega=\omega_n$ 处，因此也称 $\omega=\omega_n$ 为二阶振荡环节的转折频率。

当 $\dfrac{\omega_n}{10}<\omega<10\omega_n$ 时，必须考虑渐近线和精确曲线之间的误差。当 ζ <0.707 时，$A(\omega)$ 会出现谐振峰。特别是当 ζ 较小时，$M_r=A(\omega_r)=\dfrac{1}{2\zeta\sqrt{1-\zeta^2}}$ 为很大的值，其对数幅频特性 $L(\omega)$ 的渐近线在 ω_n 附近与精确曲线的差异很大。一般把取各种 ζ 值的在 $\dfrac{\omega_n}{10}<\omega<10\omega_n$ 区间内的误差绘成误差曲线，用于在渐近线的基础上对 $L(\omega)$ 进行修正。二阶振荡环节对数幅频特性的误差曲线如图 4-28 所示。

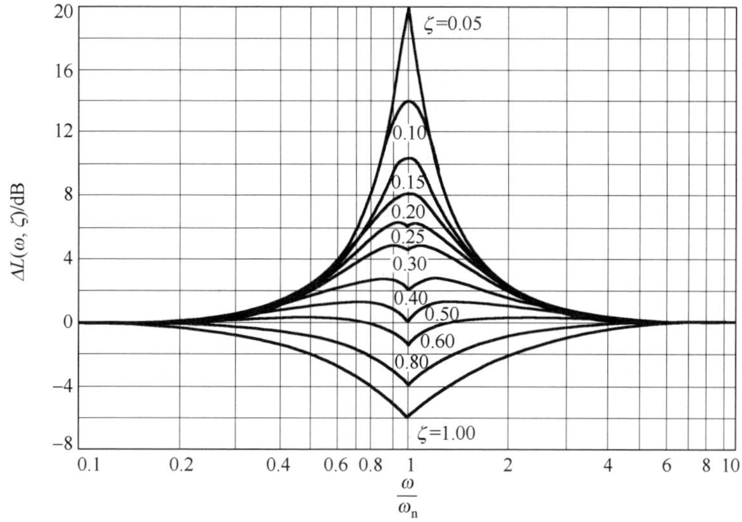

图 4-28　二阶振荡环节对数幅频特性的误差曲线

然后讨论对数相频特性。对数相频特性曲线的绘制与相频特性曲线的绘制类似，可采用逐点描图法。对数相频特性曲线关于 $\omega=\omega_n$、$\varphi(\omega)=-90°$ 的点对称。二阶振荡环节的伯德图如图 4-29 所示。

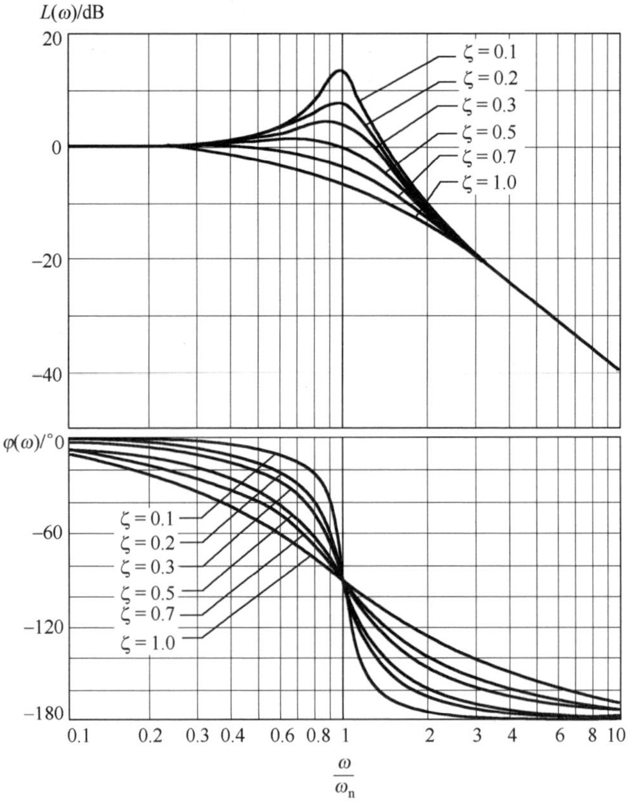

图 4-29　二阶振荡环节的伯德图

3）幅相图

根据二阶振荡环节的频率特性

$$G(\mathrm{j}\omega)=\frac{1}{\left(1-\dfrac{\omega^2}{\omega_n^2}\right)+\mathrm{j}2\zeta\dfrac{\omega}{\omega_n}}=A(\omega)\mathrm{e}^{\mathrm{j}\varphi(\omega)}$$

分析几个特征点：

当 $\omega=0$ 时，$G(\mathrm{j}\omega)=1$，$A(\omega)=1$，$\varphi(\omega)=0°$。

当 $\omega=\omega_n$ 时，$G(\mathrm{j}\omega_n)=-\mathrm{j}\dfrac{1}{2\zeta}$，$A(\omega_n)=\dfrac{1}{2\zeta}$，$\varphi(\omega_n)=-90°$。当 $\zeta<0.5$ 时，$\dfrac{1}{2\zeta}>1$；当 $\zeta=0.5$ 时，$\dfrac{1}{2\zeta}=1$；当 $\zeta>0.5$ 时，$\dfrac{1}{2\zeta}<1$。

当 $\omega\to\infty$ 时，$G(\mathrm{j}\omega)\to 0$，$A(\omega)\to 0$，$\varphi(\omega)\to -180°$。

根据以上分析并结合计算，可得出二阶振荡环节的幅相图，如图 4-30 所示。

4．二阶微分环节

二阶微分环节的传递函数为

$$G(s)=T^2s^2+2\zeta Ts+1,\quad 0<\zeta<1 \tag{4-59}$$

频率特性为

$$G(\mathrm{j}\omega)=(1-T^2\omega^2)+\mathrm{j}2\omega T\zeta \tag{4-60}$$

幅频特性和相频特性为

$$\begin{cases}A(\omega)=\sqrt{(1-T^2\omega^2)^2+(2\omega T\zeta)^2}\\ \varphi(\omega)=\arctan\dfrac{2\omega T\zeta}{1-T^2\omega^2}\end{cases} \tag{4-61}$$

对数频率特性为

$$\begin{cases}L(\omega)=20\lg\sqrt{(1-T^2\omega^2)^2+(2\omega T\zeta)^2}\\ \varphi(\omega)=\arctan\dfrac{2\omega T\zeta}{1-T^2\omega^2}\end{cases} \tag{4-62}$$

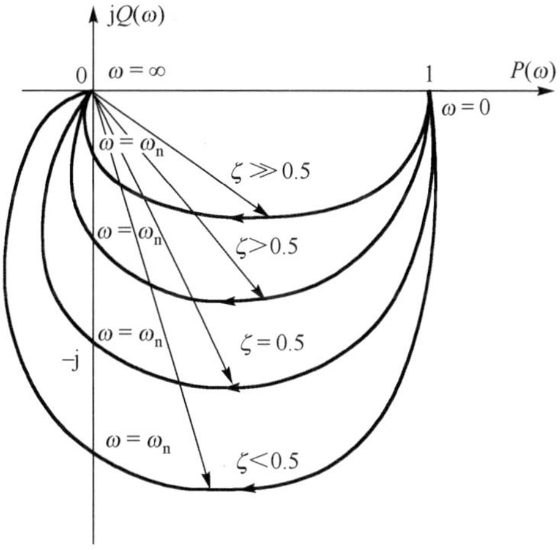

图 4-30　二阶振荡环节的幅相图

对于二阶微分环节，主要分析其对数频率特性和幅相图（见图 4-31）。从式（4-62）可以看出，二阶微分环节的对数频率特性仅与二阶振荡环节差一个负号，根据对二阶振荡环节频率特性的分析结果，不难得出二阶微分环节的伯德图，如图 4-32 所示。

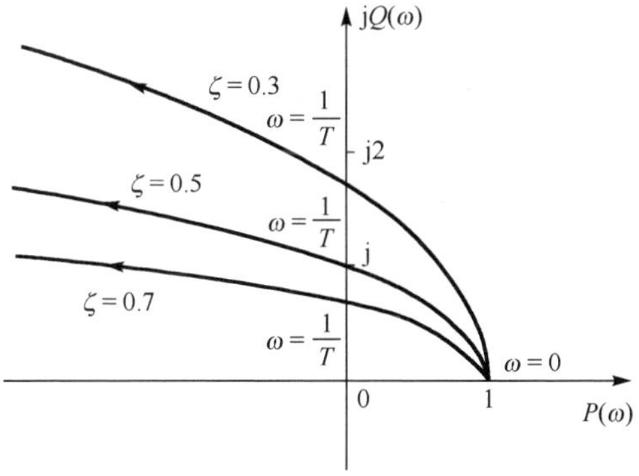

图 4-31　二阶微分环节的幅相图

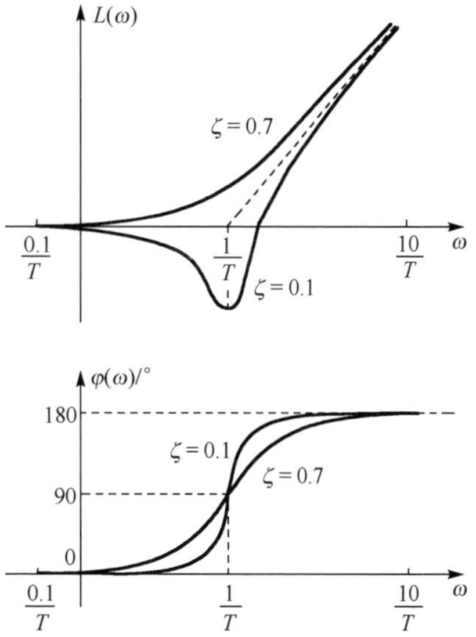

图 4-32　二阶微分环节的伯德图

5．滞后环节

滞后环节在过程控制系统中经常遇到。在电力传动控制系统中，其功率放大及驱动部分的电力电子整流逆变电路可以视为滞后环节，也称为延迟环节。

滞后环节的传递函数为

$$G(s)=\mathrm{e}^{-\tau s} \tag{4-63}$$

频率特性为

$$G(\mathrm{j}\omega)=\mathrm{e}^{-\mathrm{j}\omega\tau} \tag{4-64}$$

幅频特性和相频特性为

$$\begin{cases}A(\omega)=1\\ \varphi(\omega)=-\omega\tau\end{cases} \tag{4-65}$$

对数频率特性为

$$\begin{cases}L(\omega)=20\lg A(\omega)=0\\ \varphi(\omega)=-\omega\tau\end{cases} \tag{4-66}$$

由式（4-65）和式（4-66）可知，滞后环节的幅频特性为 1，对数幅频特性为 0。当滞后环节串联于系统中时，对原系统的幅频特性没有影响。滞后环节主要是在相频特性方面对系统产生影响，随着 ω 的增加，相位的滞后持续增加，会达到一个很大的数值，而这对系统的稳定性将产生很大影响。

由式（4-64）可以知道，滞后环节的幅相图（见图 4-33）为一个顺时针旋转的单位圆。滞后环节的伯德图如图 4-34 所示。应当注意，相频特性本来和 $-\omega$ 成正比，但由于横坐标按对数坐标标注，所以对数相频特性曲线看起来是一条曲线。

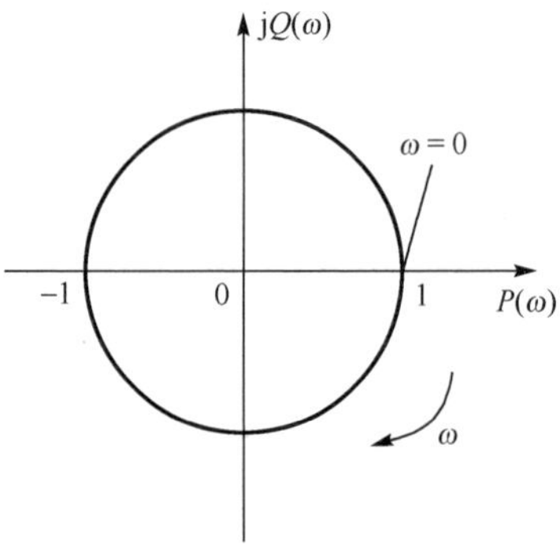

图 4-33　滞后环节的幅相图

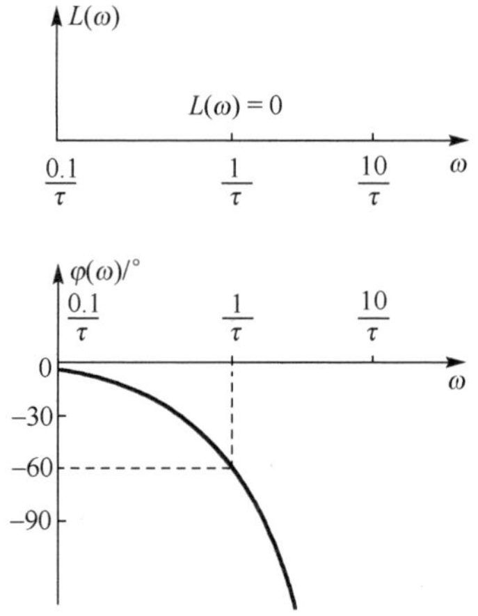

图 4-34　滞后环节的伯德图

4.3　系统开环频率特性

控制系统的开环频率特性是控制系统频域分析的主要依据。控制系统的开环频率特性可以通过实验的方式获得，也可以根据开环系统典型环节组合的方式通过解析获得。对于系统的开环对数频率特性，可以根据典型环节各自的频率特性很方便地得到，因此其在控制系统的频域分析与设计中得到广泛的应用。控制系统的开环幅相图主要用于闭环系统的稳定性分析。

4.3.1 开环对数频率特性

设开环系统由若干典型环节串联组成，即

$$G(s)=G_1(s)G_2(s)\cdots G_l(s)$$

则开环频率特性可以写为

$$G(\mathrm{j}\omega)=G_1(\mathrm{j}\omega)G_2(\mathrm{j}\omega)\cdots G_l(\mathrm{j}\omega)$$

即有

$$A(\omega)\mathrm{e}^{\mathrm{j}\varphi(\omega)}=A_1(\omega)\mathrm{e}^{\mathrm{j}\varphi_1(\omega)}\cdots A_l(\omega)\mathrm{e}^{\mathrm{j}\varphi_l(\omega)}$$

因此，若干典型环节串联所得到的系统开环幅频特性和相频特性为

$$\begin{cases}A(\omega)=A_1(\omega)A_2(\omega)\cdots A_l(\omega)\\ \varphi(\omega)=\varphi_1(\omega)+\varphi_2(\omega)+\cdots+\varphi_l(\omega)\end{cases} \tag{4-67}$$

从式（4-67）可以看到，系统开环幅频特性为各环节幅频特性的乘积，而相频特性为各环节相频特性之和。显然，系统的开环幅频特性可能与各环节的幅频特性产生较大差异，难以定量判断某个环节对系统开环幅频特性的影响。

所以下面采用对数频率特性。根据对数频率特性的定义有

$$\begin{aligned}L(\omega)&=20\lg A(\omega)=20\lg[A_1(\omega)A_2(\omega)\cdots A_l(\omega)]\\&=20\lg A_1(\omega)+20\lg A_2(\omega)+\cdots+20\lg A_l(\omega)\\&=L_1(\omega)+L_2(\omega)+\cdots+L_l(\omega)\end{aligned}$$

因此系统开环对数频率特性可以表示为

$$\begin{cases}L(\omega)=L_1(\omega)+L_2(\omega)+\cdots+L_l(\omega)\\ \varphi(\omega)=\varphi_1(\omega)+\varphi_2(\omega)+\cdots+\varphi_l(\omega)\end{cases} \tag{4-68}$$

可见，当开环系统由若干典型环节串联组成时，其对数幅频特性和相频特性分别为各典型环节的对数幅频特性和相频特性之和。因此，绘制系统开环对数频率特性曲线的方法之一，就是将各环节的对数频率特性相加，得到系统的对数频率特性。

例 4-4 已知系统的开环频率特性为

$$G(\mathrm{j}\omega)=\frac{K}{(1+\mathrm{j}\omega T_1)(1+\mathrm{j}\omega T_2)}$$

试绘制开环系统的伯德图。

解：可以看出，开环系统由三个环节串联而成，比例环节 K 和惯性环节 $\frac{1}{(1+\mathrm{j}\omega T_1)}$、$\frac{1}{(1+\mathrm{j}\omega T_2)}$，开环系统的对数频率特性为

$$L(\omega)=L_1(\omega)+L_2(\omega)+L_3(\omega)=20\lg K-20\lg\sqrt{1+T_1^2\omega^2}-20\lg\sqrt{1+T_2{}^2\omega^2}$$

$$\varphi(\omega)=\varphi_1(\omega)+\varphi_2(\omega)+\varphi_3(\omega)=0-\arctan(\omega T_1)-\arctan(\omega T_2)$$

首先看对数幅频特性。分别画出 $L_1(\omega)=20\lg K$ 、 $L_2(\omega)=-20\lg\sqrt{1+T_1^2\omega^2}$ 和 $L_3(\omega)=-20\lg\sqrt{1+T_2^2\omega^2}$ 的渐近线，将三个渐近线相加得到系统开环对数幅频特性渐近线，如图 4-35（a）中的粗线所示。根据惯性环节在转折频率处的最大误差对渐近线进行修正，得到开环对数幅频特性曲线，如图 4-35（b）所示。

然后看对数相频特性。由于 $\varphi_1(\omega)=0$，所以仅需要绘制出 $\varphi_2(\omega)$ 和 $\varphi_3(\omega)$，再将两条曲线相加，就可得到系统开环对数相频特性曲线，如图 4-35（c）所示。

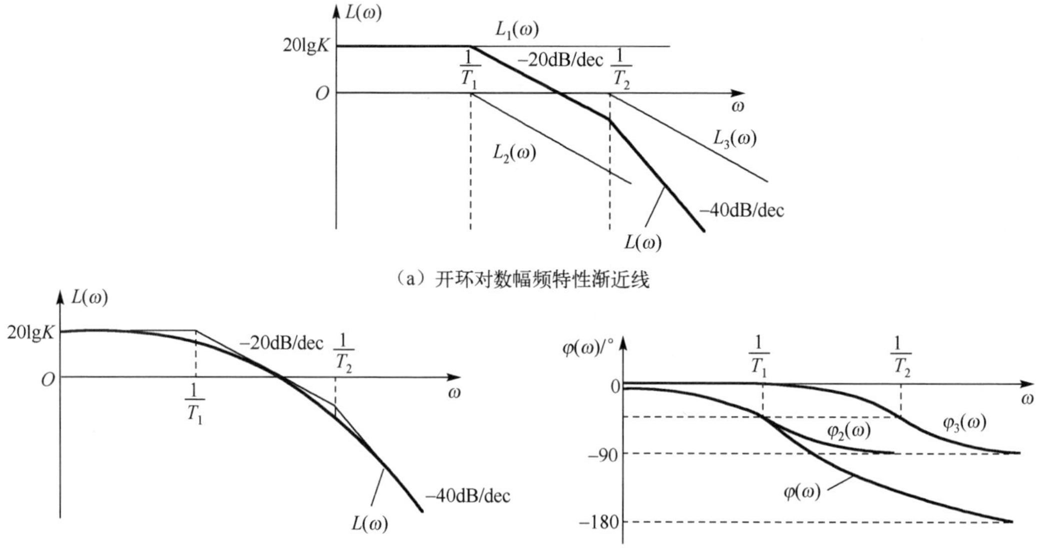

（b）开环对数幅频特性曲线　　（c）开环对数相频特性曲线

图 4-35　例 4-4 的伯德图

通过例 4-4 可以看到，绘制开环对数幅频特性曲线的关键是画出其渐近线，只要画出了渐近线，在转折频率附近根据误差曲线对渐近线进行修正就可以得到开环对数幅频特性曲线。

事实上，对于开环对数幅频特性曲线，不必处处都精确，人们主要关心对数幅频特性在 0dB 频率附近的精确曲线。我们把对数幅频特性曲线在 0dB 处的频率称为剪切频率。因此，如何画出开环对数幅频特性曲线的渐近线是工程设计中重点关心的问题。从例 4-4 可以看出，对于多个环节串联的开环传递函数，其对数幅频特性曲线的渐近线在每一个转折频率处的斜率会发生改变，因此只要掌握了渐近线的低频特性和各环节转折频率对应的斜率变化，就可以很快画出渐近线。下面对这个问题进行详细讨论。

设系统开环传递函数可以写为

$$G(\mathrm{j}\omega)H(\mathrm{j}\omega)=\frac{K\prod_{i=1}^{m_1}(1+\mathrm{j}\omega\tau_i)\prod_{l=1}^{m_2}(1-\omega^2\tau_l^2+\mathrm{j}2\eta_l\omega\tau_l)}{(\mathrm{j}\omega)^{\nu}\prod_{j=1}^{n_1}(1+\mathrm{j}\omega T_j)\prod_{r=1}^{n_2}(1-\omega^2T_r^2+\mathrm{j}2\zeta_r\omega T_r)} \tag{4-69}$$

式中，$m=m_1+2m_2$ 为开环传递函数分子多项式的阶数，$n=\nu+n_1+2n_2$ 为开环传递函数分母多项式的阶数，二者满足 $n\geqslant m$；K 为系统的总开环增益（放大倍数）；T_j 为惯性环节的时间常数；T_r 为振荡环节的时间常数；ζ_r 为振荡环节的阻尼比；v 为开环传递函数中串联积分环节个数。系数 τ_i、τ_l、η_l、T_j、T_r、ζ_r 均大于零。

对数幅频特性为

$$\begin{aligned}L(\omega)=&20\lg K+\sum_{i=1}^{m_1}20\lg\sqrt{1+(\omega\tau_i)^2}+\sum_{l=1}^{m_2}20\lg\sqrt{(1-\omega^2\tau_l^2)^2+(2\eta_l\omega\tau_l)^2}-\\&v20\lg\omega-\sum_{j=1}^{n_1}20\lg\sqrt{1+(\omega T_j)^2}-\sum_{r=1}^{n_2}20\lg\sqrt{(1-\omega^2T_r^2)^2+(2\zeta_r\omega T_r)^2}\end{aligned}\tag{4-70}$$

由式（4-70）可知，当 $\omega\to 0$ 时，

$$L(\omega)\approx 20\lg K-v20\lg\omega$$

当 $\omega=1$ 时，有 $20\lg K-v20\lg\omega=20\lg K$，所以开环对数幅频特性的低频渐近线是斜率为 $-20v$ dB/dec 的直线，且在 $\omega=1$ 处具有 $20\lg K$ 的分贝值。

有了低频渐近线的方程，就可以依据式（4-70），根据各个环节的转折频率对渐近线的斜率依次进行改变，直至最后一个转折频率。

根据以上讨论将绘制 $L(\omega)$ 曲线的步骤总结如下：

（1）绘制低频渐近线。当 $\omega\to 0$ 时，$L(\omega)\approx 20\lg K-20v\lg\omega$；当 $\omega=1$ 时，$L(1)=20\lg K$，斜率为 $-20v$ dB/dec。系统常见型数及低频渐近线斜率如表 4-3 所示。

表 4-3 系统常见型数及低频渐近线斜率

型数	0	Ⅰ	Ⅱ
斜率	0	–20dB/dec	–40dB/dec

（2）找出转折频率，将转折频率在横轴上由低到高依次标出。

（3）从低频渐近线开始，按照表 4-4 所示的转折频率与斜率的对应关系依次改变渐近线斜率。

表 4-4 转折频率与斜率的对应关系

环节	转折频率	斜率	环节	转折频率	斜率
一阶微分	$\frac{1}{\tau_i}$	20dB/dec	一阶惯性	$\frac{1}{T_k}$	–20dB/dec
二阶微分	$\frac{1}{\tau_j}$	40dB/dec	二阶振荡	$\frac{1}{T_l}$	–40dB/dec

（4）找出渐近线与横轴（$L(\omega)=0$dB）相交的剪切频率附近的转折频率点，根据需要对渐近线进行修正。

根据式（4-69）可以得到对数相频特性为

$$\begin{aligned}\varphi(\omega)=&\sum_{i=1}^{m_1}\arctan(\omega\tau_i)+\sum_{l=1}^{m_2}\arctan\frac{2\eta_l\omega\tau_l}{1-\omega^2\tau_l^2}-\\&v\frac{\pi}{2}-\sum_{j=1}^{n_1}\arctan(\omega T_j)-\sum_{r=1}^{n_2}\arctan\frac{2\zeta_r\omega T_r}{1-\omega^2T_r^2}\end{aligned}\tag{4-71}$$

依据式（4-71）可以绘出对数相频特性曲线。在分析和设计系统时，往往比较关注对数幅频特性曲线与横轴交点处的频率——剪切频率附近的相频特性，因此也可以在附近取几个频率点，代入 $\varphi(\omega)$ 的表达式，计算出相频特性的几个点。低频段和高频段均可按 $\varphi(\omega)$ 的变化趋势画出。

例 4-5 已知系统的开环传递函数为

$$G(s)H(s)=\frac{4(0.5s+1)}{s(2s+1)\left(\dfrac{s^2}{64}+0.05s+1\right)}$$

试绘制系统的伯德图。

解：此系统的开环传递函数由比例环节、微分环节、积分环节、惯性环节和二阶振荡环节串联而成。其频率特性可以写为

$$G(\mathrm{j}\omega)H(\mathrm{j}\omega)=\frac{4(1+\mathrm{j}0.5\omega)}{\mathrm{j}\omega(1+\mathrm{j}2\omega)\left[\left(1-\dfrac{\omega^2}{64}\right)+\mathrm{j}0.05\omega\right]}$$

对数幅频特性为

$$L(\omega)=20\lg 4-20\lg\omega+20\lg\sqrt{1+(0.5\omega)^2}-20\lg\sqrt{1+(2\omega)^2}-20\lg\sqrt{\left(1-\frac{\omega^2}{64}\right)^2+(0.05\omega)^2}$$

对数相频特性为

$$\varphi(\omega)=-\frac{\pi}{2}+\arctan 2\omega-\arctan\frac{0.05\omega}{1-\dfrac{\omega^2}{64}}$$

首先绘制对数幅频特性曲线，步骤如下：

（1）绘制低频渐近线。

当 $\omega\to 0$ 时，低频渐近线的方程为 $L(\omega)\approx 20\lg 4-20\lg\omega$，斜率为 -20dB/dec；当 $\omega=1$ 时，$L(1)=20\lg 4=12$（dB）。

（2）找出各环节的转折频率。

惯性环节 $\omega_1=0.5$；微分环节 $\omega_2=2$；二阶振荡环节 $\omega_3=8$。

（3）找出渐近线各段主要起作用的环节及斜率变化。

低频段，积分环节作用，斜率为 -20dB/dec。

$\omega_1=0.5$，惯性环节作用，斜率变化 -20dB/dec，变为 -40dB/dec。

$\omega_2=2$，微分环节作用，斜率变化 20dB/dec，变为 -20dB/dec。

$\omega_3=8$，二阶振荡环节作用，斜率变化 -40dB/dec，变为 -60dB/dec。

（4）对渐近线在转折频率处进行误差修正。

在二阶振荡环节中，$2\dfrac{\zeta}{\omega_3}=0.05$，故 $\zeta=0.2$。因此，在 $\omega_3=8$ 附近，精确曲线将有一个较大的谐振峰值，应当注意修正。

由以上步骤可绘制出系统的开环对数幅频特性曲线。

然后根据计算公式描点绘出开环对数相频特性曲线。可以计算每一个转折频率处对应的相角，在剪切频率附近可以多计算几个点，以得到比较精确的对数相频特性。对于低频段和高频段，只要掌握对数相频特性的变化趋势即可。本例对数相频特性的计算结果如表 4-5 所示。

表 4-5 例 4-5 对数相频特性的计算结果

ω	0	0.5	1	2	4	8	∞
$\varphi(\omega)$	−90°	−122°	−130°	−127°	−124°	−190°	−270°

根据以上讨论，例 4-5 的伯德图如图 4-36 所示。

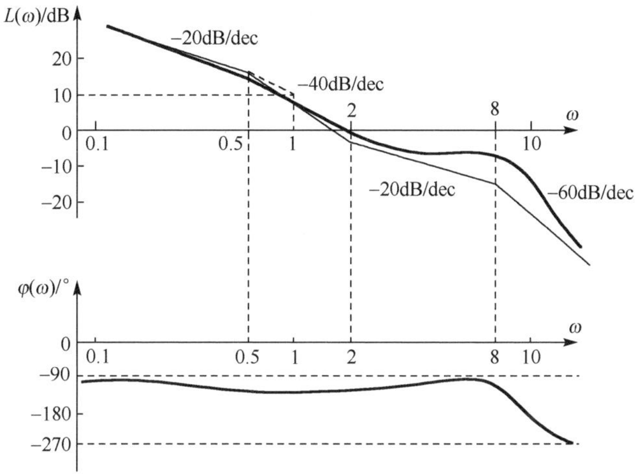

图 4-36 例 4-5 的伯德图

4.3.2 开环幅相图

控制系统的开环幅相图（也称为奈奎斯特图）主要用于控制系统的稳定性分析。由于稳定性分析主要是定性的分析，因此开环幅相图除了一些需要的特殊区域，一般画出趋势草图即可。下面通过一些例题来说明系统开环幅相图的绘制方法。

例 4-6 已知 0 型系统的开环传递函数为

$$G(s)H(s)=\frac{K}{(1+T_1 s)(1+T_2 s)}$$

试绘制该系统的幅相图。

解：此系统由比例环节和惯性环节组成，没有积分环节，是 0 型系统。系统的开环频率特性为

$$G(\mathrm{j}\omega)H(\mathrm{j}\omega)=\frac{K}{(1+\mathrm{j}\omega T_1)(1+\mathrm{j}\omega T_2)}$$

幅频特性和相频特性为

$$\begin{cases} A(\omega)=\dfrac{K}{\sqrt{1+(\omega T_1)^2}\sqrt{1+(\omega T_2)^2}} \\ \varphi(\omega)=-\arctan(\omega T_1)-\arctan(\omega T_2) \end{cases}$$

从相频特性表达式可以看出，$-180^\circ \leqslant \varphi(\omega) \leqslant 0^\circ$。当$\omega = 0$时，$A(0) = K$，$\varphi(0) = 0$；当$\omega \to \infty$时，$A(\infty) = 0$，$\varphi(\infty) = -180^\circ$。

为了较准确地画出幅相图，需要求得幅相图和虚轴的交点坐标。将频率特性整理为

$$G(\mathrm{j}\omega)H(\mathrm{j}\omega) = \frac{K[(1 - T_1T_2\omega^2) - \mathrm{j}(T_1 + T_2)\omega]}{(1 - T_1T_2\omega^2)^2 + [(T_1 + T_2)\omega]^2}$$

显然，当$\omega = \dfrac{1}{\sqrt{T_1T_2}}$时，$G(\mathrm{j}\omega)H(\mathrm{j}\omega) = -\mathrm{j}\dfrac{K\sqrt{T_1T_2}}{T_1 + T_2}$。

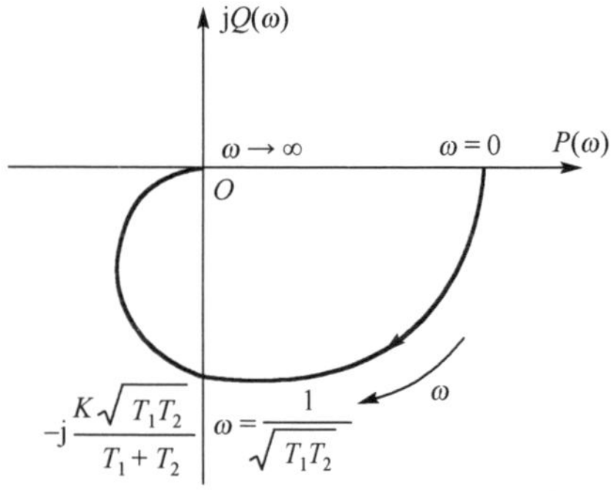

图 4-37 例 4-6 系统的开环幅相图

根据以上讨论，可以画出系统的开环幅相图，如图 4-37 所示。

从例 4-6 可以看出 0 型系统的开环幅相图具有如下特点：

（1）当$\omega = 0$时，曲线起始于正实轴的$(K, 0)$点；

（2）当$\omega \to \infty$时，曲线沿$-(n-m)\cdot 90^\circ$的方向趋近于坐标原点，其中，n为传递函数分母阶次，m为分子阶次。

例 4-6 说明了常见系统的开环幅相图的基本特点，下面对一般系统的开环幅相图进行讨论。设系统的开环频率特性为

$$G(\mathrm{j}\omega)H(\mathrm{j}\omega) = \frac{K\prod_{i=1}^{m_1}(1 + \mathrm{j}\omega\tau_i)\prod_{l=1}^{m_2}(1 - \omega^2\tau_l^{\ 2} + \mathrm{j}2\eta_l\omega\tau_l)}{(\mathrm{j}\omega)^v\prod_{j=1}^{n_1}(1 + \mathrm{j}\omega T_j)\prod_{r=1}^{n_2}(1 - \omega^2 T_r^{\ 2} + \mathrm{j}2\zeta_r\omega T_r)} \tag{4-72}$$

式中，$m = m_1 + 2m_2$为开环传递函数分子多项式的阶数，$n = v + n_1 + 2n_2$为开环传递函数分母多项式的阶数，二者满足$n \geqslant m$；K为系统的总开环增益（放大倍数）；T_j为惯性环节的时间常数；T_r为振荡环节的时间常数；ζ_r为振荡环节的阻尼比；v为开环传递函数中串联积分环节个数。系数τ_i、τ_l、η_l、T_j、T_r、ζ_r均大于零。

开环幅相图的绘制主要有以下几个重点：

（1）幅相图的起点和终点。

首先看幅相图的起点，由

$$G(\mathrm{j}0^+)H(\mathrm{j}0^+) = \lim_{\omega \to 0^+}\frac{K}{(\mathrm{j}\omega)^v}$$

可以得到如下结论：

当$v = 0$时，$G(\mathrm{j}0^+)H(\mathrm{j}0^+) = K$。

当$v \geqslant 1$时，$G(\mathrm{j}0^+)H(\mathrm{j}0^+) = A(0^+)\angle -\dfrac{v\pi}{2}$，$A(0^+) = \lim\limits_{\omega \to 0^+}\dfrac{K}{(\omega)^p} = \infty$。

起点除了当$v = 0$时为有限点，在正实轴的点$(K, 0)$处；当v为其余值时，均在无限远处，其起点的相位为积分环节个数v乘-90°。

控制工程中常遇到的系统是0型、Ⅰ型和Ⅱ型系统，其幅相图起点分别为：0型系统位于实轴$(K, \mathrm{j}0)$处；Ⅰ型系统位于虚轴$(\mathrm{Re}[G(0)], -\mathrm{j}\infty)$处；Ⅱ型系统位于实轴$(-\infty, \mathrm{j}\,\mathrm{Im}[G(0)])$处。

再看幅相图的终点。由于

$$\lim_{\omega\to\infty} G(\mathrm{j}\omega)H(\mathrm{j}\omega) = \lim_{\omega\to\infty} A(\omega)\angle \lim_{\omega\to\infty}\varphi(\omega)$$

当$n \geqslant m$时，有$\lim\limits_{\omega\to\infty} A(\omega) = 0$，$\lim\limits_{\omega\to\infty}\varphi(\omega) = -(n-m)\dfrac{\pi}{2}$。因此，在一般情况下，幅相图的终点为坐标系的原点，幅相图沿着$-(n-m)\dfrac{\pi}{2}$的方向趋于坐标原点。

当$n-m=1$时，幅相图沿$-90°$方向趋于原点；当$n-m=2$时，幅相图沿$-180°$方向趋于原点；当$n-m=3$时，幅相图沿$-270°$方向趋于原点。

开环幅相图的起点和终点示意图如图4-38所示。应当注意的是，因为要在有限的区域表示幅相图的渐近特性，当将无限远处的起点以示意的方式表现在有限区域时有限坐标值便相应趋于零，所以当$v \geqslant 1$时，幅相图的示意图均沿坐标轴出发。这种幅相图的示意图在利用奈奎斯特判据分析系统的稳定性时经常采用。

但是，当在开环传递函数的某些环节中出现系数小于零的情形时，可能会出现右半平面的开环零、极点，这时不能简单套用上述结论，要根据具体的传递函数进行分析。

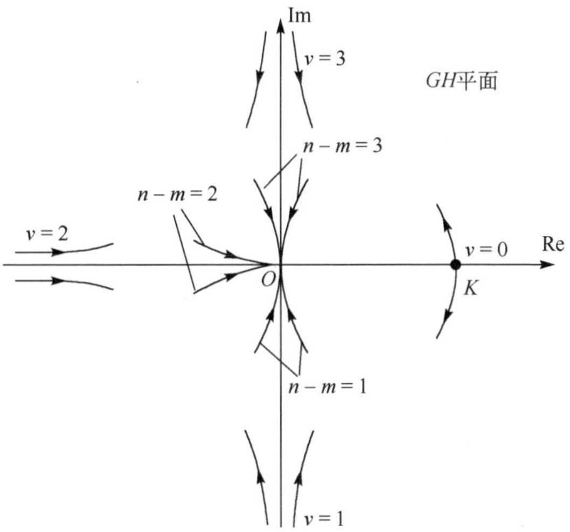

图4-38 开环幅相图的起点和终点示意图

（2）确定幅相图与实轴、虚轴的交点。

幅相图与实轴及虚轴的交点是幅相图中比较重要的特征点。其求法如下：

令$\mathrm{Im}\,G(\mathrm{j}\omega)H(\mathrm{j}\omega)=0$，即$Q(\omega)=0$，解出$\omega_1$，代入

$$P(\omega_1) = \mathrm{Re}\,G(\mathrm{j}\omega_1)H(\mathrm{j}\omega_1)$$

求出的就是幅相图与实轴的交点。同理，令$\mathrm{Re}\,G(\mathrm{j}\omega)H(\mathrm{j}\omega)=0$，即$P(\omega)=0$，解出$\omega_2$，代入式（4-72）求出的就是幅相图与虚轴的交点。

（3）确定幅相图与复平面上单位圆的交点。

幅相图与单位圆的交点位置对闭环系统稳定性的分析具有重要的参考作用。确定幅相图与单位圆的交点位置，主要是确定交点处的相位。当幅相图经过单位圆时，有

$$|G(\mathrm{j}\omega)H(\mathrm{j}\omega)|=1$$

解出 ω_e，从而可以求出 $\varphi(\omega_e)$。

（4）确定开环幅相特性曲线的变化趋势。

分子上有时间常数的环节，幅相特性的相位超前，曲线向逆时针方向变化；分母上有时间常数的环节，相位滞后，幅相特性曲线向顺时针方向变化。

4.3.3 最小相位系统和非最小相位系统

如果系统开环传递函数在复平面 s 的右半面既没有极点，也没有零点，则称该系统为最小相位系统。反之，则称该系统为非最小相位系统。具有相同幅频特性的系统，最小相位系统的相角变化范围最小，由此取名为最小相位系统。

例 4-7 设两个单位反馈系统的开环传递函数分别为

$$G_{\mathrm{a}}(s)=\frac{T_2s+1}{T_1s+1}\text{，}\quad G_{\mathrm{b}}(s)=\frac{-T_2s+1}{T_1s+1}\text{，}\quad T_1>T_2$$

试分析各自频率特性的特点。

解：两个系统的频率特性分别为

$$G_{\mathrm{a}}(\mathrm{j}\omega)=\frac{1+\mathrm{j}\omega T_2}{1+\mathrm{j}\omega T_1}\text{，}\quad G_{\mathrm{b}}(\mathrm{j}\omega)=\frac{1-\mathrm{j}\omega T_2}{1+\mathrm{j}\omega T_1}$$

这两个系统的幅频特性是相同的，即

$$L_{\mathrm{a}}(\omega)=20\lg\sqrt{1+(\omega T_2)^2}-20\lg\sqrt{1+(\omega T_1)^2}$$

$$L_{\mathrm{b}}(\omega)=20\lg\sqrt{1+(\omega T_2)^2}-20\lg\sqrt{1+(\omega T_1)^2}$$

相频特性却不同，分别为

$$\varphi_{\mathrm{a}}(\omega)=\arctan(\omega T_2)-\arctan(\omega T_1)$$

$$\varphi_{\mathrm{b}}(\omega)=-\arctan(\omega T_2)-\arctan(\omega T_1)$$

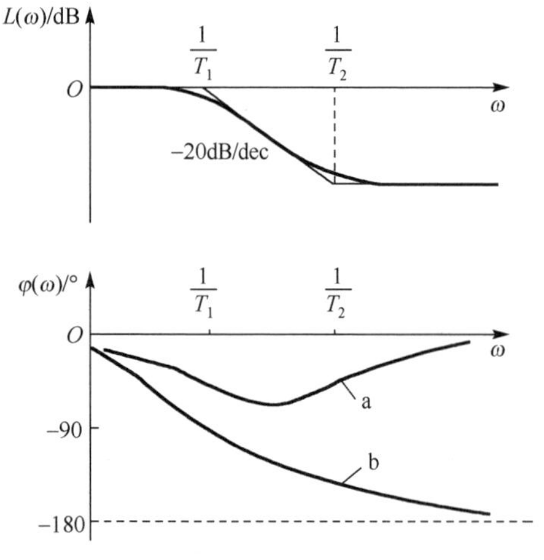

图 4-39 例 4-7 两个系统的伯德图

两个系统的伯德图如图 4-39 所示。可以看到，两个系统的对数幅频特性曲线相同，但对数相频特性曲线有很大差别。系统 a 的相位滞后小于 $90°$，最终趋于 $0°$；而系统 b 的相位滞后最终达到 $180°$。因此，系统 a 为最小相位系统，而系统 b 是非最小相位系统。

从例 4-7 可以看到：最小相位系统的零、极点均在左半平面，非最小相位稳定系统的极点均在左半平面，但是有右半平面的零点。一般情况下，人们所说的非最小相位系统就是指这一类系统。

之所以要区分最小相位系统和非最小相位系统，是因为在实际工程的分析过程中，常常遇到求系统的逆系统的要求。对于由传递函数定义的系统，逆系统为原系统传递函数的倒数。因此，对一个系统求逆系统后，原来系统的极点就转变为逆系统的零点，而原系统的零点则变为逆系统的极点。由于最小相位系统的极点和零点均在左半平面，因此，最小相位系统的逆系统的极点仍在左半平面，系统是稳定的。但是对非最小相位系统来说，尽管原系统可能是渐近稳定的，但是由于非最小相位系统具有右半平面的零点，因此其逆系统具有右半平面的极点，这一类非最小相位系统的逆系统是不稳定系统，无法正常工作。

从广义上说，含有滞后环节或不稳定环节的系统，也属于非最小相位系统。

最小相位系统具有一个重要的性质：其幅频特性和相频特性之间有着确定的单值关系。因此，对于最小相位系统，在许多情况下可以只给出幅频特性，就能够对系统进行分析，并且可以由最小相位系统的幅频特性反推出系统的传递函数。

然而，对非最小相位系统而言，上述幅频特性和相频特性之间的单值关系是不成立的，必须同时给出幅频特性和相频特性，才能对系统进行分析。

例 4-8　已知某最小相位系统的开环对数幅频特性渐近线如图 4-40 所示，试确定其开环传递函数。

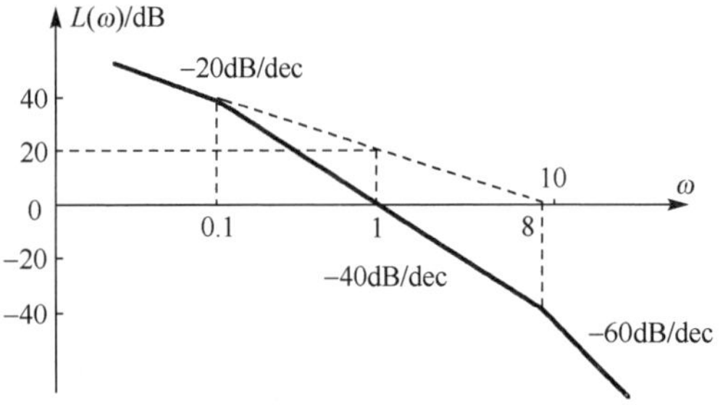

图 4-40　例 4-8 最小相位系统的开环对数幅频特性渐近线

解：由于该系统是最小相位系统，因此系统的零、极点均在左半平面。由图 4-40 中对数幅频特性的低频特性及斜率变化情况，可以断定开环传递函数包含比例环节、积分环节和两个惯性环节，其转折频率分别为 $\omega_1 = 0.1$，$\omega_2 = 8$。开环传递函数可以写为如下形式

$$G(s)H(s) = \frac{K}{s\left(\dfrac{1}{\omega_1}s+1\right)\left(\dfrac{1}{\omega_2}s+1\right)}$$

下面确定比例环节系数 K。本例对数幅频特性的低频渐近线可以写为

$$L(\omega) \approx 20\lg K - 20\lg\omega$$

当 $\omega = 1$ 时，有 $L(1) \approx 20\lg K$。从图 4-40 可以看出，低频渐近线的延长线与 $\omega = 1$ 的交点的纵坐标为 $L(1) \approx 20$（dB），故有

$$20 \approx 20\lg K \Rightarrow K = 10$$

代入 ω_1、ω_2 的数值，得

$$G(s)H(s)=\frac{10}{s\left(\frac{1}{0.1}s+1\right)\left(\frac{1}{8}s+1\right)}$$

习　　题

4-1　设单位反馈系统的开环传递函数为

$$G(s)=\frac{10}{s+1}$$

试求系统受下列输入信号作用时的稳态输出。

（1）$r(t)=\sin(t+30°)$；

（2）$r(t)=2\cos(2t-45°)$；

（3）$r(t)=\sin(t+30°)-2\cos(2t-45°)$。

4-2　设有一个系统，其闭环传递函数为

$$\frac{G(s)}{R(s)}=\frac{K(T_2s+1)}{T_1s+1}$$

当系统受到输入信号 $r(t)=R\sin(\omega t)$ 的作用时，试求系统的稳定输出。

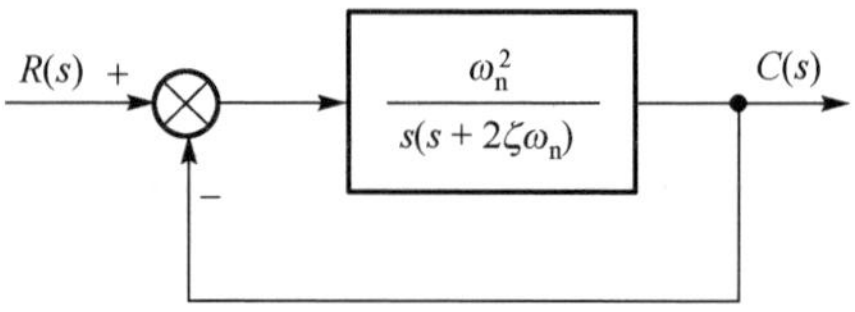

图 4-41　题 4-3 图

4-3　已知某二阶控制系统的方框图如图 4-41 所示，当输入 $r(t)=2\sin 2t$ 时，测得稳态输出为 $c(t)=4\sin(2t-45°)$，试确定系统的参数 ζ 和 ω_n。

4-4　试绘出下列系统的开环对数幅频特性曲线的渐近线。

（1）$G(s)=\frac{10(1+0.2s)}{(1+s)(1+0.1s)}$；　（2）$G(s)=\frac{40(1+2.5s)(1+0.025s)}{s^2(1+0.25s)(100s^2+4s+1)}$；

（3）$G(s)=\frac{100(1+2.5s)}{s(1+0.25s)(64s^2+3.2s+1)}$；　（4）$G(s)=\frac{10(s^2+0.4s+1)}{s(s^2+0.8s+9)}$。

4-5　已知

$$G(s)=\frac{\omega_n^2}{s^2+2\zeta\omega_n s+\omega_n^2}$$

试证明

$$|G(j\omega_n)|=\frac{1}{2\zeta}$$

4-6　一个单位反馈控制系统，其开环传递函数为

$$G(s)=\frac{s+0.5}{s^3+s^2+1}$$

这是一个非最小相位系统。3 个开环极点中，有 2 个位于 s 右半平面。3 个开环极点的位置分别是

$$s = -1.4656$$
$$s = 0.2328 + \mathrm{j}0.7926$$
$$s = 0.2328 - \mathrm{j}0.7926$$

试用 MATLAB 绘出 $G(s)$ 的伯德图，并说明为什么相角曲线始于0°而趋近于+180°。

4-7　试指出下列系统的开环幅相图的起点和终点的位置和方向。

（1）$G(s) = \dfrac{K(1+\tau s)}{s(1+T_1 s)(1+T_2 s)}$；　（2）$G(s) = \dfrac{K(1+\tau s)^2}{s^2(1+T_1 s)(T_2^2 s^2 + 2T_2\zeta s + 1)}$；

（3）$G(s) = \dfrac{K(1+\tau s)}{(1+T_1 s)^2 (T_2^2 s^2 + 2T_2\zeta s + 1)}$。

4-8　已知某单位反馈控制系统的开环传递函数为

$$G(s) = \frac{K(\tau s+1)}{s^2(T_1 s+1)(T_2 s+1)}$$

其中，$\tau > T_1 > T_2 > 0$，试绘制该系统的开环幅相草图。

4-9　已知开环传递函数为

$$G(s)H(s) = \frac{K(T_a s+1)(T_b s+1)}{s^2(Ts+1)}$$

试画出其在下面两种情况下的极坐标图。

（1）$T_a > T > 0,\ \ T_b > T > 0$；

（2）$T > T_a > 0,\ \ T > T_b > 0$。

4-10　已知图4-42所示的控制系统的 $G(s)$ 为

$$G(s) = \frac{10}{s[(s+1)(s+5)+10k]} = \frac{10}{s^3 + 6s^2 + (5+10k)s}$$

当 $k = 0.3, 0.5$ 和 0.7 时，试分别绘出 $G(s)$ 的奈奎斯特图。

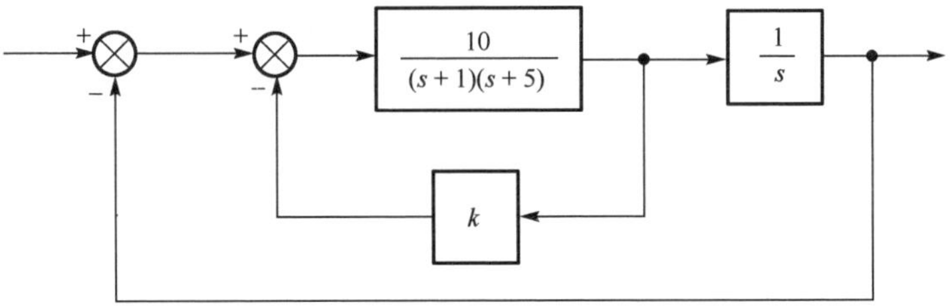

图4-42　题4-10图

第 5 章　稳定性分析及稳态误差

一个控制系统正常工作的首要条件是系统必须保持稳定。一个不稳定的控制系统不具有实用价值。许多情况下，不稳定系统可能会造成系统崩溃或引起严重事故，因此，必须在设计控制系统时就能了解和分析系统的稳定性能。控制系统的稳定性分析主要解决两个问题：①什么样的系统是稳定的；②线性系统稳定的充分必要条件是什么。

本章简单介绍稳定性和稳态误差的基本概念，以及系统稳定的条件，并介绍一些简单实用的稳定性判据。

5.1　稳定性概念

稳定性问题最初是在力学问题的研究中提出的，图 5-1 所示是一个关于力学稳定性概念的直观说明。在图 5-1（a）中，设小球受到外力作用后偏离平衡位置 A 到 B 点，当外力去除后，由于重力作用和摩擦力阻尼的影响，小球经过几次振荡后，最后可以回到平衡位置 A，我们就称小球的平衡位置是渐近稳定的；反之，在图 5-1（b）中，小球只要受到一点外力扰动，就会偏离平衡位置 A，在重力作用下这种偏离会越来越大，小球无论如何也无法回到平衡位置 A，我们就称图 5-1（b）的平衡位置 A 是不稳定的。

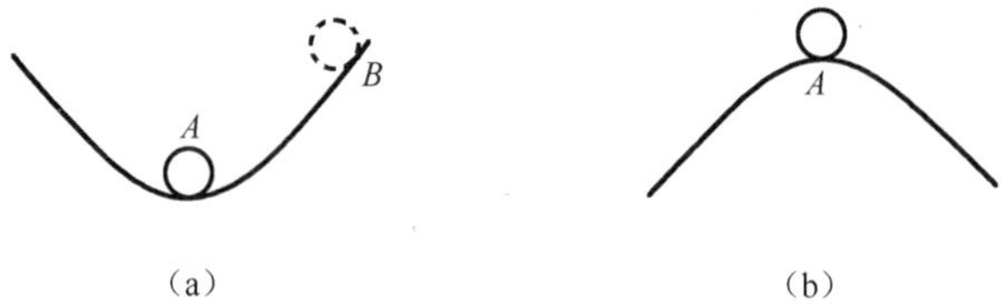

图 5-1　关于力学稳定性概念的直观说明

在力学上，如何选择与稳定性状态相对应的解这一问题很早就引起了广大学者的研究兴趣。虽然拉普拉斯（Laplace）、拉格朗日（Lagrange）、麦克斯韦（Maxwell）、庞加莱（Poincaré）等在一些论文中使用过稳定性的概念，但都没有给予稳定性精确的数学定义。俄国著名数学家李雅普诺夫是第一个给运动稳定性进行精确数学定义并系统解决运动稳定性一般问题的学者，他著名的博士论文《论运动稳定性的一般问题》为稳定性理论和方法奠定了坚实的基础。控制理论工作者从稳定性理论的基本定义和概念出发，根据控制系统的实际要求，综合前人在数学方法上的成果，形成了一些判断稳定性的条件。

控制系统在工作时，总会受到各种扰动因素的影响，在某些情况下，干扰因素对系统的影响不是很明显，即受到干扰的系统的解与未受到干扰的系统的解在经历很长时间后，其差别限制在一个很小的范围内，这类系统可以称为是“稳定”的，如图 5-2（a）所示。相反，在某些情况下，即使扰动因素十分小，但是经过足够长的时间后，受到干扰的系统的解和未受到干扰的系统的解差别可以很大，这类系统可以称为是“不稳定的”，如图 5-2（b）所示。

对于控制系统，首要的要求就是系统具有稳定的特性，从物理意义上来说，就是要求控制系统能稳妥地保持预定的工作状态，在受到扰动后能够恢复或接近原来的工作状态，这种稳定性称为平衡状态的稳定性。

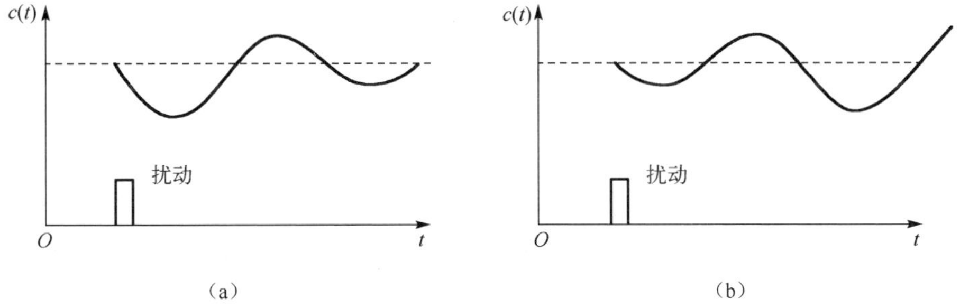

图 5-2　控制系统的稳定性概念

在控制系统中，还常常从输入/输出信号的角度来定义稳定性。例如，在图 5-3 所示的线性控制系统中，如果输入信号小于某一常数，则输出信号必小于另一个常数，即

$$|r(t)| \leqslant K_{\mathrm{r}} \Rightarrow |c(t)| \leqslant K_{\mathrm{c}} < \infty \tag{5-1}$$

这样的控制系统是输入-输出稳定的。

图 5-3　线性控制系统

所谓输入-输出稳定性，就是指有界输入必然产生有界输出。一般把输入-输出稳定性记为 BIBO 稳定性。

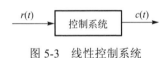

本节主要介绍线性控制系统的 BIBO 稳定性条件，对于平衡点的稳定性条件，仅介绍和线性系统相关的基本结论。实际上，控制系统的 BIBO 稳定性及平衡点的稳定性，多年来一直是学术界研究的热点问题。

应当说明的是，稳定性是系统的一种固有特性，它与输入信号无关，只取决于其本身的结构和参数。

5.2　时域中的稳定性条件

从 BIBO 稳定性的定义出发推导出线性系统稳定性的条件。对于线性系统，其零状态响应的象函数为

$$C(s) = G(s)R(s)$$

由拉普拉斯变换的卷积定理可知，输出的零状态响应可以表示为系统脉冲响应和输入的卷积，即

$$c(t) = g(t) * r(t) = \int_{0_-}^{t} g(\tau) r(t-\tau) \mathrm{d}\tau, \quad \forall t \in (0_-, +\infty) \tag{5-2}$$

由于系统 BIBO 稳定，即 $|r(t)| \leqslant K_{\mathrm{r}} \Rightarrow |c(t)| \leqslant K_{\mathrm{c}} < \infty$，设 $|r(t)| \leqslant K$，则要求

$$|c(t)| = \left| \int_{0_-}^{t} g(\tau) r(t-\tau) \mathrm{d}\tau \right| \leqslant K_{\mathrm{r}}, \quad \int_{0_-}^{t} g(\tau) \mathrm{d}\tau \leqslant K_{\mathrm{c}}$$

令 $K_{\mathrm{c}} = K_{\mathrm{r}} K_{\mathrm{g}}$，则当

$$\int_{0_-}^{t}|g(\tau)|\mathrm{d}\tau \leqslant K_{\mathrm{g}}, \quad \forall t\in(0_-,+\infty) \tag{5-3}$$

时，必有

$$|c(t)| \leqslant K \tag{5-4}$$

而要使式（5-3）成立，其必要条件是脉冲响应

$$\lim_{t\to+\infty} g(t)=0 \tag{5-5}$$

事实上，如果上式不成立，如 $\lim\limits_{t\to+\infty} g(t)=A$，那么总能找到 T_1，使得当 $t>T_1$ 时，$|g(t)|>\dfrac{|A|}{2}$，$\int_{0_-}^{t}|g(\tau)|\mathrm{d}\tau=\int_{0_-}^{T_1}|g(\tau)|\mathrm{d}\tau+\int_{T_1}^{t}|g(\tau)|\mathrm{d}\tau>\dfrac{A}{2}(t-T_1)$，当 $t\to\infty$ 时，$\int_{0_-}^{t}|g(\tau)|\mathrm{d}\tau\to\infty$，与式（5-3）矛盾。

下面讨论当式（5-5）成立时传递函数应满足的条件。假设传递函数 $G(s)$可以写为

$$\begin{aligned} G(s)=\frac{B(s)}{A(s)}&=\frac{B(s)}{\prod\limits_{i=1}^{r_1}(s+p_i)\prod\limits_{k=1}^{r_2}(s^2+2\zeta_k\omega_{nk}s+\omega_{nk}^2)} \\ &=\sum_{i=1}^{r_1}\frac{K_i}{s+p_i}+\sum_{k=1}^{r_2}\frac{C_k s+D_k}{s^2+2\zeta_k\omega_{nk}s+\omega_{nk}^2} \end{aligned}$$

则其单位脉冲响应可以写为

$$g(t)=L^{-1}[G(s)]=\sum_{i=1}^{r_1}K_i\mathrm{e}^{-p_i t}+\sum_{k=1}^{r_2}M_k\mathrm{e}^{-\zeta_k\omega_{nk}s}\sin(\omega_{dk}t+\theta_k), \quad t\geqslant 0 \tag{5-6}$$

显然，当 $p_i>0$，$\zeta_k\omega_{nk}>0$ 时，所有极点位于 s 左半开平面，式（5-5）一定成立。

反过来说，当传递函数 $G(s)$的所有极点 s_i 满足

$$\mathrm{Re}[s_i]<0, \quad i=1,2,\cdots,n \tag{5-7}$$

即传递函数 $G(s)$的极点均位于 s 左半开平面时，由式（5-6）可知，式（5-3）一定成立。因此线性系统 BIBO 稳定的充要条件是传递函数 $G(s)$的极点均位于 s 左半开平面。

如果从平衡状态的稳定性角度出发来看稳定性条件，仍然可以得到上述结论。根据定义，如果系统的平衡状态是渐近稳定的，则系统在受到扰动偏离平衡状态后，经过一段时间，最终可以返回到平衡状态。一般规定系统的平衡状态为状态空间的原点 O。

若已知线性系统的微分方程，则系统偏离平衡状态的动态过程可以由系统的零输入响应来描述。系统的零输入响应由系统微分方程的特征根及初始条件决定。假定系统微分方程的特征根为

$$s=\hat{s}_i, \quad i=1,2,\cdots,n$$

则零输入响应为

$$c_x(t)=\sum_{i=1}^{r_1}K_i\mathrm{e}^{\hat{s}_i t} \tag{5-8}$$

其中，K_i 由初始条件决定。若

$$\mathrm{Re}[\hat{s}_i] < 0, \quad i = 1, 2, \cdots, n \tag{5-9}$$

则系统的零输入响应最终回到平衡状态，即系统的平衡状态是渐近稳定的。

应当说明的是，一般情况下，系统微分方程的特征根和传递函数的极点一一对应，所以式（5-7）和式（5-9）在一般情况下是对等的，但是在某些特殊情况下，两者有着本质的区别。例如，已知系统的微分方程为

$$\frac{\mathrm{d}^2 c(t)}{\mathrm{d}t^2} + \frac{\mathrm{d}c(t)}{\mathrm{d}t} - 2c(t) = \frac{\mathrm{d}r(t)}{\mathrm{d}t} - r(t)$$

其特征方程为 $s^2 + s - 2 = 0$，特征根为

$$\hat{s}_1 = 1, \quad \hat{s}_2 = -2$$

显然，系统的平衡状态是不稳定的。但是系统的传递函数为

$$G(s) = \frac{s-1}{s^2 + s - 2} = \frac{1}{s+2}$$

传递函数的极点为 $s = -2$，系统是 BIBO 稳定的。

问题的关键点是传递函数的零点 $z = 1$ 和不稳定的极点 $s = -2$ 产生了对消，从而系统满足 BIBO 稳定性条件。因此，如果线性系统的平衡状态稳定，则一定满足 BIBO 稳定性条件，但是反过来不一定成立。当系统满足 BIBO 稳定性条件而不满足平衡状态的稳定性条件时，尽管这时从系统输入/输出信号的角度来看是有界的，但是系统内部的某个变量随着时间的增长会趋于无穷，系统仍然无法正常工作。

根据以上讨论，可以得出当不出现传递函数零、极点对消的情形时，线性控制系统渐近稳定性的充要条件为闭环系统传递函数的所有极点均位于 s 左半开平面。

5.3　劳 斯 判 据

要判断线性控制系统的稳定性，需要了解闭环系统极点或系统微分方程特征根的位置。对于低阶系统，可以通过求解系统的特征方程，根据所有特征根的实部符号来判断系统的稳定性。但是对于高阶系统，特征方程为高阶代数方程，这给特征根的求解带来很大困难。其实，要判断线性系统的稳定性，并不需要求出特征根的具体数值，知道所有特征根实部的符号就可以了。能否避免求解特征方程，应用简单的方法判断特征根实部的符号呢？

劳斯（E. J. Routh）在 1875 年利用多项式根与多项式系数之间的联系，建立了判断实系数多项式右半平面根个数的算表，建立了劳斯判据。1895 年，赫尔维茨（Hurwitz）采用多项式系数排成的矩阵主子式的符号来判断多项式右半平面根的个数，这被称为赫尔维茨判据。他们的工作为稳定性理论的代数方法奠定了基础。这些方法的特点是，不需要求解特征方程，只需对特征方程的系数进行代数运算，就可以判断特征根实部的符号，从而判断系统的稳定性。对于低阶系统，两种方法的运算量相差不大。对于高阶控制系统，特别是当需要判断某些系数变化对控制系统稳定性的影响时，劳斯判据使用起来更加方便一些。故下面仅介绍劳斯判据。

设控制系统的特征方程可以写成如下标准形式

$$a_n s^n + a_{n-1} s^{n-1} + a_{n-2} s^{n-2} + \cdots + a_1 + a_0 = 0 \tag{5-10}$$

设 a_n >0。列出劳斯表

$$\begin{array}{c|cccc}
s^n & a_n & a_{n-2} & a_{n-4} & \cdots \\
s^{n-1} & a_{n-1} & a_{n-3} & a_{n-5} & \cdots \\
s^{n-2} & b_1 & b_2 & b_3 & \cdots \\
s^{n-3} & c_1 & c_2 & c_3 & \cdots \\
\vdots & \vdots & \vdots & \vdots & \\
s^2 & e_1 & e_2 & & \\
s^1 & f_1 & & & \\
s^0 & g_1 & & &
\end{array}$$

其中

$$b_1 = -\frac{\begin{vmatrix} a_n & a_{n-2} \\ a_{n-1} & a_{n-3} \end{vmatrix}}{a_{n-1}}, b_2 = -\frac{\begin{vmatrix} a_n & a_{n-4} \\ a_{n-1} & a_{n-5} \end{vmatrix}}{a_{n-1}}, \cdots$$

$$c_1 = -\frac{\begin{vmatrix} a_{n-1} & a_{n-3} \\ b_1 & b_2 \end{vmatrix}}{b_1}, c_2 = -\frac{\begin{vmatrix} a_{n-1} & a_{n-5} \\ b_1 & b_3 \end{vmatrix}}{b_1}, \cdots$$

这一计算过程一直进行到与 s^0 对应的一行为止。为了简化运算，可以用一个正整数去除或乘某一行的各项，并不改变结论的性质。

当特征方程的首项 $a_n > 0$ 时，劳斯判据可以叙述为：线性系统渐近稳定的充要条件为劳斯表中第一列元素均为正。

说明：如果劳斯表中第一列元素的符号发生改变，则特征根中实部为正的根的个数等于第一列元素的符号改变的次数。

应当说明的是，线性系统渐近稳定的必要条件是特征方程无缺项且所有系数同号。由于控制系统的特征方程为实系数代数方程，因此特征根为以下两种形式之一：①实数；②共轭复数。特征方程可以写为

$$a_n \prod_{i=1}^{r_1} (s + p_i) \prod_{k=1}^{r_2} (s^2 + 2\zeta_k \omega_{nk} s + \omega_{nk}^2) = 0 \tag{5-11}$$

系统的特征根为 $s_i = -p_i$（$i = 1, 2, \cdots, r_1$），$s_{k,k+1} = -\zeta_k \omega_{nk} \pm j\omega_{nk}\sqrt{1-\zeta_k^2}$（$k = 1, 2, \cdots, r_2$），当系统的所有特征根均具有负实部时，控制系统渐近稳定，此时 $p_i > 0$，$\zeta_k \omega_{nk} > 0$。将式（5-11）展开，考虑 $p_i > 0$，$\zeta_k \omega_{nk} > 0$，就可得到线性系统渐近稳定的必要条件。

因此，如果特征方程有缺项或系数有正有负时，可以立即断定系统是不稳定的；但是当特征方程无缺项且所有系数同号时，系统不一定是稳定的。例如，某系统的特征方程为

$$s^3 + s^2 + 2s + 8 = 0$$

特征方程无缺项且所有系数为正。但是上述特征方程又可写为

$$(s+2)(s^2-s+4)=0$$

显然这个系统是不稳定的。

由于特征方程无缺项且所有系数同号可分为两种情况：①所有系数大于零；②所有系数小于零。当所有系数小于零时，特征方程两端同乘–1，就变为所有系数大于零，因此以下均采用特征方程的所有系数大于零作为系统稳定的必要条件。

下面通过一些例题来看劳斯判据的应用。

1．线性系统稳定性条件

例 5-1　已知三阶线性系统的特征方程为

$$a_3s^3+a_2s^2+a_1s+a_0=0$$

试判断系统的稳定性条件。

解：假设 $a_3>0$，列出劳斯表

$$\begin{array}{c|ccc} s^3 & a_3 & a_1 & 0 \\ s^2 & a_2 & a_0 & 0 \\ s^1 & \dfrac{a_1a_2-a_0a_3}{a_2} & 0 & \\ s^0 & a_0 & & \end{array}$$

根据劳斯判据有 $a_3>0$，$a_2>0$，$a_1a_2-a_0a_3>0$，$a_0>0$，因此三阶线性系统渐近稳定的条件为 $a_i>0$，$i=0,1,2,3$，$a_1a_2>a_0a_3$。

例 5-2　已知控制系统的特征方程为

$$s^4+2s^3+3s^2+4s+5=0$$

试判断系统的稳定性条件。

解：特征方程系数均大于零，满足稳定性的必要条件。列出劳斯表

$$\begin{array}{c|ccc} s^4 & 1 & 3 & 5 \\ s^3 & 2 & 4 & 0 \\ s^2 & 1 & 5 & 0 \\ s^1 & -6 & 0 & \\ s^0 & 5 & & \end{array}$$

劳斯表第一列变号两次，说明特征方程有两个实部为正的根，故系统不稳定。

通过劳斯判据还可以判断系统参数变化对控制系统稳定性的影响，这是劳斯判据在控制工程中的一个非常重要的应用。

2．系统参数变化对稳定性的影响

例 5-3　设某控制系统方框图如图 5-4 所示，K 是控制系统的一个可调系数，试确定系数 K 的变化对系统稳定性的影响。

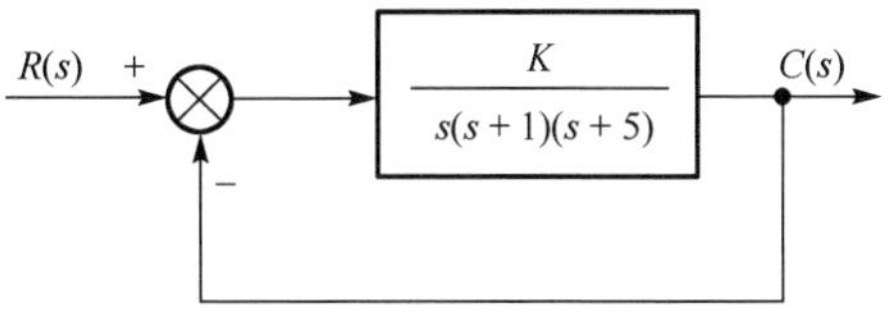

图 5-4　例 5-3 控制系统方框图

解：系统的闭环传递函数为

$$\frac{C(s)}{R(s)}=\frac{\dfrac{K}{s(s+1)(s+5)}}{1+\dfrac{K}{s(s+1)(s+5)}}=\frac{K}{s(s+1)(s+5)+K}=\frac{K}{s^3+6s^2+5s+K}$$

特征方程为

$$s^3+6s^2+5s+K=0$$

列出劳斯表

$$\begin{array}{c|ccc} s^3 & 1 & 5 & 0 \\ s^2 & 6 & K & 0 \\ s^1 & \dfrac{30-K}{6} & 0 & \\ s^0 & K & & \end{array}$$

由劳斯判据可知，当 $0<K<30$ 时，控制系统渐近稳定。换句话说，为了满足稳定性要求，此系统可调参数 K 的变化必须在一定范围内。注意：当 $K=30$ 时，劳斯表第一列将出现一个零元素，系统将有一个实部为零的特征根，此时称为临界稳定状态，一般称 $K_P=30$ 为临界放大倍数。

下面考查在上述系统的前向通道中增加 PD 控制器后对稳定性的影响。

3. PD 控制器对稳定性的影响

例 5-4 在例 5-3 中增加一个 PD 控制器，如图 5-5 所示。试判断参数 T、K 对系统稳定性的影响。

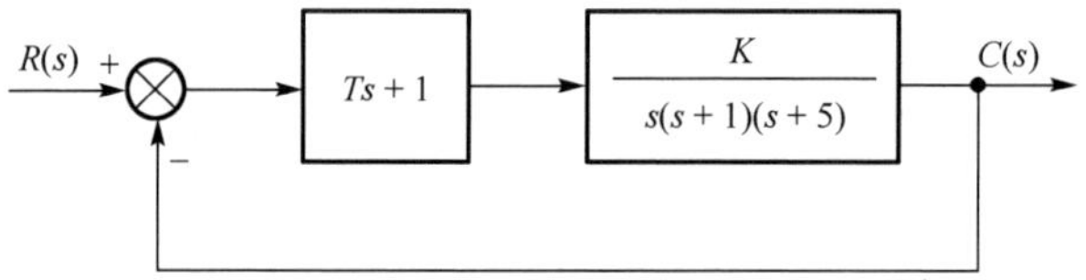

图 5-5 增加 PD 控制器

解：系统的特征方程为

$$s^3+6s^2+(5+TK)s+K=0$$

列出劳斯表

$$\begin{array}{c|ccc} s^3 & 1 & 5+TK & 0 \\ s^2 & 6 & K & 0 \\ s^1 & \dfrac{30+(6T-1)K}{6} & 0 & \\ s^0 & K & & \end{array}$$

由劳斯表可以看出，当 $0<T<\dfrac{1}{6}$ 时，令 $\beta=\dfrac{1}{1-6T}$，则 $\beta>1$，故有 $0<K<30\beta$，系统渐

近稳定；当$T>\frac{1}{6}$时，对于任意$K>0$，系统都是稳定的。换句话说，增加 PD 控制器后，系统稳定的参数范围增大。当满足一定条件时，保证系统稳定性的参数K的变化范围可以是 0～∞。由此可见，PD 控制器具有可以显著增强系统稳定性的性能。

4．积分控制器对稳定性的影响

在控制系统中，通过在前向通道中加入积分控制器可以大大提高稳态性能，但是可能对系统稳定性造成影响。下面主要分析积分控制器对稳定性的影响。图 5-6 是例 5-3 所示系统增加一个积分控制器后所得到的方框图，由图 5-6 可以得出系统的特征方程为

$$s^4+6s^3+5s^2+\frac{K}{T}=0$$

特征方程有缺项，系统不满足稳定性的必要条件，可见纯积分控制器可能会造成系统的不稳定。为了克服单纯的积分控制器对稳定性的不利影响，一般采用比例加积分控制器（PI 控制器）或比例加积分加微分控制器（PID 控制器）。

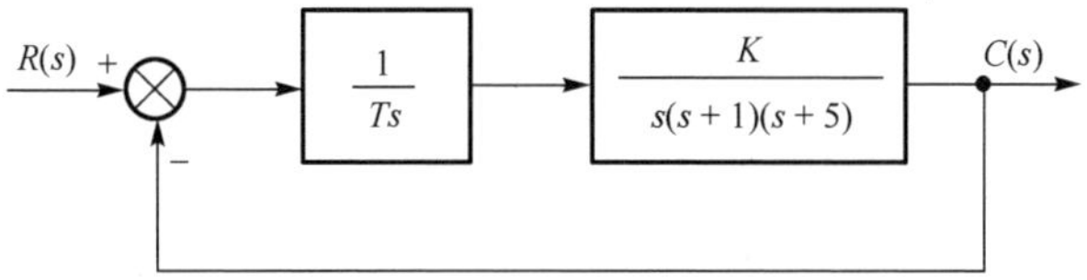

图 5-6　例 5-3 所示系统增加一个积分控制器后所得到的方框图

在利用劳斯判据判断系统稳定性时，可能会出现两种特殊情况：①在计算劳斯表的过程中，某一行的第一个元素为零；②劳斯表的某一行元素全为零。

当出现第一种情况时，由于 0 无法作除数，所以无法继续计算劳斯表的其他元素。事实上，这时已经可以断定系统不是渐近稳定的了。但为了进一步分析系统的性质，可以用一个小的正数ε代替 0 继续计算劳斯表。当劳斯表第一列元素发生变号时，说明系统特征根有实部为正的根，系统不稳定，而且实部为正的特征根的个数恰好为变号的次数。如果劳斯表第一列元素没有发生变号，说明系统出现实部为零的特征根，我们把这一种情形称为临界稳定。

当出现第二种情况时，采用代数方程的理论可以证明，此时系统特征根出现了在s平面中关于原点对称的实根或存在共轭虚根，或者存在关于虚轴对称的共轭复数根，这时，系统或属临界稳定状态，或属不稳定状态。关于此种情况下劳斯表的计算不再赘述。

对于上述两种特殊情况，闭环系统均不渐近稳定。所以在进行劳斯表的计算时，若出现某行第一个元素为零的情况时，即可停止劳斯表的计算，判断工作结束，结论是系统不是渐近稳定的。

5.4　奈奎斯特稳定判据

在 5.3 节中已经介绍了劳斯判据，可以根据系统的闭环特征方程确定系统的稳定性。不过应用劳斯判据的前提是必须知道系统的数学模型，而且一般得到的是系统绝对稳定性信息。

本节介绍控制系统的频域稳定性判据，也称为奈奎斯特（Nyquist）判据，可以根据系统

的开环频率特性 $G(\mathrm{j}\omega)H(\mathrm{j}\omega)$判断闭环系统的稳定性。奈奎斯特判据的特点是：①既可以通过模型判断，又可通过物理测量判断，便于使用；②不但可以分析系统的稳定性，还可用于综合系统。

5.4.1 开环极点与闭环极点

设控制系统的开环传递函数可以写为

$$G(s)H(s)=\frac{M(s)}{N(s)} \tag{5-12}$$

式中，$M(s)$、$N(s)$分别为开环传递函数的分子多项式和分母多项式，它们均为 s 的多项式。其中，开环零点是 $M(s)=0$ 的根，开环极点是 $N(s)=0$ 的根。

设 $N(s)$的阶次为 n，$M(s)$的阶次为 m，当系统为单位反馈系统时，闭环传递函数为

$$\Phi(s)=\frac{G(s)}{1+G(s)}=\frac{\dfrac{M(s)}{N(s)}}{1+\dfrac{M(s)}{N(s)}}=\frac{M(s)}{N(s)+M(s)} \tag{5-13}$$

可见，闭环传递函数的极点由 $M(s)+N(s)=0$ 求出。

需要指出的是，如果系统为非单位反馈系统，闭环系统传递函数的极点仍可由 $M(s)+N(s)=0$ 求出，其中，$M(s)$、$N(s)$分别为开环传递函数的分子、分母多项式。下面证明这个结论，设

$$G(s)=\frac{M_{\mathrm{G}}(s)}{N_{\mathrm{G}}(s)},\quad H(s)=\frac{M_{\mathrm{H}}(s)}{N_{\mathrm{H}}(s)}$$

则有

$$\begin{aligned}\Phi(s)&=\frac{G(s)}{1+G(s)H(s)}=\frac{\dfrac{M_{\mathrm{G}}(s)}{N_{\mathrm{G}}(s)}}{1+\dfrac{M_{\mathrm{G}}(s)}{N_{\mathrm{G}}(s)}\cdot\dfrac{M_{\mathrm{H}}(s)}{N_{\mathrm{H}}(s)}}\\&=\frac{N_{\mathrm{H}}(s)M_{\mathrm{G}}(s)}{N_{\mathrm{G}}(s)N_{\mathrm{H}}(s)+M_{\mathrm{G}}(s)M_{\mathrm{H}}(s)}=\frac{N_{\mathrm{H}}(s)M_{\mathrm{G}}(s)}{N(s)+M(s)}\end{aligned} \tag{5-14}$$

可见前述结论成立。

设一辅助函数

$$F(s)=1+G(s)H(s)=1+\frac{M(s)}{N(s)}=\frac{N(s)+M(s)}{N(s)} \tag{5-15}$$

则 $F(s)$的零点正好是闭环极点，而 $F(s)$的极点正好是开环极点。可见，$F(s)$既可以反映开环极点的特性，又可以反映闭环极点的特性。利用这个关系，可以从开环特性出发，推断闭环系统的稳定性。

备注：

（1）辅助函数 $F(s)$是闭环系统的特征多项式与开环系统的特征多项式之比；

（2）$F(s)$的零点数和极点数相同，均为 n 个，$F(s)$与开环传递函数 $G(s)H(s)$仅差常数 1。

5.4.2　幅角原理和奈奎斯特判据

奈奎斯特判据要用到复变函数理论中的幅角原理，这里对幅角原理仅做简单介绍而不做证明。对证明过程感兴趣的学生可以参阅有关复变函数理论的教科书。

1．幅角原理

设 $F(s)$是 s 的实有理函数，当 $F(s)$非奇异时，对复平面上任一点 s_0，均可以得到唯一的映射，即

$$s_0 \to F(s_0)$$

当 s_0 在 s 平面上连续变动时，映射 $F(s_0)$ 也在 $\{\mathrm{Im}F(s),\mathrm{Re}F(s)\}$ 平面（以下称为 $F(s)$平面）上连续变动。若 s_0 在 s 平面上沿某一闭合曲线 $\varGamma$ 运动时（注意在曲线 $\varGamma$ 上，$F(s)$必须非奇异），其映射 $F(s_0)$也一定在 $F(s)$平面上沿某一条闭合曲线 $\varGamma'$ 运动，我们称 $\varGamma'$ 为 $\varGamma$ 的像。其映射关系如图 5-37 所示。

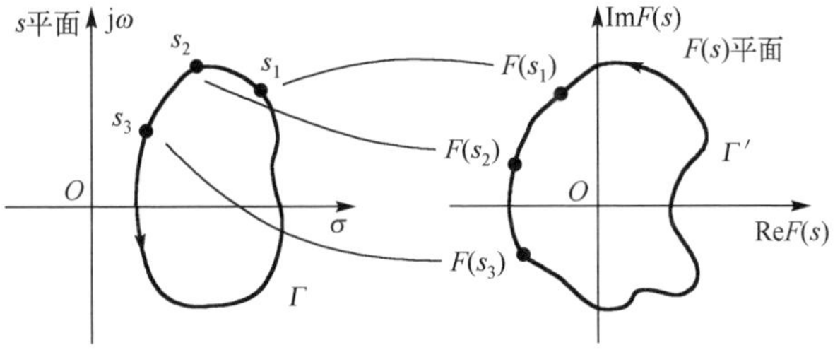

图 5-7　复变函数的映射关系

下面介绍幅角原理。

若 $F(s)$沿 $\varGamma$ 上解析且不为零，$\varGamma$ 在 s 平面上包围了 $F(s)$的 z 个零点和 p 个极点，则当 s 沿顺时针方向绕 $\varGamma$ 转一周时，映射 $F(s)$将沿 $\varGamma'$ 以顺时针方向绕原点转 N 圈，且有

$$N = z - p$$

幅角原理的示意图如图 5-8 所示。图中 $\varGamma_1$ 包围了 $F(s)$的 2 个极点和 1 个零点，$N = 1-2 = -1$，故对应的像 $\varGamma_1'$ 包围 $F(s)$平面原点逆时针转了一圈；$\varGamma_2$ 没有包围 $F(s)$的极点和零点，$N = 0$，故对应的像 $\varGamma_2'$ 没有包围 $F(s)$平面的原点。

2．奈奎斯特稳定判据

线性系统渐近稳定的充分必要条件：系统的特征根都具有负实部，且均在 s 左半开平面。为了根据开环频率特性讨论闭环系统的稳定性问题，需要找到一种函数将开环传递函数和闭环传递函数联系起来，或者说，通过一个函数同时了解开环传递函数的极点和闭环传递函数的极点。通过前面的讨论已经了解到：$F(s)$将开环传递函数和闭环传递函数联系了起来。$F(s) = 1 + G(s)H(s)$ 具有如下特点：①$F(s)$的零点是系统的闭环极点；②$F(s)$的极点是系统的开环极点。因此，运用 $F(s)$，可以将闭环系统稳定性的充分必要条件表述为：$F(s)$的零点均具有负实部，或者说，$F(s)$的所有零点都不在 s 右半平面上。

为了将幅角原理应用于频域以判定闭环系统的稳定性，可以选取 s 平面上的封闭曲线 $\varGamma$

使之包围整个 s 右半平面，这个封闭曲线称为奈奎斯特闭合曲线，简称奈氏回线，其示意图如图 5-9 所示。

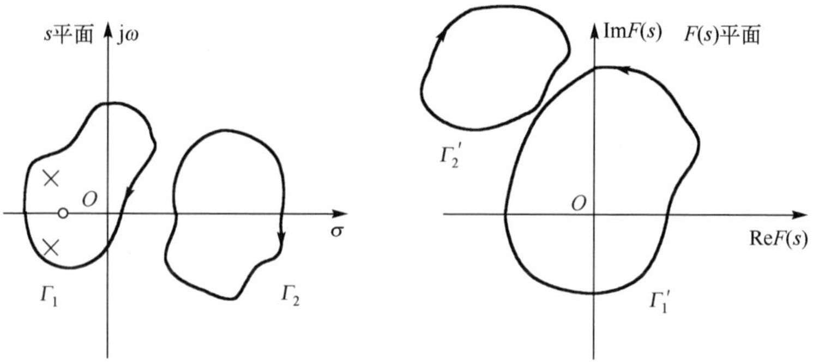

图 5-8 幅角原理的示意图

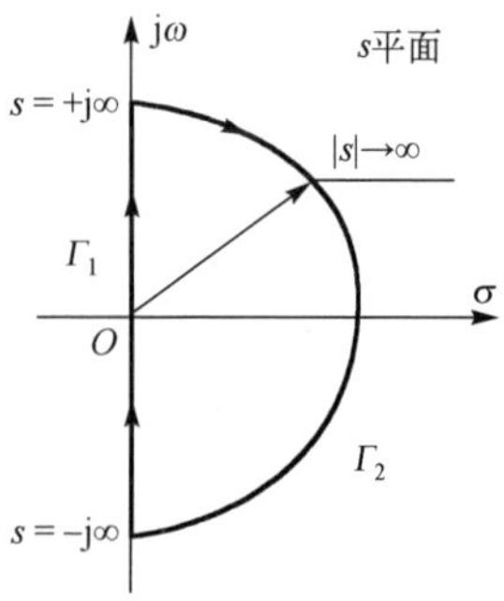

图 5-9 奈奎斯特闭合曲线示意图

从图 5-9 可以看出，奈奎斯特闭合曲线由两部分构成：

（1）沿虚轴自下而上的直线 Γ_1： $s = \mathrm{j}\omega$， ω 变化范围：$-\infty \to +\infty$；

（2）右半平面上半径为无穷大的半圆 Γ_2： $s = R \cdot \mathrm{e}^{\mathrm{j}\theta}$， $R \to \infty$，θ 变化范围： $\dfrac{\pi}{2} \to -\dfrac{\pi}{2}$。

应当注意，这样定义的奈氏回线将 s 右半平面（含虚轴）包含在内。根据幅角原理，当 s 绕奈氏回线顺时针环绕一圈时，其映射 $F(s)$沿 Γ' 绕 $F(s)$平面原点顺时针转 N 圈， $N = z - p$ 或

$$z = N + p \tag{5-16}$$

式中，p 为 $F(s)$在 s 右半平面上的极点数（系统开环传递函数在 s 右半平面上的极点数），z 为 $F(s)$在 s 右半平面上的零点数（系统闭环传递函数在 s 右半平面上的极点数）。

实际上，开环传递函数在 s 右半平面上的极点数 p 是事先已知的，N 通过 Γ' 可以直观得出，因此，可以依据式（5-16）分析闭环系统的稳定性。

当 $z = 0$ 时，说明闭环系统在 s 右半平面上没有极点，闭环系统渐近稳定。此时又可分为以下两种情况。

（1） $p = 0$，即开环系统在 s 右半平面上没有极点，开环系统是渐近稳定的。此时若要保证 $z = 0$，则必有 $N = 0$，即当 $F(s)$对奈氏回线 Γ 的映射 Γ' 不包围 $F(s)$平面的坐标原点时，闭环系统是渐近稳定的。

（2） $p \neq 0$，开环系统在 s 右半平面上有 p 个极点，开环系统不稳定。如果要使闭环系统渐近稳定，则 $z = 0$，必有 $N = -p$，即当 $F(s)$对奈氏回线 Γ 的映射 Γ' 在 $F(s)$平面上逆时针绕原点转 p 圈时，闭环系统渐近稳定。

以上根据 $F(s)$对 Γ 的映射 Γ' 的情况，说明了对闭环系统渐近稳定性的判定。实际上，人们希望将此判断条件能跟开环系统的频率特性联系起来。如果找到了这种联系，就可以依据开环系统的频率特性来分析闭环系统的稳定性问题。事实上，由于

$$G(s)H(s) = F(s) - 1 \tag{5-17}$$

故映射曲线 Γ' 绕 $F(s)$平面原点逆时针转一圈，就相当于 Γ' 绕 $G(s)H(s)$平面上的(−1, j0)点逆时针旋转一周。于是我们可以根据 $G(s)H(s)$对 Γ 的映射曲线 Γ' 的运动状况判断系统的稳定性。下面进行分析。

（1） $s\in\Gamma_1$ 。

此时， $s=\mathrm{j}\omega$ ，令 ω 从$-\infty\to+\infty$变化，代入 $G(s)H(s)$，并逐点绘出 $G(\mathrm{j}\omega)H(\mathrm{j}\omega)$，这实际上就是开环频率特性曲线。此时要注意 ω 的变化范围是$-\infty\to+\infty$，需要将前面讨论的 $\omega\geqslant0$ 的正频率段的开环频率特性扩展到 $\omega<0$ 的负频率段。

设频率特性 $G(\mathrm{j}\omega)H(\mathrm{j}\omega)=X(\omega)+\mathrm{j}P(\omega)$ ，可以证明 $X(\omega)$ 是 ω 的偶函数， $P(\omega)$ 是 ω 的奇函数。因此

$$G(-\mathrm{j}\omega)H(-\mathrm{j}\omega)=X(-\omega)+\mathrm{j}P(-\omega)=X(\omega)-\mathrm{j}P(\omega)$$

可见，负频率段的开环频率特性曲线和正频率段的开环频率特性曲线关于实轴对称。这种 ω 的变化范围为$-\infty\to+\infty$的开环频率特性曲线也称为奈奎斯特曲线。

（2） $s\in\Gamma_2$ 。

在此段曲线中，由于 $R\to+\infty$，故 $s\to+\infty$。设开环传递函数的表示式为

$$G(s)H(s)=\frac{K\prod_{i=1}^{m_1}(\tau_i s+1)\prod_{l=1}^{m_2}(\tau_l^2 s^2+2\eta\tau_l s+1)}{\prod_{j=1}^{n_1}(T_j s+1)\prod_{r=1}^{n_2}(T_r^2 s^2+2\xi T_r s+1)} \tag{5-18}$$

开环传递函数分母多项式的阶数 n 与分子多项式的阶数 m 之间满足 $n\geqslant m$，因此，当 $n>m$ 时，有

$$G(s)H(s)\big|_{s\in\Gamma_2}=\lim_{|s|\to\infty}G(s)H(s)=\lim_{|s|\to\infty}\frac{K_g}{s^{n-m}}=0 \tag{5-19}$$

当 $n=m$ 时，有

$$G(s)H(s)\big|_{s\in\Gamma_2}=\lim_{|s|\to\infty}G(s)H(s)=\lim_{|s|\to\infty}\frac{K_g}{s^0}=K_g \tag{5-20}$$

其中， $K_g=K\dfrac{\prod_{i=1}^{m_1}\tau_i\prod_{l=1}^{m_2}\tau_l^2}{\prod_{j=1}^{n_1}T_j\prod_{r=1}^{n_2}T_r^2}$ ，即当 $s\in\Gamma_2$ 时，其映射 Γ' 为一个点。

注意到当 $n>m$ 时，有

$$\lim_{|\omega|\to\infty}G(\mathrm{j}\omega)H(\mathrm{j}\omega)=\lim_{|\omega|\to\infty}\frac{K_g}{(\mathrm{j}\omega)^{n-m}}=0 \tag{5-21}$$

当 $n=m$ 时，有

$$\lim_{|\omega|\to\infty}G(\mathrm{j}\omega)H(\mathrm{j}\omega)=\lim_{|\omega|\to\infty}\frac{K_g}{(\mathrm{j}\omega)^0}=K_g \tag{5-22}$$

因此，$G(s)H(s)$对Γ的映射曲线就演变为奈奎斯特曲线$G(\mathrm{j}\omega)H(\mathrm{j}\omega)\big|_{-\infty<\omega<+\infty}$。

根据以上讨论，可以将稳定性的奈奎斯特判据叙述如下：

闭环控制系统稳定的充分必要条件是：当ω从$-\infty$向$+\infty$变化时，开环频率特性曲线$G(\mathrm{j}\omega)H(\mathrm{j}\omega)$不通过$(-1, \mathrm{j}0)$点，且逆时针包围$(-1, \mathrm{j}0)$点的圈数$N$等于开环传递函数在$s$右半平面上的极点个数$p$，即

$$N = -p$$

式中，负号表示逆时针旋转。

关于奈奎斯特稳定判据的说明：

（1）对于开环稳定的系统（$p = 0$，$G(s)H(s)$在s右半平面上无极点），当且仅当开环频率特性曲线$G(\mathrm{j}\omega)H(\mathrm{j}\omega)$不通过也不包围$(-1, \mathrm{j}0)$点，即$N = 0$时，闭环系统稳定；

（2）对于开环不稳定的系统（$p\neq 0$，$G(s)H(s)$在s右半平面上含有p个极点），当且仅当开环频率特性曲线$G(\mathrm{j}\omega)H(\mathrm{j}\omega)$逆时针包围$(-1, \mathrm{j}0)$点$p$圈，即$N = -p$时，闭环系统稳定；

（3）当开环频率特性曲线$G(\mathrm{j}\omega)H(\mathrm{j}\omega)$通过$(-1, \mathrm{j}0)$点时，闭环系统处于临界稳定状态；

（4）如果$N\neq -p$，则闭环系统不稳定，闭环系统正实部特征根的个数为$z = N + p$。

当控制系统开环稳定，即在s右半平面无极点时，闭环系统稳定性的判据为奈奎斯特曲线不包围$(-1, \mathrm{j}0)$点。这也是工程中最常遇到的情形。

例 5-5　已知系统的开环传递函数为

$$G(s)H(s) = \frac{K}{(T_1 s + 1)(T_2 s + 1)}$$

其中，$T_1 > 0$，$T_2 > 0$。试绘制奈奎斯特曲线并判断闭环系统的稳定性。

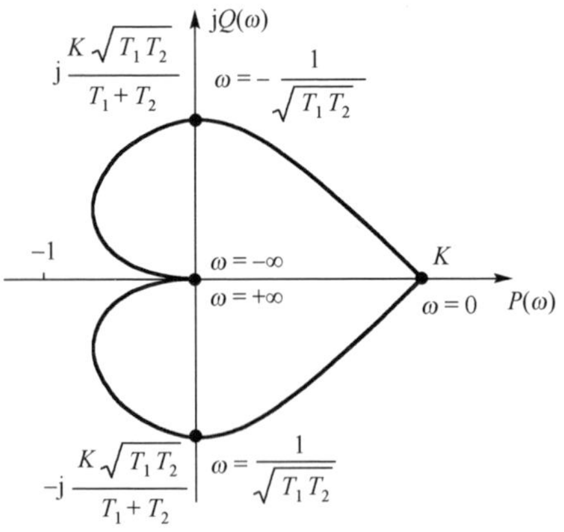

图 5-10　例 5-5 系统的奈奎斯特曲线

解： 由开环传递函数的表达式可知，开环极点均位于s左半开平面，$p = 0$，因此只要奈奎斯特曲线不包围$(-1, \mathrm{j}0)$点，闭环系统就是渐近稳定的。

绘出$\omega \geqslant 0$的幅相图。当$\omega = 0$时，$G(\mathrm{j}0)H(\mathrm{j}0) = K$；当$\omega = 1/\sqrt{T_1T_2}$时，$G(\mathrm{j}\omega)H(\mathrm{j}\omega) = -\mathrm{j}\dfrac{K}{T_1 + T_2}\sqrt{T_1T_2}$；当$\omega \to \infty$时，$\left|G(\mathrm{j}\omega)H(\mathrm{j}\omega)\right| \to 0$，$\varphi(\omega) \to -180°$。应当注意，本系统的开环幅相图和实轴仅在$\omega \to \infty$时相交。$\omega \leqslant 0$的幅相图和$\omega \geqslant 0$的幅相图关于实轴对称，故得到系统的奈奎斯特曲线，如图 5-10 所示。从图 5-10 中可以看出，系统的奈奎斯特曲线没有包围$(-1, \mathrm{j}0)$点，因此闭环系统稳定。

5.4.3　奈奎斯特判据应用于Ⅰ型系统和Ⅱ型系统

如果在开环传递函数中包含积分环节，则当$s = 0$时开环传递函数有极点，在Γ上出现奇异点，这时不能直接应用幅角原理，需要对奈氏回线Γ进行修正，修正后的奈氏回线称为广义的奈氏回线，如图 5-11 所示。在Γ中，以无穷小半径绕过原点处的开环极点，并将这些极点排除在奈氏回线Γ所包围的区域之外，不过Γ仍包围$F(s)$在s右半平面内的所有零点和

极点。相应地，将 Γ 分为 4 段。

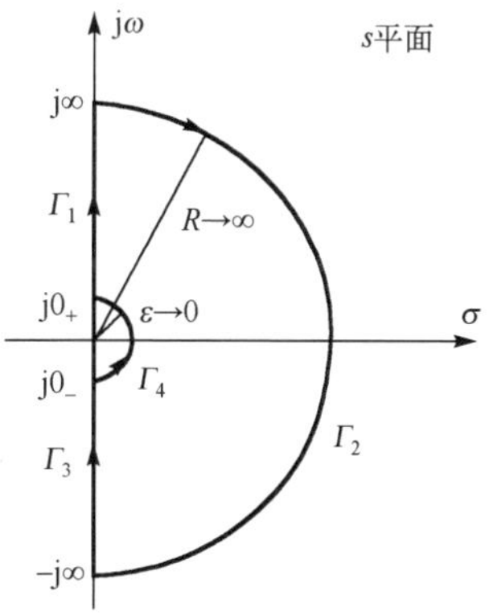

图 5-11　广义的奈氏回线

Γ_1： $s = \mathrm{j}\omega$（$0_+ < \omega < +\infty$），此段映射为正频率段的开环频率特性曲线；

Γ_2： $s = R \cdot \mathrm{e}^{\mathrm{j}\theta}\left(R \to \infty，\theta \text{ 的变化范围为 } -\dfrac{\pi}{2} \to \dfrac{\pi}{2}\right)$，此段为 s 平面上无穷大的半圆，其映射为 $G(\mathrm{j}\omega)H(\mathrm{j}\omega)$平面上的一个点；

Γ_3： $s = \mathrm{j}\omega$（$-\infty < \omega < 0$），此段映射为负频率段的开环频率特性曲线；

Γ_4： $s = \varepsilon \cdot \mathrm{e}^{\mathrm{j}\theta}\left(\varepsilon \to \infty，\theta \text{ 的变化范围为 } -\dfrac{\pi}{2} \to \dfrac{\pi}{2}\right)$，此段为不包含原点的无穷小的半圆。

当 s 沿着无限小半圆 Γ_4 移动时，$\lim\limits_{\substack{\varepsilon \to 0 \\ \theta:\frac{\pi}{2} \to -\frac{\pi}{2}}} \varepsilon \cdot \mathrm{e}^{\mathrm{j}\theta}$ 在 s 平面上，θ 由 $-\dfrac{\pi}{2}$ 变为 $\dfrac{\pi}{2}$，逆时针转过π，当 $\theta = -\dfrac{\pi}{2}$ 时，$s = -\mathrm{j}0$；当 $\theta = \dfrac{\pi}{2}$ 时，$s = \mathrm{j}0_+$，而

$$G(s)H(s)\Big|_{s\in\Gamma_4} = \frac{K}{s^{\nu}}\Big|_{s\in\Gamma_4} = \infty \mathrm{e}^{-\mathrm{j}\nu\theta}$$

$G(s)H(s)$平面上的映射曲线将沿着无穷大半径的圆弧按顺时针方向从 $\nu\dfrac{\pi}{2}$ 变为 $-\nu\dfrac{\pi}{2}$。

下面对Ⅰ型系统和Ⅱ型系统分别进行讨论。

（1）$\nu = 1$（Ⅰ型系统）。

当 s 沿着无限小半圆 Γ_4 移动时，$G(s)H(s)$平面上的映射曲线沿着无穷大半径的圆弧按顺时针方向从 $\dfrac{\pi}{2}$ 变为 $-\dfrac{\pi}{2}$，其映射曲线示意图如图 5-12（a）所示。

（2）$\nu = 2$（Ⅱ型系统）。

当 s 沿着无限小半圆 Γ_4 移动时，$G(s)H(s)$平面上的映射曲线沿着无穷大半径的圆弧按顺时针方向从π经 0 变为−π，其映射曲线示意图如图 5-12（b）所示。

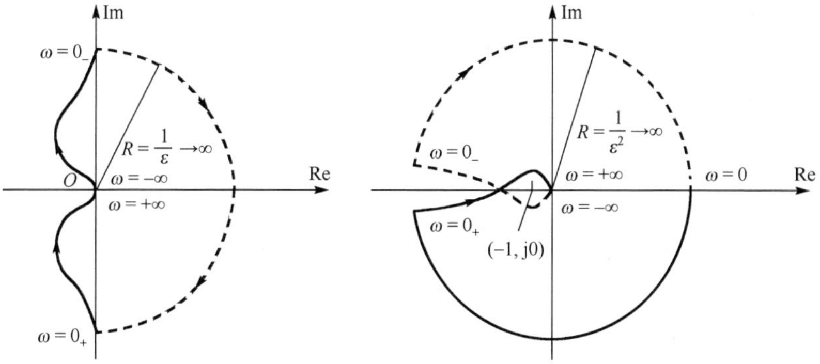

（a）Ⅰ型系统　　（b）Ⅱ型系统

图 5-12　Ⅰ型系统和Ⅱ型系统的映射曲线示意图

按以上方式得到广义的奈氏回线的映射曲线后，就可以使用奈奎斯特判据判断系统的稳定性了。

以上仅讨论了Ⅰ型系统和Ⅱ型系统，对于开环传递函数具有更多积分环节的系统，一般很难保证其稳定性，工程中也较少遇到，这里不再讨论。

例 5-6 已知Ⅰ型系统的开环传递函数为$G(s)H(s)=\dfrac{K}{s(Ts+1)}$，绘制系统的奈奎斯特映射曲线，并判断闭环系统的稳定性。

解： 本系统的开环传递函数在$s=0$处有一个极点，在$s=-\dfrac{1}{T}$处有一个极点，是Ⅰ型系统。绘制$\omega \geqslant 0_+$的频率特性曲线，如图 5-13（a）所示，利用对称性可以得到当$\omega \leqslant 0_-$时系统的负频率段的开环频率特性曲线。由于是Ⅰ型系统，所以当ω从0_-变到0_+时，映射曲线顺时针在右半平面沿无穷大半径转了半圈，其奈奎斯特映射曲线示意图如图 5-13（b）所示。从图 5-13（b）中可以看到，奈奎斯特映射曲线没有包围$(-1,\mathrm{j}0)$点，故闭环系统是渐近稳定的。

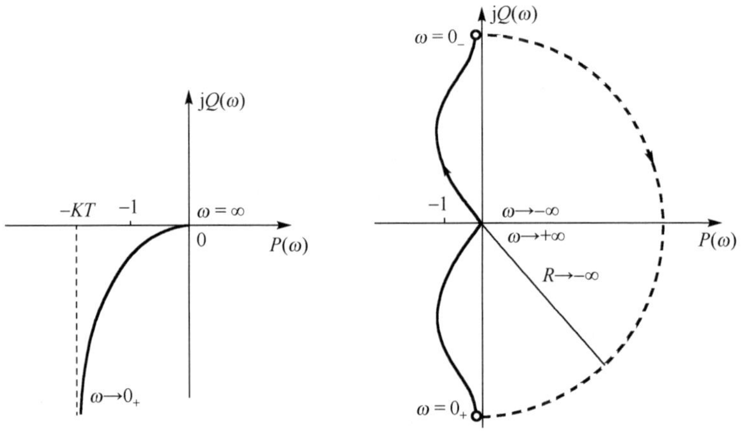

（a）$\omega \geqslant 0_+$的频率特性曲线　（b）奈奎斯特映射曲线示意图

图 5-13　用奈奎斯特曲线判断Ⅰ型系统的稳定性

例 5-7 已知开环不稳定系统的传递函数为

$$G(s)H(s)=\frac{K(s+3)}{s(s-1)}$$

试由奈奎斯特判据判断闭环系统的稳定性。

解： 对本系统的幅相图特征进行分析。这是一个Ⅰ型系统，但是由于存在一个不稳定开环极点$s=-1$，所以其相位关系和最小相位系统存在差别，使得在绘制幅相图时不能简单采用前面给出的结论，而要具体分析。系统的开环频率特性为

$$G(\mathrm{j}\omega)H(\mathrm{j}\omega)=\frac{K(3+\mathrm{j}\omega)}{\mathrm{j}\omega(-1+\mathrm{j}\omega)}=\frac{-4K}{(1+\omega^2)}-\mathrm{j}\frac{K(\omega^2-3)}{\omega(1+\omega^2)}$$

可得幅频特性和相频特性分别为

$$A(\omega)=\frac{K\sqrt{9+\omega^2}}{\omega\sqrt{1+\omega^2}}$$

$$\varphi(\omega)=-\frac{\pi}{2}+\arctan\frac{\omega}{3}-(\pi-\arctan\omega)$$

系统幅相图的起点：$A(0_+)\angle\varphi(0_+)=\infty\angle-\frac{3}{2}\pi$。

幅相图的终点：$A(\infty)\angle\varphi(\infty)=0\angle-\frac{\pi}{2}$。

幅相图与实轴的交点：当 $\omega=\sqrt{3}$ 时，幅相图与实轴的交点为$-K$。

由以上基本特点可以先绘出当 $\omega>0$ 时系统的幅相图草图，再根据对称性可以绘出当 $\omega<0$ 时系统的幅相图草图，而当 ω 从 $0_-\to0_+$ 时，频率特性曲线对应顺时针方向的无穷大半圆，根据上述讨论可以画出系统的奈奎斯特曲线，如图 5-14 所示。

当 $K>1$ 时，系统的奈奎斯特曲线如图 5-14（a）所示。从图 5-14（a）中可以看出，当 $K>1$ 时，系统的奈奎斯特曲线逆时针包围 $(-1,\mathrm{j}0)$ 点一圈，$N=-1$，由于开环传递函数在右半平面上有一个极点，$p=1$，所以 $z=N+p=0$，闭环系统稳定。

当 $K<1$ 时，系统的奈奎斯特曲线如图 5-14（b）所示。系统的奈奎斯特曲线顺时针包围 $(-1,\mathrm{j}0)$ 点一圈，$N=1$，则 $z=N+p=2$，闭环系统在右半平面上有两个极点，系统不稳定。

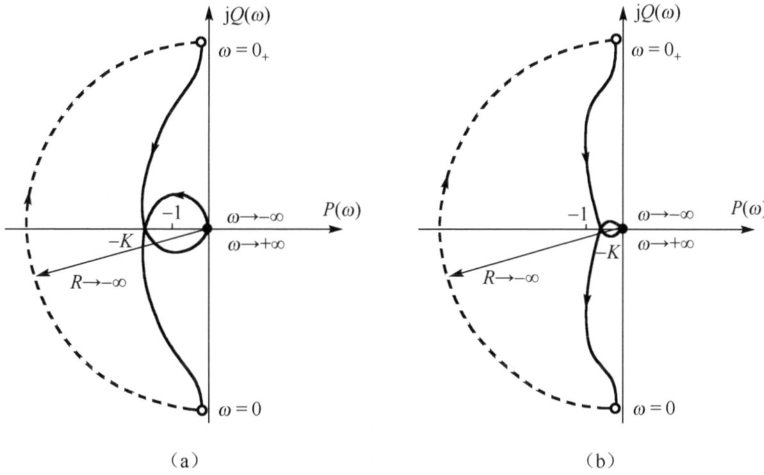

图 5-14　例 5-7 系统的奈奎斯特曲线

本节最后对奈奎斯特判据的使用再做两点说明：

（1）奈奎斯特曲线总是关于实轴对称，因此实际过程中一般可以仅画出一半；当开环系统串有 v 个积分环节，且 ω 从 $0_-\to0_+$ 时，$G(\mathrm{j}\omega)H(\mathrm{j}\omega)$从 0_- 经 0 到 0_+ 以顺时针方向以无穷大的半径绕行 $v\pi$角度。若仅画出一半奈奎斯特曲线，则当 ω 从 $0_-\to0_+$ 时，映射曲线应以 $R=\infty$ 为半径从 $\omega=0$ 处顺时针转过。实际上，在画奈奎斯特曲线时，总是先有 0_+ 的位置，故一般是从 $\omega=0_+$ 的位置，逆时针补画 $\frac{v\pi}{2}$。

（2）若只画一半奈奎斯特曲线，则奈奎斯特判据为：当奈奎斯特曲线逆时针包围$(-1,\mathrm{j}0)$点的圈数 $N'=\frac{P}{2}$ 时，闭环系统渐近稳定。

5.4.4 相对稳定性和稳定裕量

在控制系统的设计中，不但要求系统是稳定的，而且要求系统具有适当的相对稳定性，这样当系统的参数发生一些漂移或变化时，其稳定性仍然能够得以保持。

下面通过考查一个具体的例子来看相对稳定性与频率特性间的定性关系。设系统的开环传递函数为

$$G(s)H(s)=\frac{K}{s(T_1s+1)(T_2s+1)}=\frac{\dfrac{K}{T_1T_2}}{s\left(s+\dfrac{1}{T_1}\right)\left(s+\dfrac{1}{T_2}\right)} \tag{5-23}$$

式中，T_1、T_2为常数。由根轨迹分析法可以知道，当 $K=K_P$、$\omega=\pm\omega_C$ 时，闭环系统临界稳定；当$K_2>K_P$时，系统不稳定；当$K_1<K_P$时，系统稳定。若当$K=K_1$时系统有一对共轭复数特征根，则K_1越小，共轭复数特征根的实部离虚轴越远，相对稳定性越好。

分别画出式（5-23）对应的当$K=K_1$、$K=K_P$、$K=K_2$时的开环频率特性曲线，如图 5-15 所示。可以看出，当$K=K_2>K_P$时，开环频率特性曲线包围(−1, j0)点，闭环系统不稳定；当$K=K_P$时，开环频率特性曲线正好通过(−1, j0)点，闭环系统临界稳定；当$K<K_P$时，开环频率特性曲线将不包围(−1, j0)点，闭环系统稳定。并且随着K的进一步减小，系统的相对稳定性在增强，而开环频率特性曲线也离(−1, j0)点越来越远。这说明，系统开环频率特性曲线靠近(−l, j0)点的程度表征了系统的相对稳定性。开环频率特性曲线不包围(−1, j0)点且距离(−1, j0)点越远，闭环系统的相对稳定性越高。

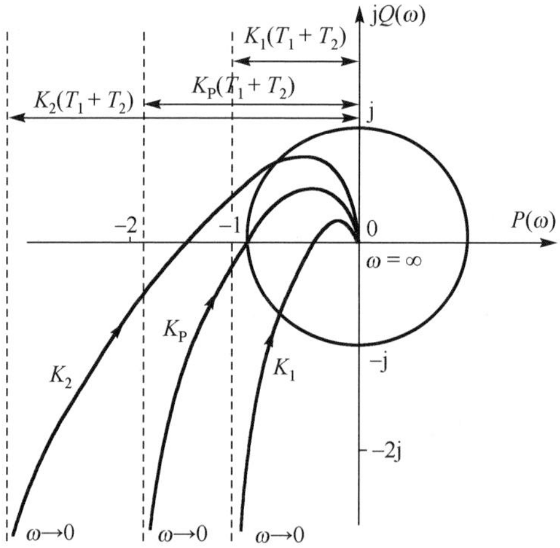

图 5-15 当$K=K_1$、$K=K_P$、$K=K_2$时的开环频率特性曲线

开环频率特性曲线$G(j\omega)H(j\omega)$与(−1, j0)点的远近程度称为稳定裕量，又称稳定裕度。稳定裕量可用来表示闭环系统的稳定程度。

系统的稳定裕量用相角裕量γ和增益裕量K_g来表示。

前面已经介绍过剪切频率的概念，即在$0\leqslant\omega<\infty$的频段内，若系统的开环频率特性曲线$G(j\omega)H(j\omega)$与单位圆相交，则交点处的频率称为剪切频率，它满足

$$|G(j\omega)H(j\omega)|=1$$

在伯德图上，剪切频率是对数幅频特性曲线与 0dB 线相交处的频率，即

$$L(\omega_c)=0$$

相角裕量也称为相角裕度或相位裕度或相位裕量，表示当使系统达到临界稳定状态时开环频率特性的相角尚可减少或增加的数值。相角裕量的定义为

$$\gamma=180°+\angle G(j\omega_c)H(j\omega_c)=180°+\varphi(\omega_c) \tag{5-24}$$

其意义为：如果开环频率特性曲线在剪切频率处的相位再移动相角γ，则频率特性曲线将与$(-1, j0)$点相交，闭环系统将转变为临界稳定状态。

根据前面的讨论，可以得出相角裕量与稳定性的关系为：$\gamma>0$，闭环系统稳定，γ越大，相对稳定性越好；$\gamma=0$，闭环系统临界稳定；$\gamma<0$，闭环系统不稳定。

在 $0\leqslant\omega<\infty$的频段内，若系统的开环频率特性曲线 $G(j\omega)H(j\omega)$与负实轴相交，则交点处的频率 ω_g 称为穿越频率，它满足

$$\angle G(j\omega)H(j\omega)=\varphi(\omega_g)=-180° \tag{5-25}$$

增益裕量也称为幅值裕量，指在穿越频率处，开环频率特性所对应的幅值的倒数，用 K_g 表示，即

$$K_g=\frac{1}{|G(j\omega_g)H(j\omega_g)|}=\frac{1}{A(\omega_g)} \tag{5-26}$$

相角裕量γ和幅值裕量 K_g 的定义如图 5-16 所示。

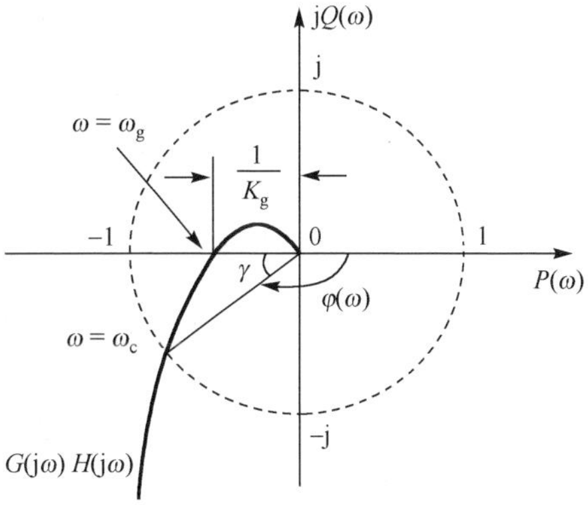

图 5-16　相角裕量和幅值裕量的定义

幅值裕量的意义是：当开环传递函数的开环放大倍数再增加 K_g 时，开环幅相频率特性图将通过$(-1, j0)$点，闭环系统将由稳定状态变为临界稳定状态。K_g 表征了使系统保证稳定性的同时开环放大倍数允许变化的范围。

在对数坐标系下，幅值裕量可以表示为

$$GM=20\lg K_g=20\lg\frac{1}{A(\omega_g)}=-20\lg A(\omega_g) \tag{5-27}$$

利用幅值裕量和相角裕量判断闭环系统的稳定性，如图 5-17 所示。

由于相角裕量对动态性能的影响更为明显，所以在工程设计中，往往把相角裕量作为频域设计的主要指标之一。不过，除了二阶系统，一般高阶系统的相角裕量和动态性能的关系很难用解析的方式来表述。

考虑到系统中元件参数的变化可能对稳定性带来不利影响，系统必须具有适当的相角裕量和幅值裕量。在设计系统时，相角裕量常取 30°～60°，幅值裕量应大于 6dB，此时，系统将具有较满意的暂态响应特性。最小相位系统的幅频特性与相频特性存在唯一对应关系，故可只计算相角裕量。

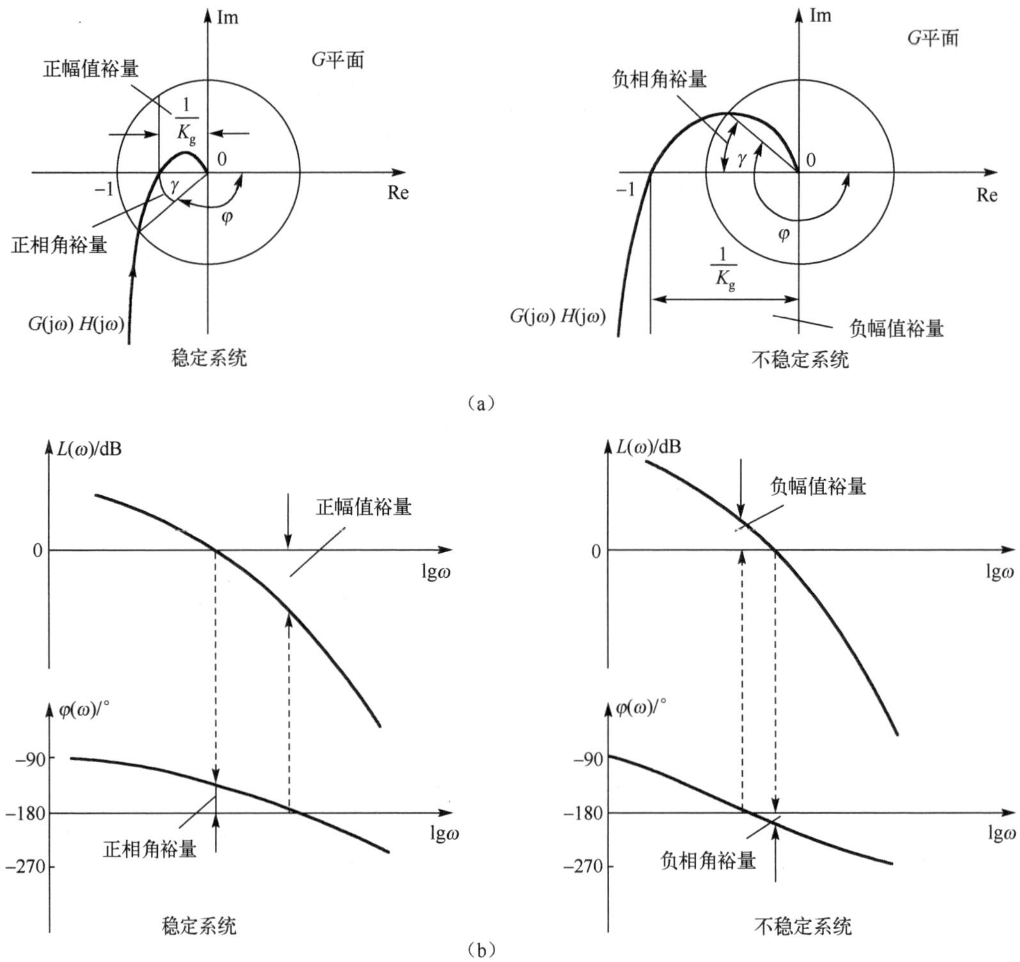

图 5-17　利用幅值裕量和相角裕量判断闭环系统的稳定性

例 5-8　已知某系统的开环传递函数为

$$G(s)H(s)=\frac{10}{s(1+0.02s)(1+0.2s)}$$

试求该系统的相角裕量和幅值裕量。

解：本系统是工程中经常遇到的一种系统类型，它由一个积分环节、两个惯性环节和一个比例环节串联构成。其频率特性为

$$G(\mathrm{j}\omega)H(\mathrm{j}\omega)=\frac{10}{\mathrm{j}\omega(1+\mathrm{j}0.02\omega)(1+\mathrm{j}0.2\omega)}$$

对数频率特性为

$$L(\omega)=20\lg 10-20\lg\omega-20\lg\sqrt{1+(0.2\omega)^2}-20\lg\sqrt{1+(0.02\omega)^2}$$

$$\varphi(\omega)=-\frac{\pi}{2}-\arctan 0.2\omega-\arctan 0.02\omega$$

首先求相角裕量γ，为此需要求出剪切频率ω_{c}，剪切频率满足$L(\omega_{\mathrm{c}})=0$的条件，但是直

接由 $L(\omega)$ 的表达式来求比较烦琐，工程上常常用 $L(\omega)$ 的渐近线来近似求出剪切频率 ω_c，这样会大大简化运算。尽管这会带来一定误差，但只要剪切频率不在 ξ 很小的二阶振荡环节的转折频率附近，用渐近线求出的 ω_c 就是可以接受的。学生应当熟悉这种基于工程要求的简化分析方法。

在画 $L(\omega)$ 的渐近线时，注意低频时斜率为–20dB/dec，当 $\omega = 1$ 时与纵轴交于 20dB，转折频率分别为 $\omega_1 = \dfrac{1}{0.2} = 5$，$\omega_2 = \dfrac{1}{0.02} = 50$，斜率分别变化–20dB/dec。根据以上分析画出 $L(\omega)$ 的渐近线，如图 5-18 所示。

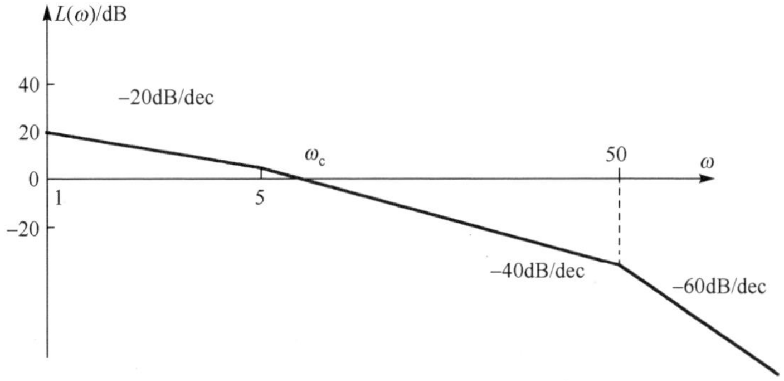

图 5-18　例 5-8 对数幅频特性的渐近线

由图 5-18 可以看出，$L(\omega_1) = 20\lg\dfrac{10}{\omega_1}$，而 $\dfrac{L(\omega_1)}{\lg\omega_c - \lg\omega_1} = 40\text{dB/dec}$，因此 $20\lg\dfrac{10}{\omega_1} = 40\lg\dfrac{\omega_c}{\omega_1}$，得 $\lg\dfrac{10}{\omega_1} = \lg\dfrac{\omega_c^2}{\omega_1^2}$，$\omega_c^2 = 10\omega_1$。最后得

$$\omega_c = \sqrt{10\omega_1} = \sqrt{10\times 5} \approx 7.071 \text{（rad/s）}$$

$$\varphi(\omega_c) = -\frac{\pi}{2} - \arctan 0.2\omega_c - \arctan 0.02\omega_c = -152.78°$$

相角裕量为

$$\gamma = 180° + \varphi(\omega_c) = 27.22°$$

再求幅值裕量，令 $\varphi(\omega) = 180°$，可以求得 $\omega_g = 16\text{rad/s}$，从渐近线上可以求得 $L(\omega_g) = -15\text{dB}$，因此

$$GM = -L(\omega_g) = 15 \text{（dB）}$$

$$K_g = 10^{\frac{15}{20}} \approx 5.62$$

本例的伯德图及稳定裕量示意图如图 5-19 所示。可以看出，本例中的系统尽管是稳定的，但是相角裕量和幅值裕量都不大，离工程设计中的常见指标还有一定差距。而且系统是一个最小相位系统，在剪切频率处，渐近线的斜率为–40dB/dec。因此，对于最小相位系统，在剪切频率处的斜率如果为–40dB/dec，则系统的稳定裕量一般不大，动态性能一般不能满足较高要求，需要通过校正装置来改善系统性能。

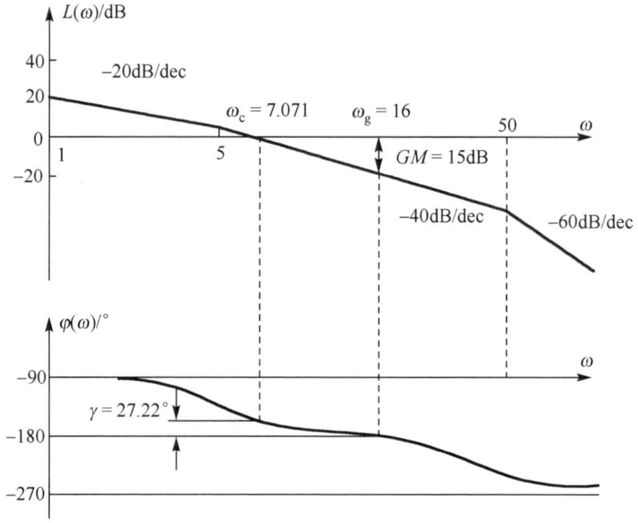

图 5-19 例 5-8 的伯德图及稳定裕量示意图

5.5 稳 态 误 差

本节要讨论系统跟踪输入信号的精确度的能力，衡量系统精确度的指标为稳态误差。

稳态误差是指一个稳定系统当经过足够长的时间后其动态响应已衰减到微不足道时，稳态响应的期望值与实际值之间的误差。应当注意，如果系统不稳定，讨论稳态误差是没有意义的。

在控制系统的理论分析中，一般不考虑由于元件的不灵敏、零点漂移和老化所造成的误差，对这种误差的分析要根据具体情况在实际系统分析设计时加以考虑。因此本节的稳态误差分析，主要介绍输入信号的形式和系统结构参量对稳态误差的影响。

5.5.1 控制系统的误差

控制系统的误差直观上可以理解为理想输出和实际输出之差。设理想输出为 $c_o(t)$，实际输出为 $c(t)$，则误差信号为

$$e(t) = c_o(t) - c(t)$$

当 $t \to \infty$ 时，称

$$e_{ss} = \lim_{t \to \infty} e(t)$$

为稳态误差。

上述误差的定义虽然直观，但在实际中对于理想输出 $c_o(t)$ 有时难以确定。从测量的角度出发，可以把误差信号定义为输入信号 $r(t)$ 与反馈信号 $b(t)$ 之差，即

$$e(t) = r(t) - b(t) \tag{5-28}$$

稳态误差

$$e_{ss} = \lim_{t \to \infty} e(t) = \lim_{t \to \infty}[r(t) - b(t)] \tag{5-29}$$

当系统为单位负反馈时，$b(t)=c(t)$，此时，输入信号 $r(t)$ 就可以认为是理想输出 $c_o(t)$。

设控制系统的方框图如图 5-20 所示，根据误差的定义，由图 5-20 可以得出误差传递函数为

$$\Phi_{ER}(s)=\frac{E(s)}{R(s)}=\frac{1}{1+G(s)H(s)} \tag{5-30}$$

误差信号的象函数为

$$E(s)=\Phi_{ER}(s)R(s)=\frac{1}{1+G(s)H(s)}R(s) \tag{5-31}$$

当稳态误差存在时，由拉普拉斯变换的终值定理可得

$$e_{ss}=\lim_{t\to\infty}e(t)=\lim_{s\to 0}sE(s)=\lim_{s\to 0}\frac{s}{1+G(s)H(s)}R(s) \tag{5-32}$$

在应用终值定理时，要求 $sE(s)$的极点均位于 s 左半平面。实际上，系统渐近稳定是应用终值定理的前提条件。终值定理成立的条件要求 $E(s)$的全部极点，除坐标原点外，应全部位于 s 左半平面，且原点处的极点应为一阶极点。$E(s)$的极点由两部分组成，一部分为闭环极点，另一部分为输入信号的极点，而单位阶跃、单位斜坡和单位加速度等典型信号的极点位于坐标原点，因此终值定理成立的必要条件是闭环传递函数的极点位于 s 左半开平面，这也正是系统渐近稳定的条件。

例 5-9　求二阶系统对输入作用的稳态误差。

解：图 5-21 所示是典型二阶系统的方框图，由图 5-21 可以得出

$$\Phi_{ER}(s)=\frac{E(s)}{R(s)}=\frac{1}{1+\dfrac{\omega_n^2}{s(s+2\zeta\omega_n^2)}}=\frac{s(s+2\zeta\omega_n)}{s^2+2\zeta\omega_n s+\omega_n^2}$$

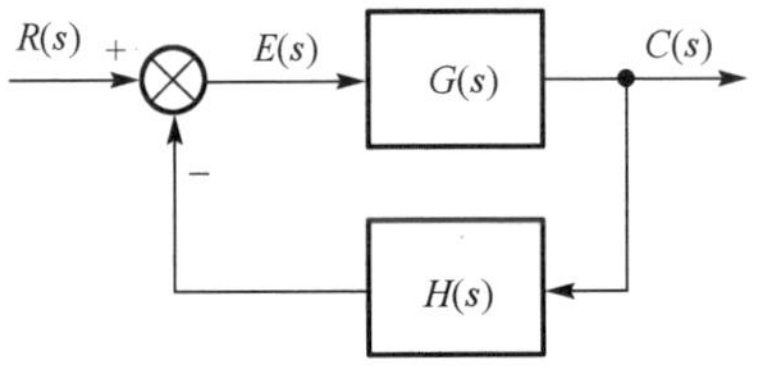

图 5-20　控制系统的方框图

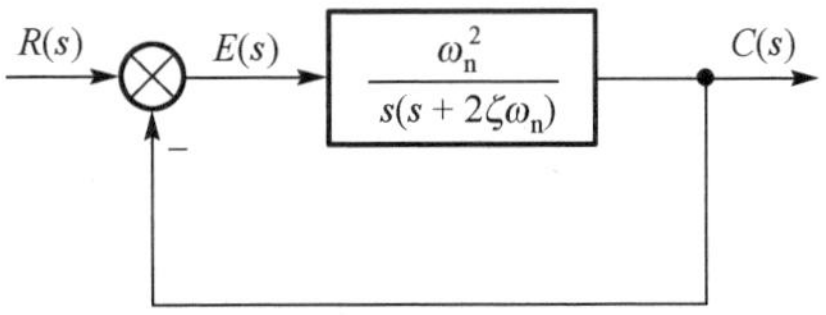

图 5-21　典型二阶系统的方框图

$$E(s)=\Phi_{ER}(s)R(s)=\frac{s(s+2\zeta\omega_n)}{s^2+2\zeta\omega_n s+\omega_n^2}R(s)$$

当 $\zeta>0$，$\omega_n>0$ 时，二阶系统稳定，存在稳态误差。

当 $r(t)=1(t)$ 时，$R(s)=\dfrac{1}{s}$，$e_{ss}=\lim\limits_{s\to 0}sE(s)=\lim\limits_{s\to 0}s\dfrac{s(s+2\zeta\omega_n)}{s^2+2\zeta\omega_n s+\omega_n^2}\cdot\dfrac{1}{s}=0$。

当 $r(t)=t\cdot 1(t)$ 时，$R(s)=\dfrac{1}{s^2}$，$e_{ss}=\lim\limits_{s\to 0}sE(s)=\lim\limits_{s\to 0}s\dfrac{s(s+2\zeta\omega_n)}{s^2+2\zeta\omega_n s+\omega_n^2}\cdot\dfrac{1}{s^2}=\dfrac{2\zeta}{\omega_n}$。

从例 5-9 可以得出：二阶系统对单位阶跃输入信号的稳态误差为零，对单位斜坡输入信号的稳态误差为一个常数。

5.5.2 输入作用下的稳态误差

下面分析一般的控制系统在典型输入信号作用下的稳态误差，该分析结果对衡量系统的稳态精度指标具有重要意义。

在分析稳态误差时，一般采用典型环节组成的开环传递函数进行分析。典型环节有比例、一阶微分、二阶微分、积分、惯性、二阶振荡等环节，它们决定了系统开环传递函数具有某种比较标准的形式。

本节主要考查控制系统对跟踪单位阶跃输入信号、单位斜坡输入信号和单位加速度输入信号的能力，这些信号反映了最典型的输入信号。了解了系统对这些典型信号的稳态跟踪能力后，不难推出系统对于更复杂信号的跟踪能力。事实上，在常规的控制系统设计中，系统对稳态性能指标常常以其对单位阶跃、单位斜坡和单位加速度信号的跟踪性能的形式给出。

特别需要说明的是：在讨论稳态误差时，首先要讨论系统的稳定性。只有系统是渐近稳定的，稳态误差的讨论才具有实际意义。在本节稳态误差的讨论中，均假定控制系统是渐近稳定的，以下不再一一说明。

设系统的开环传递函数为

$$G(s)H(s)=\frac{K\prod_{i=1}^{m_1}(\tau_i s+1)\prod_{l=1}^{m_2}(\tau_l^{\ 2}s^2+2\eta_l\tau_l s+1)}{s^v\prod_{j=1}^{n_1}(T_j s+1)\prod_{r=1}^{n_2}(T_r^{\ 2}s^2+2\zeta_r T_r s+1)}$$

式中，K 为系统的总开环增益（放大倍数）；T_j 为惯性环节的时间常数；T_r 为振荡环节的时间常数，$\omega_{\mathrm{n}r}=\dfrac{1}{T_r}$ 为振荡环节的自然振荡角频率；ζ_r 为振荡环节的阻尼比；v 为开环传递函数中串联积分环节个数。

当 v = 0、1、2 时，对应的系统分别称为 0 型系统、Ⅰ型系统、Ⅱ型系统。这里之所以没有说明开环传递函数中串联更多积分环节的情形，是因为当开环传递函数中串联积分环节的个数多于 3 个时，系统很难稳定。将开环传递函数写为

$$\begin{aligned}G(s)H(s)&=\frac{K\prod_{i=1}^{m_1}(\tau_i s+1)\prod_{l=1}^{m_2}(\tau_l^{\ 2}s^2+2\eta_l\tau_l s+1)}{s^v\prod_{j=1}^{n_1}(T_j s+1)\prod_{r=1}^{n_2}(T_r^{\ 2}s^2+2\zeta_r T_r s+1)}\\&=\frac{K}{s^v}G_0(s)H_0(s)\end{aligned}$$

显然，$\lim\limits_{s\to 0}G_0(s)H_0(s)=1$。因此

$$\begin{aligned}e_{\mathrm{ss}}&=\lim_{s\to 0}sE(s)=\lim_{s\to 0}s\frac{R(s)}{1+G(s)H(s)}\\&=\lim_{s\to 0}s\frac{sR(s)}{1+\dfrac{K}{s^v}G_0(s)H_0(s)}=\lim_{s\to 0}\frac{s^{v+1}R(s)}{s^v+K}\end{aligned} \tag{5-33}$$

应当指出：应用式（5-33）的前提是 $\lim_{t\to\infty} e(t)$ 存在且为有限值。当输入信号为单位阶跃、单位斜坡、单位加速度等信号时，$R(s)$仅在原点处具有极点，这时则要求 $R(s)$在原点处的极点数 $l \leqslant v+1$。如果不满足这个条件，$e(t)$将产生随时间增长的分量，为了方便起见，将此种情形记为 $e_{ss}=\infty$。尽管这种记法不是很严格，但是在工程角度使用起来较为方便。下面讨论在典型输入信号作用下控制系统的稳态误差。

1）单位阶跃（位置）输入信号

设 $r(t)=1(t)$，则 $R(s)=\dfrac{1}{s}$，此时有

$$e_{ss}=\lim_{s\to 0}\frac{s^{v+1}}{s^v+K}\cdot\frac{1}{s}=\lim_{s\to 0}\frac{s^v}{s^v+K} \tag{5-34}$$

稳态误差与开环传递函数中的积分环节个数，即系统的型数有关。

$$v=0：\quad e_{ss}=\lim_{s\to 0}\frac{s^0}{s^0+K}=\frac{1}{1+K} \tag{5-35}$$

$$v=1：\quad e_{ss}=\lim_{s\to 0}\frac{s^1}{s^1+K}=0 \tag{5-36}$$

$$v=2：\quad e_{ss}=\lim_{s\to 0}\frac{s^2}{s^2+K}=0 \tag{5-37}$$

可见，当开环传递函数不含积分环节（$v=0$）时，对单位阶跃输入信号的稳态误差与开环放大倍数 K 近似成反比，K 越大，稳态误差越小。当开环传递函数包含积分环节（$v=1,2$）时，对单位阶跃输入信号的稳态误差为零。或者说，0 型系统可以跟踪单位阶跃信号，其稳态误差与开环放大倍数近似成反比；Ⅰ型系统和Ⅱ型系统可以无误差地渐近跟踪单位阶跃信号。

2）单位斜坡（速度）输入信号

设 $r(t)=t\cdot 1(t)$，则 $R(s)=\dfrac{1}{s^2}$，$l=2$，稳态误差为

$$e_{ss}=\lim_{s\to 0}\frac{s^{v+1}}{s^v+K}\cdot\frac{1}{s^2}=\lim_{s\to 0}\frac{s^{v-1}}{s^v+K} \tag{5-38}$$

$$v=0：\quad l=2>v+1，\quad e_{ss}=\infty \tag{5-39}$$

$$v=1：\quad e_{ss}=\lim_{s\to 0}\frac{s^0}{s^1+K}=\frac{1}{K} \tag{5-40}$$

$$v=2：\quad e_{ss}=\lim_{s\to 0}\frac{s^1}{s^2+K}=0 \tag{5-41}$$

可见，当开环传递函数不含积分环节（$v=0$）时，系统对单位斜坡输入信号的稳态误差趋于无穷，这时称系统不能跟踪输入信号。当开环传递函数包含 1 个积分环节（$v=1$）时，系统对单位斜坡输入信号的稳态误差与开环放大倍数 K 成反比，K 越大，稳态误差越小。当开环传递函数包含两个积分环节（$v=2$）时，系统对单位斜坡输入信号的稳态误差为零。因

此，0 型系统不能跟踪单位斜坡信号；Ⅰ型系统可以跟踪单位斜坡信号，其稳态误差与开环放大倍数成反比；Ⅱ型系统可以无误差地渐近跟踪单位斜坡信号。

3）单位加速度（抛物线）输入信号

设 $r(t)=\frac{t^2}{2}\cdot 1(t)$，则 $R(s)=\frac{1}{s^3}$，$l=3$，稳态误差为

$$e_{ss}=\lim_{s\to 0}\frac{s^{v+1}}{s^v+K}\cdot\frac{1}{s^3}=\lim_{s\to 0}\frac{s^{v-2}}{s^v+K} \tag{5-42}$$

$$v=0,1：\ l=3>v+1，\ e_{ss}=\infty \tag{5-43}$$

$$v=2：\ e_{ss}=\lim_{s\to 0}\frac{s^0}{s^2+K}=\frac{1}{K} \tag{5-44}$$

可见，当开环传递函数不含积分环节（$v=0$）或含 1 个积分环节（$v=1$）时，系统对单位加速度输入信号的稳态误差趋于无穷，这时称系统不能跟踪输入信号。当开环传递函数包含两个积分环节（$v=2$）时，系统对单位加速度输入信号的稳态误差与开环放大倍数 K 成反比，K 越大，稳态误差越小。因此，0 型系统和Ⅰ型系统不能跟踪单位加速度信号；Ⅱ型系统可以跟踪单位加速度信号，其稳态误差与开环放大倍数成反比。

控制系统对输入信号的稳态误差如表 5-1 所示。

表 5-1 控制系统对输入信号的稳态误差

输入信号	稳态误差		
	0 型系统	Ⅰ型系统	Ⅱ型系统
$1(t)$	$\frac{1}{1+K}$	0	0
$t\cdot 1(t)$	∞	$\frac{1}{K}$	0
$\frac{1}{2}t^2\cdot 1(t)$	∞	∞	$\frac{1}{K}$

根据以上讨论可以得到如下结论：

（1）当系统的开环传递函数中无积分环节时，系统的单位阶跃响应存在稳态误差，欲减小稳态误差，应增大开环增益 K，但 K 的增大受系统稳定性的制约。若要求系统对单位阶跃输入的稳态误差为零，应使系统开环传递函数中有一个及以上的积分环节，即采用Ⅰ型系统或Ⅱ型系统。

（2）若要使系统能够跟踪单位斜坡信号，至少应当采用Ⅰ型系统，若要求系统对单位斜坡输入信号的稳态误差为零，应采用Ⅱ型系统。

（3）若要使系统能够跟踪单位加速度信号，应当采用Ⅱ型系统。

需要指出的是，系统对不同类型信号的跟踪能力与系统的型数正相关，型数越高，对信号的跟踪能力越强。但是型数越高，稳定性越难以保证，因此在实际工程中很少采用Ⅲ型以上的系统。

例 5-10 已知某系统的开环传递函数为

$$G(s)H(s)=\frac{K}{s^2(T_{\mathrm{m}}s+1)}$$

（1）判断该系统是否稳定。

（2）在该系统前向通道串联一个 PD 控制器，控制器的传递函数为 $C(s)=k_0(\tau s+1)$，判断系统稳定性的条件。当系统稳定时，试求在单位加速度输入信号 $r(t)=\frac{1}{2}t^2\cdot 1(t)$ 的作用下系统的稳态误差 e_{ss}。

解：（1）系统的特征方程可以写为

$$1+G(s)H(s)=1+\frac{K_{\mathrm{m}}}{s^2(T_{\mathrm{m}}s+1)}=0$$

即

$$T_{\mathrm{m}}s^3+s^2+K_{\mathrm{m}}=0$$

特征方程有缺项，因此该系统不稳定。

（2）串联 PD 控制器后，特征方程变为

$$1+G(s)H(s)=1+\frac{K_0K_{\mathrm{m}}(\tau s+1)}{s^2(T_{\mathrm{m}}s+1)}=0$$

即

$$T_{\mathrm{m}}s^3+s^2+K_0K_{\mathrm{m}}\tau s+K_0K_{\mathrm{m}}=0$$

列出劳斯表

$$\begin{array}{c|cc}
s^3 & T_{\mathrm{m}} & K_0K_{\mathrm{m}}\tau \\
s^2 & 1 & K_0K_{\mathrm{m}} \\
s^1 & K_0K_{\mathrm{m}}(\tau-T_{\mathrm{m}}) & 0 \\
s^0 & K_0K_{\mathrm{m}} &
\end{array}$$

系统稳定性的条件为 $\tau>T_{\mathrm{m}}>0$，$K_0K_{\mathrm{m}}>0$。可见，加入 PD 控制器后，系统由不稳定变为稳定。故可以求其稳态误差。

由于系统为Ⅱ型系统，系统开环放大倍数 $K>K_0K_{\mathrm{m}}$，故系统对单位加速度输入信号的稳态误差为

$$e_{\mathrm{ss}}=\frac{1}{K}=\frac{1}{K_0K_{\mathrm{m}}}$$

从直观上看，当系统的型数较高时，可以跟踪变化较快的输入信号。例如，要能跟踪单位加速度信号，必须为Ⅱ型系统；要能跟踪单位速度信号，至少为Ⅰ型系统。当系统型数不满足上述条件时，一个很常规的选择就是加入积分控制器，即通过在前向通道中串联积分环节，以提高系统开环传递函数的型数，从而增强系统跟踪输入信号的能力。但实际上，单纯增加开环传递函数的积分环节可能会使系统不稳定。因此通常加入比例加积分控制器，这样既能增强系统的稳态性能，又能保证闭环系统的稳定性。

例 5-11 用 PI 控制器来实现提高稳态性能和保证稳定性的双重要求。已知某系统的开环传递函数为

$$G(s)H(s)=\frac{K_0}{s(Ts+1)}$$

式中，$T>0$，$K_0>0$。如果要使该系统能够跟踪单位加速度信号 $r(t)=\frac{1}{2}t^2\cdot 1(t)$，且稳态精度 $e_{ss}\leqslant\delta$，试设计相应的 PI 控制器。

解：当在前向通道串联一个积分环节 $G_e(s)=\frac{K_I}{s}$ 时

$$G_e(s)G(s)H(s)=\frac{K_I K_0}{s^2(Ts+1)}$$

系统变为Ⅱ型系统。当系统稳定时，可以跟踪单位加速度信号，因此需要考查系统的稳定性。系统的特征方程为

$$s^2(Ts+1)+K_I K_0=0$$

即

$$Ts^2+s^2+K_I K_0=0$$

特征方程有缺项，系统不稳定。因此不能单纯通过串联积分环节来改善稳态精度。

现考虑采用加入 PI 控制器的方式，即设 $G_e(s)=K_P+\frac{K_I}{s}=\frac{K_P s+K_I}{s}$，则

$$G_e(s)G(s)H(s)=\frac{(K_P s+K_I)K_0}{s^2(Ts+1)}$$

系统的特征方程为

$$Ts^3+s^2+K_P K_0 s+K_I K_0=0$$

列出劳斯表

$$\begin{array}{c|cc} s^3 & T & K_P K_0 \\ s^2 & 1 & K_I K_0 \\ s^1 & K_0(K_P-TK_I) & \\ s^0 & K_I K_0 & \end{array}$$

由劳斯判据可知系统的稳定性条件为

$$T>0,\quad K_0>0,\quad K_I>0,\quad K_P>TK_I$$

当系统稳定时，可以跟踪单位加速度信号。由于

$$G_e(s)G(s)H(s)=\frac{K_0 K_I\left(\frac{K_P}{K_I}s+1\right)}{s^2(Ts+1)}$$

所以 $e_{ss}=\frac{1}{K_0 K_I}$，根据要求，有 $e_{ss}\leqslant\delta$，故有

$$K_0 K_{\rm I} > \frac{1}{\delta}$$

综上所述，可得 PI 控制器的设计要求为

$$K_{\rm I} > \frac{1}{K_0 \delta}, \quad K_{\rm P} > TK_{\rm I} > \frac{T}{K_0 \delta}$$

值得注意的是，本例中 PI 控制器中的比例放大器的系数 $K_{\rm P}$ 用来满足稳定性要求，与稳态精度无关，而积分控制系数 $K_{\rm I}$ 用来满足稳态精度的要求。这一点对于一般控制系统的设计也具有参考作用。

5.5.3　静态误差系数

对于控制系统的稳态误差，还可以用静态误差系数来描述。

1. 位置误差系数 K_p

前面已经指出，当系统在单位阶跃（位置）信号作用下存在稳态误差时，其稳态误差为

$$e_{\rm ss} = \lim_{s\to 0} \frac{s}{1+G(s)H(s)} \cdot \frac{1}{s^2} = \lim_{s\to 0} \frac{s}{G(s)H(s)}$$

定义位置误差系数

$$K_p = \lim_{s\to 0} G(s)H(s) = G(0)H(0) \tag{5-45}$$

则单位阶跃（位置）信号作用下的稳态误差又可记为

$$e_{\rm ss} = \frac{1}{1+K_p} \tag{5-46}$$

下面计算不同类型系统的位置误差系数，并利用位置误差系数来计算单位阶跃信号作用下的稳态误差。

1）0 型系统

$$K_p = \lim_{s\to 0} \frac{K}{s^0} G_0(s)H_0(s) = K \tag{5-47}$$

$$e_{\rm ss} = \frac{1}{1+K} \tag{5-48}$$

2）Ⅰ型系统和Ⅱ型系统

$$K_p = \lim_{s\to 0} \frac{K}{s^v} G_0(s)H_0(s) = \infty, \quad v = 1,2 \tag{5-49}$$

$$e_{\rm ss} = \frac{1}{1+\infty} = 0 \tag{5-50}$$

可见，0 型系统的单位阶跃响应存在稳态误差，欲减小稳态误差，应增大开环增益 K，但 K 的增大要受到系统稳定性的制约。若要求系统对单位阶跃输入的稳态误差为零，应使系统开环传递函数中有一个及以上的积分环节，即采用Ⅰ型系统或Ⅱ型系统。

2．速度误差系数 K_v

当系统在单位斜坡（速度）信号作用下存在稳态误差时，其稳态误差为

$$e_{ss}=\lim_{s\to 0}\frac{s}{1+G(s)H(s)}\cdot\frac{1}{s^2}=\lim_{s\to 0}\frac{1}{G(s)H(s)} \tag{5-51}$$

定义静态速度误差系数

$$K_v=\lim_{s\to 0}sG(s)H(s) \tag{5-52}$$

则系统在单位斜坡信号作用下的稳态误差终值为

$$e_{ss}=\frac{1}{K_v} \tag{5-53}$$

下面利用静态速度误差系数计算不同类型系统的速度误差系数及当单位斜坡信号作用时的系统稳态误差。

1）0 型系统

$$K_v=\lim_{s\to 0}\frac{sK}{s^0}G_0(s)H_0(s)=0 \tag{5-54}$$

$$e_{ss}=\frac{1}{0}=\infty \tag{5-55}$$

2）Ⅰ型系统

$$K_v=\lim_{s\to 0}\frac{sK}{s}G_0(s)H_0(s)=K \tag{5-56}$$

$$e_{ss}=\frac{1}{K} \tag{5-57}$$

3）Ⅱ型系统

$$K_v=\lim_{s\to 0}\frac{sK}{s^2}G_0(s)H_0(s)=\infty \tag{5-58}$$

$$e_{ss}=\frac{1}{\infty}=0 \tag{5-59}$$

可见，0 型系统跟踪单位斜坡输入信号的稳态误差趋于无穷大，无法跟踪单位斜坡信号；Ⅰ型系统可以跟踪单位斜坡输入信号，但存在稳态误差，稳态误差与系统开环放大倍数成反比；要使单位斜坡响应的稳态误差为零，需选用Ⅱ型系统。

3．加速度误差系数 K_a

当系统在单位加速度（抛物线）信号作用下存在稳态误差时，其稳态误差为

$$e_{ss}=\lim_{s\to 0}\frac{s}{1+G(s)H(s)}\cdot\frac{1}{s^3}=\lim_{s\to 0}\frac{1}{s^2G(s)H(s)} \tag{5-60}$$

定义静态加速度误差系数

$$K_a = \lim_{s \to 0} s^2 G(s)H(s) \tag{5-61}$$

则系统在单位加速度信号作用下的稳态误差终值为

$$e_{ss} = \frac{1}{K_a} \tag{5-62}$$

下面计算不同类型系统的加速度误差系数，并利用加速度误差系数计算单位加速度信号作用下的系统稳态误差。

1）0 型系统和Ⅰ型系统

$$K_a = \lim_{s \to 0} \frac{s^2 K}{s^v} G_0(s)H_0(s) = s^{2-v}K = 0\,, \quad v = 0,1 \tag{5-63}$$

$$e_{ss} = \frac{1}{0} = \infty \tag{5-64}$$

2）Ⅱ型系统

$$K_a = \lim_{s \to 0} \frac{s^2 K}{s^2} G_0(s)H_0(s) = K \tag{5-65}$$

$$e_{ss} = \frac{1}{K} \tag{5-66}$$

可见，0 型系统和Ⅰ型系统跟踪单位加速度输入信号的误差随时间增大，稳态误差趋于无穷大，系统无法跟踪单位加速度信号；Ⅱ型系统可以跟踪单位加速度输入信号，但存在稳态误差，稳态误差与系统开环放大倍数成反比。

在某些情况下，采用静态误差系数可使稳态误差的计算比较简便。

例 5-12　设单位反馈系统的开环传递函数为

$$G(s) = \frac{10}{s(s+1)}$$

系统输入信号 $r(t) = A_0 1(t) + A_1 t + \frac{1}{2} A_2 t^2$，试求系统的稳态误差。

解：根据系统的特征方程为

$$s^2 + s + 10 = 0$$

不难判断出系统是稳定的，可以求稳态误差。

系统的输入信号是单位阶跃、单位斜坡和单位加速度信号的线性组合。由于是线性系统，因此系统稳态误差也是这几个信号分别作用于系统后的稳态误差的线性组合。可以对每个输入信号作用分别求稳态误差，然后叠加得到总的稳态误差。不过本例采用静态误差系数的方法计算更为简便。

前面已经指出：对于单位阶跃信号作用，$e_{ss} = \frac{1}{1+K_p}$；对于单位斜坡信号作用，$e_{ss} = \frac{1}{K_v}$；对于单位加速度信号作用，$e_{ss} = \frac{1}{K_a}$。

由于 $G(s)=\dfrac{10}{s(s+1)}$ 为 I 型系统，所以 $K_p=\infty$， $K_v=10$， $K_a=0$，总的稳态误差为

$$e_{ss}=\frac{A_0}{1+K_p}+\frac{A_1}{K_v}+\frac{A_2}{K_a}=\frac{A_0}{1+\infty}+\frac{A_1}{10}+\frac{A_2}{0}=\infty$$

习　题

5-1　下面各式是闭环系统的特征方程，试判断闭环系统的稳定性。

（1） $(s+1)(s+10)(s-1)=0$。

（2） $(s^2+s+2)(s+5)(s^2+4s+4)=0$。

（3） $(s^3+3s^2-s+2)(s+1)(s^2+2s+1)=0$。

5-2　已知单位反馈系统的开环传递函数为

$$G(s)=\frac{T_d s+1}{s(2s^2+s+1)}$$

试求使系统稳定的 T_d 的范围。

5-3　已知控制系统的方框图如图 5-22 所示，要求闭环系统所有特征根位于复平面 $s=-1$ 的左面，试求参数 K 的取值范围。

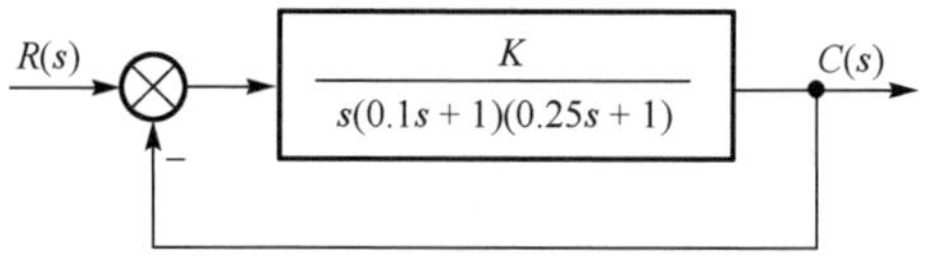

图 5-22　题 5-3 图

5-4　设单位反馈控制系统的开环传递函数为

$$G(s)=\frac{K(1-s)}{s+1}$$

试绘出单位反馈控制系统的奈奎斯特曲线，并且应用奈奎斯特稳定判据确定闭环系统的稳定性。

5-5　设系统的开环传递函数为

$$G(s)H(s)=\frac{K}{s^2(T_1 s+1)}$$

该系统是一个固有的不稳定系统。通过增加微分控制，可以使这个系统稳定下来。试绘出在带微分控制和不带微分控制两种情况下，开环传递函数的极坐标图。

5-6　设一个闭环系统的开环传递函数为

$$G(s)H(s)=\frac{10K(s+0.5)}{s^2(s+2)(s+10)}$$

试绘出当 $K=1$ 和 $K=10$ 时，$G(s)H(s)$ 的极坐标图，并对极坐标图应用奈奎斯特稳定判据，判定系统在这两个 K 值下的稳定性。

5-7 设闭环系统的开环传递函数为

$$G(s)H(s)=\frac{K\mathrm{e}^{-2s}}{s}$$

试求使系统稳定的最大 K 值。

5-8 设单位反馈系统具有下列 $G(s)$：

$$G(s)=\frac{1}{s(s-1)}$$

假设我们选择图 5-23 所示的奈奎斯特曲线，试在 $G(s)$ 平面上绘出相应的 $G(\mathrm{j}\omega)$，并利用奈奎斯特稳定判据确定系统的稳定性。

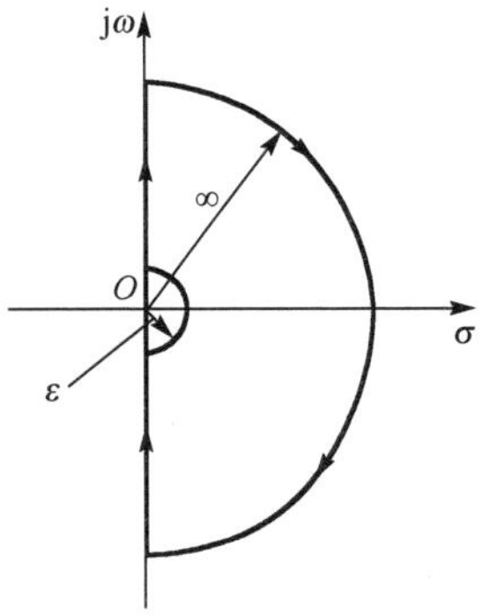

图 5-23 题 5-8 图

5-9 图 5-24（a）所示为某个闭环系统。$G(s)$ 在 s 右半平面内没有极点。

（1）如果 $G(s)$ 的奈奎斯特曲线如图 5-24（b）所示，该系统是否稳定？

（2）如果 $G(s)$ 的奈奎斯特曲线如图 5-24（c）所示，该系统是否稳定？

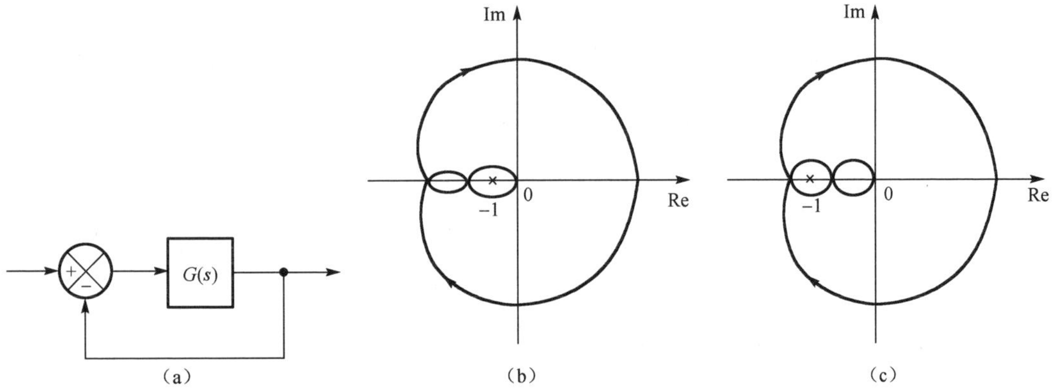

图 5-24 题 5-9 图

5-10 设单位反馈系统的前向传递函数为 $G(s)$，且单位反馈系统的奈奎斯特曲线如图 5-25 所示。

（1）如果 $G(s)$ 在 s 右半平面内有一个极点，该系统是否稳定？

（2）如果 $G(s)$ 在 s 右半平面内没有极点，但是在 s 右半平面内有一个零点，该系统是否稳定？

5-11 若一个负反馈系统的开环传递函数为

$$G(s)=\frac{2}{s(s+1)(s+2)}$$

试绘出 $G(s)$ 的奈奎斯特曲线。如果系统是正反馈系统，并且具有同样的开环传递函数 $G(s)$，那么奈奎斯特曲线应是什么样的？

5-12 根据图 5-26 所示的系统，试绘出开环传递函数 $G(s)$ 的伯德图，并确定相位裕量和增益裕量。

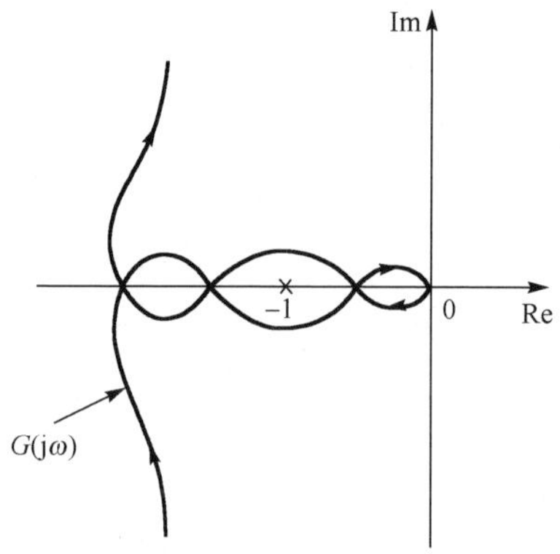

图 5-25 题 5-10 图

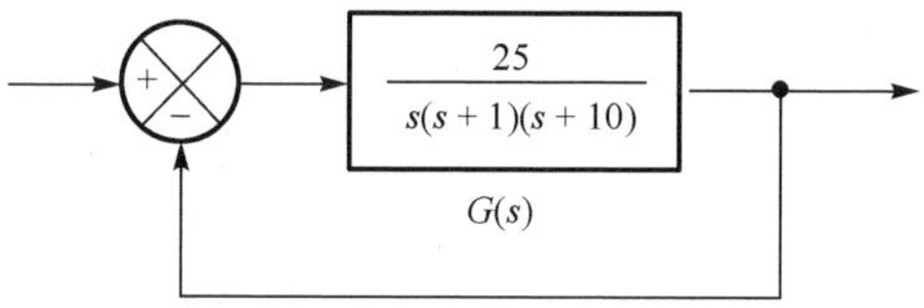

图 5-26 题 5-12 图

5-13 若一个单位反馈控制系统的开环传递函数为

$$G(s)=\frac{as+1}{s^2}$$

相位裕量等于 45°，试确定必要的 a 值。

5-14 某控制系统如图 5-27 所示。试绘出开环传递函数的伯德图，并且确定增益 K 的值，以便使相位裕量等于 50°。在此增益 K 值的条件下，系统的增益裕量是多大？

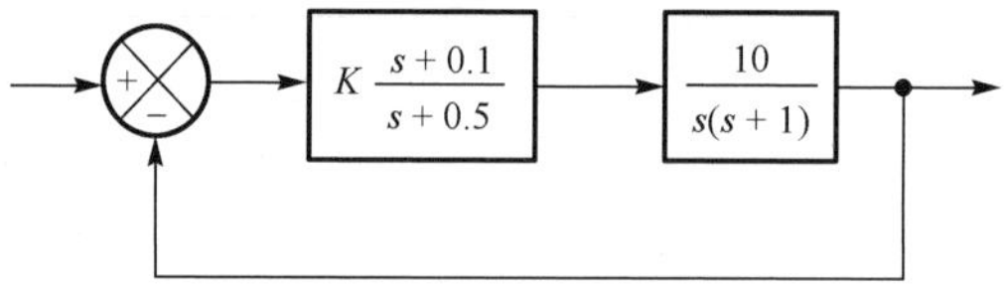

图 5-27 题 5-14 图

5-15 已知控制系统的开环传递函数分别为：

（1）$G(s)H(s)=\dfrac{100}{(2s+1)(10s+1)}$；

（2）$G(s)H(s)=\dfrac{100}{s(2s+1)(s+10)}$；

（3）$G(s)H(s)=\dfrac{10(2s+1)}{s^2(s^2+6s+100)}$。

试求当 $r(t)=10\cdot 1(t)$、$r(t)=(10+t)\cdot 1(t)$、$r(t)=\left(1+\dfrac{1}{2}t^2\right)\cdot 1(t)$ 时，各个系统的稳态误差。

5-16 设控制系统如图 5-28 所示，其中，$G_1(s)=\dfrac{K}{s}$，$G_2(s)=\dfrac{1}{s+5}$。

（1）若 $N(s)=0$，$R(s)=\dfrac{1}{s}$，且反馈环断开，求开环阶跃响应 $c_{\mathrm{o}}(t)$。

（2）若 $N(s)=0$，$R(s)=\dfrac{1}{s}$，$K=6$，求闭环阶跃响应 $c(t)$ 和稳态误差 e_{ss}。

（3）当 $N(s)=\dfrac{1}{s}$，$R(s)=\dfrac{1}{s^2}$ 时，若使 $e_{\mathrm{ss}}\leqslant 0.1$，试确定 K 的数值。

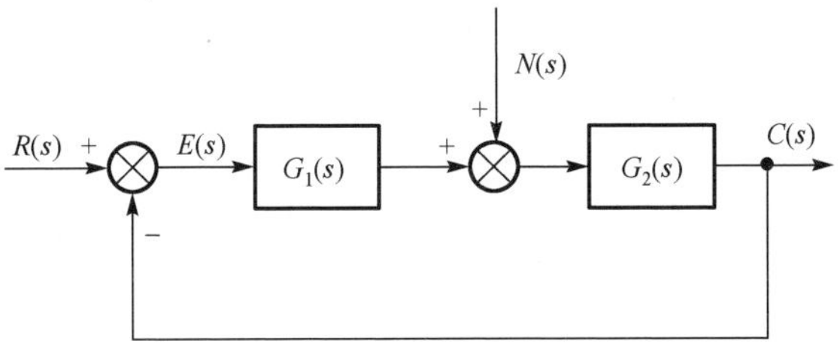

图 5-28　题 5-16 图

5-17　一个二阶比例控制系统方框图如图 5-29 所示，其中，$J>0$ 为常数，K 和 B 为可变参数。试证明系统对单位斜坡输入的稳态误差为 $\dfrac{B}{K}$。若使稳态误差 $e_{ss}\leqslant\delta$，系统的自然振荡角频率保持不变，且阻尼比满足 $0.5<\zeta_d<0.8$，当采用比例加微分控制器实现这一目标时，试确定控制器的参数。

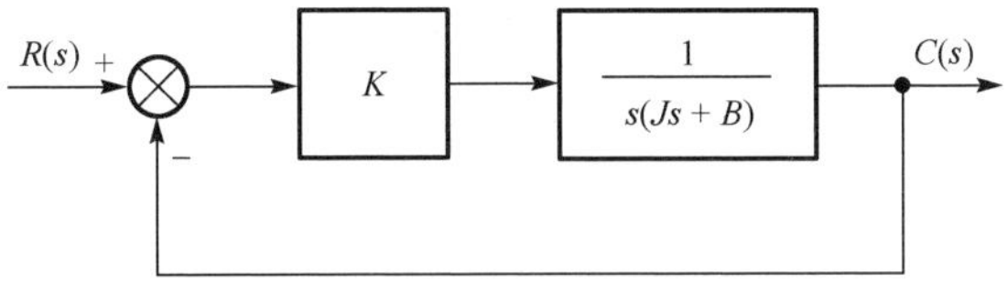

图 5-29　题 5-17 图

中　篇

第 6 章　测试技术概述

6.1　测试的基本概念

测试技术属于信息科学的范畴，与计算机技术、自动控制技术、通信技术共同构成了完整的信息技术学科。

测试是具有试验性质的测量，或者可以理解为它是测量和试验的综合。测量是确定被测对象属性量值的过程，是将被测量与一个预定的标准尺度的量值相比较；试验是对研究对象或系统进行试验性研究的过程。

在工程实际中，无论是工程研究、产品开发，还是质量监控、性能试验等，都离不开测试技术。测试技术是人类认识客观世界的手段，是进行科学研究的基本方法。

6.2　测试技术的任务

测试工作是获取有关研究对象的状态、运动和特征等方面的信息的过程。信息总是以某些物理量的形式表现出来，如机械振动、噪声、切削力、温度、变形等，这些物理量就是信号。信号中包含着某些反映被测物理量的信息，它是信息的载体；信息则是信号所载的内容，它通过信号来传输。通过对信号进行分析可以得到信息。

例如，古代的烽火台，敌人在白天来侵犯时燃烟，在夜间来侵犯时点火，烟气信号和光信号中蕴含着有敌情的报警信息。一个简单的单自由度的无阻尼质量-弹簧振动系统的位移信号中包含着该系统的固有频率和阻尼比等信息。

信号中往往携带着很多信息，既有我们所需要的信息，也有我们不感兴趣的其他信息，前者称为有用信息，后者称为干扰信号。相应地，信号也有有用信号和干扰信号的说法，但这是相对的。在一种场合中，被认为是干扰的信号，在另一种场合中却可能是有用的。例如，齿轮噪声对工作环境是一种“污染”，但在检修时可以用来评价齿轮副的运行状态并用作故障诊断。因此，测试工作的任务是按照一定的目的和要求，获取某些感兴趣的、特定的有用信息，而不是全部信息。

6.3　测试技术的主要内容

测试过程是借助专门设备，通过合适的试验和必要的数据处理，从研究对象中获得有关信息的过程。通常，测试技术的主要内容包括测量原理、测量方法、测量系统和数据处理四个方面。

测量原理是指实现测量所依据的物理、化学、生物等现象及有关定律的总体。例如，利用压电晶体测量振动加速度，依据的是压电效应；利用电涡流位移传感器测量静态位移和振动位移，依据的是电磁效应；利用热电偶测量温度，依据的是热电效应。不同性质的被测量依据不同的原理进行测量，同一性质的被测量也可通过不同的原理进行测量。

测量原理确定后，根据对测量任务的具体要求和现场实际情况，需要采用不同的测量方法，如直接测量法或间接测量法、电测法或非电测法、模拟量测量法或数字量测量法、等精度测量法或不等精度测量法等。

确定被测量的测量原理和测量方法后，需要设计或选用合适的装置组成测量系统。

最后，通过对测试数据的分析、处理，获得所需要的信息，实现测试目的。

6.4　测试系统的组成

测试系统一般由激励装置、传感器、信号调理、信号处理和显示记录等几大部分组成，如图 6-1 所示。

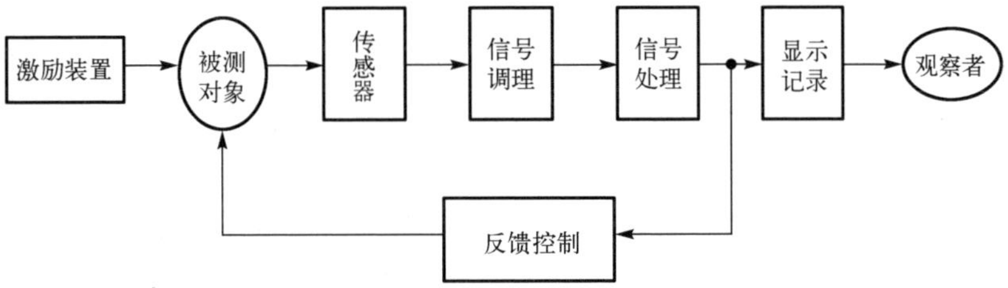

图 6-1　测试系统的组成

一个被测对象的信息总是通过一定的物理量——信号表现出来。有些信息可以在被测对象处于自然状态时所表现出的物理量中显现出来，而有些信息却无法显现或显现得不明显。在后一种情况下，需要通过激励装置作用于被测对象，使之产生便于测量的包含有用信息的信号。

传感器是将被测量转换成电信号的器件。它包括敏感器和转换器两部分。敏感器将温度、压力、位移、振动、噪声、流量等被测量转换成某种容易检测的信号，转换器再将其转换成某种易于传输、记录、处理的电信号。

信号调理环节把来自传感器的信号转换成更适合进一步传输和处理的信号。这种信号的转换多数是电信号之间的转换，如把阻抗变化转换成电压变化、幅值放大或把幅值的变化转换成频率的变化等。

信号处理环节对来自信号调理环节的信号进行各种运算、滤波和分析。

显示记录环节将来自信号处理环节的信号以易于观察的形式显示或存储测试的结果。

反馈控制环节主要用于闭环控制系统中的测试系统。

图 6-1 所示的信号调理、信号处理、反馈控制、显示记录等环节，目前的发展趋势是经 A/D 转换后采用计算机等进行分析、处理，再经 D/A 转换控制被测对象。

需要指出的是，任何测量的结果都存在误差，因而必须把误差限制在允许的范围内。为了准确获得被测对象的信息，要求测试系统中每一个环节的输出量与输入量之间必须具有一一对应的关系，并且其输出的变化在给定的误差范围内反映其输入的变化，即实现不失真的测试。

6.5 测试技术的发展

随着传感器技术、计算机技术、通信技术和自动控制技术的发展，测试技术也在不断拓展新的测量原理和测量方法，提出新的信号分析理论，开发新型、高性能的测量仪器和设备。测试技术的发展趋势是：

（1）传感器趋向微型化、智能化、集成化和网络化。

（2）测试仪器向高精度、多功能方向发展。

（3）参数测量与数据处理以计算机为核心，参数测量、信号分析、数据处理、状态显示及故障预报的自动化程度越来越高。

就机械工程而言，测试技术需要在以下几个方面进一步发展和应用：

（1）多传感器融合技术。多传感器融合是测量过程中获取信息的新方法，它可以提高测量信息的准确性。由于多传感器是以不同的方法或不同的角度来获取信息的，因此可以通过它们之间的信息融合去伪存真，提高测量精度。

（2）柔性测试系统。采用积木式、组合式测量方法，实现不同层次不同目标的测试目的。

（3）虚拟仪器。虚拟仪器是虚拟现实技术在精密测试领域的应用，一种是将多种数字化的测试仪器虚拟成一台以计算机为硬件支撑的数字式的智能化测试仪器；另一种是研究虚拟制造中的虚拟测量，如虚拟量块、虚拟坐标测量机等。

（4）智能结构。智能结构是融合智能技术、传感技术、信息技术、仿生技术、材料科学等的一门交叉学科，使监测过渡到在线、动态、主动地实时监测与控制。

（5）视觉测试技术。视觉测试技术是建立在计算机视觉研究基础上的一门新兴的测试技术。与计算机视觉研究的视觉模式识别、视觉理解等内容不同，视觉测试技术重点研究物体的几何尺寸及物体的位置测量，如三维面形的快速测量，大型工件的同轴度测量、共面性测量等。它可以广泛应用于在线测量、逆向工程等主动、实时测量的过程中。

（6）测量尺寸继续向两个极端发展。两个极端就是指相对于常规测量尺寸的大尺寸和小尺寸。飞机外形测量、大型机械关键部件测量、高层建筑电梯导轨的校准测量、油罐车的现场校准等都要求能进行大尺寸测量。为此，需要开发便携式测量仪器用于解决现场大尺寸的测量问题，如便携式光纤干涉测量仪、便携式大量程三维测量系统等。而随着微电子技术、生物技术的快速发展，对探索物质微观世界也提出了新要求，为了提高测量精度，需要进行微米级、纳米级的测试。纳米测量仪器多种多样，有光干涉测量仪、量子干涉仪、电容测微仪、X 射线干涉仪、扫描电子显微镜（SEM）、扫描隧道显微镜（STM）、原子力显微镜（AFM）、分子测量机（M3）等。

思政小课堂

家 国 情 怀

黄大年教授负责“深部探测关键仪器装备研制与实验”重大科研任务。这项研究就像一只“透视眼”，它能探清深层地下矿产、海底的隐伏目标，对国土安全具有重大价值。2016 年黄教授因胆管癌入院治疗，但在病床上他依然不忘努力工作。同学们应该学习科学家心有大我、至诚报国的爱国情怀和甘于奉献的高尚情操。

第 7 章　信号分类及其描述

在工程实践和科学研究中，常常需要测量各种各样的物理量（如力、位移、速度、加速度、温度等）。人们往往通过测量装置或仪器，把这些变化的物理量变换成容易测量、记录和分析的电信号。被测量的物理量及由其转换所得的量统称为信号。信号中往往包含着反映被测物理系统的状态或特性的某些有用的信息，这些信息是人们认识客观事物的内在规律、研究事物之间的相互关系、预测未来发展的重要依据。为了从信号中获取有用信息，需要对信号进行分类，以便对其进行适当的描述与分析，这个过程是十分必要的。

7.1　信号的分类与描述方法

7.1.1　信号的分类

为了深入了解信号的物理实质，需要将其分类并加以研究。根据考虑问题的角度，可以按不同的方式对信号进行分类。

1．确定性信号和非确定性信号

根据信号随时间的变化规律，信号可分为确定性信号和非确定性信号，其分类如下：

- 信号
  - 确定性信号
    - 周期信号
      - 谐波信号
      - 一般周期信号
    - 非周期信号
      - 准周期信号
      - 瞬变非周期信号
  - 非确定性信号
    - 平稳随机信号
      - 各态历经随机信号
      - 非各态历经随机信号
    - 非平稳随机信号

1）确定性信号

能用明确的数学关系式或图像表达的信号称为确定性信号。

例如，单自由度的无阻尼质量-弹簧振动系统，如图 7-1 所示。图 7-1（a）所示为系统示意图，其位移信号 $x(t)$可以写为

$$x(t) = A\cos\left(\sqrt{\frac{k}{m}}t + \varphi_0\right) \tag{7-1}$$

式中，A 为振幅；k 为弹簧刚度；m 为质量；φ_0 为初始相位。

图 7-1（b）所示为位移 $x(t)$随时间 t 的变化曲线。

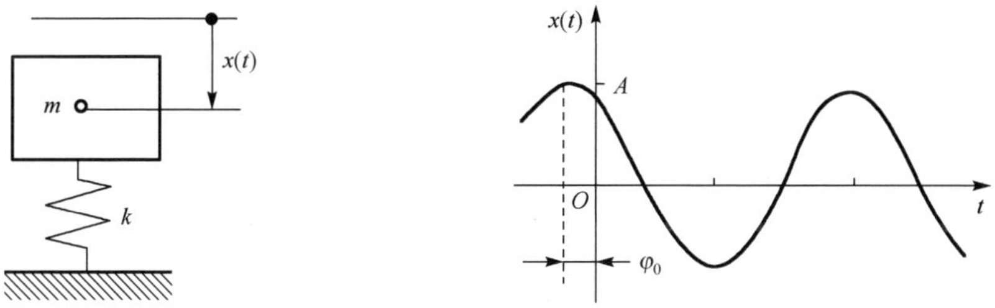

（a）系统示意图　　（b）位移$x(t)$随时间t的变化曲线

图 7-1　单自由度的无阻尼质量-弹簧振动系统

确定性信号可以分为周期信号和非周期信号两类。当信号按时间间隔周而复始出现时称为**周期信号**，否则称为**非周期信号**。

周期信号的数学表达式为

$$x(t)=x(t+nT_0) \tag{7-2}$$

式中，$n=\pm1,\pm2,\cdots$；T_0 为周期，$T_0=2\pi/\omega_0=1/f_0$，ω_0 为角频率，f_0 为频率。

周期信号分为谐波信号和一般周期信号。

式（7-1）表示的信号显然是周期信号，其角频率 $\omega_0=\sqrt{k/m}$，周期为 $T_0=2\pi/\omega_0=2\pi/\sqrt{k/m}$，这种频率单一的正弦或余弦信号称为**谐波信号**。

一般周期信号（如周期方波、周期三角波等）是由多个乃至无穷多个频率成分（频率不同的谐波分量）叠加组成的，这些谐波分量的频率比为有理数，叠加后存在公共周期。典型的一般周期信号如表 7-1 所示。

非周期信号分为准周期信号和瞬变非周期信号（简称瞬变信号）。

准周期信号是由两个以上的简谐信号合成的，但其频率比为无理数，且各分量之间没有公共周期，所以无法按某一周期重复出现。例如

$$x(t)=A_1\sin(\sqrt{2}t+\theta_1)+A_2\sin(3t+\theta_2)+A_3\sin(2\sqrt{7}t+\theta_3)$$

这种没有公共周期的多个频率分量合成的信号是一种非周期信号，但这种信号的频谱图是离散的，保持着周期信号频谱离散性的特点，因此这种信号被称为准周期信号。在工程技术领域内，多个独立振源共同作用所引起的振动往往属于这种信号。

瞬变非周期信号是在一定时间区间内存在或随着时间的增长而逐渐衰减的信号，其时间历程较短。例如，有阻尼的、集中质量的单自由度振动系统的位移就是一种瞬变非周期信号。

2）非确定性信号

非确定性信号又称随机信号，是无法用明确的数学关系式表达的信号。在工程实际中，随机信号随处可见，如气温的变化、机械振动、加工零件的尺寸、环境的噪声等。这类信号具有如下特点：

（1）不能用精确的数学关系式来描述。

（2）不能预测它未来任何时刻的准确值。

（3）对这种信号每次的观测结果都不同，但大量的重复实验发现它具有统计规律性，因而可用概率统计的方法来对其进行描述和研究。

表 7-1　典型的一般周期信号

信号名称	时 域 波 形	傅里叶级数三角函数展开式	幅 频 谱 图
周期方波（奇函数）	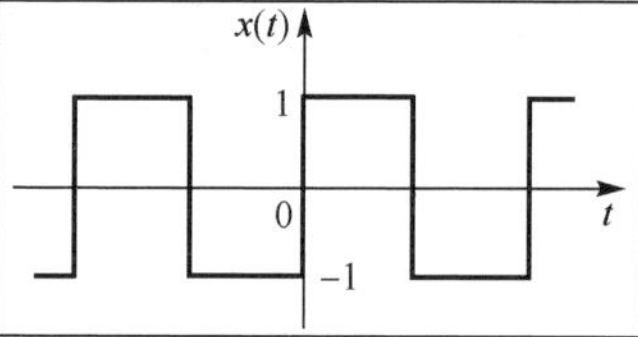	$x(t)=\frac{4A}{\pi}\left[\sin(\omega_0 t)+\frac{1}{3}\sin(3\omega_0 t)+\frac{1}{5}\sin(5\omega_0 t)+\cdots\right]$	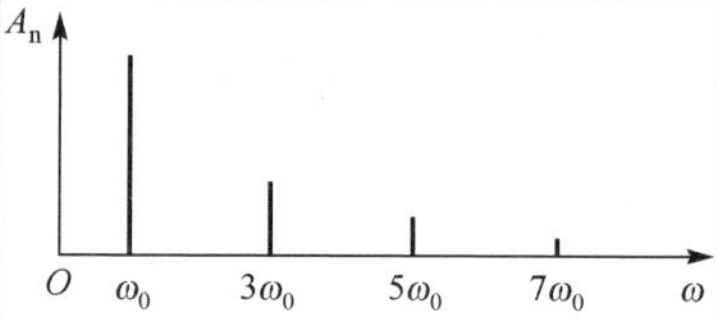
	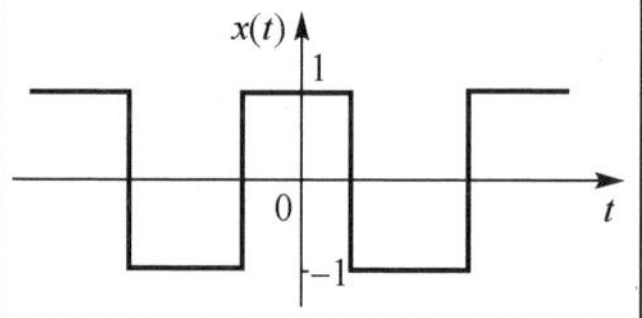	$x(t)=\frac{4A}{\pi}\left[\cos(\cos\omega_0 t)-\frac{1}{3}\cos(3\omega_0 t)+\frac{1}{5}\cos(5\omega_0 t)-\cdots\right]$	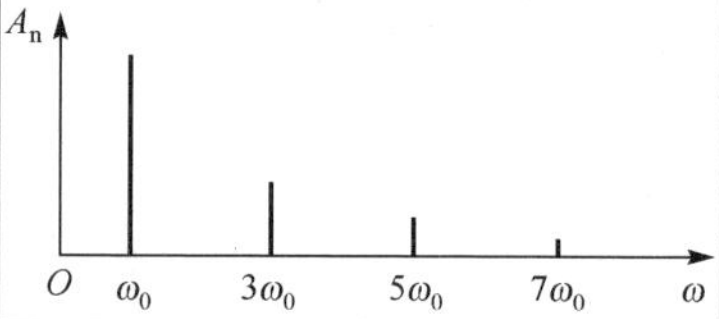
周期三角波	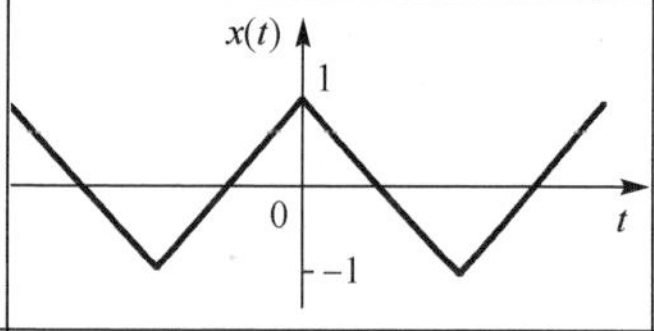	$x(t)=\frac{8}{\pi^2}\left[\cos(\omega_0 t)+\frac{1}{9}\cos(3\omega_0 t)+\frac{1}{25}\cos(5\omega_0 t)+\cdots\right]$	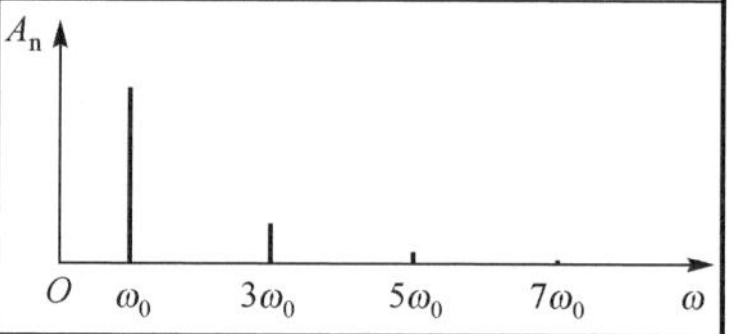
周期锯齿波	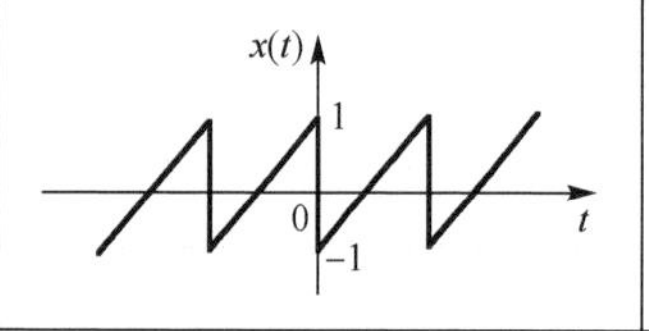	$x(t)=\frac{2}{\pi}\left[\sin(\omega_0 t)-\frac{1}{2}\sin(2\omega_0 t)-\frac{1}{3}\sin(3\omega_0 t)-\cdots\right]$	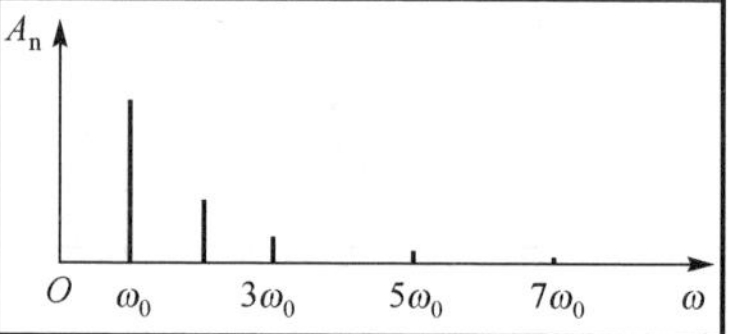
全波整流	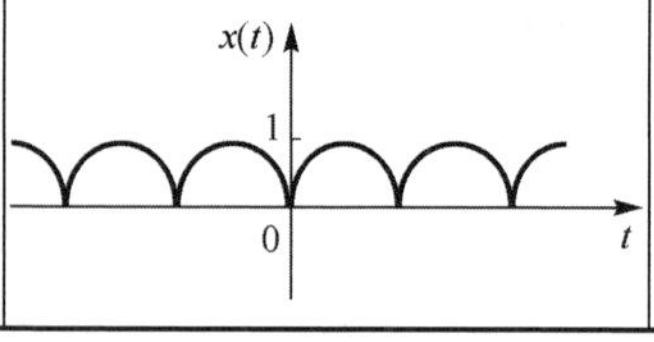	$x(t)=\frac{2}{\pi}\left[1-\frac{2}{3}\cos(2\omega_0 t)-\frac{2}{15}\cos(4\omega_0 t)-\cdots-\frac{2}{4n^2-1}\cos(2n\omega_0 t)\right]$	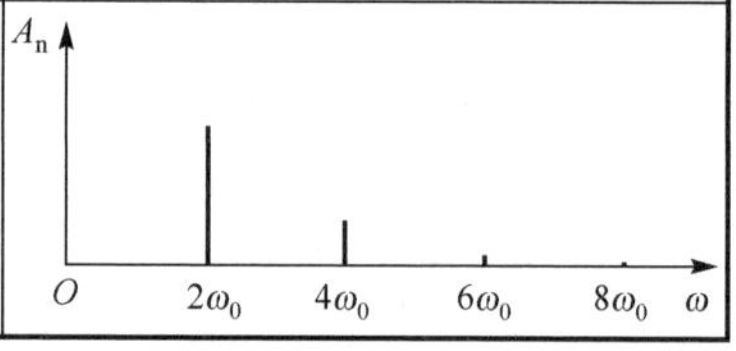

例如，汽车在水平的柏油路上行驶时，车架主梁上一点的应变随时间变化的波形，可以看到在车速、路面、驾驶条件等工况完全相同的情况下，各时间历程的样本记录是完全不同的，因此该信号为随机信号。

产生随机信号的物理现象称为随机现象。随机现象的单个时间历程，即对随机信号按时间历程所做的各次长时间观测记录称为样本函数，记作 $x_i(t)$，如图 7-2 所示。在相同试验条件下，随机现象可能产生的全体样本函数的集合 $\{x(t)\}=\{x_1(t),x_2(t),\cdots,x_i(t),\cdots,x_N(t)\}$（也称为总体）就是随机过程。

随机过程可分为平稳随机过程和非平稳随机过程两类。平稳随机过程又分为各态历经和非各态历经两类。

一般而言，任何一个样本函数都无法恰当地代表随机过程 $\{x(t)\}$，随机过程在任何时刻的各统计特性需用其样本函数的总体平均来描述。所谓总体平均，就是将全部样本函数在某时刻的值 $x_i(t)$ 相加后再除以样本函数的总数。例如，要求图 7-2 中 t_1 时的总体平均就是将全部样本函数在 t_1 时的值 $\{x(t_1)\}$ 加起来后除以样本数目 N，即

$$\mu_x(t_1)=\lim_{N\to\infty}\frac{1}{N}\sum_{k=1}^{N}x_k(t_1) \tag{7-3}$$

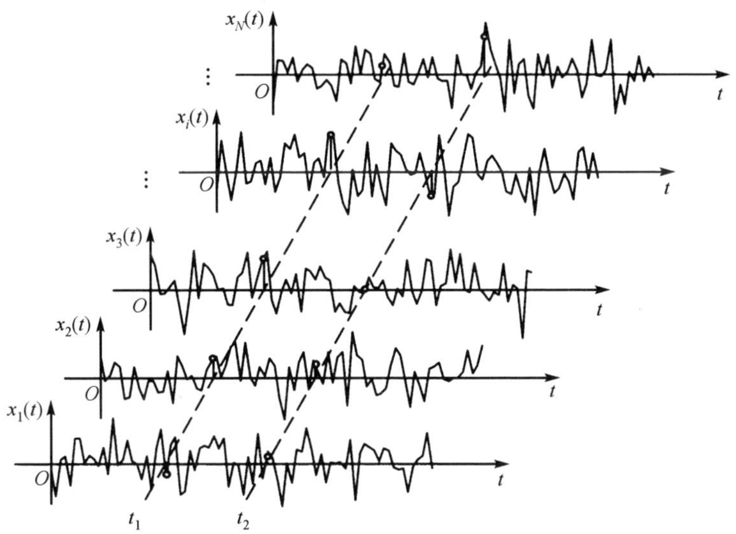

图 7-2　随机过程的样本函数

随机过程在 t_1 和 $t_1+\tau$ 两个不同时刻的相关性可用相关函数表示为

$$R_x(t_1,t_1+\tau)=\lim_{N\to\infty}\frac{1}{N}\sum_{k=1}^{N}x_k(t_1)x_k(t_1+\tau) \tag{7-4}$$

一般情况下，$\mu_x(t_1)$ 和 $R_x(t_1,t_1+\tau)$ 都随 t_1 的改变而变化，这种随机过程称为非平稳随机过程。若随机过程的统计特征参数不随时间变化，即任意两个时刻的统计特征参数相等，则称之为**平稳随机过程**，否则为非平稳随机过程。如果平稳随机过程的任何一个样本函数的时间平均统计特征均相同，且等于总体统计特征，则该过程称为各态历经随机过程。例如，图 7-2 中第 i 个样本的时间平均为

$$\mu_x(i)=\lim_{T\to\infty}\frac{1}{T}\int_0^T x_i(t)\mathrm{d}t=\mu_x \tag{7-5}$$

第 i 个样本的自相关函数为

$$R_x(\tau,i)=\lim_{T\to\infty}\frac{1}{T}\int_0^T x_i(t)x_i(t+\tau)\mathrm{d}t=R_x(\tau) \tag{7-6}$$

在工程中所遇到的多数随机信号具有各态历经性，有的虽不算严格的各态历经随机过程，但也可当作各态历经随机过程来处理。从理论上说，求随机过程的统计特征参数需要无限多个样本，但这是难以办到的。实际测试工作常把随机信号按各态历经随机过程来处理，用测得的有限个样本函数的时间平均值来估计整个随机过程的集合平均值。严格地说，只有平稳随机过程才能是各态历经的，只有证明随机过程是平稳的、各态历经的，才能用样本函数统计量代替随机过程总体统计量。

2．连续信号和离散信号

根据信号独立变量的取值特征，信号可分为连续信号和离散信号，其分类如下：

信号
- 连续信号
  - 模拟信号（信号的幅值与独立变量均连续）
  - 一般连续信号（独立变量连续）
- 离散信号
  - 一般离散信号（独立变量离散）
  - 数字信号（信号的幅值与独立变量均离散）

若信号的独立变量取值连续，则是连续信号，如图 7-3（a）和 7-3（b）所示；若信号的独立变量取值离散，则是离散信号，如图 7-3（c）和 7-3（d）所示。信号的幅值也可分为连续的和离散的两种，若信号的幅值和独立变量均连续，则称为模拟信号，如图 7-3（a）所示；若信号的幅值和独立变量均离散，则称为数字信号，如图 7-3（d）所示。目前，数字计算机所使用的信号都是数字信号。

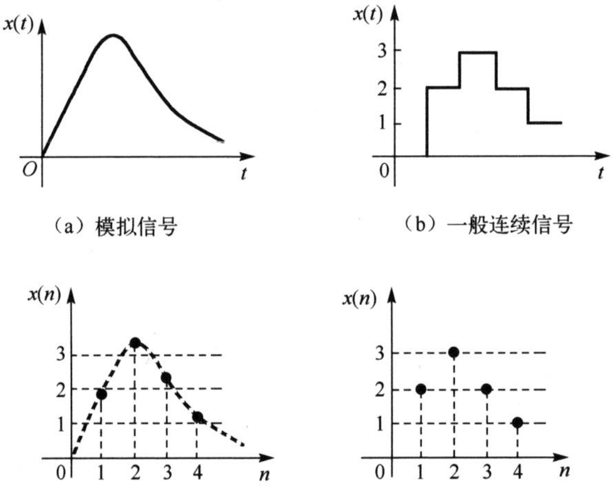

（a）模拟信号　（b）一般连续信号

（c）一般离散信号　（d）数字信号

图 7-3　连续信号和离散信号

3．能量信号和功率信号

在非电量测量中，常将被测信号转换为电压或电流信号处理。将电压信号 $x(t)$加到电阻 R 上，其瞬时功率 $P(t)=x^2(t)/R$。当 $R=1$ 时，$P(t)=x^2(t)$。瞬时功率对时间的积分就是信号在该时间内的能量。通常人们不考虑信号实际的量纲，直接把信号 $x(t)$的平方，即 $x^2(t)$称为信号的功率，把 $x^2(t)$对时间的积分称为信号的能量。

当 $x(t)$满足

$$\int_{-\infty}^{+\infty} x^2(t)\mathrm{d}t < \infty \tag{7-7}$$

时，则认为信号的能量是有限的，并称之为能量有限信号，简称为能量信号，如矩形脉冲信号、指数衰减信号等。

若 $x(t)$在区间$(-\infty,\infty)$的能量是无限的，但它在有限区间内的平均功率是有限的，即

$$\begin{cases} \int_{-\infty}^{+\infty} x^2(t)\mathrm{d}t \to \infty \\ \dfrac{1}{t_2-t_1}\int_{t_1}^{t_2} x^2(t)\mathrm{d}t < \infty \end{cases} \tag{7-8}$$

则称这种信号为功率有限信号，简称功率信号，如各种周期信号、常值信号、阶跃信号等。

必须注意的是，信号的功率和能量未必具有真实功率和能量的量纲。

7.1.2 信号的描述方法

直接检测或记录到的信号一般是随时间变化的物理量，这称为信号的**时域描述**。这种以时间作为独立变量的方式能反映信号幅值随时间变化的关系，而不能揭示信号的频率结构特征。实际中的信号往往比较复杂，经时域分析不能够完全提取出人们所需要的所有信息。因此，为了更加全面深入地研究信号，从中获得更多有用的信息，常把信号的时域描述转换为信号的频域描述。

信号的**频域描述**以频率作为独立变量，描述信号的频率构成及所含频率成分的幅值、相位信息。频域描述的结果是以频率为横坐标的各种物理量的谱线或曲线，从频率分布的角度出发，研究信号的结构及各种频率成分的幅值和相位关系，如幅值谱、相位谱、功率谱等。

信号的时域描述和频域描述为从不同的角度观察、分析信号提供了方便，二者包含同样的信息量，而且是可以相互转换的。运用傅里叶级数、傅里叶变换及其逆变换，可以方便地实现信号的时域、频域转换。一般将从时域数学表达式转换为频域表达式的过程称为频谱分析，相对应的图形分别称为时域图和频域图。

7.2 周期信号的频域描述

谐波信号是最简单的周期信号，只有一种频率成分。一般周期信号可以利用傅里叶级数展开成多个不同频率的谐波信号的线性叠加。

7.2.1 周期信号的三角函数展开式

如果周期信号 $x(t)$满足狄利克雷条件，即在周期$(-T_0/2, T_0/2)$区间内连续或只有有限个第一类间断点，且只有有限个极值点，则 $x(t)$可展开成

$$x(t)=a_0+\sum_{n=1}^{\infty}[a_n\cos(n\omega_0 t)+b_n\sin(n\omega_0 t)] \tag{7-9}$$

式中，常值分量a_0、余弦分量幅值a_n、正弦分量幅值b_n分别为

$$a_0=\frac{1}{T_0}\int_{-T_0/2}^{T_0/2}x(t)\mathrm{d}t \tag{7-10}$$

$$a_n=\frac{2}{T_0}\int_{-T_0/2}^{T_0/2}x(t)\cos(n\omega_0 t)\mathrm{d}t \tag{7-11}$$

$$b_n=\frac{2}{T_0}\int_{-T_0/2}^{T_0/2}x(t)\sin(n\omega_0 t)\mathrm{d}t \tag{7-12}$$

式中，T_0为信号的周期，也是信号基波成分的周期；ω_0为信号的基频，$\omega_0=2\pi/T_0$；$n\omega_0$为 n 次谐波的频率，$n=1,2,3,\cdots$。

由式（7-11）和式（7-12）可知，a_n是 n 或$n\omega_0$的偶函数，b_n是 n 或$n\omega_0$的奇函数。

应用三角函数变换，将式（7-9）中的正、余弦函数的同频率项合并、整理，可得信号 $x(t)$的另一种形式的傅里叶级数表达式，即

$$x(t) = A_0 + \sum_{n=1}^{\infty} A_n \sin(n\omega_0 t + \varphi_n) \tag{7-13}$$

式中，常值分量

$$A_0 = a_0 \tag{7-14}$$

各谐波分量的幅值

$$A_n = \sqrt{a_n^2 + b_n^2} \tag{7-15}$$

各谐波分量的初相角

$$\varphi_n = \arctan\frac{a_n}{b_n} \tag{7-16}$$

式（7-13）表明，任何周期信号若能满足狄利克雷条件，则均可以分解成一个常值分量和多个呈谐波关系的正弦或余弦分量的叠加。在式（7-13）中，第一项 A_0 为周期信号中的常值分量或直流分量，$A_1\sin(\omega_0 t + \varphi_1)$ 称为信号的基波或一次谐波，$A_2\sin(2\omega_0 t + \varphi_2)$ 称为信号的二次谐波，后面依次为三次谐波、…、n 次谐波。

为了直观地表示出一个信号的频率成分结构，以 ω 为横坐标，以 A_n 和 φ_n 为纵坐标所作的图称为频谱图。其中，A_n-ω 图称为幅值频谱图，简称幅频谱图；φ_n-ω 图称为相位频谱图，简称相频谱图。幅频谱和相频谱统称为频谱。对信号进行变换，获得频谱的过程也就是对信号进行频谱分析的过程。

由于 n 是整数序列，相邻频率的间隔为 $\Delta\omega = \omega_0 = 2\pi / T_0$，即各频率成分都是 ω_0 的整数倍，因此频谱图中的谱线是离散的。频谱图中的每一条谱线对应其中一个谐波，频谱图比较形象地反映了周期信号的频谱结构及其特征。

例 7-1 求周期方波（见图 7-4）的频谱，并作出频谱图。

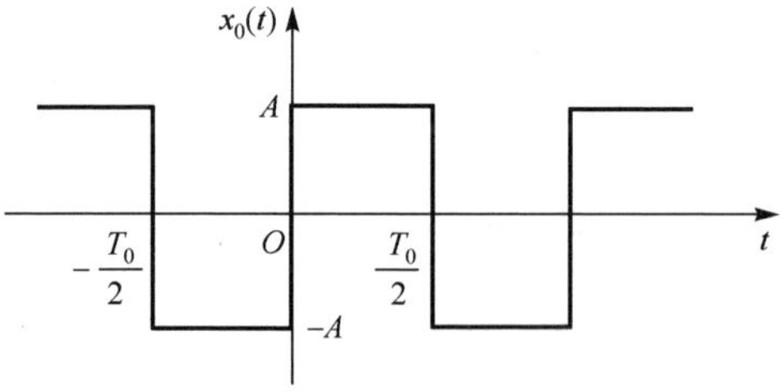

图 7-4 周期方波的时域图

解： $x(t)$在一个周期内可表示为

$$x(t) = \begin{cases} A, & 0 \leqslant t < \dfrac{T_0}{2} \\ -A, & -\dfrac{T_0}{2} \leqslant t < 0 \end{cases}$$

因函数 $x(t)$是奇函数，奇函数在一个周期内的积分值为 0，所以

$$a_0 = 0$$

$$a_n = 0$$

$$b_n = \frac{2}{T_0}\int_{-T_0/2}^{T_0/2} x(t)\sin(n\omega_0 t)\mathrm{d}t = \frac{4}{T_0}\int_0^{T_0/2} A\sin(n\omega_0 t)\mathrm{d}t = -\frac{4A}{T_0}\cdot\frac{\cos(n\omega_0 t)}{n\omega_0}\bigg|_0^{T_0/2}$$

$$= -\frac{4A}{n\omega_0 T_0}\left[\cos\left(n\omega_0\frac{T_0}{2}\right)-1\right] = -\frac{2A}{n\pi}[\cos(n\pi)-1]$$

$$= \begin{cases}\dfrac{4A}{n\pi}, & n=1,3,5,\cdots \\ 0, & n=2,4,6,\cdots\end{cases}$$

于是，有

$$A_n = \sqrt{a_n^2+b_n^2} = |b_n| = \begin{cases}\dfrac{4A}{n\pi}, & n=1,3,5,\cdots \\ 0, & n=2,4,6,\cdots\end{cases}$$

$$\varphi_n = \arctan\frac{a_n}{b_n} = 0\,,\quad n=1,3,5,\cdots$$

因此

$$x(t) = \frac{4A}{\pi}\left[\sin(\omega_0 t)+\frac{1}{3}\sin(3\omega_0 t)+\frac{1}{5}\sin(5\omega_0 t)+\cdots\right]$$

分别画出周期方波的幅频谱图和相频谱图，如图 7-5 所示。幅频谱图中只包含基波和奇次谐波的频率分量，且谐波幅值以 $1/n$ 的规律收敛；相频谱图中各次谐波的初相位均为零。

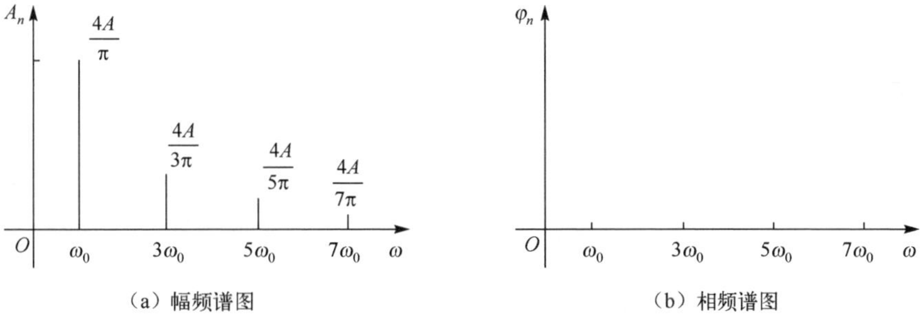

图 7-5　周期方波的频谱图

基波波形如图 7-6（a）所示；若将第 1、3 次谐波叠加，则图形如图 7-6（b）所示；若将第 1、3、5 次谐波叠加，则图形如图 7-6（c）所示。显然，叠加项越多，叠加后越接近周期方波，当叠加项无穷多时，则叠加成周期方波。

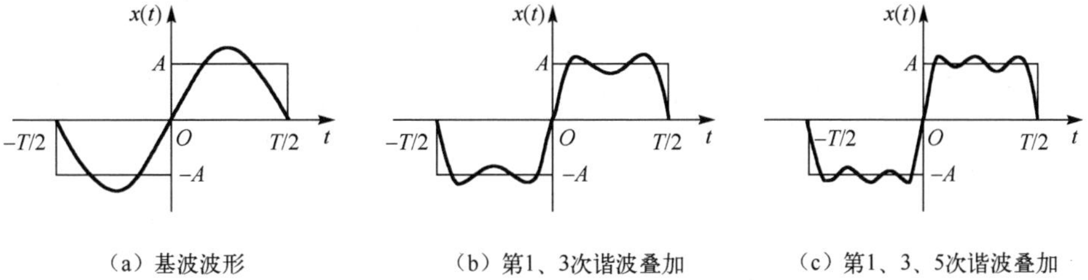

图 7-6　周期方波谐波成分的叠加

图 7-7 采用波形分解的方式形象地说明了周期方波信号的时域描述和频域描述间的对应关系。时域描述、频域描述是对同一信号的不同描述方法，并没有改变信号本身的特性，它们只是通过不同的描述方法表征了信号的不同特征。

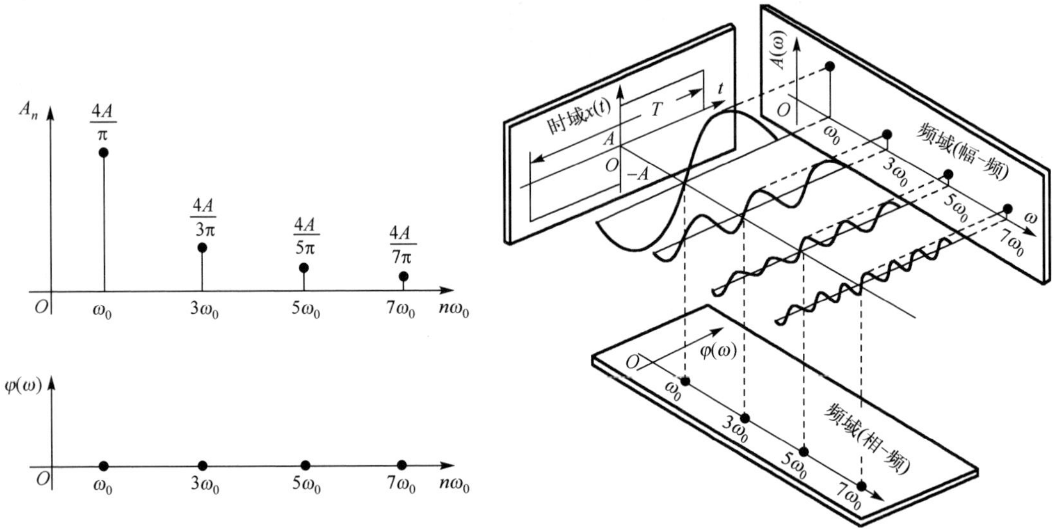

图 7-7　周期方波信号的时域描述和频域描述及其对应关系

7.2.2　周期信号的复指数展开式

利用欧拉公式

$$e^{\pm jn\omega_0 t} = \cos(n\omega_0 t) \pm j\sin(n\omega_0 t) \tag{7-17}$$

$$\cos(n\omega_0 t) = \frac{1}{2}(e^{-jn\omega_0 t} + e^{jn\omega_0 t}) \tag{7-18}$$

$$\sin(n\omega_0 t) = \frac{j}{2}(e^{-jn\omega_0 t} - e^{jn\omega_0 t}) \tag{7-19}$$

式中， $j=\sqrt{-1}$ 。式（7-9）可改写为

$$x(t) = a_0 + \sum_{n=1}^{\infty}\left[\frac{1}{2}(a_n + jb_n)e^{-jn\omega_0 t} + \frac{1}{2}(a_n - jb_n)e^{jn\omega_0 t}\right] \tag{7-20}$$

若令

$$c_0 = a_0$$

$$c_{-n} = \frac{1}{2}(a_n + jb_n)$$

$$c_n = \frac{1}{2}(a_n - jb_n)$$

则式（7-19）可写为

$$x(t) = c_0 + \sum_{n=1}^{\infty}(c_{-n}e^{-jn\omega_0 t} + c_n e^{jn\omega_0 t})$$

即

$$x(t)=\sum_{n=-\infty}^{\infty}c_n\mathrm{e}^{\mathrm{j}n\omega_0 t},\quad n=0,\pm1,\pm2,\cdots \tag{7-21}$$

式中

$$c_n=\frac{1}{T_0}\int_{-T_0/2}^{T_0/2}x(t)\mathrm{e}^{-\mathrm{j}n\omega_0 t}\mathrm{d}t,\quad n=0,\pm1,\pm2,\cdots$$

一般情况下，c_n 是复数，可以写成

$$c_n=\mathrm{Re}c_n+\mathrm{jIm}c_n=|c_n|\mathrm{e}^{\mathrm{j}\varphi_n} \tag{7-22}$$

式中，$\mathrm{Re}c_n$、$\mathrm{Im}c_n$ 分别称为实频谱和虚频谱；$|c_n|$、φ_n 分别称为幅频谱和相频谱。两种形式间的关系为

$$|c_n|=\sqrt{(\mathrm{Re}c_n)^2+(\mathrm{Im}c_n)^2} \tag{7-23}$$

$$\varphi_n=\arctan\frac{\mathrm{Im}c_n}{\mathrm{Re}c_n} \tag{7-24}$$

例 7-2　用复指数函数展开的方式求图 7-4 所示的周期方波的频谱，并作频谱图。

解：

$$\begin{aligned}c_n&=\frac{1}{T_0}\int_{-T_0/2}^{T_0/2}x(t)\mathrm{e}^{-\mathrm{j}n\omega_0 t}\mathrm{d}t\\&=\frac{1}{T_0}\int_{-T_0/2}^{T_0/2}x(t)[\cos(n\omega_0 t)-\mathrm{j}\sin(n\omega_0 t)]\mathrm{d}t\\&=-\mathrm{j}\frac{2}{T_0}\int_{0}^{T_0/2}A\sin(n\omega_0 t)\mathrm{d}t\\&=\begin{cases}-\mathrm{j}\dfrac{2A}{n\pi}, & n=\pm1,\pm3,\pm5,\cdots\\0, & n=0,\pm2,\pm4,\pm6,\cdots\end{cases}\end{aligned}$$

则

$$x(t)=\sum_{n=-\infty}^{\infty}c_n\mathrm{e}^{\mathrm{j}n\omega_0 t}=-\mathrm{j}\frac{2A}{\pi}\sum_{n=-\infty}^{\infty}\frac{1}{n}\mathrm{e}^{\mathrm{j}n\omega_0 t},\quad n=\pm1,\pm3,\pm5,\cdots$$

幅频谱

$$|c_n|=\begin{cases}\left|\dfrac{2A}{n\pi}\right|, & n=\pm1,\pm3,\pm5,\cdots\\0, & n=0,\pm2,\pm4,\pm6,\cdots\end{cases}$$

相频谱

$$\varphi_n=\arctan\frac{-\dfrac{2A}{n\pi}}{0}=\begin{cases}-\dfrac{\pi}{2}, & n>0\\\dfrac{\pi}{2}, & n<0\end{cases}$$

分别画出周期方波的双边幅频谱图和相频谱图，如图 7-8 所示。

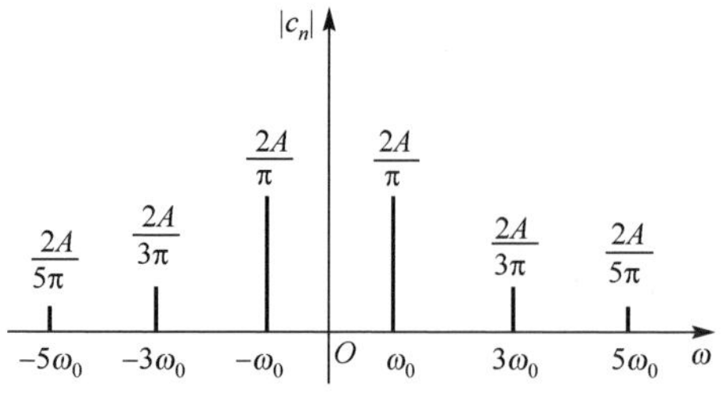

（a）幅频谱图

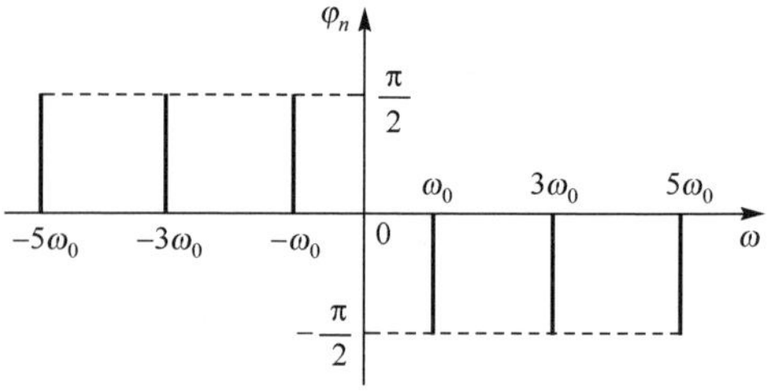

（b）相频谱图

图 7-8　周期方波的双边幅频谱图和相频谱图

比较图 7-5（a）和图 7-8（a），图 7-5（a）中每一条谱线代表一个频率分量的幅度，而图 7-8（a）中把每个频率分量的幅度一分为二，在正、负频率相对应的位置上各占一半，只有把正、负频率上相对应的两条谱线矢量相加，才能得到一个分量的幅度。需要说明的是，负频率项的出现完全是数学计算的结果，并没有任何物理意义。

三角函数展开形式的频谱是单边频谱（ω 从 0 到 ∞），复指数展开形式的频谱是双边频谱（ω 从 $-\infty$ 到 ∞），两种幅频谱的关系为

$$|c_0| = A_0 = a_0\,,\quad |c_n| = \frac{1}{2}\sqrt{{a_n}^2 + {b_n}^2} = \frac{A_n}{2}$$

三角函数展开式中的 n 次谐波分量 $A_n\sin(n\omega_0 t + \varphi_n)$ 在复指数展开式中为 $(c_{-n}\mathrm{e}^{-\mathrm{j}n\omega_0 t} + c_n\mathrm{e}^{\mathrm{j}n\omega_0 t})$ 两项，c_n 与 c_{-n} 共轭，即 $|c_n| = |c_{-n}|$ 且 $\varphi_{-n} = -\varphi_n$。因此双边幅频谱为偶函数，双边相频谱为奇函数。

无论是用三角函数展开式还是用复指数展开式求频谱，周期信号的频谱都具有如下特点：

（1）离散性。周期信号的频谱是离散的，每条谱线代表一个谐波分量。

（2）谐波性。每条谱线只出现在基频整数倍的频率上。

（3）收敛性。各频率分量的谱线高度与对应谐波的振幅成正比。工程中常见的周期信号，其谐波幅度总的趋势是随谐波次数的增加而减小的。因此，在频谱分析中没有必要取那些次数过高的谐波分量。

7.3　非周期信号的频域描述

从信号合成的角度看，两个或两个以上的正弦、余弦信号叠加，如果任意两个分量的频率比不是有理数，或者说各分量的周期没有公倍数，那么合成的结果就不是周期信号。如 $x(t) = \cos(\omega_0 t) + \cos(\sqrt{3}\omega_0 t)$，式中两个分量的频率比为 $1/\sqrt{3}$，不是有理数，合成后没有公共的周期。这种由没有公共整数倍周期的各个分量合成的信号就是一种非周期信号。但是，若这种信号的频谱图仍然是离散的，保持着周期信号频谱离散性的特点，则这种信号为准周期信号。如两个或多个彼此无关联的振源在激励同一个被测对象时的振动响应，就属于此类信号。

一般非周期信号是指瞬变信号。图 7-9 所示为瞬变信号，其特点是函数沿独立变量时间 t 衰减，因而其积分存在有限值，属于能量有限信号。

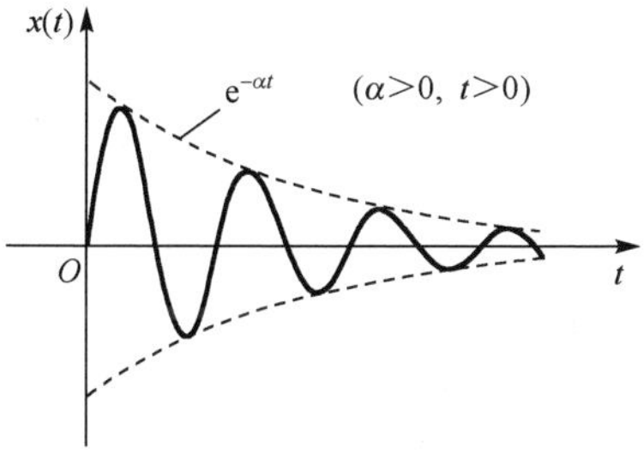

（a）

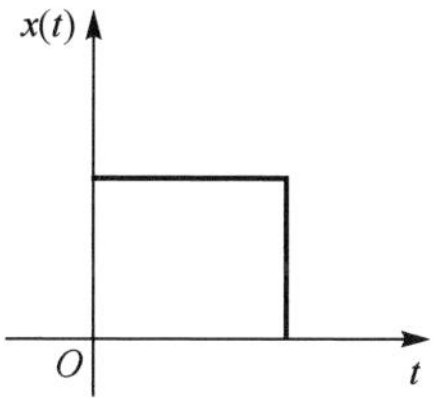

（b）

图 7-9　瞬变信号

7.3.1　傅里叶变换与瞬变信号的频谱

非周期信号可以看成是由周期 T_0 趋于无穷大的周期信号转化而来的。当周期 T_0 增大时，区间从 $(-T_0/2,T_0/2)$ 趋于 $(-\infty,\infty)$，频谱的频率间隔 $\Delta\omega=\omega_0=2\pi/T_0\to \mathrm{d}\omega$，离散的 $n\omega_0$ 变为连续的 ω，展开式的叠加关系变为积分关系。式（7-21）可以改写为

$$\begin{aligned}x(t)&=\sum_{n=-\infty}^{\infty}c_n\mathrm{e}^{\mathrm{j}n\omega_0 t}=\frac{1}{T_0}\sum_{n=-\infty}^{\infty}\left[\int_{-T_0/2}^{T_0/2}x(t)\mathrm{e}^{-\mathrm{j}n\omega_0 t}\mathrm{d}t\right]\mathrm{e}^{\mathrm{j}n\omega_0 t}\\&=\int_{-\infty}^{\infty}\frac{\mathrm{d}\omega}{2\pi}\left[\int_{-\infty}^{\infty}x(t)\mathrm{e}^{-\mathrm{j}\omega t}\mathrm{d}t\right]\mathrm{e}^{\mathrm{j}\omega t}=\frac{1}{2\pi}\int_{-\infty}^{\infty}\left[\int_{-\infty}^{\infty}x(t)\mathrm{e}^{-\mathrm{j}\omega t}\mathrm{d}t\right]\mathrm{e}^{\mathrm{j}\omega t}\mathrm{d}\omega\end{aligned}\tag{7-25}$$

在数学上，式（7-25）称为傅里叶积分。严格地说，非周期信号 $x(t)$的傅里叶积分存在的条件是：

（1）$x(t)$在有限区间内满足狄利克雷条件；

（2）积分 $\int_{-\infty}^{\infty}|x(t)|\mathrm{d}t$ 收敛，即 $x(t)$绝对可积。

式（7-25）括号内对时间 t 积分之后，仅是角频率 ω 的函数，记作 $X(\omega)$。

$$X(\omega)=\int_{-\infty}^{\infty}x(t)\mathrm{e}^{-\mathrm{j}\omega t}\mathrm{d}t\tag{7-26}$$

$$x(t)=\frac{1}{2\pi}\int_{-\infty}^{\infty}X(\omega)\mathrm{e}^{\mathrm{j}\omega t}\mathrm{d}\omega\tag{7-27}$$

式（7-26）中的 $X(\omega)$ 称为 $x(t)$的傅里叶变换（FT），式（7-27）中的 $x(t)$称为 $X(\omega)$ 的傅里叶逆变换（IFT），两者为傅里叶变换对。为了避免在傅里叶变换中出现常数因子 $1/2\pi$，将 $\omega=2\pi f$ 代入式（7-26）和式（7-27），公式可简化为

$$X(f)=\int_{-\infty}^{\infty}x(t)\mathrm{e}^{-\mathrm{j}2\pi ft}\mathrm{d}t\tag{7-28}$$

$$x(t)=\int_{-\infty}^{\infty}X(f)\mathrm{e}^{\mathrm{j}2\pi ft}\mathrm{d}f\tag{7-29}$$

以上傅里叶变换的 4 个重要公式可用符号简记为

$$\begin{cases}x(t)=F^{-1}[X(\omega)]\\X(\omega)=F[x(t)]\end{cases},\qquad\begin{cases}x(t)=F^{-1}[X(f)]\\X(f)=F[x(t)]\end{cases}$$

在时域、频域图中，也常用“$\Leftrightarrow$”表示傅里叶变换的对应关系，即

$$x(t) \Leftrightarrow X(\omega), \quad x(t) \Leftrightarrow X(f)$$

$X(f)$ 一般是频率 f 的复变函数，可以用实频谱、虚频谱形式和幅频谱、相频谱形式写为

$$X(f) = \mathrm{Re}X(f) + \mathrm{jIm}X(f) = |X(f)|\mathrm{e}^{\mathrm{j}\varphi(f)} \tag{7-30}$$

两种形式之间的关系为

$$|X(f)| = \sqrt{[\mathrm{Re}X(f)]^2 + [\mathrm{Im}X(f)]^2} \tag{7-31}$$

$$\varphi(f) = \arctan\frac{\mathrm{Im}X(f)}{\mathrm{Re}X(f)} \tag{7-32}$$

需要指出的是，尽管非周期信号的幅频谱 $|X(f)|$ 和周期信号的幅频谱 $|c_n|$ 很相似，但是两者的量纲不同。$|c_n|$ 为信号幅值的量纲，而 $|X(f)|$ 为信号单位频宽上的幅值。所以确切地说，$X(f)$ 是频谱密度函数。在工程测试中，为方便起见，仍称 $X(f)$ 为频谱。一般非周期信号的频谱具有连续性和衰减性等特性。

例 7-3 求图 7-10 所示的矩形窗函数的频谱，并作频谱图。

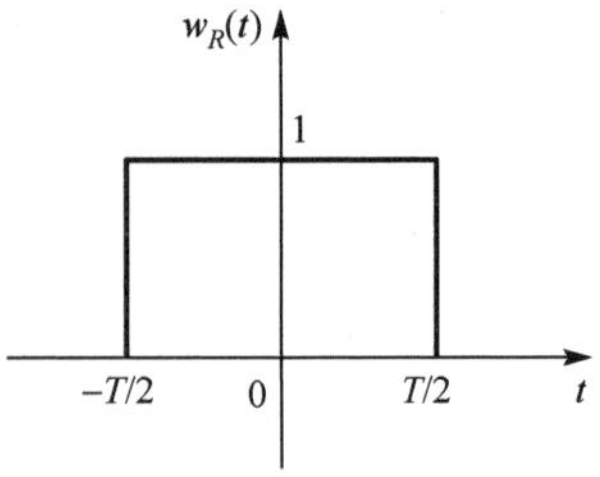

图 7-10 矩形窗函数

解：矩形窗函数 $w_R(t)$ 的定义为 $w_R(t) = \begin{cases} 1, & |t| \leqslant T/2 \\ 0, & |t| > T/2 \end{cases}$。

根据傅里叶变换的定义，其频谱为

$$\begin{aligned} W_R(f) &= \int_{-\infty}^{\infty} w_R(t)\mathrm{e}^{-\mathrm{j}2\pi ft}\mathrm{d}t = \int_{-T/2}^{T/2} \mathrm{e}^{-\mathrm{j}2\pi ft}\mathrm{d}t \\ &= \frac{1}{-\mathrm{j}2\pi f}(\mathrm{e}^{-\mathrm{j}\pi fT} - \mathrm{e}^{\mathrm{j}\pi fT}) = T\frac{\sin(\pi fT)}{\pi fT} \\ &= T\mathrm{sinc}(\pi fT) \end{aligned}$$

这里定义了森克函数

$$\mathrm{sinc}x = \frac{\sin x}{x} \tag{7-33}$$

该函数是以 2π 为周期，并随 x 增加而衰减的振荡函数，当 $x = n\pi$（$n = \pm1, \pm2, \pm3, \cdots$）时，幅值为零，如图 7-11 所示。

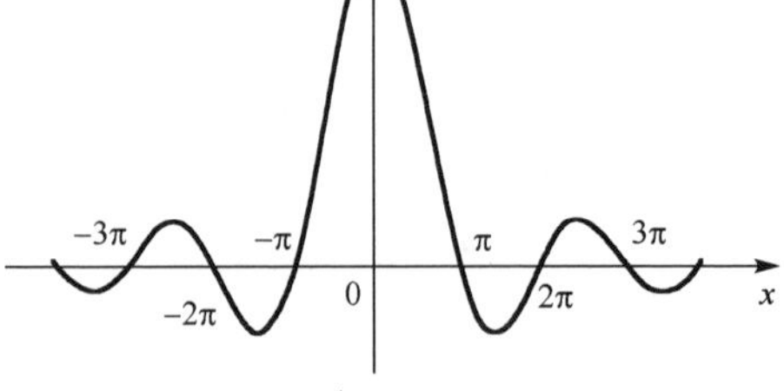

图 7-11 sinc$x$ 的图形

矩形窗函数的频谱函数图如图 7-12（a）所示，其幅频谱图和相频谱图分别如图 7-12（b）和图 7-12（c）所示。

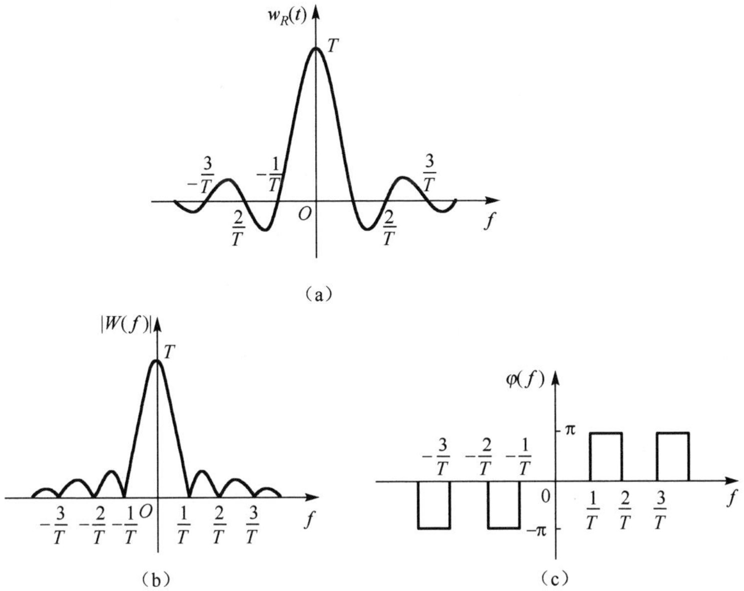

图 7-12　矩形窗函数的频谱函数图及其频谱图

7.3.2　傅里叶变换的主要性质

傅里叶变换是在信号分析与处理中时域与频域之间转换的基本数学工具。掌握傅里叶变换的主要性质，有助于了解信号在某一域中变化时在另一域中相应的变化规律，从而使复杂信号的计算分析得以简化。表 7-2 所示为傅里叶变换的主要性质，在此只叙述几个常用的性质。

表 7-2　傅里叶变换的主要性质

性质	时域	频域	性质	时域	频域
函数的奇偶虚实性	实偶函数	实偶函数	频 移	$x(t)e^{\mp j2\pi f_0 t}$	$X(f\pm f_0)$
	实奇函数	虚奇函数	翻 转	$x(-t)$	$X(-f)$
	虚偶函数	虚偶函数	共 轭	$x^*(t)$	$X^*(-f)$
	虚奇函数	实奇函数	时域卷积	$x_1(t)*x_2(t)$	$X_1(f)X_2(f)$
线性叠加	$ax(t)+by(t)$	$aX(f)+bY(f)$	频域卷积	$x_1(t)x_2(t)$	$X_1(f)*X_2(f)$
对 称	$X(t)$	$x(-f)$	时域微分	$\dfrac{d^n x(t)}{dt^n}$	$(j2\pi f)^n X(f)$
尺度改变	$x(kt)$	$\dfrac{1}{k}X\left(\dfrac{f}{k}\right)$	频域微分	$(-j2\pi t)^n x(t)$	$\dfrac{d^n X(f)}{df^n}$
时 移	$x(t\pm t_0)$	$X(f)e^{\pm j2\pi f t_0}$	积 分	$\int_{-\infty}^{t} x(t)dt$	$\dfrac{1}{j2\pi f}X(f)$

1）线性叠加

若 $X(f)=F[x(t)]$，$Y(f)=F[y(t)]$，且 a、b 是常数，则

$$F[ax(t)+by(t)]=aX(f)+bY(f) \tag{7-34}$$

即时域中两函数线性叠加的傅里叶变换等于频域中两函数傅里叶变换的线性叠加。该性质表明，对复杂信号的频谱分析处理，可以分解为对一系列简单信号的频谱分析处理。

2）对称

若 $X(f)=F[x(t)]$，则

$$F[X(t)]=x(-f) \tag{7-35}$$

应用这个性质，可由已知的傅里叶变换对获得逆向对称的傅里叶变换对。如时域的矩形窗函数对应频域的森克函数，时域的森克函数对应频域的矩形窗函数。图 7-13 所示是对称性应用示例。

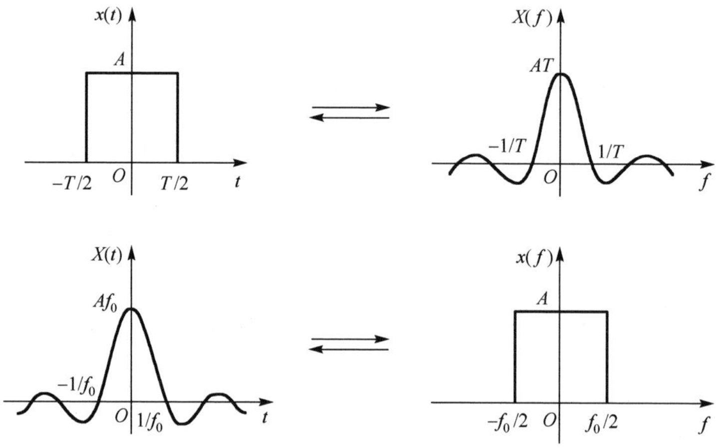

图 7-13　对称性应用示例

3）尺度改变

若 $X(f)=F[x(t)]$，且 k 为大于零的常数，则有

$$F[x(kt)]=\frac{1}{k}X\left(\frac{f}{k}\right) \tag{7-36}$$

这个性质说明，当时域尺度压缩（$k>1$）时，对应的频域尺度扩展且幅值减小；当时域尺度扩展（$k<1$）时，对应的频域尺度压缩且幅值增加，如图 7-14 所示。

在工程测试中用磁带来记录信号，当慢录快放时，时间尺度被压缩，可以提高处理信号的效率，但重放的信号频带会展宽，倘若后续处理信号设备的通频带不够宽，将导致失真。反之，快录慢放时，时间尺度被扩展，重放的信号频带会变窄，对后续设备的通频带要求可降低，但这是以牺牲信号处理的效率为代价的。

4）时移

若 t_0 为常数，则

$$F[x(t\pm t_0)]=X(f)\mathrm{e}^{\pm \mathrm{j}2\pi f t_0} \tag{7-37}$$

此性质表明，若时域中信号沿时间轴平移一个常值 t_0，则对应的频谱函数将乘上因子 $\mathrm{e}^{\pm \mathrm{j}2\pi f t_0}$，即只改变相频谱，不改变幅频谱。时移性质的举例如图 7-15 所示。

5）频移

若 f_0 为常数，则

$$F^{-1}[X(f\pm f_0)]=x(t)\mathrm{e}^{\mp \mathrm{j}2\pi f_0 t} \tag{7-38}$$

此性质表明，若频谱沿频率轴平移一个常值 f_0，则对应的时域函数将乘上因子 $\mathrm{e}^{\mp \mathrm{j}2\pi f_0 t}$。

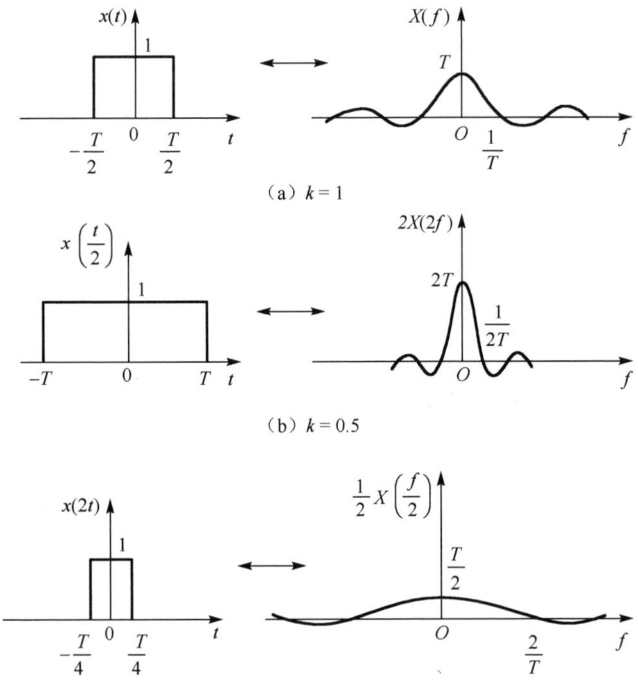

（a）$k=1$

（b）$k=0.5$

（c）$k=2$

图 7-14　尺度改变

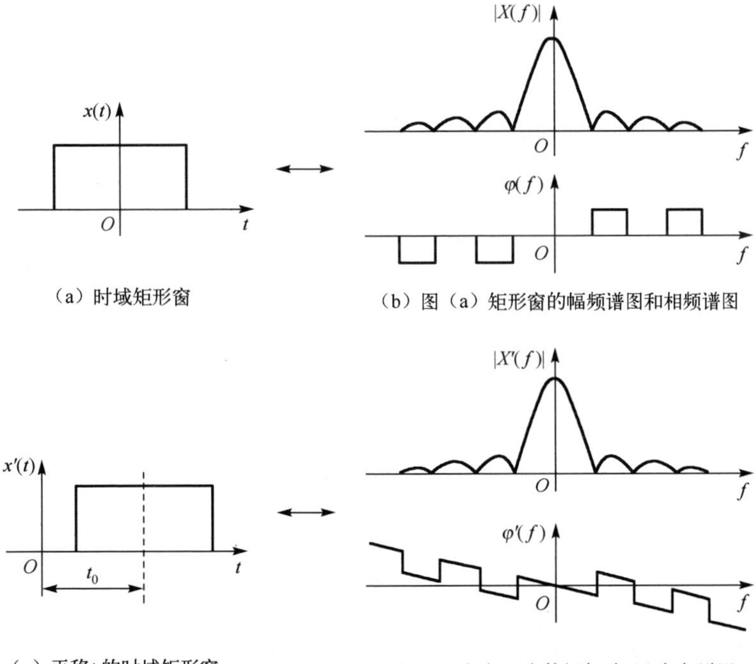

（a）时域矩形窗

（b）图（a）矩形窗的幅频谱图和相频谱图

（c）平移t_0的时域矩形窗

（d）图（c）矩形窗的幅频谱图和相频谱图

图 7-15　时移性质的举例

6）时域微分和积分

若 $X(f)=F[x(t)]$，则有

$$F\left[\frac{\mathrm{d}x(t)}{\mathrm{d}t}\right]=\mathrm{j}2\pi f\,X(f) \tag{7-39}$$

$$F\left[\int_{-\infty}^{t}x(t)\mathrm{d}t\right]=\frac{1}{\mathrm{j}2\pi f}X(f) \tag{7-40}$$

对于高阶微分，有

$$F\left[\frac{\mathrm{d}^n x(t)}{\mathrm{d}t^n}\right]=(\mathrm{j}2\pi f)^n X(f)$$

对于 n 重积分，有

$$F\Bigg[\underbrace{\int_{-\infty}^{t}x(t)\mathrm{d}t\cdots x(t)\mathrm{d}t}_{n\text{重积分}}\Bigg]=\frac{1}{(\mathrm{j}2\pi f)^n}X(f)$$

在振动测试时，如果测得设备的位移、速度、加速度中任意一个参量的频谱，则可由时域微分和积分性质得到其余两个参量的频谱。

7）卷积

定义 $\int_{-\infty}^{t}x_1(\tau)x_2(t-\tau)\mathrm{d}\tau$ 为函数 $x_1(t)$ 和 $x_2(t)$ 的卷积，记作 $x_1(t)*x_2(t)$ 。

若 $X_1(f)=F[x_1(t)]$， $X_2(f)=F[x_2(t)]$，则有

$$F[x_1(t)*x_2(t)]=X_1(f)X_2(f) \tag{7-41}$$

$$F[x_1(t)x_2(t)]=X_1(f)*X_2(f) \tag{7-42}$$

该性质表明，**时域卷积对应频域乘积，时域乘积对应频域卷积**。通常卷积的积分计算比较困难，但是利用卷积性质，可以使信号分析大为简化，因此卷积性质在信号分析及经典控制理论中，都占有重要位置。

7.4　几种典型信号的频谱

7.4.1　单位脉冲函数（δ 函数）的频谱

1. δ 函数的定义

在 ε 时间内激发一个面积为 1 的矩形脉冲 $\delta_\varepsilon(t)$，如图 7-16（a）所示。保持脉冲面积不变，逐渐减小 ε，当 $\varepsilon\to 0$ 时，矩形脉冲 $\delta_\varepsilon(t)$ 的极限称为 δ 函数[见图 7-16（b）]，即

$$\delta(t)=\lim_{\varepsilon\to 0}\delta_\varepsilon(t) \tag{7-43}$$

$\delta(t)$ 的函数值和面积（通常表示能量或强度）分别为

$$\delta(t)=\begin{cases}\infty, & t=0\\ 0, & t\neq 0\end{cases} \tag{7-44}$$

$$\int_{-\infty}^{\infty}\delta(t)\mathrm{d}t=\int_{-\infty}^{\infty}\lim_{\varepsilon\to 0}\delta_\varepsilon(t)\mathrm{d}t=\lim_{\varepsilon\to 0}\int_{-\infty}^{\infty}\delta_\varepsilon(t)\mathrm{d}t=1 \tag{7-45}$$

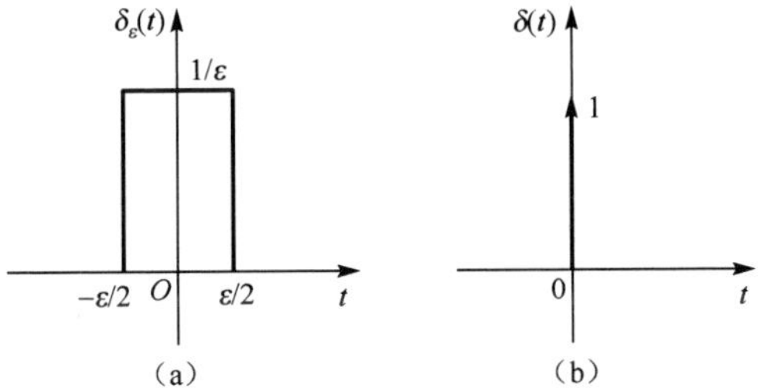

图 7-16　矩形脉冲和 δ 函数

图 7-16（b）所示的 δ 函数是对某些出现过程极短而能量很大的具有冲击性的物理现象的抽象描述，如电网线路中的短时冲击干扰，数字电路中的采样脉冲，力学的瞬间作用力，材料的突然断裂及撞击、爆炸等。这些现象在信号处理中都是通过 δ 函数来分析的，只是函数面积（能量或强度）不一定为 1，而是某一个常数 K。由于引入 δ 函数运用了广义函数理论，所以傅里叶变换可以推广到并不满足绝对可积条件的功率有限的信号范畴。

2．δ 函数的性质

1）采样性质

若 $x(t)$为连续信号，则当 $\delta(t)$ 与 $x(t)$相乘时有

$$x(t)\delta(t)=x(0)\delta(t) \tag{7-46}$$

$$\int_{-\infty}^{\infty}x(t)\delta(t)\mathrm{d}t=x(0)\int_{-\infty}^{\infty}\delta(t)\mathrm{d}t=x(0) \tag{7-47}$$

当 $\delta(t-t_0)$ 与 $x(t)$相乘时有

$$x(t)\delta(t-t_0)=x(t_0)\delta(t-t_0) \tag{7-48}$$

$$\int_{-\infty}^{\infty}x(t)\delta(t-t_0)\mathrm{d}t=\int_{-\infty}^{\infty}x(t_0)\delta(t-t_0)\mathrm{d}t=x(t_0) \tag{7-49}$$

即 δ 函数对连续信号 $x(t)$进行采样的结果为发生在原 δ 函数位置上的一个新的 δ 函数，其面积为 $x(t)$在 δ 函数产生位置上的函数值。

2）卷积性质

$$x(t)*\delta(t)=\int_{-\infty}^{\infty}x(\tau)\delta(t-\tau)\mathrm{d}\tau=\int_{-\infty}^{\infty}x(t)\delta(\tau-t)\mathrm{d}\tau=x(t) \tag{7-50}$$

$$\begin{aligned}x(t)*\delta(t-t_0)&=\int_{-\infty}^{\infty}x(\tau)\delta[(t-t_0)-\tau]\mathrm{d}\tau\\&=\int_{-\infty}^{\infty}x(t-t_0)\delta[\tau-(t-t_0)]\mathrm{d}\tau=x(t-t_0)\end{aligned} \tag{7-51}$$

工程上经常遇到的是频域卷积运算

$$X(f)*\delta(f)=X(f) \tag{7-52}$$

$$X(f)*\delta(f\pm f_0)=X(f\pm f_0) \tag{7-53}$$

可见，函数 $X(f)$ 和 δ 函数卷积的结果相当于把 $X(f)$ 的图形进行平移，以 δ 函数产生的位置作为新坐标位置重新构图，如图 7-17 所示。

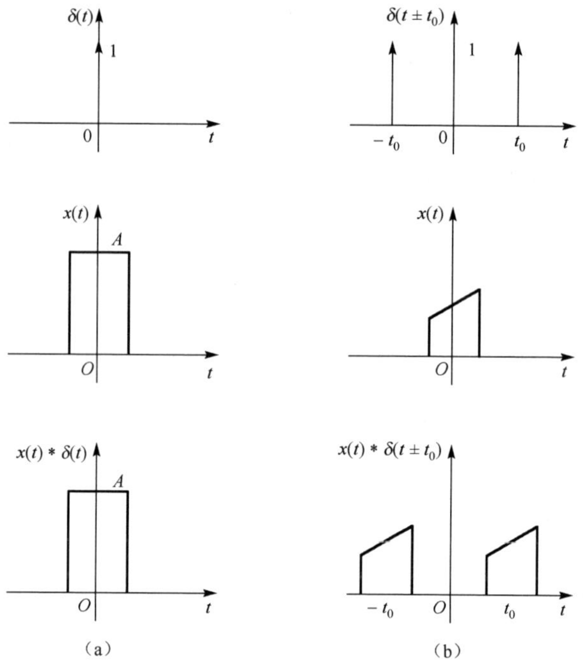

图 7-17　δ 函数与其他函数的卷积

3. δ 函数的频谱

对 $\delta(t)$ 取傅里叶变换

$$\Delta(f)=\int_{-\infty}^{\infty}\delta(t)\mathrm{e}^{-\mathrm{j}2\pi ft}\mathrm{d}t=\mathrm{e}^{-\mathrm{j}2\pi f\cdot 0}=1 \tag{7-54}$$

其逆变换为

$$\delta(t)=\int_{-\infty}^{\infty}1\cdot\mathrm{e}^{\mathrm{j}2\pi ft}\mathrm{d}f \tag{7-55}$$

δ 函数的频谱图如图 7-18 所示。可见，δ 函数具有无线宽广的频谱，且在所有频段上都是等强度的。这种频谱常常被称作均匀谱。

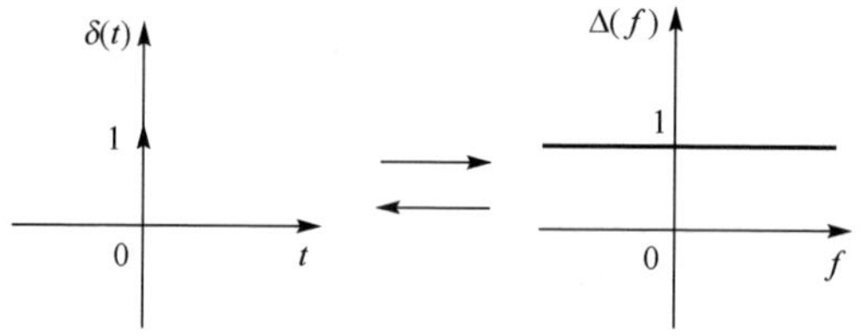

图 7-18　δ 函数的频谱图

根据傅里叶变换的对称性、时移性质和频移性质，还可以得到以下傅里叶变换对：

$$\begin{cases}\delta(t)\Leftrightarrow 1\\ 1\Leftrightarrow\delta(f)\\ \delta(t\pm t_0)\Leftrightarrow \mathrm{e}^{\pm\mathrm{j}2\pi ft_0}\\ \mathrm{e}^{\mp\mathrm{j}2\pi f_0 t}\Leftrightarrow\delta(f\pm f_0)\end{cases} \tag{7-56}$$

7.4.2　矩形窗函数和常值函数的频谱

1．矩形窗函数的频谱

在例 7-3 中已经求出了矩形窗函数的频谱，并用其说明了傅里叶变换的主要性质。需要强调的是，矩形窗函数在时域中的有限区间内取值，但频域中，频谱在频率轴上连续且无限延伸。由于实际工程测试总是在时域中截取有限长度（窗宽范围）的信号，其本质是被测信号与矩形窗函数在时域中相乘，因而所得到的频谱必然是被测信号频谱与矩形窗函数频谱在频域中的卷积，所以实际工程测试得到的频谱也将在频率轴上连续且无限延伸。

2．常值函数的频谱

根据式（7-56）可知，幅值为 1 的常值函数的频谱为 $f=0$ 处的 δ 函数。实际上，利用傅里叶变换的时间尺度改变性质，也可以得出同样的结论：当矩形窗函数的窗宽 $T\to\infty$ 时，矩形窗函数就成为常值函数，其对应的频域森克函数成为 δ 函数。

7.4.3　单边指数函数的频谱

单边指数函数的表达式为 $x(t)=\begin{cases}0, & t<0\\ \mathrm{e}^{-\alpha t}, & t\geqslant 0,\ \alpha>0\end{cases}$。其时域图如图 7-19（a）所示。其傅里叶变换为

$$X(f)=\int_{-\infty}^{\infty}x(t)\mathrm{e}^{-\mathrm{j}2\pi ft}\mathrm{d}t=\int_{0}^{\infty}\mathrm{e}^{-\alpha t}\mathrm{e}^{-\mathrm{j}2\pi ft}\mathrm{d}t=\frac{1}{\alpha+\mathrm{j}2\pi f}$$

$$=\frac{\alpha}{\alpha^2+(2\pi f)^2}-\mathrm{j}\frac{2\pi f}{\alpha^2+(2\pi f)^2} \tag{7-57}$$

于是有

$$|X(f)|=\frac{1}{\sqrt{\alpha^2+(2\pi f)^2}} \tag{7-58}$$

$$\varphi(f)=-\arctan\frac{2\pi f}{\alpha} \tag{7-59}$$

图 7-19（b）所示为其幅频谱图，图 7-19（c）所示为其相频谱图。

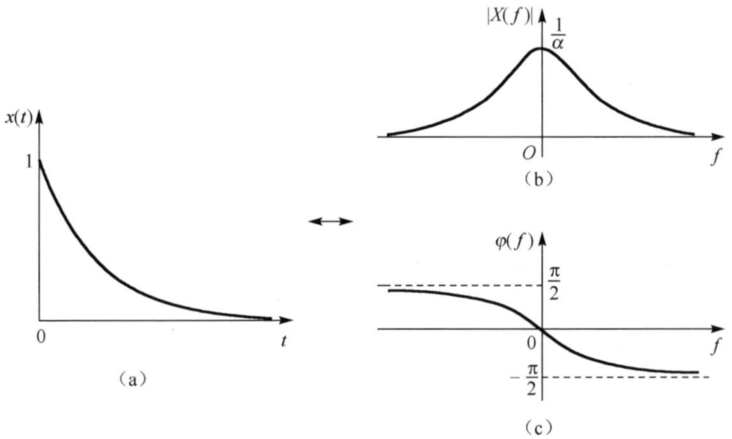

图 7-19　单边指数函数及其频谱图

7.4.4 正弦、余弦函数的频谱

由于周期函数不满足绝对可积条件，因此不能直接进行傅里叶变换，需在进行傅里叶变换时引入δ函数。

1．余弦函数的频谱

利用欧拉公式，余弦函数可以表示为

$$x(t)=\cos(2\pi f_0 t)=\frac{1}{2}(\mathrm{e}^{-\mathrm{j}2\pi f_0 t}+\mathrm{e}^{\mathrm{j}2\pi f_0 t})$$

由式（7-56），可得其傅里叶变换为

$$X(f)=\frac{1}{2}[\delta(f+f_0)+\delta(f-f_0)] \tag{7-60}$$

余弦函数及其频谱图如图 7-20（a）所示。

2．正弦函数的频谱

同理，利用欧拉公式，正弦函数可以表示为

$$x(t)=\sin(2\pi f_0 t)=\frac{\mathrm{j}}{2}(\mathrm{e}^{-\mathrm{j}2\pi f_0 t}-\mathrm{e}^{\mathrm{j}2\pi f_0 t})$$

其傅里叶变换为

$$X(f)=\frac{\mathrm{j}}{2}[\delta(f+f_0)-\delta(f-f_0)] \tag{7-61}$$

正弦函数及其频谱图如图 7-20（b）所示。

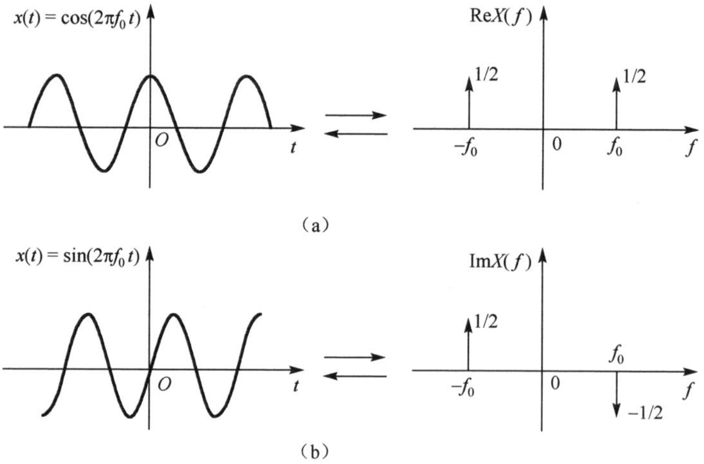

图 7-20 正、余弦函数及其频谱图

7.4.5 周期单位脉冲序列函数的频谱

周期单位脉冲序列函数（又称采样函数）如图 7-21（a）所示，其表达式为

$$g(t)=\sum_{n=-\infty}^{\infty}\delta(t-nT_{\mathrm{s}}),\quad n=0,\pm1,\pm2,\cdots$$

式中，T_s 为周期，频率为 $f_s = 1/T_s$。因为周期单位脉冲序列函数为周期函数，所以可以写成傅里叶级数的复指数形式，即

$$g(t) = \sum_{n=-\infty}^{\infty} c_n e^{j2\pi n f_s t}$$

利用 δ 函数的采样性质，系数 c_n 为

$$\begin{aligned} c_n &= \frac{1}{T_s}\int_{-T_s/2}^{T_s/2} x(t) e^{-j2\pi n f_s t} dt \\ &= \frac{1}{T_s}\int_{-T_s/2}^{T_s/2} \delta(t) e^{-j2\pi n f_s t} dt \\ &= \frac{1}{T_s} \end{aligned}$$

因此，周期单位脉冲序列函数的傅里叶级数的复指数表达式为

$$g(t) = \frac{1}{T_s}\sum_{n=-\infty}^{\infty} e^{j2\pi n f_s t}$$

根据式（7-56）中的 $e^{\mp j2\pi f_0 t} \Leftrightarrow \delta(f \pm f_0)$，可得周期单位脉冲序列函数的频谱为

$$G(f) = \frac{1}{T_s}\sum_{n=-\infty}^{\infty} \delta(f - nf_s) = \frac{1}{T_s}\sum_{n=-\infty}^{\infty} \delta\left(f - \frac{n}{T_s}\right), \quad n = 0, \pm 1, \pm 2, \cdots$$

周期单位脉冲序列函数的频谱图如图 7-21（b）所示。可见，周期单位脉冲序列函数的频谱仍是周期单位脉冲序列。时域周期为 T_s，频域周期为 $1/T_s$；时域脉冲强度为 1，频域脉冲强度为 $1/T_s$。

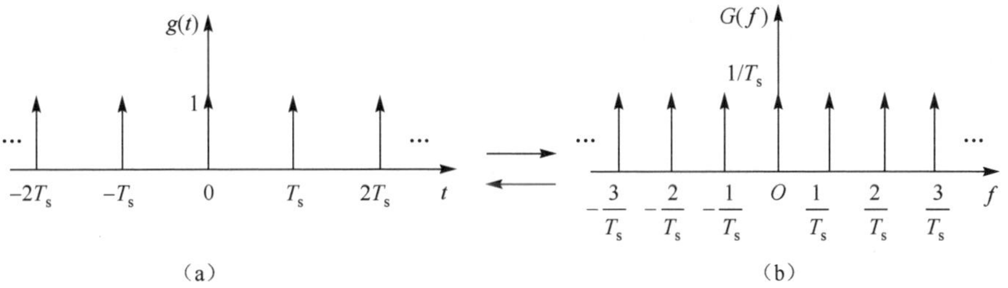

图 7-21　周期单位脉冲序列函数及其频谱图

习　题

7-1　以下信号中，哪个是周期信号？哪个是准周期信号？哪个是瞬变信号？它们的频谱各具有哪些特征？

（1）$\cos(2\pi f_0 t) \cdot e^{-|\pi t|}$；

（2）$\sin(2\pi f_0 t) + 4\sin(f_0 t)$；

（3）$\cos(2\pi f_0 t) + 2\cos(3\pi f_0 t)$。

7-2　已知信号 $x(t) = 4 + 3\cos(t + \pi/4) + 2\cos 2t + \cos(3t + \pi/2)$，请分别画出其单边频谱图

和双边频谱图。

7-3 分别用傅里叶级数的三角函数展开式和复指数展开式，求周期三角波（见图 7-22）的频谱，并作频谱图。

7-4 求三角窗函数（见图 7-23）的频谱，并作频谱图。

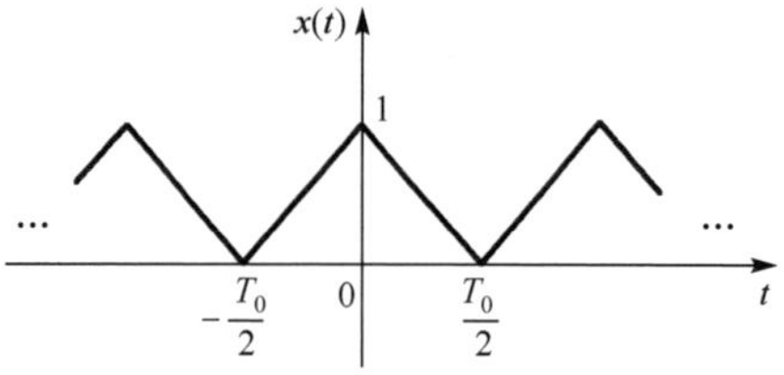

图 7-22 题 7-3 图

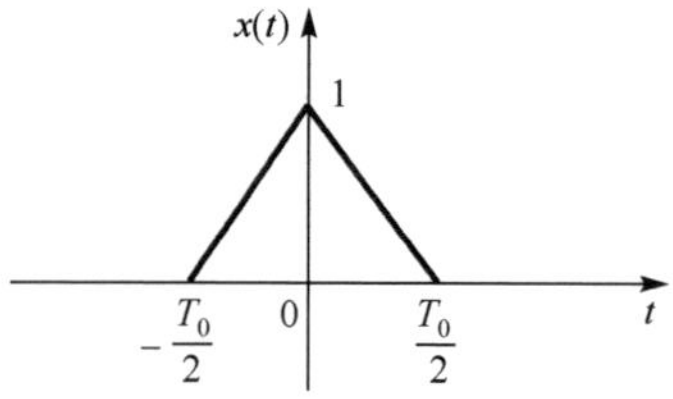

图 7-23 题 7-4 图

7-5 已知某信号 $x(t)$的频谱 $X(f)$（见图 7-24），求 $x(t)\cos(2\pi f_0 t)$ $(f_0 \gg f_m)$ 的频谱，并作频谱图。若 $f_0 < f_m$，则频谱图会出现什么情况？

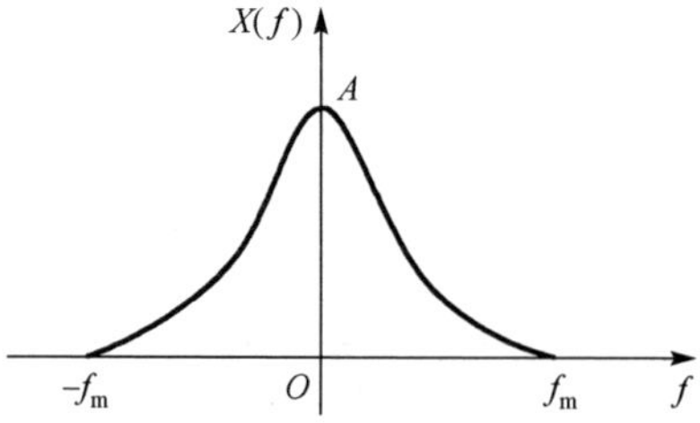

图 7-24 题 7-5 图

7-6 选择题。

（1）周期信号的频谱特点是（　　）。

A．离散的，只发生在基频的整数倍

B．连续的，幅值随着频率的增大而减小

C．连续的，只在有限区间内有非零值

D．离散的，各频率成分的频率比不是有理数

（2）瞬变信号的频谱特点是（　　）。

A．离散的，只发生在基频的整数倍

B．连续的，幅值随着频率的增大而减小

C．连续的，只在有限区间内有非零值

D．离散的，各频率成分的频率比不是有理数

（3）若 $X(f)=F[x(t)]$，k 为不大于零的常数，则有 $F[x(kt)]=$（　　）。

A．$X\left(\frac{f}{k}\right)$　　B．$kX(kf)$　　C．$\frac{1}{k}X(kf)$　　D．$\frac{1}{k}X\left(\frac{f}{k}\right)$

（4）将 $x(t)=A\sin(2t+\varphi)$ 和 $y(t)=B\sin(\sqrt{5}t+\theta)$ 两个信号叠加，其合成信号 $x(t)+y(t)$ 是（　　）。

A．角频率为 2 的周期信号　　B．角频率为 $\sqrt{5}$ 的周期信号

C．准周期信号　　D．随机信号

（5）方波是由（　　）合成的。

A．具有奇数次谐波的时间波形　　B．具有偶数次谐波的时间波形

C．具有整数次谐波的时间波形　　D．以上都不是

（6）若时域信号为 $x(t)y(t)$，则相应的频域信号为（　　）。

A．$X(f)Y(f)$　B．$X(f)+Y(f)$　C．$X(f)*Y(f)$　D．$X(f)-Y(f)$

（7）若频域信号为 $X(f)Y(f)$，则相应的时域信号为（　　）。

A．$x(t)y(t)$　B．$x(t)+y(t)$　C．$x(t)-y(t)$　D．$x(t)*y(t)$

（8）把记录在磁带上的以正常速度 v 播放的信号以 $2v$ 速度重放，并运用信号分析仪进行信号分析，要想把所得频谱变为真实频谱，应当（　　）。

A．频谱幅值除以 2，频率横坐标乘以 2

B．频谱幅值乘以 2，频率横坐标除以 2

C．频谱幅值乘以 1/2，频率横坐标除以 2

D．频谱幅值除以 1/2，频率横坐标乘以 2

第 8 章　测试系统的特性

测试是具有试验性质的测量，是从客观事物中获取有关信息的过程。测试所用的测试系统通常由传感器、信号调理、信号处理、显示记录等环节组成（见图 6-1）。在测试过程中，传感器先将反映被测对象特性的物理量（如压力、加速度、温度等）检测出来并转换为电信号，然后传输给信号调理、信号处理电路，由硬件电路对电信号进行放大、转换、滤波等处理或经 A/D 转换变成数字量，再将结果以电信号或数字信号的方式传输给显示记录装置，最后由显示记录装置将测量结果显示出来，提供给观察者或其他自动控制装置。

为了准确地获得被测对象的信息，测试系统必须可靠、不失真。因此，本章将讨论测试系统的静态、动态特性及其与输入/输出的关系，以及测试系统实现不失真测试的条件等。

8.1　对测试系统的基本要求

测试的目的、要求不同，测试系统的差别会很大。简单的温度测试系统只有一个液柱式温度计，但复杂的测试系统，不仅具有图 6-1 所示的各个环节，而且各环节本身的组成也相当复杂。本章所说的“测试系统”，既可能是由众多环节所构成的复杂的测试系统，也可能是指该测试系统的各组成环节，例如，传感器、放大器、记录器，甚至可能是一个很简单的 RC 滤波单元等。

一般把外界对系统的作用称为系统的输入或激励，而将系统对输入的反应称为系统的输出或响应。测试系统方框图如图 8-1 所示，$x(t)$ 表示测试系统随时间而变化的输入，$y(t)$ 表示测试系统随时间而变化的输出。通常的工程测试问题总是处理输入量 $x(t)$、系统的传输特性和输出量 $y(t)$ 三者之间的关系：

（1）如果输入 $x(t)$ 和输出 $y(t)$ 可测，则可以推断测试系统的传输特性。此时研究对象是测试系统本身，也就是研究测试系统的定度问题。

（2）如果测试系统特性已知，输出 $y(t)$ 可测，则可以推导出相应的输入 $x(t)$。

（3）如果输入 $x(t)$ 和系统特性已知，则可以推断或估计系统的输出 $y(t)$。

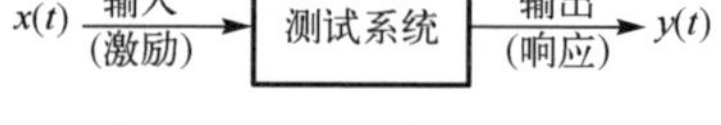

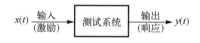

图 8-1　测试系统方框图

理想的测试系统应该具有单值的、确定的输入–输出关系，即对于每一个输入量，都只有单一的输出量与之对应。其中以输出与输入呈线性关系为最佳。但实际测试系统往往无法在较大范围内满足这项要求，只能在较小的工作范围内和在一定的误差允许范围内满足这项要求。

由 3.1.1 节可知，当系统的输入 $x(t)$ 和输出 $y(t)$ 之间的关系可以用常系数线性微分方程［式（8-1）］来描述时，该系统为线性系统。

$$a_n\frac{\mathrm{d}^n y(t)}{\mathrm{d}t^n}+a_{n-1}\frac{\mathrm{d}^{n-1} y(t)}{\mathrm{d}t^{n-1}}+\cdots+a_1\frac{\mathrm{d}y(t)}{\mathrm{d}t}+a_0 y(t)=b_m\frac{\mathrm{d}^m x(t)}{\mathrm{d}t^m}+b_{m-1}\frac{\mathrm{d}^{m-1} x(t)}{\mathrm{d}t^{m-1}}+\cdots+b_1\frac{\mathrm{d}x(t)}{\mathrm{d}t}+b_0 x(t) \tag{8-1}$$

式中，t 为时间自变量；系数 $a_n, a_{n-1}, \cdots, a_0$ 和 $b_m, b_{m-1}, \cdots, b_0$ 均为不随时间变化的常数。

对于测试系统，其结构及其所用元件的参数决定了系数 $a_n, a_{n-1}, \cdots, a_0$ 和 $b_m, b_{m-1}, \cdots, b_0$ 的大小及其量纲。

根据 3.3.2 节中线性系统的主要性质可知，线性系统的频率保持性在测试工作中具有非常重要的作用。因为在实际测试中，测试得到的信号常常会受到其他信号或噪声的干扰，这时依据频率保持性可以认定在测得信号中只有与输入信号具有相同频率成分的信号才是真正由输入引起的输出。同样地，在故障诊断中，根据测得信号的主要频率成分，在排除干扰的基础上，依据频率保持性可推出输入信号也应包含该频率成分，通过寻找产生该频率成分的原因，就可以诊断出产生故障的原因。

8.2　测试系统的静态特性

静态指不随时间变化或变化非常缓慢以至于可以忽略的状态。静态特性是指当测试系统的输入为不随时间变化或随时间变化非常缓慢的信号时，系统的输出与输入之间的关系。

如果测试系统的输入和输出都是基本不随时间变化的常量，则式（8-1）中的各微分项均为零。式（8-1）变为

$$y=\frac{b_0}{a_0}x=Sx$$

也就是说，理想定常线性系统的输出与输入之间呈单调、线性比例的关系，即输入-输出关系是一条理想的直线，斜率 $S=b_0/a_0$ 为常数。

但是实际测试系统往往并非理想定常线性系统，输入-输出曲线并不是理想的直线。测试系统的静态特性就是在静态测量情况下描述实际测试系统与理想定常线性系统的接近程度。常用来表示实际测试系统的静态特性的参数主要有非线性度、灵敏度、回程误差等。

8.2.1　非线性度

非线性度是指测试系统的输入与输出保持常值线性比例关系的程度。在静态测量中，通常用实验的方法测定系统的输入-输出关系曲线，该曲线也被称为**定度曲线**。通常，定度曲线并非直线，需要用直线对其进行拟合。定度曲线偏离其拟合直线的程度称为**非线性度**（见图 8-2）。在系统的标称输出范围（全量程）A 内，定度曲线与拟合直线的最大偏差 B 与 A 的百分比即非线性度，常用百分数表示。

$$\text{非线性度}=\frac{B}{A}\times 100\% \tag{8-2}$$

测试系统的非线性度是无量纲的，它是测试系统的一个非常重要的精度指标。至于拟合直线的确定，目前国内外还没有统一的标准。常用的主要有两种，即端基直线和独立直线。

端基直线是指通过测量范围的上下限点的直线，如图 8-2（a）所示。显然，用端基直线来代替实际的输入-输出曲线，其求解过程比较简单，但是其非线性度较差。

独立直线是指使输入-输出曲线上各点的线性误差 B_i 的平方和最小，即 $\sum B_i^2$ 最小的直线，如图 8-2（b）所示。用最小二乘法确定的独立直线作为拟合直线，其非线性度较好。

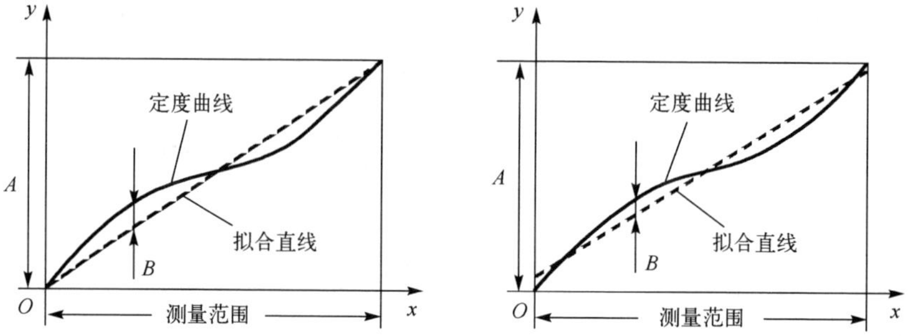

（a）端基直线　　（b）独立直线

图 8-2　非线性度

8.2.2　灵敏度

灵敏度表征的是测试系统对输入信号变化的一种反应能力。若系统的输入有一个增量 Δx，引起输出产生相应增量 Δy，则定义灵敏度 S 为

$$S = \frac{\Delta y}{\Delta x} \tag{8-3}$$

对于输入与输出呈直线关系的测试系统，其灵敏度 S 为直线的斜率，为常数。但实际测试系统的输入与输出之间往往并非呈直线关系，此时灵敏度的几何意义是输入-输出曲线上指定点的斜率。各点的斜率可能有所不同，灵敏度也并非常数。当用直线对定度曲线进行拟合时，可以用拟合直线的斜率作为其灵敏度。

灵敏度的量纲取决于输入量和输出量的量纲。例如，某位移传感器在位移变化 1mm 时，输出电压变化 300mV，则其灵敏度 $S = 300\text{mV}/\text{mm}$。当输入量与输出量的量纲相同时，灵敏度是一个无量纲的数，此时常称之为放大倍数。如一种机械式位移传感器，当输入位移变化 0.01mm 时，输出位移变化 10mm，此时 $S = 1000$，无量纲。

如果测试系统由多个环节串联组成，那么总的灵敏度等于各环节灵敏度的乘积。

8.2.3　分辨力

分辨力是指测试系统所能检测出来的输入量的最小变化量，通常以最小单位输出量所对应的输入量来表示。分辨力与灵敏度有密切的关系，是灵敏度的倒数。

一个测试系统的分辨力越高，表示它所能检测出的输入量的最小变化量越小。对于数字测试系统，其输出显示系统的最后一位所代表的输入量即该系统的分辨力；对于模拟测试系统，用其输出指示标尺最小分度值的一半所代表的输入量来表示其分辨力。例如，一个数字电压表最低位数字显示变化一个字的示值差为 $1\mu\text{V}$，其分辨力为 $1\mu\text{V}$；线纹尺的最小分度值为 1mm，其分辨力为 0.5mm。

8.2.4　回程误差

回程误差也称为滞后，表示测试系统的输出与输入变化方向有关的特性。仪器仪表中的磁性材料的磁滞、弹性材料的迟滞现象，以及机械结构中的摩擦和游隙等原因，反映在测试过程中，输入量在递增过程（正行程）中的定度曲线与输入量在递减过程（反行程）中的定度曲线往往不重合，如图 8-3 所示。

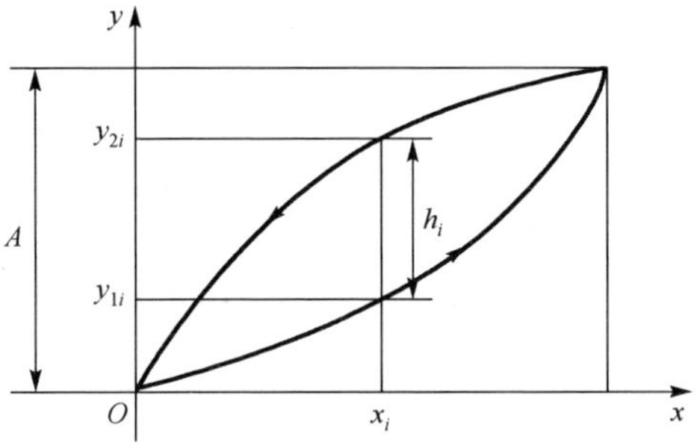

图 8-3　回程误差

对应于同一输入量的两输出量之差的最大值与标称输出范围的百分比称为回程误差。即

$$回程误差=\frac{|h_i|_{\max}}{A}\times 100\% \tag{8-4}$$

8.2.5　漂移

漂移是指测试系统在输入不变的条件下，输出随时间变化的趋势。在规定的条件下，当输入不变时，在规定时间内输出的变化称为点漂。在测试系统测试范围最低值处的点漂，称为零点漂移，简称零漂。

产生漂移的原因有两个：一个是仪器自身结构参数的变化；另一个是周围环境的变化（如温度、湿度等）对输出的影响。最常见的漂移是温漂，即由于周围的温度变化而引起输出的变化，进一步引起测试系统的灵敏度和零位发生漂移，即灵敏度漂移和零点漂移。

本节主要描述的是测试系统静态特性的常用指标。在选择或设计一个测试系统时，要根据被测对象的情况、精度要求、测试环境等因素经济合理地选取各项指标。

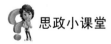

思政小课堂

遵守职业道德规范

一些企业在环保监测相关数据方面进行造假，在传感器的探头上添加滤纸，或者通过调节来降低探头的灵敏度，从而实现让监测数据满足标准的目的。

个别不法商家通过调整灵敏度生产七两秤或八两秤，坑害消费者。

同学们在学习生活中应该遵纪守法、诚实守信，做良心人、办良心事。

8.3 测试系统的动态特性

测试系统的动态特性是指当输入量随时间变化时，其输出随输入变化的关系。一般地，在所考虑的测量范围内，测试系统都可以认为是线性系统，可以用式（8-1）这一定常线性系统微分方程来描述测试系统及系统与输入 $x(t)$、输出 $y(t)$ 之间的关系，但在使用时有许多不便。因此，常通过拉普拉斯变换建立其相应的传递函数，通过傅里叶变换建立其相应的频率响应函数，以便更简便地描述测试系统的动态特性。

8.3.1 传递函数

当线性系统的初始状态为零，即其输入量、输出量及各阶导数均为零时。设 $X(s)$ 和 $Y(s)$ 分别为输入 $x(t)$ 和输出 $y(t)$ 的拉普拉斯变换，则对式（8-1）进行拉普拉斯变换，得

$$(a_n s^n + a_{n-1}s^{n-1} + \cdots + a_1 s + a_0)Y(s) = (b_m s^m + b_{m-1}s^{m-1} + \cdots + b_1 s + b_0)X(s)$$

定义系统的传递函数 $H(s)$ 为输出量和输入量的拉普拉斯变换之比，即

$$H(s) = \frac{Y(s)}{X(s)} = \frac{b_m s^m + b_{m-1}s^{m-1} + \cdots + b_1 s + b_0}{a_n s^n + a_{n-1}s^{n-1} + \cdots + a_1 s + a_0} \tag{8-5}$$

式中，s 是复变量，即 $s = \alpha + \mathrm{j}\omega$。

传递函数是对测试系统动态特性的一种解析描述，它包含了瞬态、稳态时间响应和频率响应的全部信息。传递函数有以下几个特点：

（1）$H(s)$ 描述了系统本身的动态特性，与输入 $x(t)$ 及系统的初始状态无关。

（2）$H(s)$ 是对物理系统特性的一种数学描述，与系统的具体物理结构无关。$H(s)$ 是通过对实际的物理系统抽象成数学模型式（8-1）后，经过拉普拉斯变换后所得出的，所以同一传递函数可以表征具有相同传输特性的不同物理系统。

（3）$H(s)$ 中的分母取决于系统的结构，而分子则表示系统同外界之间的联系，如输入点的位置、输入方式、被测量及测量点的布置情况等。分母中 s 的幂次 n 代表系统微分方程的阶数，如当 $n=1$ 或 $n=2$ 时，系统分别被称为一阶系统或二阶系统。

一般测试系统都是稳定系统，其分母中 s 的幂次 n 总是高于分子中 s 的幂次 m。

8.3.2 频率响应函数

1. 频率响应函数的概念

传递函数 $H(s)$ 是在复数域中描述和考查系统的特性的，与在时域中用微分方程来描述和考查系统的特性相比有许多优点。频率响应函数是在频域中描述和考查系统的特性的。与传递函数相比，频率响应函数易通过实验建立，且其物理概念清楚，利用它和传递函数的关系，极易求出传递函数。

在系统传递函数 $H(s)$ 已知的情况下，令 $H(s)$ 中 s 的实部为零，即 $s = \mathrm{j}\omega$，便可以求得频率响应函数 $H(\omega)$。对于定常线性系统，其频率响应函数 $H(\omega)$ 为

$$H(\omega)=\frac{Y(\omega)}{X(\omega)}=\frac{b_m(\mathrm{j}\omega)^m+b_{m-1}(\mathrm{j}\omega)^{m-1}+\cdots+b_1(\mathrm{j}\omega)+b_0}{a_n(\mathrm{j}\omega)^n+a_{n-1}(\mathrm{j}\omega)^{n-1}+\cdots+a_1(\mathrm{j}\omega)+a_0} \tag{8-6}$$

式中，$\mathrm{j}=\sqrt{-1}$。

若在 $t=0$ 时刻将输入信号接入定常线性系统，则在拉普拉斯变换中令 $s=\mathrm{j}\omega$，实际上就是将拉普拉斯变换变成傅里叶变换。又由于系统的初始条件为零，因此系统的频率响应函数 $H(\omega)$ 就成为输出 $y(t)$、输入 $x(t)$ 的傅里叶变换 $Y(\omega)$、$X(\omega)$ 之比，即

$$H(\omega)=\frac{Y(\omega)}{X(\omega)} \tag{8-7}$$

根据式（8-7）可知，在测得输出 $y(t)$ 和输入 $x(t)$ 后，由其傅里叶变换 $Y(\omega)$ 和 $X(\omega)$ 可求得频率响应函数 $H(\omega)=Y(\omega)/X(\omega)$。

需要注意的是，频率响应函数描述系统的简谐输入和其稳态输出的关系，在测量系统的频率响应函数时，必须在系统响应达到稳态阶段时才测量。

2．频率响应函数的物理意义

频率响应函数是复函数，因此可以写为

$$H(\omega)=P(\omega)+\mathrm{j}Q(\omega)=A(\omega)\mathrm{e}^{\mathrm{j}\varphi(\omega)} \tag{8-8}$$

式中，$P(\omega)$ 为频率响应函数的实部；$Q(\omega)$ 为频率响应函数的虚部；$A(\omega)$ 为系统的幅频特性；$\varphi(\omega)$ 为系统的相频特性。

由上式可知，系统的频率响应函数 $H(\omega)$ 及其幅频特性 $A(\omega)$、相频特性 $\varphi(\omega)$ 都是简谐输入频率 ω 的函数，并且有如下关系：

$$A(\omega)=\sqrt{P^2(\omega)+Q^2(\omega)} \tag{8-9}$$

$$\varphi(\omega)=\arctan\frac{Q(\omega)}{P(\omega)} \tag{8-10}$$

根据定常线性系统的频率保持性，系统在简谐信号 $x(t)=X_0\sin(\omega t)$ 的激励下所产生的稳态输出也是同频率的简谐信号 $y(t)=Y_0\sin(\omega t+\varphi)$。

设输入、输出信号的傅里叶变换分别为 $X(\omega)$ 和 $Y(\omega)$，即 $X(\omega)=F[x(t)]$，$Y(\omega)=F[y(t)]$，则由式（7-30）可得

$$X(\omega)=|X(\omega)|\mathrm{e}^{\mathrm{j}\varphi_X(\omega)}$$

$$Y(\omega)=|Y(\omega)|\mathrm{e}^{\mathrm{j}\varphi_Y(\omega)}$$

式中，$|X(\omega)|$ 为输入信号的幅频谱；$|Y(\omega)|$ 为输出信号的幅频谱；$\varphi_X(\omega)$ 为输入信号的相频谱；$\varphi_Y(\omega)$ 为输出信号的相频谱。

由傅里叶变换的定义，有

$$H(\omega)=\frac{Y(\omega)}{X(\omega)}=\frac{|Y(\omega)|\mathrm{e}^{\mathrm{j}\varphi_Y(\omega)}}{|X(\omega)|\mathrm{e}^{\mathrm{j}\varphi_X(\omega)}}=\frac{|Y(\omega)|}{|X(\omega)|}\mathrm{e}^{\mathrm{j}[\varphi_Y(\omega)-\varphi_X(\omega)]}$$

将上式与式（8-8）对比可得

$$\begin{cases} A(\omega)=\dfrac{|Y(\omega)|}{|X(\omega)|} \\ \varphi(\omega)=\varphi_Y(\omega)-\varphi_X(\omega) \end{cases} \tag{8-11}$$

由上式可知，定常线性系统在简谐信号的激励下，其稳态输出信号和输入信号的幅值比就是该系统的幅频特性 $A(\omega)$；稳态输出信号与输入信号的相位差就是该系统的相频特性 $\varphi(\omega)$；两者统称为系统的频率特性。因此，系统的频率特性就是系统在简谐信号的激励下，其稳态输出信号与输入信号的幅值比、相位差随激励频率 ω 变化的特性。

尽管频率响应函数是对简谐激励而言的，但是由于任何信号都可分解成简谐信号的叠加，因而在任何复杂信号的输入下，系统的频率特性也是适用的。这时，幅频、相频特性分别表征系统对输入信号中各个频率分量幅值的缩放能力和相位角前后移动的能力。

其实，用频率响应函数来描述系统的最大优点是它可以通过实验来求得。实验求得频率响应函数的原理比较简单明了。可依次用不同频率 ω_i 的简谐信号去激励被测系统，同时测出激励对系统的稳态输出的幅值 X_{oi}、Y_{oi} 和相位差 φ_i。这样对于某个 ω_i 便有一组 $A(\omega_i)=Y_{oi}/X_{oi}$ 和 $\varphi(\omega_i)=\varphi_i$，全部的 $A(\omega_i)$-ω 和 $\varphi(\omega_i)$-ω（$i=1,2,\cdots$）曲线，便可表达系统的频率响应函数，这也是后面第 8.8.2 节中频率响应法的原理。

上述逐点改变简谐信号频率，测出频率响应函数的实验方法是一种基本的传统方法，显然这种方法十分烦琐费时。随着计算机及数字信号分析技术的飞速发展，将脉冲信号或随机噪声（如白噪声）信号作为系统的输入，运用快速傅里叶变换（FFT）技术，可很快得到频率响应函数。

3．频率响应函数的图形表示

为研究问题方便，常用曲线来描述系统的传输特性，如幅频特性曲线、相频特性曲线、伯德图、奈奎斯特图等。

1）幅频特性曲线和相频特性曲线

以 ω 为自变量，分别以 $A(\omega)$ 和 $\varphi(\omega)$ 为因变量画出的曲线 $A(\omega)$-ω 和 $\varphi(\omega)$-ω 分别称为系统的幅频特性曲线和相频特性曲线。它们表示出测试系统的输出与输入的幅值比和相位差随频率 ω 的变化关系。

2）伯德图

在实际作图时，常对自变量 ω 取对数，将 $\lg\omega$ 作为横坐标，幅值坐标取分贝数，将 $20\lg A(\omega)$ 作为纵坐标，作 $20\lg A(\omega)$-$\lg\omega$ 和 $\varphi(\omega)$-$\lg\omega$ 曲线，两者分别称为对数幅频特性曲线和对数相频特性曲线，总称为伯德图（Bode 图）。伯德图把 ω 轴按对数进行了压缩，便于对较宽范围的信号进行研究，使用更方便。

3）奈奎斯特图

以 ω 为横坐标，分别以 $H(\omega)$ 的实部 $P(\omega)$ 和虚部 $Q(\omega)$ 为纵坐标画出的曲线 $P(\omega)$-ω 和 $Q(\omega)$-ω 分别称为系统的实频特性曲线和虚频特性曲线。

如果将 $H(\omega)$ 的虚部和实部分别作为纵坐标和横坐标，则曲线 $Q(\omega)$-$P(\omega)$ 称为奈奎斯特图（Nyquist 图），它反映了在频率变化过程中系统响应 $H(\omega)$ 的变化。

8.3.3　脉冲响应函数

若测试系统的输入为单位脉冲信号，即 $x(t)=\delta(t)$，则其拉普拉斯变换为 $X(s)=1$。因此，由传递函数的定义，有

$$H(s)=X(s)Y(s)=Y(s)$$

经拉普拉斯逆变换，有

$$y(t)=h(t)$$

$h(t)$ 为当测试系统输入单位脉冲信号时所引起的系统的输出，常被称为脉冲响应函数。脉冲响应函数 $h(t)$ 可作为测试系统动态特性的时域描述。

至此，测试系统的动态特性的描述方法有：在时域可以用脉冲响应函数 $h(t)$ 来描述，在频域可以用频率响应函数 $H(\omega)$ 来描述，在复数域可以用传递函数 $H(s)$ 来描述。三者之间的关系是一一对应的，脉冲响应函数 $h(t)$ 和频率响应函数 $H(\omega)$ 是一对傅里叶变换对，脉冲响应函数 $h(t)$ 和传递函数 $H(s)$ 是一对拉普拉斯变换对。

8.4　环节的串联和并联

一个测试系统通常是由若干环节组成的，系统的传递函数与各环节的传递函数之间的关系取决于各环节之间的结构形式。

图 8-4 所示为两个传递函数分别为 $H_1(s)$ 和 $H_2(s)$ 的环节经串联后组成的测试系统 $H(s)$，其传递函数为

$$H(s)=\frac{Y(s)}{X(s)}=\frac{Z(s)}{X(s)}\cdot\frac{Y(s)}{Z(s)}=H_1(s)\cdot H_2(s)$$

类似地，由 n 个环节串联组成的系统的传递函数为

$$H(s)=\prod_{i=1}^{n}H_i(s) \tag{8-12}$$

系统的频率响应函数为

$$H(\omega)=\prod_{i=1}^{n}H_i(\omega) \tag{8-13}$$

其幅频、相频特性为

$$\begin{cases} A(\omega)=\prod_{i=1}^{n}A_i(\omega) \\ \varphi(\omega)=\sum_{i=1}^{n}\varphi_i(\omega) \end{cases} \tag{8-14}$$

图 8-5 所示为两个传递函数分别为 $H_1(s)$ 和 $H_2(s)$ 的环节经并联后组成的测试系统 $H(s)$，其传递函数为

$$H(s)=\frac{Y(s)}{X(s)}=\frac{Y_1(s)+Y_2(s)}{X(s)}=\frac{Y_1(s)}{X(s)}+\frac{Y_2(s)}{X(s)}=H_1(s)+H_2(s)$$

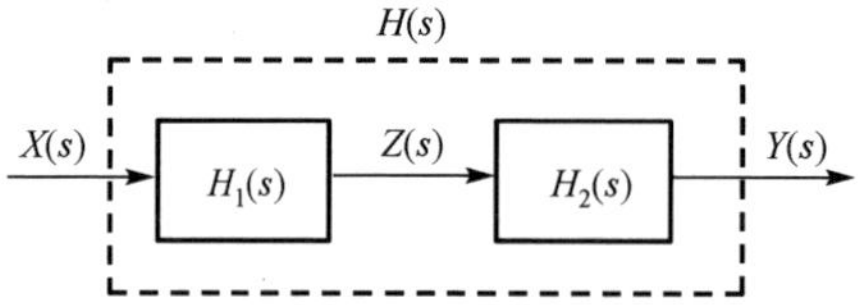

图 8-4　两个环节经串联后组成的测试系统

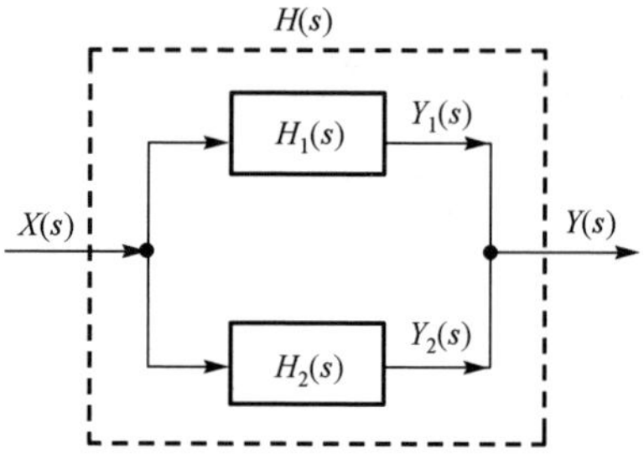

图 8-5　两个环节经并联后组成的测试系统

同样地，由 n 个环节并联组成的系统的传递函数为

$$H(s)=\sum_{i=1}^{n}H_i(s) \tag{8-15}$$

系统的频率响应函数为

$$H(\omega)=\sum_{i=1}^{n}H_i(\omega) \tag{8-16}$$

对于稳定的高阶测试系统，在式（8-5）中，$n>m$，其分母可以分解为 s 的一次和二次实系数因子式，即

$$a_n s^n + a_{n-1}s^{n-1}+\cdots+a_1 s+a_0=a_n\prod_{i=1}^{r}(s+p_i)\prod_{i=1}^{(n-r)/2}(s^2+2\zeta_i\omega_{ni}s+\omega_{ni}^2)$$

式中，p_i、ζ_i 和 ω_{ni} 为实常数，其中，$\zeta_i<1$。故式（8-5）也可以改写为

$$H(s)=\sum_{i=1}^{r}\frac{q_i}{s+p_i}+\sum_{i=1}^{(n-r)/2}\frac{\alpha_i s+\beta_i}{s^2+2\zeta_i\omega_{ni}s+\omega_{ni}^2}$$

式中，α_i、β_i 和 q_i 为实常数。

由上式可见，任何一个高于二阶的系统都可以看成是若干个一阶和二阶系统的并联或串联。因此，一阶和二阶系统是分析和研究高阶、复杂系统的基础。

8.5　一阶和二阶系统的动态特性

8.5.1　一阶系统的动态特性

对于图 8-6 所示的 RC 电路，若电路的输入电压为 $x(t)$，输出电压为 $y(t)$，则它们之间有下列关系：

$$C\frac{\mathrm{d}y(t)}{\mathrm{d}t}=\frac{x(t)-y(t)}{R}$$

即

$$RC\frac{\mathrm{d}y(t)}{\mathrm{d}t}+y(t)=x(t)$$

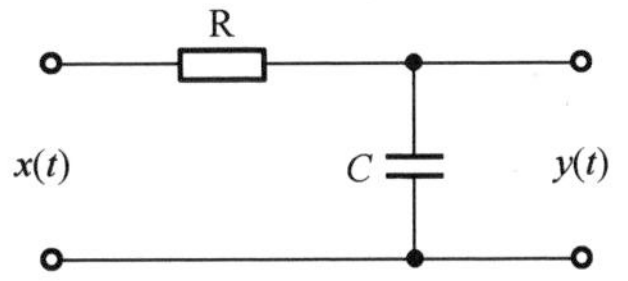

图 8-6　RC 电路

可见，此电路的传输特性具有一阶系统的特性。令 $\tau = RC$（τ 称为一阶系统的时间常数），则有

$$\tau \frac{\mathrm{d}y(t)}{\mathrm{d}t} + y(t) = x(t)$$

对上式等号两边同时进行拉普拉斯变换，得 $\tau sY(s) + Y(s) = X(s)$，即

$$(\tau s + 1)Y(s) = X(s)$$

由传递函数的定义可得

$$H(s) = \frac{Y(s)}{X(s)} = \frac{1}{\tau s + 1} \tag{8-17}$$

将 $s = \mathrm{j}\omega$ 代入上式，可得一阶系统的频率响应函数为

$$H(\omega) = \frac{1}{\mathrm{j}\tau\omega + 1} = \frac{1}{1 + (\tau\omega)^2} - \mathrm{j}\frac{\tau\omega}{1 + (\tau\omega)^2} \tag{8-18}$$

其幅频特性和相频特性分别为

$$A(\omega) = \sqrt{P^2(\omega) + Q^2(\omega)} = \frac{1}{\sqrt{1 + (\tau\omega)^2}} \tag{8-19}$$

$$\varphi(\omega) = \arctan\frac{Q(\omega)}{P(\omega)} = -\arctan(\tau\omega) \tag{8-20}$$

$\varphi(\omega)$ 为负值表示输出信号的相位滞后于输入信号的相位。根据式（8-19）和式（8-20）可以画出一阶系统的幅频特性曲线和相频特性曲线，如图 8-7 所示。图 8-8 和图 8-9 所示分别为一阶系统的伯德图和奈奎斯特图。

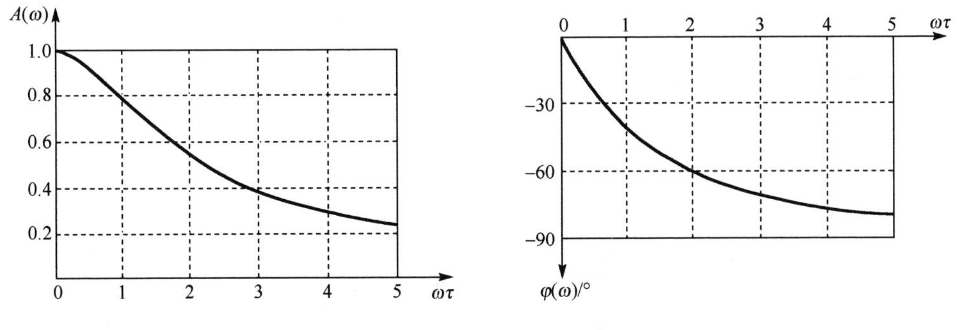

（a）幅频特性曲线　（b）相频特性曲线

图 8-7　一阶系统的频率特性曲线

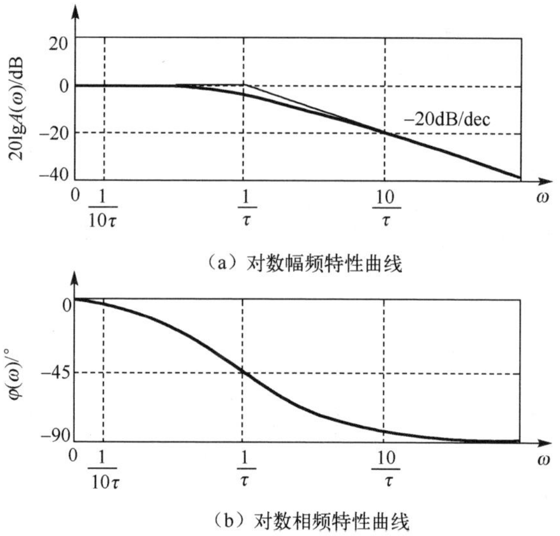

图 8-8 一阶系统的伯德图

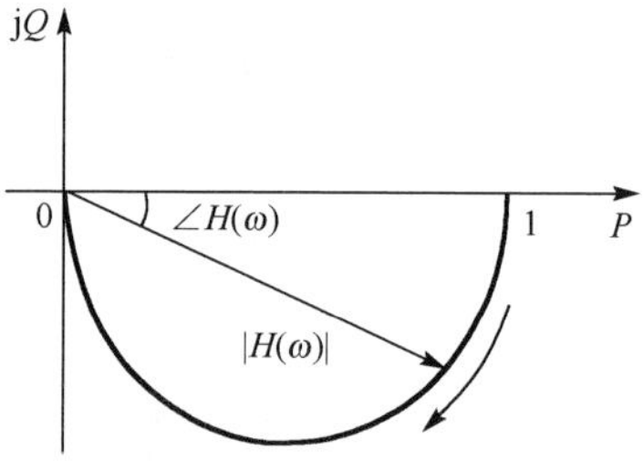

图 8-9 一阶系统的奈奎斯特图

一阶系统的脉冲响应函数为

$$h(t)=\frac{1}{\tau}\mathrm{e}^{-t/\tau},\quad t\geqslant 0 \tag{8-21}$$

图 8-10 所示为一阶系统的脉冲响应函数曲线。

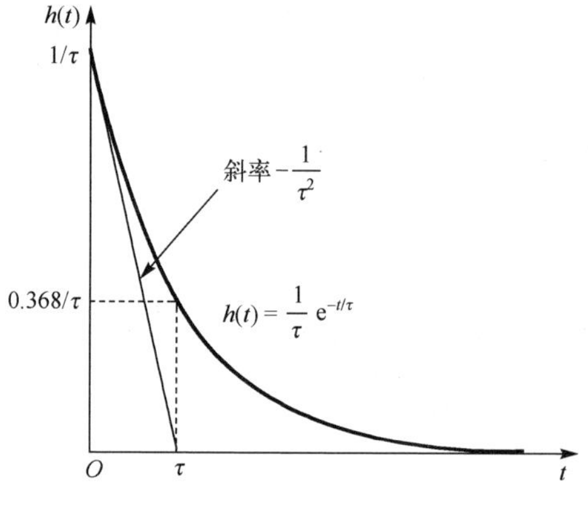

图 8-10 一阶系统的脉冲响应函数曲线

由图 8-7～图 8-10 可知，一阶系统有如下特点：

（1）当激励频率ω远小于$1/\tau$（约$\omega<1/(5\tau)$）时，$A(\omega)$的值接近于 1（误差不超过 2%），输出、输入的幅值几乎相等。

当$\omega>(2\sim3)/\tau$，即$\omega\tau\gg1$时，$H(\omega)\approx1/(\mathrm{j}\omega\tau)$，与之相应的微分方程为

$$y(t)=\frac{1}{\tau}\int_0^t x(t)\mathrm{d}t$$

即输出和输入的积分成正比，此时的一阶系统相当于一个积分器。其中，$A(\omega)$几乎与激励频率成反比，相位滞后 90°。故一阶测试系统适用于测量缓变或低频的被测量。

（2）时间常数τ是反映一阶系统特性的重要参数，实际上它决定了该装置适用的频率范

围。在 8-7（a）和图 8-8 中，当 $\omega=1/\tau$ 时，$A(\omega)$ 为 0.707，$20\lg A(\omega)=-3\text{dB}$，相位滞后 45°。

一阶系统的伯德图可以用一条折线来近似描述。该折线在 $\omega<1/\tau$ 段为 $A(\omega)=1$ 的水平线，在 $\omega>1/\tau$ 段为斜率是–20dB/dec 的直线。$1/\tau$ 称为转折频率，在该点处折线偏离实际曲线的误差最大，为–3dB。所谓–20dB/dec，是指频率每增加 10 倍，$A(\omega)$ 下降 20dB。例如，在图 8-8（a）中，ω 在 $1/\tau \sim 10/\tau$ 之间，斜直线通过纵坐标相差 20dB 的两点。

在幅值误差一定的情况下，时间常数 τ 越小，一阶系统的转折频率越高，系统的工作频率范围越宽。

（3）由图 8-10 可知，时间常数 τ 能够反映一阶系统响应的快慢。τ 越小，系统响应速度越快。

在常见的测量装置中，液柱式温度计及忽略质量的弹簧-阻尼振动系统等都属于一阶系统。

8.5.2　二阶系统的动态特性

图 8-11 所示为动圈式仪表振子，该系统是一个典型的二阶系统。在笔式记录仪和光线示波器等动圈式振子中，固定的永久磁铁所形成的磁场和通电线圈所形成的磁场相互作用，产生的电磁转矩使线圈带动指针做偏转运动，偏转的转动惯量会受到扭转阻尼转矩和弹性恢复转矩的作用。根据牛顿第二定律，这个系统输入与输出的关系可以用二阶微分方程描述，即

$$J\frac{\mathrm{d}^2\theta(t)}{\mathrm{d}t^2}+C\frac{\mathrm{d}\theta(t)}{\mathrm{d}t}+k_\theta\theta(t)=k_i i(t) \tag{8-22}$$

式中，$i(t)$ 为输入线圈的电流信号；$\theta(t)$ 为振子（动圈）的角位移输出信号；J 为转动惯量，取决于振子转动部分的结构、形状和质量；C 为阻尼系数，包括空气阻尼、电磁阻尼、油阻尼等；k_θ 为游丝的扭转刚度；k_i 为电磁转矩系数，与动圈绕组在气隙中的有效面积、匝数和磁感应强度等有关。

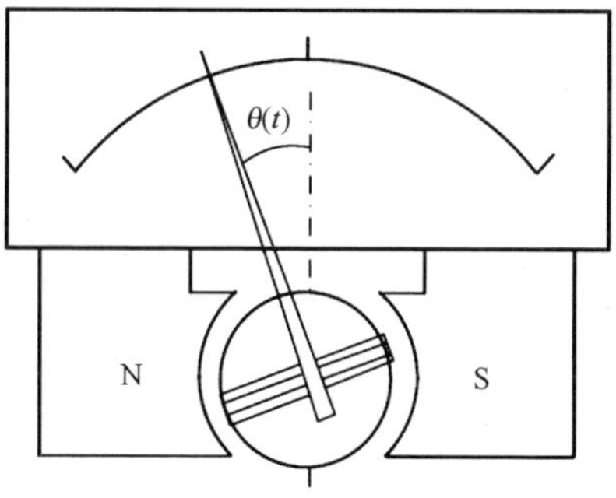

图 8-11　动圈式仪表振子

对式（8-22）进行拉普拉斯变换后，可得动圈式仪表振子系统的传递函数为

$$H(s)=\frac{\theta(s)}{I(s)}=\frac{\dfrac{k_i}{J}}{s^2+\dfrac{C}{J}s+\dfrac{k_\theta}{J}}=\frac{S\omega_\mathrm{n}^2}{s^2+2\xi\omega_\mathrm{n}s+\omega_\mathrm{n}^2}$$

式中，$\omega_\mathrm{n}=\sqrt{k_\theta/J}$，为系统的固有频率；$\xi=C/(2\sqrt{k_\theta J})$，为系统的阻尼比；$S=k_i/J$，为系统的灵敏度。

不难理解，ω_n、ξ 和 S 都取决于系统的结构参数。系统一经组成或装置调整完毕，其阻尼比、固有频率和灵敏度也随之确定。在考查动态特性时，令 $S=1$，得到归一化处理后的二阶系统的传递函数为

$$H(s)=\frac{\omega_n^2}{s^2+2\xi\omega_n s+\omega_n^2} \tag{8-23}$$

其频率响应函数为

$$H(\omega)=\frac{1}{\left[1-\left(\frac{\omega}{\omega_n}\right)^2\right]+j2\xi\frac{\omega}{\omega_n}} \tag{8-24}$$

其幅频特性和相频特性分别为

$$A(\omega)=\frac{1}{\sqrt{\left[1-\left(\frac{\omega}{\omega_n}\right)^2\right]^2+4\xi^2\left(\frac{\omega}{\omega_n}\right)^2}} \tag{8-25}$$

$$\varphi(\omega)=-\arctan\frac{2\xi\left(\frac{\omega}{\omega_n}\right)}{1-\left(\frac{\omega}{\omega_n}\right)^2} \tag{8-26}$$

图 8-12～图 8-14 所示分别为二阶系统的幅频、相频特性曲线，伯德图和奈奎斯特图。

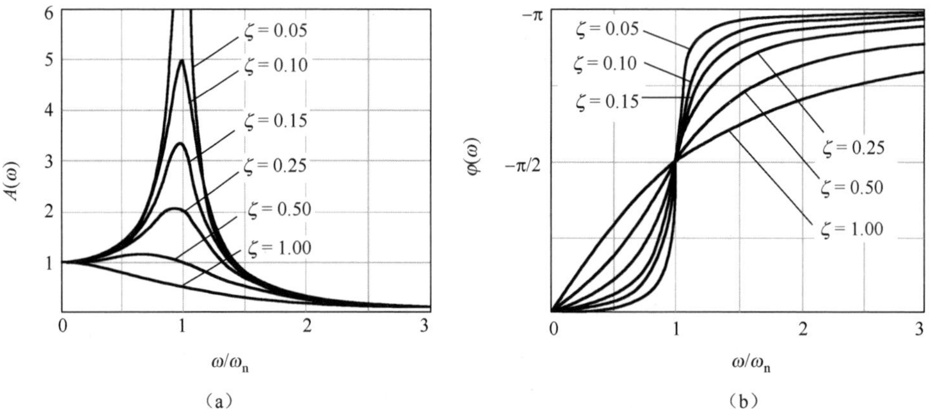

图 8-12　二阶系统的幅频、相频特性曲线

二阶系统的脉冲响应函数为

$$h(t)=\frac{A_0\omega_n}{\sqrt{1-\xi^2}}e^{-\xi\omega_n t}\sin(\sqrt{1-\xi^2}\,\omega_n t) \tag{8-27}$$

图 8-15 所示为二阶系统的脉冲响应曲线。

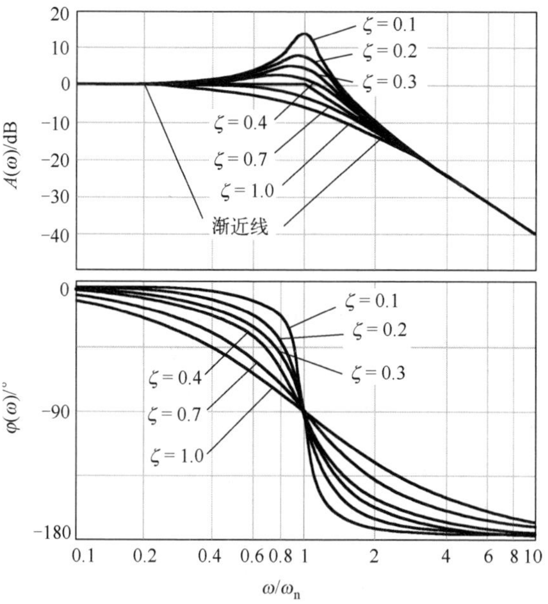

图 8-13　二阶系统的伯德图

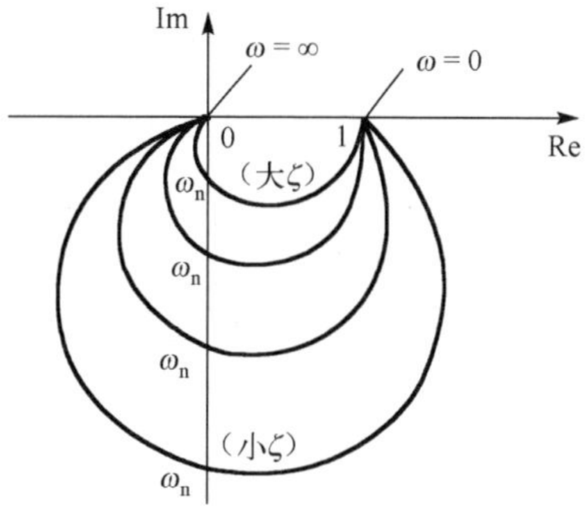

图 8-14　二阶系统的奈奎斯特图

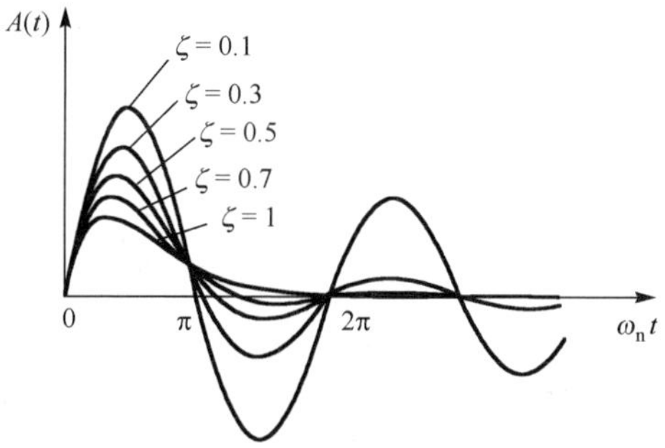

图 8-15　二阶系统的脉冲响应曲线

由图 8-12～图 8-15 可知，二阶系统有如下特点：

（1）当 $\omega \ll \omega_n$ 时，$A(\omega) \approx 1$；当 $\omega \gg \omega_n$ 时，$A(\omega) \to 0$，如图 8-12（a）所示。

（2）影响二阶系统动态特性的参数是固有频率 ω_n 和阻尼比 ξ。

在 $\omega < \omega_n$ 并靠近坐标原点的一段，$A(\omega)$ 比较接近水平直线，$\varphi(\omega)$ 也与 ω 呈线性关系，可以进行动态不失真测试。若测试系统的固有频率 ω_n 较高，则相应的 $A(\omega)$ 的水平直线段会较长一些，系统的工作频率范围便大一些。另外，当系统的阻尼比 $\xi = 0.6 \sim 0.8$ 时，$A(\omega)$ 的水平直线段也会相应的长一些，$\varphi(\omega)$ 与 ω 之间也在较宽频率范围内接近线性，系统的工作频率范围较大。分析表明，当 $\xi = 0.7$，ω 在 $(0 \sim 0.58)\omega_n$ 的范围内时，$A(\omega)$ 的变化范围不超过 5%，同时 $\varphi(\omega)$ 也接近于过坐标原点的斜直线。

当 $\omega = \omega_n$ 时，$A(\omega) = 1/(2\xi)$，若系统的阻尼比很小，则输出幅值将急剧增大。在 $\omega = \omega_n$ 附近，系统将发生共振，此时系统输出的相位滞后输入相位 90° 左右。

当 $\omega > 2.5\omega_n$ 时，$\varphi(\omega)$ 接近于−180°，即输出与输入相位相反。$A(\omega)$ 接近水平直线段，输出幅值比输入幅值小很多。

图 8-16 所示为在不同谐振频率的输入作用下二阶系统的稳态输出，图中可以直观地显示

幅频、相频特性曲线的物理意义。输入信号 $x(t)$ 由 4 个输入分量叠加而成，包括 1 个直流分量和 3 个正弦分量。图 8-16 形象地显示出每个输出分量与输入分量的幅值增益、相角滞后与幅频特性、相频特性的对应关系。

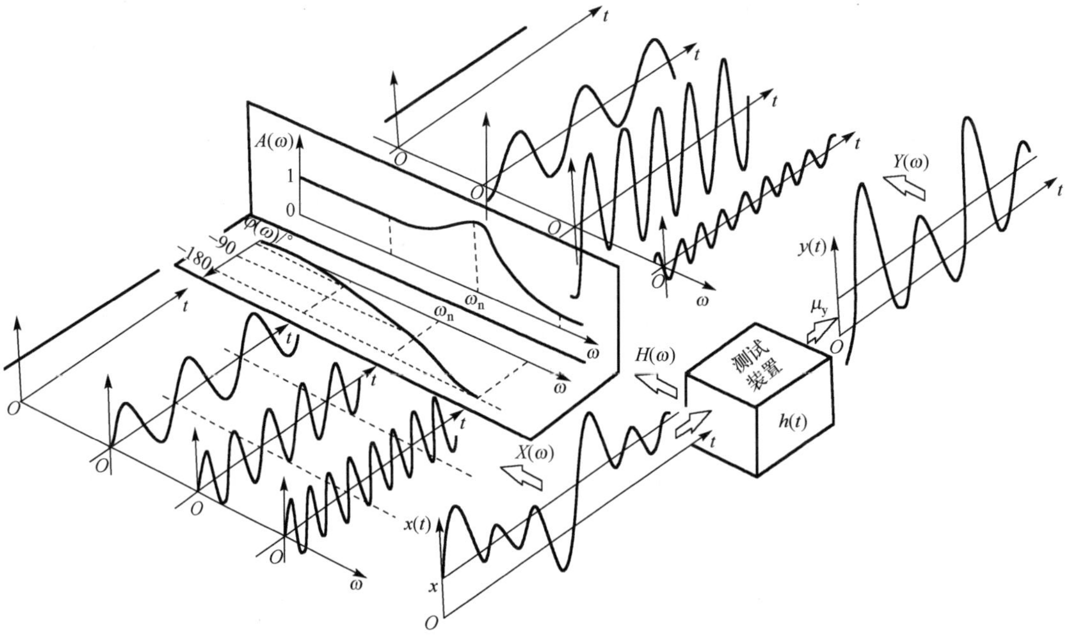

图 8-16 在不同谐振频率的输入作用下二阶系统的稳态输出

典型的二阶系统还有弹簧-质量-阻尼器机械平移系统和 RLC 电路等。

8.6 测试系统在典型输入下的响应

当线性系统的初始状态为零时，由频率响应函数的定义，可得频域中测试系统的输出为

$$Y(\omega) = H(\omega)X(\omega) \tag{8-28}$$

由传递函数的定义，可得复数域中测试系统的输出为

$$Y(s) = H(s)X(s) \tag{8-29}$$

对上式进行拉普拉斯逆变换，有

$$y(t) = L^{-1}[Y(s)] = L^{-1}[H(s)X(s)]$$

式中，L^{-1} 表示拉普拉斯逆变换。

另外，根据拉普拉斯变换的卷积特性，有

$$y(t) = x(t) * h(t) \tag{8-30}$$

即从时域看，系统的输出 $y(t)$ 就是输入 $x(t)$ 与系统的脉冲响应函数 $h(t)$ 的卷积。

下面讨论测试系统在单位阶跃信号输入和单位正弦信号输入下的响应，并假设系统的静态灵敏度 $S = 1$。

8.6.1　测试系统在单位阶跃信号输入下的响应

图 8-17 所示的信号为单位阶跃信号，其定义为

$$x(t)=1(t)=\begin{cases}0, & t<0\\ 1, & t\geqslant 0\end{cases}$$

其拉普拉斯变换为

$$X(s)=\frac{1}{s}$$

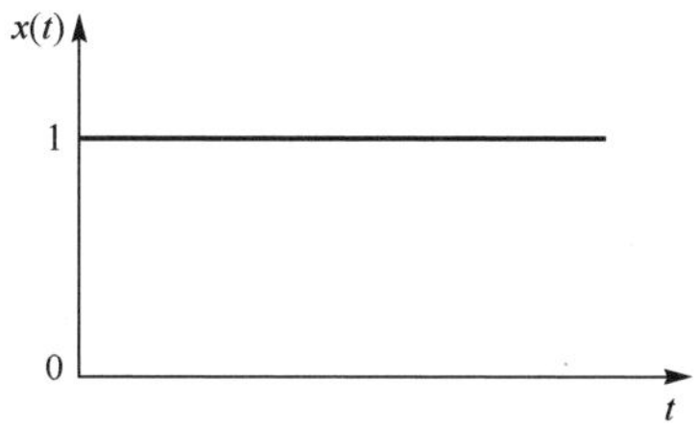

图 8-17　单位阶跃信号

一阶系统的单位阶跃响应（见图 8-18）为

$$y(t)=1-\mathrm{e}^{-t/\tau} \tag{8-31}$$

二阶系统的单位阶跃响应（见图 8-19）为

$$y(t)=1-\frac{\mathrm{e}^{-\xi\omega_{\mathrm{n}}t}}{\sqrt{1-\xi^2}}\sin(\omega_{\mathrm{d}}t+\varphi) \tag{8-32}$$

式中，$\omega_{\mathrm{d}}=\omega_{\mathrm{n}}\sqrt{1-\xi^2}$，$\varphi=\arctan(\sqrt{1-\xi^2}/\xi)$，$\xi<1$。

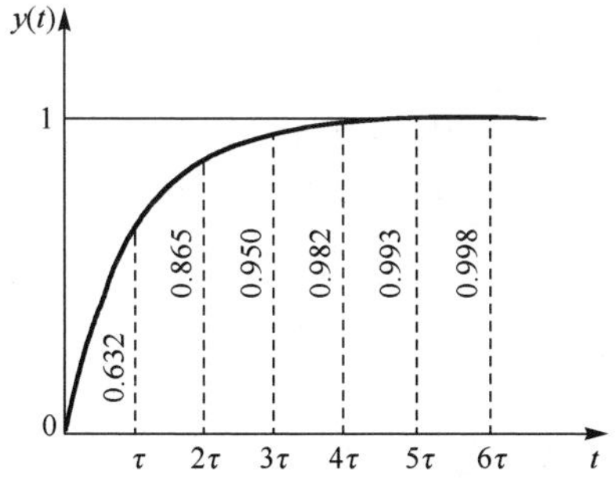

图 8-18　一阶系统的单位阶跃响应

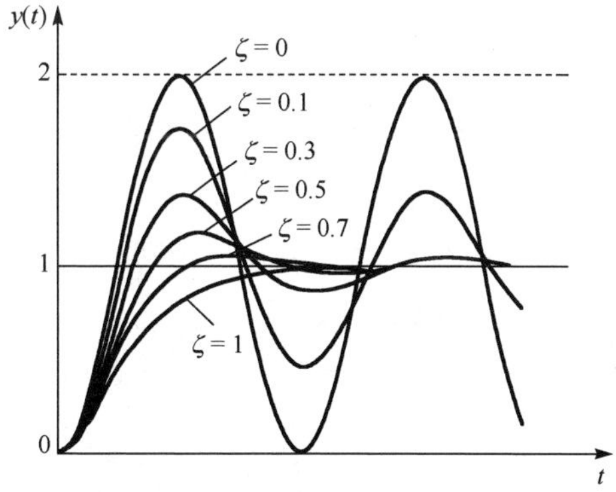

图 8-19　二阶系统的单位阶跃响应

由图 8-18 可知，一阶系统在单位阶跃信号激励下的稳态输出误差为零，并且，进入稳态的时间 $t\to\infty$。但是，当 $t=4\tau$ 时，$y(4\tau)=0.982$，误差小于 2%；当 $t=5\tau$ 时，$y(5\tau)=0.993$，误差小于 1%。所以对一阶系统来说，时间常数 τ 越小，响应越快。

由图 8-19 可知，二阶系统在单位阶跃信号激励下的稳态输出误差也为零。进入稳态的时间取决于系统的固有频率 ω_{n} 和阻尼比 ξ。ω_{n} 越高，系统响应越快。阻尼比主要影响超调量

和振荡次数。当$\xi=0$时，超调量为100%，且持续振荡；当$\xi\geqslant 1$时，系统实质为两个一阶系统的串联，虽无振荡，但达到稳态的时间较长。通常取ξ为0.6～0.8，此时，最大超调量在10%～2.5%之间，达到稳态的时间最短，约为$(5\sim 7)/\omega_{\mathrm{n}}$，稳态误差在5%～2%之间。

在工程中，对系统的突然加载或突然卸载都视为对系统施加一个阶跃输入。由于施加这种输入既简单易行，又可以反映出系统的动态特性，因此常被用于系统的动态测定。

8.6.2 测试系统在单位正弦信号输入下的响应

单位正弦输入信号的定义为

$$x(t)=\sin(\omega t),\quad t>0$$

其拉普拉斯变换为

$$X(s)=\frac{\omega}{s^2+\omega^2}$$

一阶系统的单位正弦响应（见图8-20）为

$$y(t)=\frac{1}{\sqrt{1+(\omega\tau)^2}}[\sin(\omega t+\varphi_1)-\mathrm{e}^{-t/\tau}\cos\varphi_1] \tag{8-33}$$

式中，$\varphi_1=-\arctan(\omega\tau)$。

二阶系统的单位正弦响应（见图8-21）为

$$y(t)=A(\omega)\sin[\omega t+\varphi(\omega)]-\mathrm{e}^{-\xi\omega_{\mathrm{n}}t}[K_1\cos(\omega_{\mathrm{d}}t)+K_2\sin(\omega_{\mathrm{d}}t)] \tag{8-34}$$

式中，K_1和K_2是与系统的固有频率ω_{n}和阻尼比ξ有关的系数，$A(\omega)$和$\varphi(\omega)$分别为二阶系统的幅频特性和相频特性。

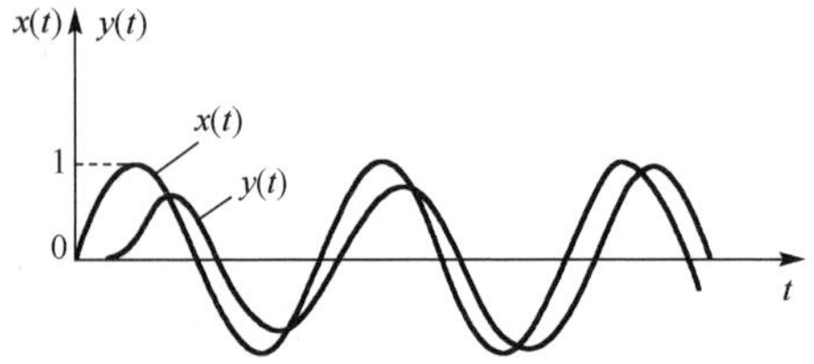

图8-20 一阶系统的单位正弦响应

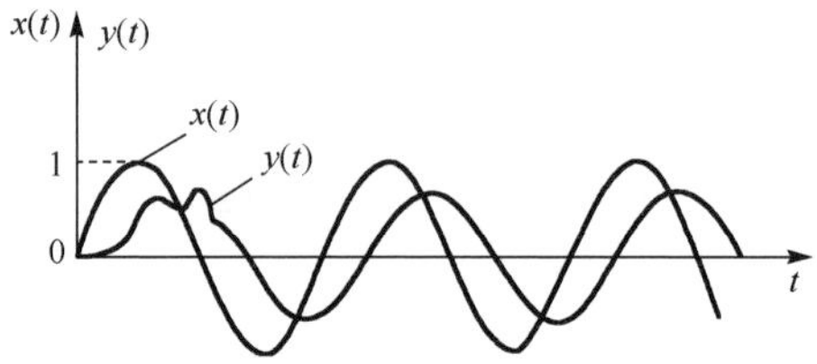

图8-21 二阶系统的单位正弦响应

可见，单位正弦信号输入的稳态输出也是同频率的正弦信号，所不同的是，在不同频率下，其幅值响应和相位滞后都不相同，它们都是输入频率的函数。因此，可以用不同频率的正弦信号去激励测试系统，观察其输出响应的幅值变化和相位滞后，从而得到系统的动态特性。这是测定系统的动态特性常用的方法之一。

8.7 实现不失真测试的条件

测试的目的是获得被测对象的原始信息。这就要求在测试过程中采取相应的技术手段，使测试系统的输出信号能够真实、准确地反映出被测对象的信息。这种测试称为不失真测试。所谓不失真，是指测试系统的响应波形与激励的波形相比，只有幅值大小和出现的时刻有所不同，不存在形状上的变化。

设测试系统的输入为$x(t)$，若想实现不失真测试，则该测试系统的输出$y(t)$应满足

$$y(t) = A_0 x(t - t_0) \tag{8-35}$$

式中，A_0、t_0 均为常数。

式（8-35）即测试系统在时域内实现不失真测试的条件。此时，测试系统的输出波形与输入波形相似，只是幅值放大到 A_0 倍，相位产生了位移 t_0，如图 8-22 所示。

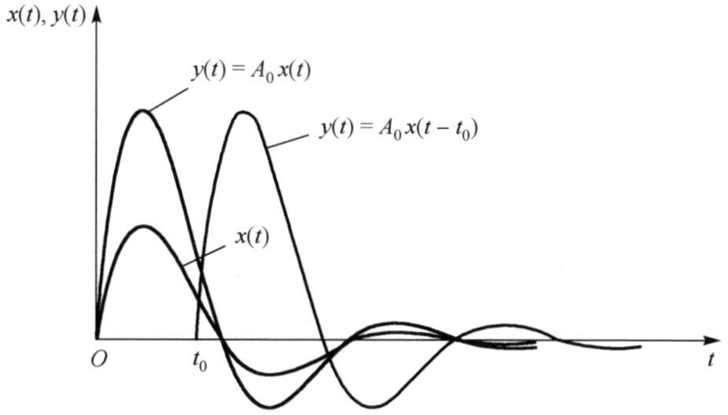

图 8-22　测试系统在时域内不失真测试的条件

将式（8-35）进行傅里叶变换，得

$$Y(\omega) = A_0 \mathrm{e}^{-\mathrm{j}t_0\omega} X(\omega)$$

当测试系统的初始状态为零，即 $t < 0$ 时，$x(t) = 0$，$y(t) = 0$，测试系统的频率响应函数为

$$H(\omega) = \frac{Y(\omega)}{X(\omega)} = A_0 \mathrm{e}^{-\mathrm{j}t_0\omega}$$

其幅频特性和相频特性分别为

$$A(\omega) = A_0 \tag{8-36}$$

$$\varphi(\omega) = -t_0\omega \tag{8-37}$$

由此可见，式（8-36）和式（8-37）为测试系统在频域内实现不失真测试的条件，即幅频特性曲线是一条平行于 ω 轴的直线，相频特性曲线是一条斜率为 $-t_0$ 的过原点的直线，如图 8-23 所示。

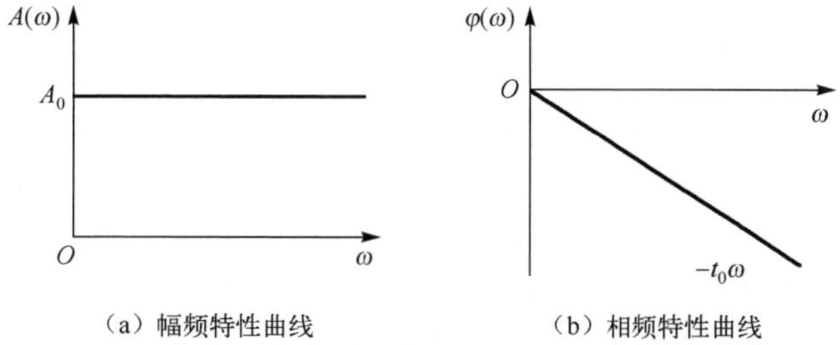

（a）幅频特性曲线　　（b）相频特性曲线

图 8-23　测试系统在频域内实现不失真测试的条件

应该指出的是，上述不失真测试的条件是指波形不失真的条件。在实际测试过程中，要根据不同的测试目的合理利用这个条件。如果测试的目的只是测量被测量的波形，那么上述条件完全可以满足要求。但如果测试的结果要用来作为反馈控制信息，这时就要特别注意：在上述条件中，输出信号的波形相对输入信号的波形在相位上，或者说在时间上是有滞后的，

这种滞后有可能会导致系统的稳定性遭到破坏，需要对输出信号的幅值和相位进行适当的处理后才能用作反馈信号。

任何一个测试系统不可能在非常宽广的频带内满足不失真测试条件，将 $A(\omega)$ 不等于常数时所引起的失真称为幅值失真，$\varphi(\omega)$ 与 ω 之间的非线性关系所引起的失真称为相位失真。一般情况下，测试系统既有幅值失真又有相位失真。为此，只能尽量地采取一定的技术手段将波形失真控制在一定的误差范围之内。

在实际的测试过程中，为了减小由于波形失真而带来的测试误差，除了要根据被测信号的频带选择合适的测试系统外，通常还要对输入信号进行一定的前置处理，以减少或消除干扰信号，尽量提高信噪比。另外，在选用和设计某一测试系统时，还要根据所需测试的信息内容来合理地选择恰当的参数。例如，在振动测试或故障诊断时，常常只需测试出振动中的频率成分及其强度，而不必研究其变化波形。在这种情况下，幅频特性或幅值失真是最重要的指标，而其相频特性或相位失真的指标无须要求过高。

对一阶系统来说，如果时间常数 τ 越小，则测试系统的响应速度越快，可以在较宽的频带内有较小的波形失真误差。所以，一阶系统的时间常数 τ 越小越好。

对二阶系统来说，当 $\omega < 0.3\omega_n$ 或 $\omega > (2.5\sim3)\omega_n$ 时，其频率特性受阻尼比 ξ 的影响就很小。当 $\omega < 0.3\omega_n$ 时，$\varphi(\omega)$ 的数值较小，$\varphi(\omega)$-ω 特性曲线接近于直线。$A(\omega)$ 的变化不超过 10%，输出波形的失真较小；当 $\omega > (2.5\sim3)\omega_n$ 时，$\varphi(\omega)\approx180^\circ$，此时可以通过减去固定相位或反相 180° 的数据处理方法，使其相频特性基本满足不失真的测试条件，但 $A(\omega)$ 值较小，必要时可提高增益；当 $0.3\omega_n < \omega < 2.5\omega_n$ 时，其频率特性受阻尼比 ξ 的影响较大，需进行具体分析。当 ξ 为0.6～0.8时，二阶系统具有较好的综合特性。例如，当 $\xi = 0.7$，ω 在 $(0\sim0.58)\omega_n$ 的范围内时，$A(\omega)$ 的变化不超过 5%，同时 $\varphi(\omega)$-ω 特性曲线也接近于直线，所以此时波形失真较小。

由于测试系统通常是由若干测试装置所组成的，因此只有保证所使用的每一个测试装置满足不失真的测试条件，才能使最终的输出波形不失真。

8.8 测试系统特性参数的测定

为了保证测试结果的精度，测试系统在出厂前或使用前需要进行定度或定期校准。测试系统特性参数的测定包括静态特性参数和动态特性参数的测定。

8.8.1 测试系统静态特性参数的测定

测试系统静态特性参数的测定是一种特殊的测试，它选择经过校准的“标准”静态量作为测试系统的输入，求出其输入-输出特性曲线。所采用的“标准”输入量误差应当是所要求测试结果误差的 $1/3\sim1/5$ 或更小。具体的测定过程如下。

1. 作输入-输出特性曲线

将“标准”输入量在满量程的测量范围内均匀地等分成 n 个输入点 x_i（$i=1,2,\cdots,n$），按正、反行程进行相同的 m 次测量（一次测量包括一个正行程和一个反行程），得到 $2m$ 条输入-输出特性曲线，如图 8-24 所示。

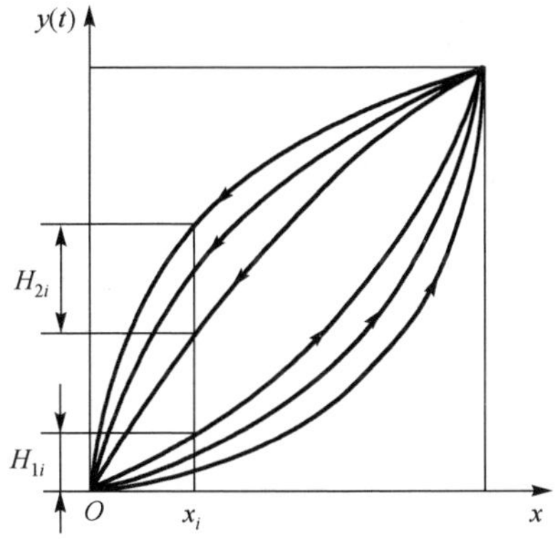

图 8-24　正、反行程输入-输出特性曲线

2．求重复性误差 H_1 和 H_2

正行程的重复性误差 H_1 为

$$H_1 = \frac{\{H_{1i}\}_{\max}}{A} \times 100\%$$

式中，H_{1i} 为输入量 x_i（$i=1,2,\cdots,n$）所对应的正行程的重复性误差；A 为测试系统的满量程值；$\{H_{1i}\}_{\max}$ 为在满量程 A 内正行程中各点重复性误差的最大值。

反行程的重复性误差 H_2 为

$$H_2 = \frac{\{H_{2i}\}_{\max}}{A} \times 100\%$$

式中，H_{2i} 为输入量 x_i（$i=1,2,\cdots,n$）所对应的反行程的重复性误差；$\{H_{2i}\}_{\max}$ 为在满量程 A 内反行程中各点重复性误差的最大值。

3．作正、反行程的平均输入-输出曲线

计算正行程曲线对应于输入 x_i 的各点输出平均值 $\overline{y}_{1i}$ 和反行程曲线对应于输入 x_i 的各点输出平均值 $\overline{y}_{2i}$。

$$\overline{y}_{1i} = \frac{1}{m}\sum_{j=1}^{m}(y_{1ij})$$

$$\overline{y}_{2i} = \frac{1}{m}\sum_{j=1}^{m}(y_{2ij})$$

式中，y_{1ij}，y_{2ij} 分别为对应于输入 x_i 的第 j 次正行程曲线和反行程曲线的输出值，$j=1,2,\cdots,m$。

作出正、反行程的平均输入-输出曲线，如图 8-25 所示。

4．求回程误差

回程误差为

$$h = \frac{|\overline{y}_{2i} - \overline{y}_{1i}|_{\max}}{A} \times 100\%$$

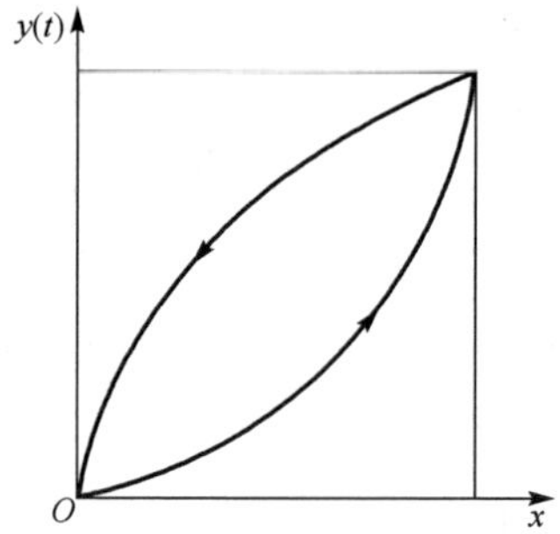

图 8-25　正、反行程的平均输入-输出曲线

5．求定度曲线

定度曲线为

$$y_i = \frac{1}{2}(\overline{y}_{1i} + \overline{y}_{2i})$$

将定度曲线作为测试系统的输入-输出特性曲线，可以消除各种误差的影响，使其更接近实际输入-输出特性曲线。

6．求拟合直线，计算非线性度和灵敏度

根据定度曲线，按最小二乘法求拟合直线，根据式（8-2）求非线性度。拟合直线的斜率即灵敏度。

8.8.2　测试系统动态特性参数的测定

系统动态特性是其内在的一种属性，这种属性只有在系统受到激励之后才能显现出来，同时隐含在系统的响应之中。因此，研究测试系统动态特性的测定，应首先研究采用何种输入信号作为系统的激励，其次要研究如何从系统的输出响应中提取出系统的动态特性参数。对于一阶系统，其动态特性参数是时间常数 τ；对于二阶系统，其动态特性参数是固有频率 ω_{n} 和阻尼比 ξ。

常用的动态测定方法有阶跃响应法和频率响应法。

1．阶跃响应法

阶跃响应法以单位阶跃信号作为测试系统的输入，通过对系统输出响应的测试，从中计算出系统的动态特性参数。这种方法实质上是一种瞬态响应法，即通过输出响应的过渡过程来测定系统的动态特性。

1）一阶系统动态特性参数的求取

对一阶系统来说，时间常数 τ 是唯一表征系统动态特性的参数，由图 8-18 可知，当输出响应达到稳态值的 63.2%时，所需要的时间就是一阶系统的时间常数。显然，这种方法很难做到精确的测试，而且没有涉及测试的全过程，所以求解的结果精度较低。

为获得较高精度的测试结果，式（8-31）可以改写成

$$1 - y(t) = \mathrm{e}^{-t/\tau}$$

或

$$\ln[1-y(t)]=-\frac{1}{\tau}\cdot t \tag{8-38}$$

根据试验数据 $y(t)$，可以作出 $\ln[1-y(t)]$-t 曲线，通过求该直线的斜率，即可获得时间常数 τ。

2）二阶系统动态特性参数的求取

由式（8-32）可知，其瞬态响应是以 $\omega_d=\omega_n\sqrt{1-\xi^2}$ 的角频率做衰减振荡的，其各峰值所对应的时间分别为 $t_p=0,\pi/\omega_d,2\pi/\omega_d,\cdots$。

显然，当 $t_p=\pi/\omega_d$ 时，$y(t)$ 取最大值，最大超调量 M_p 与阻尼比 ξ 的关系为

$$M_p=y(t)_{max}-1=e^{-\left(\frac{\xi\pi}{\sqrt{1-\xi^2}}\right)}$$

或

$$\xi=\sqrt{\frac{1}{\left(\frac{\pi}{\ln M_p}\right)^2+1}} \tag{8-39}$$

因此，从欠阻尼二阶系统的阶跃响应曲线（见图 8-26）中测出最大超调量 M_p 后，由上式即可求出阻尼比 ξ，或者也可从欠阻尼二阶系统的 M_p-ξ 关系图（见图 8-27）中求出阻尼比 ξ。

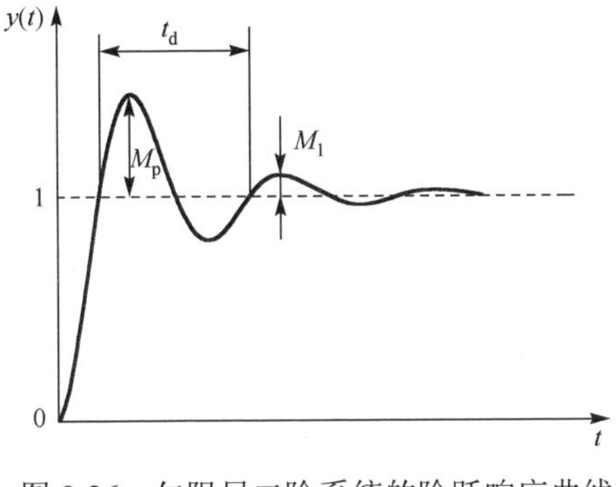

图 8-26　欠阻尼二阶系统的阶跃响应曲线

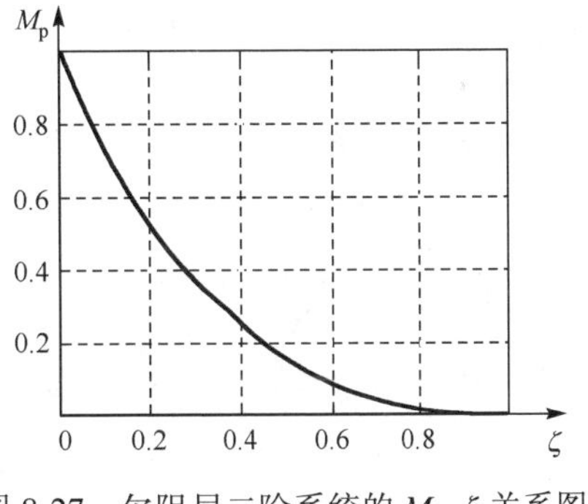

图 8-27　欠阻尼二阶系统的 M_p-ξ 关系图

如果测得响应的较长瞬变过程，则可以利用任意两个相隔 n 个周期数的超调量 M_i 和 M_{i+n} 来求取阻尼比 ξ。设 M_i 和 M_{i+n} 所对应的时间分别为 t_i 和 t_{i+n}，则

$$t_{i+n}=t_i+\frac{2n\pi}{\omega_n\sqrt{1-\xi^2}}$$

将其代入二阶系统的单位阶跃响应表达式[式（8-32）]，可得

$$\ln\frac{M_i}{M_{i+n}}=\frac{2n\pi\xi}{\sqrt{1-\xi^2}}$$

整理后得

$$\xi = \sqrt{\frac{\delta_n^2}{\delta_n^2 + 4\pi^2 n^2}}$$

式中，$\delta_n = \ln \frac{M_i}{M_{i+n}}$。

而固有频率 ω_n 可由下式求得

$$\omega_\mathrm{n} = \frac{\omega_\mathrm{d}}{\sqrt{1-\xi^2}} = \frac{2\pi}{t_\mathrm{d}\sqrt{1-\xi^2}} \tag{8-40}$$

式中，振荡周期 t_d 可从图 8-26 中直接测得。

2．频率响应法

频率响应法以一组频率可调的标准正弦信号作为系统的输入，通过对系统输出幅值和相位的测试获得系统的动态特性参数。这种方法实质上是一种稳态响应法，即通过输出的稳态响应来测定系统的动态特性。

1）一阶系统动态特性参数的求取

对于一阶系统直接利用下式求取时间常数 τ，即

$$A(\omega) = \frac{1}{\sqrt{1+(\tau\omega)^2}}$$

或利用 $\varphi(\omega) = -\arctan(\tau\omega)$ 也可求得。

2）二阶系统动态特性参数的求取

（1）在相频特性曲线 $\varphi(\omega)$-ω 中，当 $\omega = \omega_\mathrm{n}$ 时，$\varphi(\omega_\mathrm{n}) = -90°$，由此便可求出固有频率 ω_n。

（2）由于 $\varphi'(\omega_\mathrm{n}) = -1/\xi$，所以作出曲线 $\varphi(\omega)$-ω 在 $\omega = \omega_\mathrm{n}$ 处的切线，便可求出阻尼比 ξ。

上述方法简单易行，但是精度较差，所以该方法只适用于对固有频率 ω_n 和阻尼比 ξ 的估算。较为精确的求解方法如下：

（1）求出 $A(\omega)$ 的最大值及其所对应的频率 ω_1；

（2）由 $A(\omega_1)/A(0) = 1/(2\xi\sqrt{1-\xi^2})$，求出阻尼比 ξ；

（3）根据 $\omega_\mathrm{n} = \omega_1/\sqrt{1-2\xi^2}$，求出固有频率 ω_n。

由于在这种方法中，$A(\omega_1)$ 和 ω_1 的测量可以达到一定的精度，所以由此求解出的固有频率 ω_n 和阻尼比 ξ 具有较高的精度。

习　　题

8-1　说明线性系统的频率保持性在测试中的作用。

8-2　在使用灵敏度为 80nC/MPa 的压电式力传感器进行压力测量时，将它与增益为 5mV/nC 的电荷放大器相连，电荷放大器接到灵敏度为 25mm/V 的笔式记录仪上，试求该压力测试系统的灵敏度。当记录仪的输出变化 30mm 时，压力变化为多少？

8-3　把灵敏度为 4.04×10^{-2}pC/Pa 的压电式力传感器与一台灵敏度为 0.226mV/pC 的电荷放大器相接，求其总的灵敏度。若要将总灵敏度调到 10×10^{6}mV/Pa，电荷放大器的灵敏度应

做怎样的调整？

8-4　用时间常数为 2s 的温度计测量炉温，当炉温在 200～400℃之间，以 150s 的周期按正弦规律变化时，温度计输出的变化范围是多少？

8-5　一个气象气球携带时间常数为 15s 的温度计，以 5m/s 的上升速度通过大气层，设温度随所处的高度每升高 30m 便下降 0.15℃的规律而变化，气球将温度和高度的数据用无线电送回地面，在 3000m 处所记录的温度为–1℃。则实际出现–1℃的真实高度是多少？

8-6　用一阶系统对 100Hz 的正弦信号进行测量，如果要求振幅误差在 10%以内，时间常数应为多少？如果用该系统对 50Hz 的正弦信号进行测试，则此时的幅值误差和相位误差分别是多少？

8-7　求周期信号 $x(t)=0.5\cos 10t+0.2\cos(100t-45°)$ 通过传递函数为 $H(s)=1/(0.005s+1)$ 的测试装置后所得到的稳态响应。

8-8　用传递函数为 $H(s)=1/(0.0025s+1)$ 的一阶测试装置对周期信号进行测量。若将幅值误差限制在 5%以下，试求所能测量的最高频率成分。此时的相位差是多少？

8-9　设某力传感器可作为二阶系统处理。已知传感器的固有频率为 800Hz，阻尼比为 0.14，当使用该传感器进行频率为 400Hz 正弦变化的外力测试时，其幅值比 $A(\omega)$ 和相位差 $\varphi(\omega)$ 各为多少？

8-10　对二阶系统输入单位阶跃信号后，测得响应中产生的第一个过冲量 M 的数值为 1.5，同时测得其周期为 6.28s。设已知装置的静态增益为 3，试求该装置的传递函数和其在无阻尼固有频率处的频率响应。

第 9 章　常用传感器

在工程测试中，传感器位于测试系统的前端，是获取准确、可靠信息的关键装置，其性能将直接影响整个测试工作的质量，因此传感器已经成为现代测试系统中的关键环节。

9.1　传感器概述

9.1.1　传感器的定义与组成

传感器是将被测量按一定规律转换成便于应用的某种物理量的装置。目前，由于电信号是易于传输、检测和处理的物理量，所以通常也将传感器看作是一种把被测非电量转换为电量的装置。

传感器的典型组成如图 9-1 所示。**传感器通常由敏感元件和转换元件组成，**分别完成检测和转换两个基本功能。其中，敏感元件是指传感器中能直接感受被测量的部分；转换元件是指传感器中能将敏感元件感受到的被测量转换成适于传输或测量的电信号的部分。

图 9-1　传感器的典型组成

不过，并不是所有的传感器都能明显区分敏感元件与转换元件两个部分。例如，半导体气敏或湿度传感器、热电偶、压电晶体、光电器件等，它们一般是将感受到的被测量直接转换为电信号输出，即将敏感元件和转换元件合二为一了。

由敏感元件和转换元件组成的传感器通常输出的信号较弱，还需要信号调理电路将输出信号进行放大并转换为容易传输、处理的形式。另外，传感器的基本部分和信号调理电路还需要辅助电源提供工作能量。

9.1.2　传感器的分类

由于被测量遍及各学科和工程的各个方面，所以传感器的种类繁多。一种被测量可以用不同的传感器来测量，而同一原理的传感器通常又可测量多种非电量。为了更好地掌握和应用传感器，需要有一个科学的分类方法。常用传感器的分类如表 9-1 所示。

1．按输入量进行分类

按输入量分类的传感器以被测物理量命名，如位移传感器、速度传感器、温度传感器、湿度传感器、压力传感器等。这种分类方法明确地表达了传感器的用途，便于使用者根据用途选用。

表 9-1　常用传感器的分类

分类依据	形式	说明
输入量	位移、压力、温度、流量、加速度等	以被测量命名（按用途分类）
工作原理	电阻式、压电式、光电式等	以传感器转换信号的工作原理命名
工作机理	物理、化学、生物	分别以转换中的物理效应、化学效应、生物效应命名
能量关系	能量转换型	传感器输出端的能量直接由被测对象的能量转换而来
	能量控制型	传感器是通过外部供给辅助能量来工作的，并由被测量来控制外部供给能量的变化
输出信号形式	模拟式	输出为模拟信号
	数字式	输出为数字信号

2. 按工作原理进行分类

根据传感器的工作原理，传感器可以分为电阻式传感器、电感式传感器、电容式传感器、压电式传感器、磁电式传感器、热电式传感器、光电式传感器等。这种分类方法清楚地表达了传感器的工作原理，有利于触类旁通。本章介绍的传感器就是以工作原理为分类依据进行分类的传感器。

习惯上，常把用途和工作原理结合起来命名传感器，如电阻应变式力传感器、电感式位移传感器、压电式加速度传感器等。

3. 按工作机理进行分类

根据传感器敏感元件所蕴含的工作机理，可以将传感器分为物理传感器、化学传感器和生物传感器。

物理传感器依靠传感器的敏感元件材料本身的物理特性变化或转换元件的结构参数变化来实现信号的转换，如水银温度计是利用水银的热胀冷缩现象把温度变化转变为水银柱的高低变化，从而实现温度的测量。物理传感器按其构成原理可细分为物性型传感器和结构型传感器。

（1）物性型传感器依靠敏感元件材料本身的物理特性的变化来实现信号的转换，如水银温度计。物性型传感器主要指近年来出现的半导体类、陶瓷类、光纤类或其他新型材料的传感器，如利用材料在光照下改变其特性可以制成光电式传感器，利用材料在磁场作用下改变其特性可以制成磁电式传感器。

（2）结构型传感器依靠传感器转换元件的结构参数变化来实现信号的转换，主要将机械结构的几何尺寸和形状的变化转化为相应的电阻、电感、电容等物理量的变化，从而检测出被测信号，如极距变化型电容式传感器就是通过极板间距的变化来实现对位移等物理量的测量。

化学传感器依靠传感器的敏感元件材料本身的电化学反应来实现信号的转换，它用于检测无机或有机化学物质的成分和含量，如气敏传感器、湿敏传感器。化学传感器广泛应用于化学分析、化学工业的在线检测及环境监测中。

生物传感器利用对生物活性物质选择性的识别来实现对生物化学物质的测量，即依靠传感器的敏感元件本身的生物效应来实现信号的转换。生物传感器在医学诊断、环境监测等方面有广泛的应用前景。

4．按能量关系进行分类

传感器按能量关系可分为能量转换型传感器和能量控制型传感器两类。

能量转换型传感器输出端的能量是由被测对象能量转换而来的。它无须外加电源就能将被测的非电量转换成电量输出，如热电偶、光电池、压电式传感器、磁电感应式传感器等。

能量控制型传感器是通过外部供给辅助能量来工作的，并由被测量来控制外部供给能量的变化。例如，在电阻应变测量中，应变计接于电桥上，电桥工作的能源由外部电源供给，而由被测量变化引起的应变计的电阻变化来控制电桥的输出电能。属于能量控制型的传感器有电阻式传感器、电感式传感器、电容式传感器、霍尔式传感器等。

5．按输出信号形式进行分类

传感器按输出信号形式可分为模拟式传感器和数字式传感器两类。模拟式传感器的输出信号为连续变化的模拟量；数字式传感器的输出信号为离散的数字量。

现在设计的测控系统往往要用到微处理器，因此通常需要将模拟式传感器输出的模拟信号通过 ADC（模/数转换器）转换成数字信号；数字式传感器输出的数字信号便于传输，其具有重复性好、可靠性高的优点，是重点发展对象。

9.1.3 传感器的发展趋势

作为信息技术三大支柱之一的传感器技术在科学研究、工农业生产、日常生活等许多方面发挥着越来越重要的作用，特别是随着物联网的发展，人们对传感器的需求急剧增大；同时，人们不断增长的高品质、多样化应用需求对传感器技术也提出了越来越高的要求，推动着传感器技术持续向前发展。传感器技术的发展趋势之一是开发新型传感器；其二是实现传感器的无线化、微型化、集成化、智能化和网络化。

1．新型传感器的开发

利用物理现象、化学反应和生物效应等各种定律或效应是传感器的工作基础，因此寻找新原理是开发新型传感器的重要途径。目前主要的研究动向包括利用量子力学的相关效应研制低灵敏阀传感器，用以检测微弱信号；利用化学反应或生物效应开发实用的化学传感器和生物传感器，如研究动物超强感官功能的机理，开发仿生传感器。

传感器材料是实现传感器技术的重要物质基础。随着材料科学的进步，传感器技术越来越成熟，传感器种类越来越多。除了早期使用的材料，如半导体敏感材料、陶瓷敏感材料，磁性材料、智能材料、石墨烯材料的发展为传感器技术的发展提供了新的物质基础。未来将会有更多新材料被开发出来，这无疑会促进新型传感器的开发。

离子束、电子束等微细加工技术越来越多地用于传感器领域，这些新工艺的采用也有助于开发新型传感器。

2．传感器向无线化、微型化、集成化、智能化、网络化方向发展

随着 4G/5G、Wi-Fi 等无线通信技术的快速发展，以及卫星遥感、全球定位、无线传感网、物联网、远程监控与报警系统等新技术与应用的推动，传感器的无线化发展趋势明显，相关无线产品所占比重越来越大。

微型化传感器以 MEMS 技术为基础，利用集成电路工艺和微组装工艺，将机械、电子元

件集成在一个基片上。微型化传感器由于体积小、质量轻、功耗低和可靠性高等优越的技术性能而被广泛应用。

多功能集成化传感器将不同功能的传感器组装成一个器件，从而使一个传感器可以同时测量不同种类的多个参数。如一种被称为“电子皮肤”的集成式触觉传感器，可以模仿人类皮肤，具有触觉、压觉、力觉、冷热觉等功能。除了传感器自身的集成化，还可以把传感器和相应的测量电路、微执行器集成在一个芯片上形成单片集成，以减小干扰、方便使用。

智能化传感器是一种带微处理器的传感器，不仅有信号检测、转换功能，而且具有存储、逻辑判断、数据处理、故障自诊断等功能。一般来说，智能化传感器具有提高测量精度、增加功能和提高自动化程度三方面的作用。

网络传感器是以嵌入式微处理器为核心，集成了传感器、信号处理器和网络接口的新一代传感器。网络传感器特别适用于远程分布式测量、监视和控制，在军事侦测、环境监测、智能家居、医疗健康等众多领域有广泛的应用前景，是目前的一个研究热点。

思政小课堂

航 天 测 控

在准备“神舟八号”重大任务的时候，核心科技人员及时发现过去开展任务所使用的“简化三自由度”落点预报模型还有一定的优化空间。因此，他们构建出精准度更高的“六自由度”动力学模型。

同学们要学习航天人爱党报国、精测妙控、创新超越、筑梦太空的精神，为祖国航天事业加油助力。

9.2　电阻式传感器

电阻式传感器的基本原理是将被测物理量的变化转换成传感器电阻值的变化，再经相应的测量电路实现对测量结果的输出。电阻式传感器种类繁多，应用广泛，包括电位器式传感器、电阻应变式传感器、压阻式传感器等。

9.2.1　电位器式传感器

电位器式传感器又称变阻式传感器，是一种将直线位移或角位移转换为电阻或电压输出的传感器。

1. 电位器式传感器的结构

电位器式传感器由电阻元件及电刷（活动触点）两个基本部分组成。电刷相对于电阻元件的运动可以是直线运动、转动和螺旋运动，因而可以将直线位移或角位移转换为与其呈一定函数关系的电阻或电压输出。

电位器式传感器按其结构形式的不同，可分为线绕式、薄膜式、光电式等，其中，线绕式又可分为单圈式和多圈式两种。按其特性曲线的不同，可分为线性电位器式传感器和非线性（函数）电位器式传感器。

2．电位器式传感器的工作原理

电位器式传感器的工作原理如图 9-2 所示。若一段金属丝的长度为 L，横截面积为 A，电阻率为 ρ，其在未受力时的电阻为 R，则有

$$R=\rho\frac{L}{A} \tag{9-1}$$

由上式可知，当电阻丝的直径和材料一定时，则其电阻 R 随导线长度 L 变化，电位器式传感器就是根据这种原理制成的。

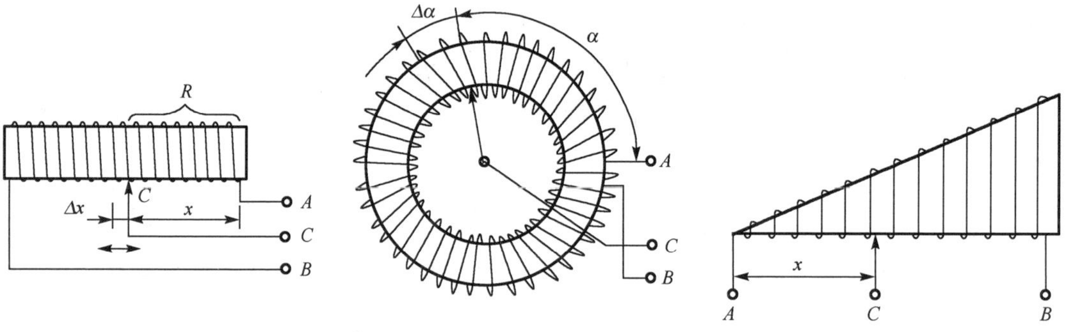

（a）直线位移型电位器式传感器　（b）角位移型电位器式传感器　（c）非线性型电位器式传感器

图 9-2　电位器式传感器的工作原理

图 9-2（a）所示为直线位移型电位器式传感器，当被测位移变化时，触点 C 沿电位器移动。如果移动 x，则 C 点与 A 点之间的电阻为

$$R_{AC}=\frac{R}{L}x=K_L x \tag{9-2}$$

式中，K_L 为单位长度的电阻，当导线材质分布均匀时，K_L 为常数，因此这种传感器的输出（电阻）与输入（位移）呈线性关系。

传感器的灵敏度为

$$S=\frac{\mathrm{d}R_{AC}}{\mathrm{d}x}=K_L \tag{9-3}$$

图 9-2（b）所示为回转型电位器式传感器，其电阻值随转角变化，故也称为角位移型电位器式传感器。传感器的灵敏度为

$$S=\frac{\mathrm{d}R_{AC}}{\mathrm{d}\alpha}=K_\alpha \tag{9-4}$$

式中，K_α 为单位弧度对应的电阻值，当导线材质分布均匀时，K_α 为常数；α 为转角，单位为 rad。

图 9-2（c）所示为一种非线性型电位器式传感器，其输出电阻与滑动触头的位移之间呈非线性函数关系。根据所要求的输出电阻来设计电位器的骨架形状，可以实现指数函数、三角函数、对数函数等各种特定的函数关系，也可以实现其他任意的函数关系。例如，若输入量为 $f(x)=Kx^2$，其中，x 为输入位移，为了使输出的电阻值 $R(x)$ 与输入量 $f(x)$ 呈线性关系，电位器骨架应做成直角三角形。若输入量为 $f(x)=Kx^3$，则电位器的骨架应采用抛物线形。

图 9-3 所示为线性电位器式传感器的电阻分压电路，负载电阻为 R_L，电位器长度为 l，总电阻为 R，滑动触头位移为 x，相应的电阻为 R_x，电源电压为 U，输出电压 U_o 为

$$U_o = \frac{U}{\frac{l}{x} + \frac{R}{R_L}\left(1 - \frac{x}{l}\right)} \tag{9-5}$$

当 $R_L \to \infty$ 时，输出电压 U_o 为

$$U_o = \frac{U}{l}x = S_u x \tag{9-6}$$

式中，S_u 为电位器的电压灵敏度。

由式（9-5）可知，当电位器输出端接有负载电阻时，输出电压与滑动触头的位移并不是完全的线性关系。只有当 $R_L \to \infty$，S_u 为常数时，输出电压才与滑动触头的位移呈线性关系。

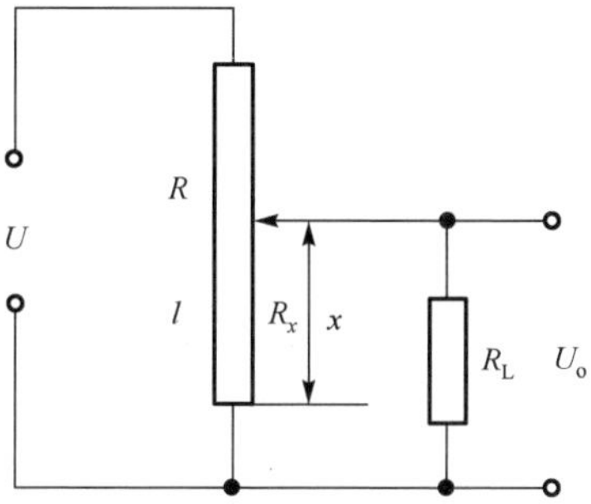

图 9-3　线性电位器式传感器的电阻分压电路

3. 电位器式传感器的应用与特点

电位器式传感器除可以测量线位移或角位移外，还可以测量一切可以转换成位移的其他物理量参数，如压力、加速度等。

电位器式传感器的优点：①结构简单、尺寸小、价格低廉且性能稳定；②受环境因素（如温度、湿度、电磁场干扰等）影响小；③可以实现输出与输入间任意的函数关系；④输出信号大，一般不需要放大。

电位器式传感器的缺点：①因为电刷与线圈或电阻膜之间存在摩擦，所以需要较大的输入能量；②由于存在磨损，因此不仅会影响使用寿命和降低可靠性，而且会降低测量精度，分辨力较低；③动态响应较差，适合测量变化较缓慢的量。

9.2.2　电阻应变式传感器

电阻应变式传感器的核心元件是电阻应变片。当被测试件或弹性敏感元件受到被测量的作用时，将产生位移、应力和应变，粘贴在被测试件或弹性敏感元件上的电阻应变片将应变转换成电阻。这样，通过测量电阻应变片电阻值的变化，可以确定被测量的大小。

1. 电阻应变片的工作原理

当金属导体在外力作用下发生机械变形时，其电阻值随着机械变形（伸长或缩短）而发生变化的现象，称为**金属的电阻应变效应**。

若金属丝的长度为 L，横截面积为 A，电阻率为 ρ，其在未受力时的电阻为 R，则有

$$R=\rho\frac{L}{A}$$

如果金属丝沿轴向受拉应力而变形，其长度 L 发生变化 $\mathrm{d}L$，横截面积 A 发生变化 $\mathrm{d}A$，电阻率 ρ 发生变化 $\mathrm{d}\rho$，从而引起电阻 R 发生变化 $\mathrm{d}R$。对上式进行微分，整理可得

$$\frac{\mathrm{d}R}{R}=\frac{\mathrm{d}L}{L}-\frac{\mathrm{d}A}{A}+\frac{\mathrm{d}\rho}{\rho} \tag{9-7}$$

对于圆形截面，$A=\pi r^2$，于是有

$$\frac{\mathrm{d}A}{A}=2\frac{\mathrm{d}r}{r} \tag{9-8}$$

$\mathrm{d}L/L=\varepsilon$ 为金属丝轴向相对伸长量，即轴向应变。$\mathrm{d}r/r$ 为金属丝径向相对伸长量，即径向应变。两者之比为金属丝材料的泊松比 μ，即

$$\frac{\mathrm{d}r}{r}=-\mu\frac{\mathrm{d}L}{L}=-\mu\varepsilon \tag{9-9}$$

负号表示与变形方向相反。由式（9-7）～式（9-9）可得

$$\frac{\mathrm{d}R}{R}=(1+2\mu)\varepsilon+\frac{\mathrm{d}\rho}{\rho} \tag{9-10}$$

令

$$S_0=\frac{\frac{\mathrm{d}R}{R}}{\varepsilon}=(1+2\mu)+\frac{\frac{\mathrm{d}\rho}{\rho}}{\varepsilon} \tag{9-11}$$

式中，S_0 称为金属丝的灵敏度，其物理意义是单位应变所引起的电阻的相对变化。

由式（9-11）可以看出，金属材料的灵敏度受两个因素影响：一个是受力后材料的几何尺寸变化，即 $(1+2\mu)$ 项；另一个是受力后材料的电阻率变化，即 $(\mathrm{d}\rho/\rho)/\varepsilon$ 项。金属材料的 $(\mathrm{d}\rho/\rho)/\varepsilon$ 项比 $(1+2\mu)$ 项小得多。大量实验表明，在金属丝拉伸比例极限范围内，其电阻的相对变化与其所受的轴向应变是成正比的，即 S_0 为常数。于是式（9-11）也可以写成

$$\frac{\mathrm{d}R}{R}=S_0\varepsilon \tag{9-12}$$

通常金属电阻丝的灵敏度 S_0 为1.7～3.6。

2. 电阻应变片的基本结构

图 9-4 所示为一种电阻应变片的基本结构，电阻应变片是用直径为 0.025mm 的具有高电阻率的电阻丝制成的。为了获得高的阻值，将电阻丝排列成栅状（称为敏感栅）并粘在绝缘基片上。敏感栅上面粘贴具有保护作用的覆盖层。电阻丝的两端焊接引线。

根据电阻应变片敏感栅的材料和制造工艺的不同，它的结构形式有丝式、箔式和膜式三种。金属丝式应变片是用直径为 0.01～0.05mm 的金属丝做成的敏感栅，有回线丝式和短接丝式两种，如图 9-5（a）和 9-5（b）所示；金属箔式应变片是利用照相制版或光刻技术，用厚约为 0.003～0.01mm 的金属箔片制成的敏感栅，如图 9-5（c）、（d）、（e）所示；金属

膜式应变片是采用真空蒸发或真空沉积等方法，在薄的绝缘基底上形成厚度为 0.1μm 以下的金属电阻薄膜的敏感栅。

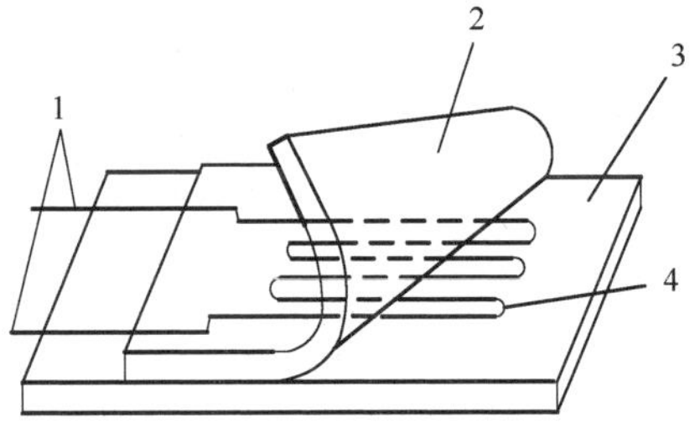

1—引线；2—覆盖层；3—绝缘基片；4—电阻丝。

图 9-4　一种电阻应变片的基本结构

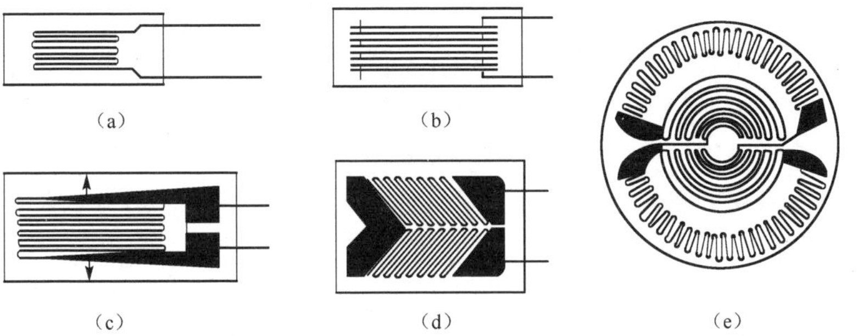

图 9-5　电阻应变片的结构

3．电阻应变式传感器的应用

电阻应变片将应变转换成电阻的变化，在使用时通常将其接入电桥，以便将电阻的变化转换成电压量输出。

通常电阻应变式传感器有两种使用方法，一种是直接用电阻应变片来测定结构的应变或应力，如测量建筑、桥梁、机械等结构的某些部位在工作状态下的受力变形情况；另一种是先把电阻应变片粘贴在弹性体上，构成测量各种物理量的传感器，可测量位移、力、力矩、加速度、压力等，应用实例如图 9-6 所示。

图 9-6（a）所示为圆柱式力传感器。在力的作用下，圆柱体产生变形，贴在圆柱体表面的电阻应变片也产生相应的应变，使其电阻发生变化。

图 9-6（b）所示为应变式加速度传感器。它主要由质量块、悬臂梁、基座组成。当基座与被测物体一起振动时，质量块的惯性力作用在悬臂梁上，悬臂梁的应变与振动体的加速度在一定频率范围内成正比，贴在悬臂梁上的电阻应变片把应变转换为电阻的变化。

4．电阻应变式传感器的特点

电阻应变式传感器的主要优点如下：

（1）性能稳定、精度高。高精度力传感器的测量精度一般可达 0.05%，少数传感器的精度可达 0.015%。

（2）测量范围宽。例如，压力传感器量程从 0.03MPa 至 1000MPa，力传感器量程可从 10^{-1} N 至 10^{7} N。

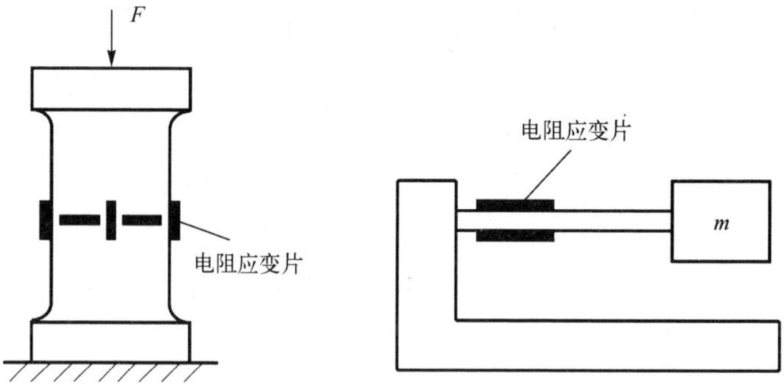

（a）圆柱式力传感器　（b）应变式加速度传感器

图 9-6　电阻应变式传感器应用实例

（3）频率响应较好。

（4）体积小、质量轻、结构简单、价格低、使用方便、使用寿命长。

（5）对环境条件适应能力强。能在比较大的温度范围内工作，能在强磁场及核辐射条件下工作，能耐受较大的振动和冲击。

电阻应变式传感器的缺点是输出信号微弱，在大应变状态下具有较明显的非线性等。

9.2.3　压阻式传感器

1．压阻式传感器的基本工作原理

当半导体材料受到应力作用时，其电阻率会发生变化，这种现象称为**压阻效应**。实际上，任何材料都会不同程度地呈现压阻效应，只是半导体材料的这种效应特别强。电阻应变效应的分析公式也适用于半导体材料，故仍可用式（9-10）来描述。对于金属材料，$\mathrm{d}\rho/\rho$ 比较小；但对于半导体材料，$\mathrm{d}\rho/\rho \gg (1+2\mu)\varepsilon$，因机械变形引起的电阻变化可以忽略，电阻的变化率主要是由 $\mathrm{d}\rho/\rho$ 引起的，即

$$\frac{\mathrm{d}R}{R}=(1+2\mu)\varepsilon+\frac{\mathrm{d}\rho}{\rho}\approx\frac{\mathrm{d}\rho}{\rho} \tag{9-13}$$

由半导体理论可知

$$\frac{\mathrm{d}\rho}{\rho}=\pi_{\mathrm{L}}\sigma=\pi_{\mathrm{L}}E\varepsilon$$

式中，π_{L} 为半导体材料在受力方向上的压阻系数；σ 为作用于材料的轴向应力；E 为半导体材料的弹性模量。

于是有

$$\frac{\mathrm{d}R}{R}=\pi_{\mathrm{L}}E\varepsilon \tag{9-14}$$

半导体材料的灵敏度 S_0 为

$$S_0=\frac{\frac{\mathrm{d}R}{R}}{\varepsilon}=\pi_{\mathrm{L}}E \tag{9-15}$$

最常用的半导体材料有硅和锗，掺入杂质可形成 P 型或 N 型半导体。对于半导体硅，

$\pi_L=(40\sim80)\times10^{-11}\text{m}^2/\text{N}$，$E=1.67\times10^{11}\text{Pa}$，则 $S_0=\pi_L E=50\sim100$。显然，半导体材料的灵敏度比金属丝要高得多。

2. 压阻式传感器的应用与特点

压阻式传感器可分为半导体应变片式传感器和固态压阻式传感器两类。半导体应变片式传感器的使用方法与电阻应变式传感器类似。固态压阻式传感器主要用于压力和加速度的测量。图 9-7 所示为压阻式压力传感器，此传感器就是利用单晶硅材料的压阻效应和集成电路技术制成的传感器。在硅膜片特定方向上扩散四个等值的半导体电阻，并连接成电桥。单晶硅材料在受到力的作用后，电阻率发生变化，相应的电阻值也发生改变，通过测量电路就可得到与被测压力成正比的输出电压。

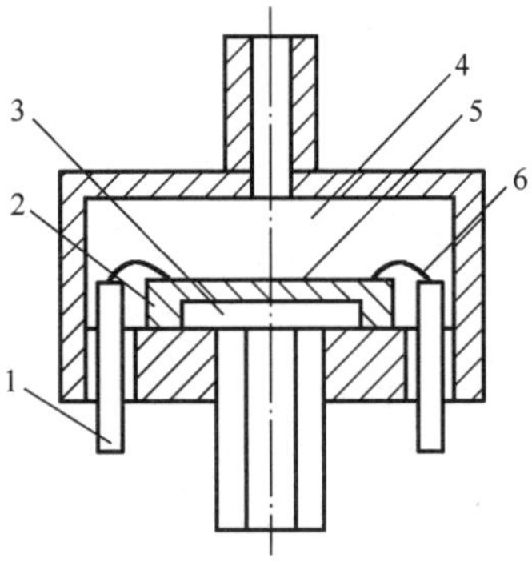

1—引线；2—硅杯；3—低压腔；4—高压腔；5—硅膜片；6—金属丝。

图 9-7 压阻式压力传感器

压阻式传感器的突出优点是灵敏度高、尺寸小、横向效应小、滞后和蠕变都小，因此适用于动态测量。其主要缺点是温度稳定性差，故需在温度补偿或恒温条件下使用。

9.3 电感式传感器

电感式传感器是指基于电磁感应原理，将被测非电量（如位移、压力、振动等）的变化转换为电感量变化的一种装置。按照转换方式的不同，电感式传感器可分为自感式（可变磁阻式）传感器和互感式传感器（差动变压器和电涡流传感器）。

9.3.1 自感式传感器

1. 自感式传感器的工作原理

自感式传感器的结构原理图如图 9-8 所示，自感式传感器主要由线圈、衔铁和铁芯等组成。图中虚线表示磁路，工作时衔铁与被测物相连，被测物的位移引起气隙磁阻的变化，从而使线圈电感值发生变化。将传感器线圈接入测量电路后，电感的变化进一步转换成电压、电流或频率的变化，从而完成非电量到电量的转换。

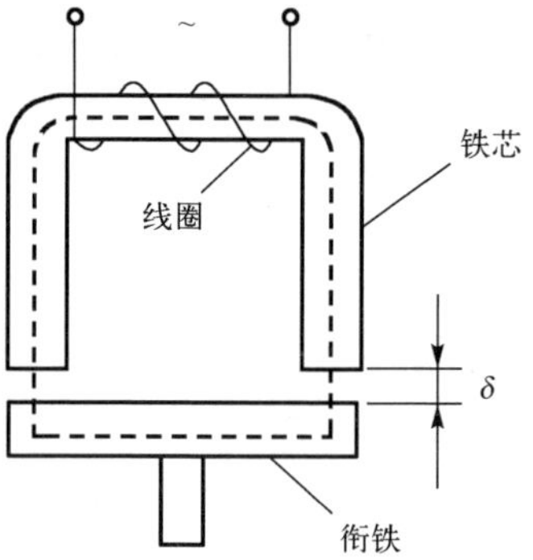

图 9-8 自感式传感器的结构原理图

由电工学可知，线圈自感量 L 为

$$L = \frac{N^2}{R_{\mathrm{m}}} \tag{9-16}$$

式中，N 为线圈匝数；R_{m} 为磁路总磁阻。

当气隙较小，且不考虑磁路的铁损时，磁路总磁阻为

$$R_{\mathrm{m}} = \frac{l_1}{\mu_1 A_1} + \frac{l_2}{\mu_2 A_2} + \frac{2\delta}{\mu_0 A} \tag{9-17}$$

式中，l_1 为铁芯的磁路长度；l_2 为衔铁的磁路长度；δ 为气隙的长度；A_1 为铁芯的横截面积；A_2 为衔铁的横截面积；A 为气隙的横截面积；μ_1 为铁芯磁导率；μ_2 为衔铁磁导率；μ_0 为空气磁导率（$\mu_0 = 4\pi \times 10^{-7}\,\mathrm{H/m}$）。

由于铁芯、衔铁的磁阻远远小于气隙的磁阻，所以式（9-17）可简化为

$$R_{\mathrm{m}} = \frac{2\delta}{\mu_0 A} \tag{9-18}$$

因此，线圈自感量可写为

$$L = \frac{N^2}{R_{\mathrm{m}}} = \frac{N^2 \mu_0 A}{2\delta} \tag{9-19}$$

由上式可知，线圈自感量 L 是气隙横截面积 A 和气隙长度 δ 的函数，即 $L = f(A,\delta)$。如果 A 保持不变，则 L 为 δ 的单值函数，可构成变气隙型自感式传感器；若 δ 保持不变，则 L 为 A 的单值函数，可构成变面积型自感式传感器；此外还有一种常用的螺管线圈型自感式传感器。

2. 自感式传感器的结构类型

1）变气隙型自感式传感器

变气隙型自感式传感器的结构图如图 9-9（a）所示，当衔铁随被测物有上下位移 x 时，气隙横截面积 A_0 保持不变，气隙长度 δ 发生改变，从而引起线圈自感量 L 发生变化，此时传感器为变气隙型自感式传感器。

由式（9-19）可知，线圈自感量 L 与气隙长度 δ 呈非线性（双曲线）关系，输入-输出特性曲线如图 9-9（b）所示。此时，传感器的灵敏度为

$$S = \frac{\mathrm{d}L}{\mathrm{d}\delta} = -\frac{N^2 \mu_0 A_0}{2\delta^2} \tag{9-20}$$

灵敏度 S 与气隙长度 δ 的平方成反比，δ 越小，灵敏度 S 越高。为了减小非线性误差，在实际工作中，一般取 $\Delta\delta/\delta_0 \leqslant 0.1$。变气隙型自感式传感器适用于测量较小位移（一般约为 0.001～1mm）。

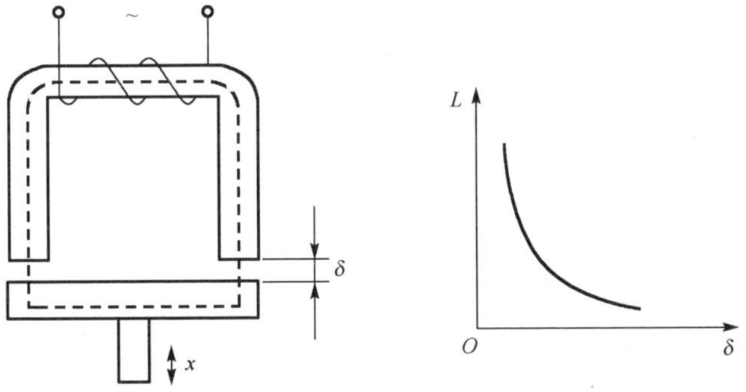

（a）结构图　（b）输入-输出特性曲线

图 9-9　变气隙型自感式传感器

2）变面积型自感式传感器

图 9-10 所示为变面积型自感式传感器。传感器在工作时，气隙长度 δ_0 不变，气隙横截面积 A 随被测物的位移 x 发生改变，从而改变线圈自感量 L。

由式（9-19）可知，线圈自感量 L 与气隙横截面积 A 呈线性关系，输入-输出特性曲线为一条直线。传感器的灵敏度为

$$S = \frac{\mathrm{d}L}{\mathrm{d}A} = \frac{N^2 \mu_0}{2\delta_0} = 常数 \tag{9-21}$$

变面积型自感式传感器量程较大，但灵敏度较低，适用于测量较大位移。

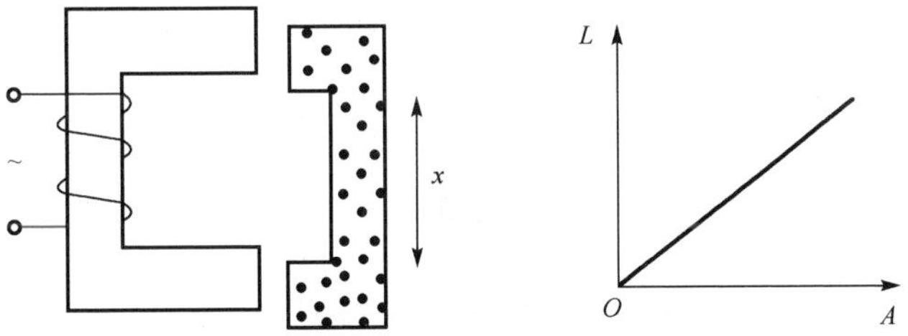

（a）结构图　（b）输入-输出特性曲线

图 9-10　变面积型自感式传感器

3）螺管线圈型自感式传感器

在螺管线圈中放入一个可移动的圆柱形衔铁，就构成了图 9-11 所示的螺管线圈型自感式传感器。传感器在工作时，衔铁的左右移动引起磁路中磁阻的变化，从而使线圈自感量发生变化。

螺管线圈型自感式传感器灵敏度比较低，但由于螺管可以做得较长，故适用于测量较大的位移。

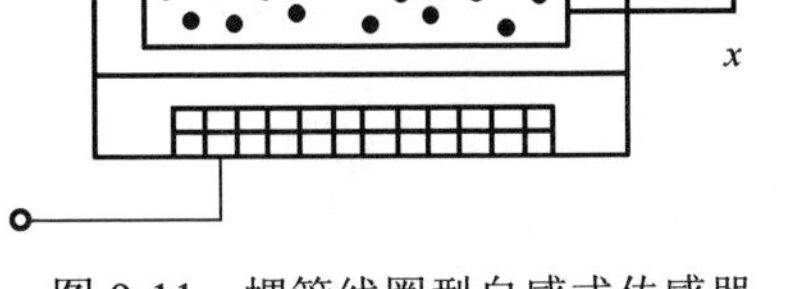

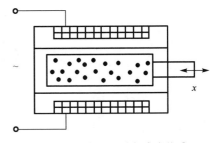

图 9-11　螺管线圈型自感式传感器

在实际应用中常将两个完全相同的电感线圈（两

个线圈的电阻、电感、匝数等电气参数完全一致；两个铁芯的几何结构和材料完全相同，结构完全对称）与一个共用的活动衔铁结合在一起，构成差动型自感式传感器，如图 9-12 所示。

图 9-12（a）所示为差动型变气隙式自感传感器。当衔铁有位移时，可以使两个线圈的间隙按 $\delta_0+\Delta\delta$ 和 $\delta_0-\Delta\delta$ 变化。一个线圈自感量增加，另一个线圈自感量减小。当将两线圈接于电桥的相邻桥臂时，其输出灵敏度可提高一倍，并可改善非线性特性。

图 9-12（b）所示为双螺管线圈差动型自感式传感器，较单螺管线圈型自感式传感器有较高灵敏度和线性特性，被用于电感测微计中，其测量范围为 0～300μm，最小分辨力为 0.5μm。

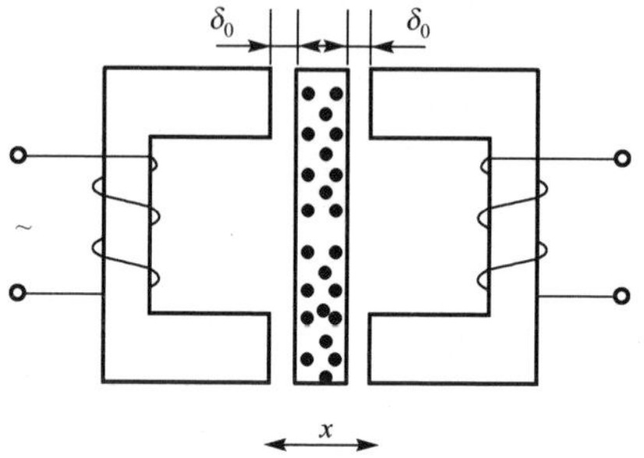

（a）差动型变气隙式自感传感器

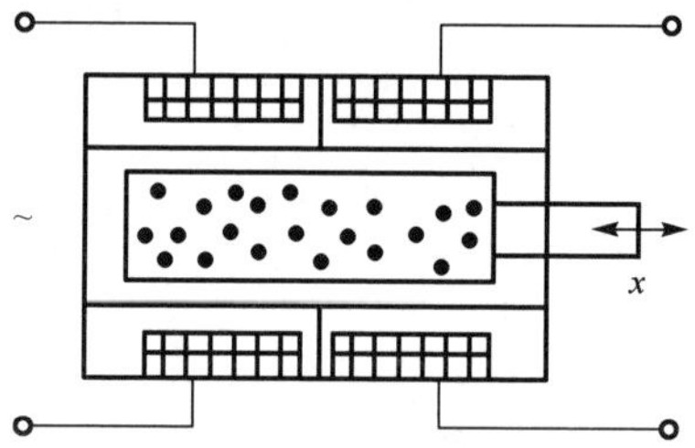

（b）双螺管线圈差动型自感式传感器

图 9-12 差动型自感式传感器

3. 自感式传感器应用举例

图 9-13 所示为差动型自感压力传感器，其采用弹簧管作为测压弹性元件。当被测压力进入弹簧管时，弹簧管产生变形，其自由端发生位移，带动与自由端连接成一体的衔铁运动，使线圈 1 和线圈 2 中的电感发生大小相等、符号相反的变化，即一个线圈自感量增大，另一个线圈自感量减小。电感的这种变化通过电桥电路转换成电压输出。

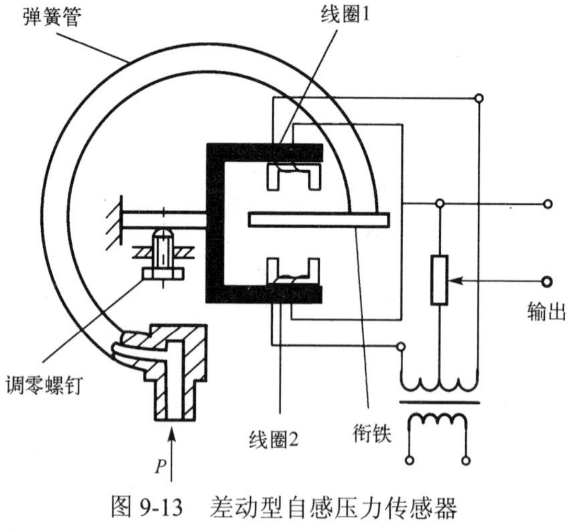

图 9-13 差动型自感压力传感器

9.3.2 差动变压器

差动变压器是互感式传感器，可将被测位移的变化转换为传感器线圈互感量的变化，其工作原理基于电磁感应中的互感现象。

1. 互感现象

在电磁感应中互感现象十分常见。图 9-14 所示为互感现象，当线圈 L_1 输入交流电流 i_1 时，线圈 L_2 产生感应电动势 e_{12}，其大小与电流的变化率成正比，即

$$e_{12} = -M\frac{\mathrm{d}i_1}{\mathrm{d}t} \tag{9-22}$$

式中，M 为互感系数，其大小与线圈相对位置及周围介质的导磁能力等因素有关。

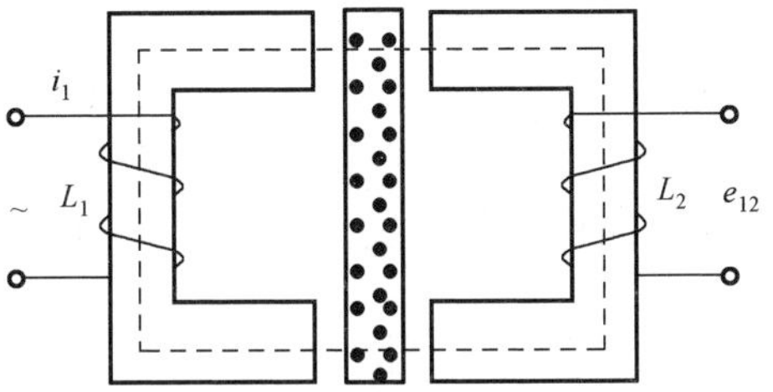

图 9-14　互感现象

2. 差动变压器的工作原理

差动变压器利用互感现象，将被测位移的变化转换成线圈感应电动势的变化。该传感器主要由线圈、铁芯和活动衔铁三部分组成，如图 9-15（a）所示。线圈实质上是一个变压器结构，由一个初级线圈 W 和两个次级线圈 W_1、W_2 组成。铁芯中心孔中放入圆柱形活动衔铁 P。

对于一般变压器，衔铁相对线圈没有位置变化，互感系数 M 是常数，输出电压只反映激励电压的大小。但差动变压器的衔铁是活动的，相对于线圈有位置变化，初级线圈和次级线圈的互感系数 M 随衔铁的移动而变化。在激励电压为定值的情况下，次级线圈上输出电压的大小反映了衔铁位移的大小。

差动变压器的次级线圈一般采用两个结构尺寸和参数都相同的线圈反极性串接而成，以差动形式输出。当初级线圈 W 接入稳定交流电压后，两个次级线圈 W_1、W_2 上分别产生感应电动势 e_1、e_2，由于两线圈采用差动式结构，因此传感器的输出电压为二者之差，即 $e_o = e_1 - e_2$，其大小与活动衔铁的位置有关。当活动衔铁处于中间位置时，$e_1 = e_2$，输出电压 $e_o = 0$；当活动衔铁向上移动时，$e_1 > e_2$；当活动衔铁向下移动时，$e_1 < e_2$。活动衔铁偏离中间位置越远，e_o 越大。差动变压器的工作原理如图 9-15（b）所示，输出特性如图 9-15（c）所示。

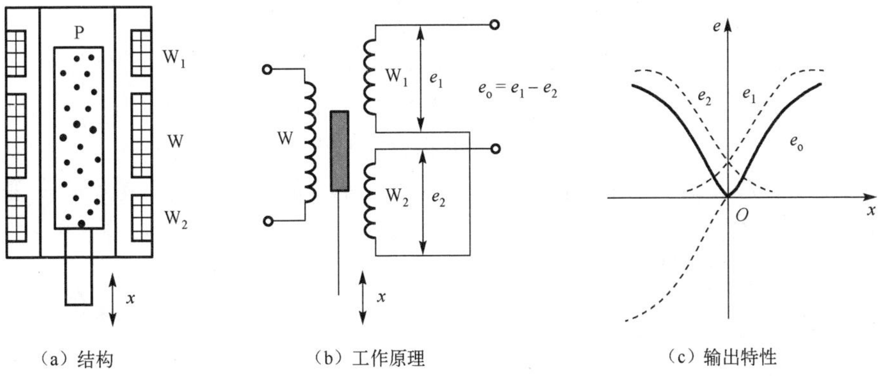

图 9-15　差动变压器

差动变压器的输出电压为交流电，若用交流电压表指示，则输出值只能反映活动衔铁位移的大小，不能反映移动的极性；同时，交流电压输出存在一定的零点残余电压，使活动衔铁处于中间位置时输出也不为零。因此，差动变压器的后接电路应采用既能反映活动衔铁位移极性，又能补偿零点残余电压的差动直流输出电路。

图 9-16 所示为用于测量小位移的差动相敏检波电路的工作原理。当没有信号输入时，衔铁处于中间位置，调节电阻，使零点残余电压减小；当有信号输入时，衔铁向上或向下移动，差动变压器的输出电压经交流放大、相敏检波、滤波后得到直流输出，通过表头指示输入位移量的大小和方向。

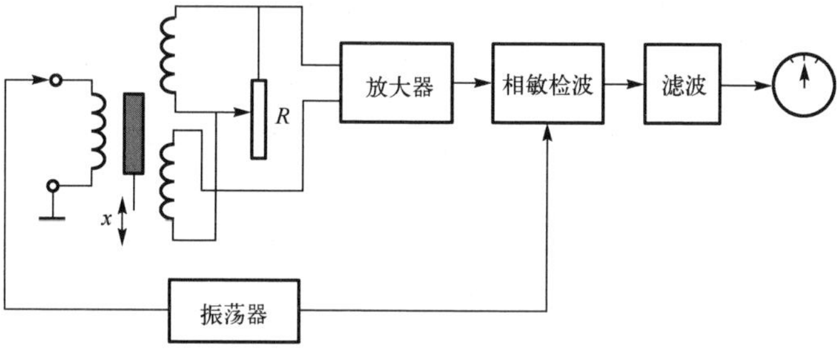

图 9-16 差动相敏检波电路的工作原理

差动变压器的优点是：测量精度高，可达 0.1μm；线性范围大，可到 ±100mm；稳定性好，使用方便。因而，差动变压器被广泛应用于直线位移的测量，以及与位移有关的机械量如压力、质量、振动、加速度、厚度等的测量。

9.3.3 电涡流传感器

电涡流传感器的工作原理是利用金属导体在交变磁场中的电涡流效应。当金属板置于变化着的磁场中，或者在磁场中运动时，金属板上就会产生感应电流，这种电流在金属体内是闭合的，称为电涡流。这种现象称为电涡流效应。按照电涡流在金属体内的贯穿形式，电涡流传感器分为高频反射式和低频透射式两类，二者的工作原理基本相似。

1. 高频反射式电涡流传感器

高频反射式电涡流传感器的工作原理图如图 9-17 所示。金属板置于线圈附近，间距为 δ。当线圈中通入高频激励电流 i 时，产生的高频电磁场（磁通量为 Φ）作用于金属板表面，在金属板表面薄层内产生电涡流 i_1。电涡流 i_1 又产生新的交变磁场（磁通量为 Φ_1）。根据楞次定律，电涡流的交变磁场将抵抗线圈磁场的变化。此反向磁场作用于线圈，引起线圈的等效阻抗 Z 发生变化。

线圈阻抗 Z 的变化取决于线圈至金属板之间的距离 δ、金属板的电阻率 ρ、磁导率 μ 及激励电流的角频率 ω 等参数。若控制其余参数不变，只改变其中一个参数，就可以做成相应的传感器。例如，被测材料的情况不变，即 ρ、μ 固定，激励电流的角频率 ω 不变，则阻抗 Z 就是间距 δ 的单值函数，可以作为电涡流位移传感器。若间距 δ 不变，改变 ρ、μ，则传感器可用于材质鉴别或探伤等。

2. 低频透射式电涡流传感器

低频透射式电涡流传感器多用于测定材料厚度，其工作原理如图 9-18 所示。发射线圈 L_1

和接收线圈 L_2 分别位于被测金属板的两侧。当在线圈 L_1 两端加上低频电压 u_s 后，周围空间产生交变磁场。若两线圈间无金属板，则交变磁场的作用使线圈 L_2 产生感应电动势 u_2。如果将被测金属板放入两线圈之间，则在线圈 L_1 产生的交变磁场的作用下，金属板中会产生电涡流。电涡流损耗了部分能量，到达接收线圈 L_2 的磁场减弱，从而使线圈 L_2 产生的感应电动势 u_2 减小。理论与实验证明，金属板越厚，涡流损失越大，感应电动势 u_2 就越小。因此，可根据 u_2 的大小得到被测金属板的厚度。

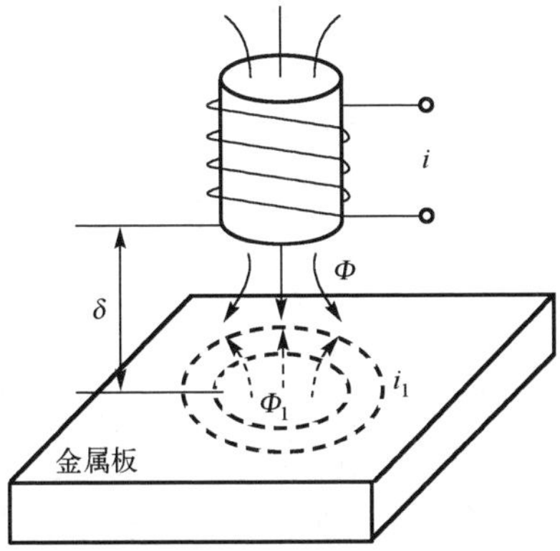

图 9-17　高频反射式电涡流传感器的工作原理图

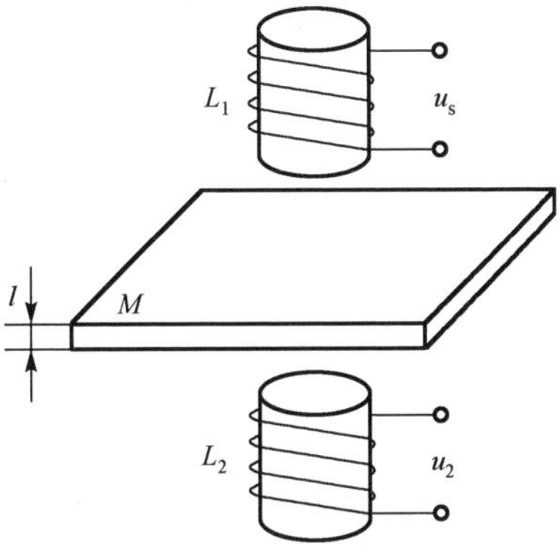

图 9-18 低频透射式电涡流传感器的工作原理

3. 电涡流传感器的特点与应用

电涡流传感器可用于动态非接触测量，检测范围约为 0～2mm，分辨力可达 1μm。它具有结构简单、安装方便、灵敏度高、抗干扰能力强、不受油污等介质的影响等一系列优点。因此，电涡流传感器可用于以下几个方面的测量：①将位移 x 作为变换量，做成测量位移、厚度、振动、转速等的传感器，也可做成接近开关、计数器等；②将材料电阻率 ρ 作为变换量，可以做成测量温度、判别材质等的传感器；③将材料磁导率 μ 作为变换量，可以做成测量应力、硬度等量的传感器；④利用变换量 ρ、μ、x 的综合影响，可以做成探伤装置。图 9-19 所示为电涡流传感器的工程应用实例。

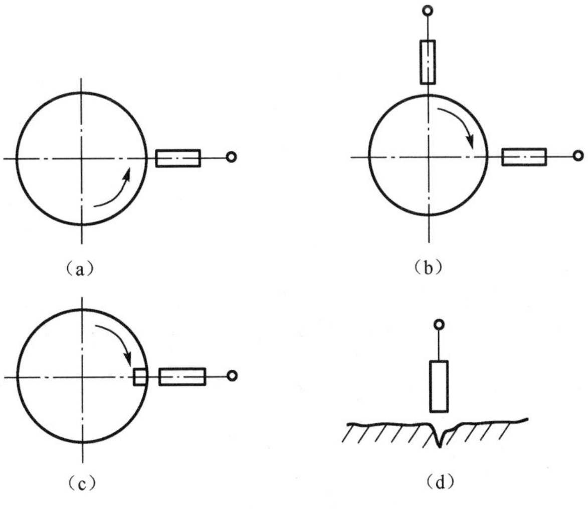

图 9-19　电涡流传感器的工程应用实例

9.4 电容式传感器

电容式传感器是将被测量（如位移、压力等）的变化转换成电容量变化的一种传感器。它结构简单、体积小、分辨率高、动态响应好，可进行非接触测量，并能在高温、辐射等恶劣环境中工作，常用于压力、液位、振动、位移等物理量的测量。

9.4.1 电容式传感器的工作原理及分类

电容式传感器是基于电容量及其结构参数之间的关系而制成的。图 9-20 所示为最简单的平板电容器，由物理学知识可知，在忽略边缘效应的情况下，其电容量为

$$C=\frac{\varepsilon_0\varepsilon A}{\delta} \tag{9-23}$$

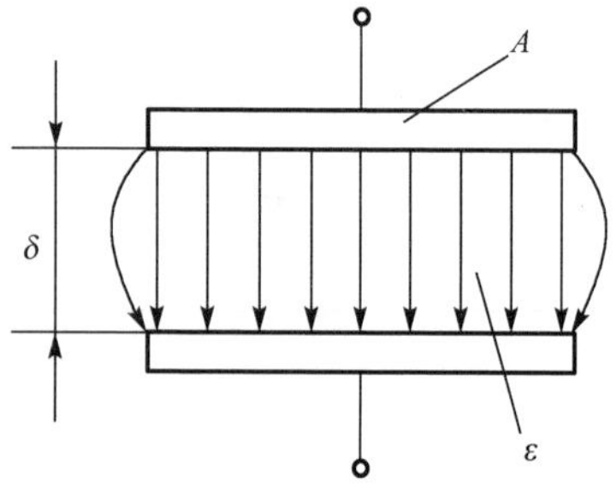

图 9-20 平板电容器

式中，ε_0为真空介电常数，$\varepsilon_0=8.854\times10^{-12}\mathrm{F\cdot m^{-1}}$；$\varepsilon$为极板间介质的相对介电常数，在空气中$\varepsilon=1$；$A$为极板的覆盖面积，单位为$\mathrm{m}^2$；$\delta$为两平行极板间的距离，单位为 m。

由式（9-23）可知，当被测量使δ、A或ε发生变化时，会引起电容量C变化。如果保持其中两个参数不变，仅改变另一个参数，就可把该参数的变化转换为电容量的变化。按被测量所改变的电容器的参数，电容式传感器可分为极距变化型电容传感器、面积变化型电容传感器和介电常数变化型电容传感器三类。其中，极距变化型电容传感器和面积变化型电容传感器的应用较为广泛。

1. 极距变化型电容传感器

在电容器中，如果两极板覆盖面积A及极板间介质不变，则电容量C与极距δ呈非线性关系，如图 9-21 所示。当极板在被测参数的作用下发生位移，即极距δ有一微小变化量$\mathrm{d}\delta$时，引起的电容变化量$\mathrm{d}C$为

$$\mathrm{d}C=-\frac{\varepsilon_0\varepsilon A}{\delta^2}\mathrm{d}\delta \tag{9-24}$$

由此可以得到传感器的灵敏度为

$$S=\frac{\mathrm{d}C}{\mathrm{d}\delta}=-\frac{\varepsilon_0\varepsilon A}{\delta^2} \tag{9-25}$$

从上式可以看出，灵敏度S与极距平方成反比，极距越小，灵敏度越高。一般通过减小初始极距δ_0来提高灵敏度。由于电容量C与极距δ呈非线性关系，因此必将引起非线性误差。为了减小这一误差，通常规定测量范围$\Delta\delta\ll\delta_0$，一般取极距变化范围$\Delta\delta/\delta_0\approx0.1$，此时传感器的灵敏度近似于常数，输出电容量$C$与极距$\delta$呈近似线性关系。在实际应用中，为了提高传感器的灵敏度、增大线性工作范围和克服外界条件（如电源电压、环境温度等）变化对测量精度的影响，常常采用差动型电容传感器。

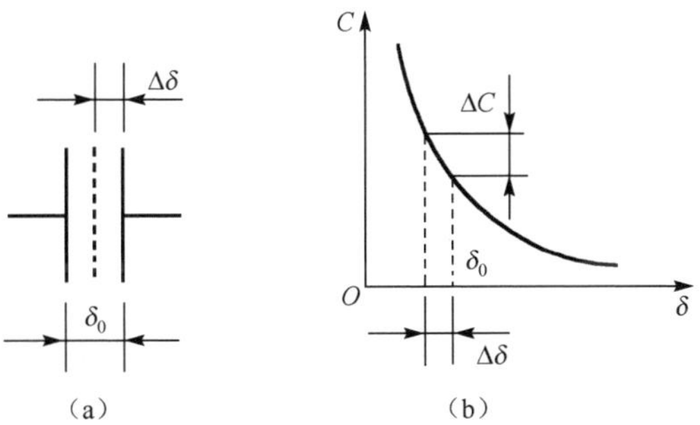

图 9-21　极距变化型电容传感器

2. 面积变化型电容传感器

面积变化型电容传感器的工作原理是在被测参数的作用下改变极板的有效面积，从而使电容量发生变化，常用的有角位移型和线位移型两种。

图 9-22 所示是面积变化型电容传感器的结构示意图，1 为固定极板（定板），2 为可动极板（动板）。

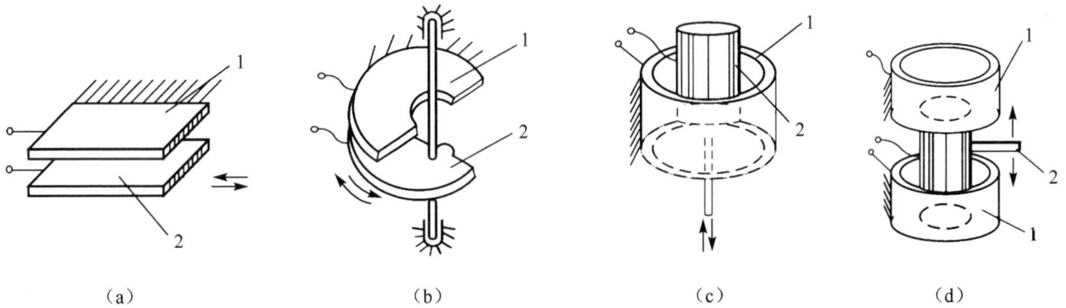

图 9-22　面积变化型电容传感器的结构示意图

图 9-22（a）所示为平面线位移型电容传感器。当宽度为 b 的动板沿箭头方向移动 x 时，两极板间覆盖面积变化，电容量也随之变化。电容量为

$$C=\frac{\varepsilon_0\varepsilon bx}{\delta} \tag{9-26}$$

式中，b 为极板宽度；x 为极板间覆盖长度。

其灵敏度为

$$S=\frac{\mathrm{d}C}{\mathrm{d}x}=\frac{\varepsilon_0\varepsilon b}{\delta}=常数 \tag{9-27}$$

故输出与输入为线性关系。

图 9-22（b）所示为角位移型电容传感器。当动板有一转角时，其与定板之间的覆盖面积就发生变化，导致电容量变化。当覆盖面积对应的中心角为 α，极板半径为 r 时，覆盖面积为

$$A=\frac{\alpha r^2}{2} \tag{9-28}$$

电容量为

$$C=\frac{\varepsilon_0\varepsilon\alpha r^2}{2\delta} \tag{9-29}$$

其灵敏度为

$$S=\frac{\mathrm{d}C}{\mathrm{d}\alpha}=\frac{\varepsilon_0\varepsilon r^2}{2\delta}=常数 \tag{9-30}$$

由于平板型传感器的可动极板沿极距方向移动会影响测量精度，因此一般情况下，面积变化型电容传感器常做成圆筒形，如图 9-22（c）和图 9-22（d）所示，其中，图 9-22（d）所示为差动型结构。圆筒形电容传感器的电容为

$$C=\frac{2\pi\varepsilon_0\varepsilon x}{\ln(r_2/r_1)} \tag{9-31}$$

式中，x 为外圆筒与内圆筒覆盖部分的长度，单位为 m；r_1与r_2 分别为筒内半径与内圆筒（或内圆柱）外半径，即它们的工作半径，单位为 m。

当覆盖长度 x 变化时，电容量变化，其灵敏度为

$$S=\frac{\mathrm{d}C}{\mathrm{d}x}=\frac{2\pi\varepsilon_0\varepsilon}{\ln(r_2/r_1)}=常数 \tag{9-32}$$

面积变化型电容传感器的优点是输出与输入呈线性关系。但与极距变化型电容传感器相比，其灵敏度较低，适用于较大角位移与直线位移的测量。

3．介电常数变化型电容传感器

介电常数变化型电容传感器的结构原理如图 9-23 所示。两电容极板之间的介质变化引起电容变化，常见的有两种情况：一是两电容极板之间有两种介质，两介质的位置或厚度发生变化，如图 9-23（a）～图 9-23（c）所示；二是两电容极板之间只有一种介质，介质的介电常数随被测非电量（如温度、湿度）变化，如图 9-23（d）所示的电容式温度传感器。

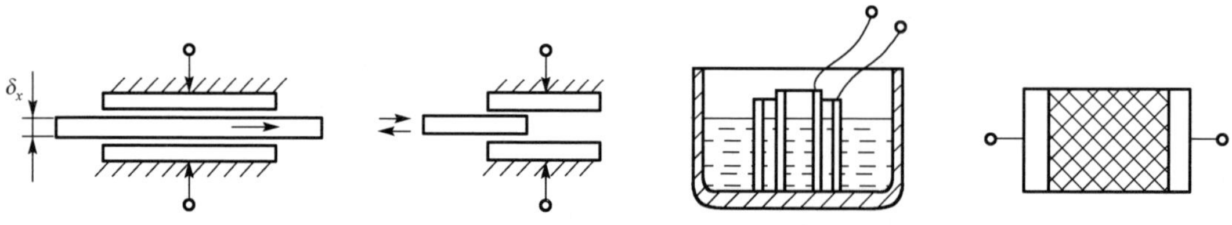

（a）电容式厚度传感器　（b）电容式位移传感器　（c）电容式液位传感器　（d）电容式温度传感器

图 9-23　介电常数变化型电容传感器的结构原理

9.4.2　电容式传感器的特点

1．主要优点

（1）输入能量小且灵敏度高。极距变化型电容压力传感器只需很小的能量就能改变电容极板的位置，如在一对直径为 1.27cm 的圆形电容极板上施加 10V 的电压，极板间隙为

2.54×10^{-3}cm，只需 3×10^{-5}N 的力就能使极板产生位移。因此，电容传感器可以测量很小的力或振动加速度，并且很灵敏。

（2）电参量相对变化大。电容式压力传感器电容的相对变化 $\Delta C/C\geqslant100\%$，有的甚至可达 200%，这说明传感器的信噪比大，稳定性好。

（3）动态特性好。电容式传感器的活动零件少，而且质量很小，本身具有很高的自振频率，加之供给电源的载波频率很高，因此电容式传感器适用于动态参数的测量。

（4）能量损耗小。电容式传感器变化的是极板的间距或面积，因此电容变化并不产生热量。

（5）结构简单，适应性好。电容式传感器的主要结构是两块金属极板和绝缘层，结构很简单，在振动、辐射环境下仍能可靠地工作，若采用冷却措施，还可在高温条件下使用。

2．主要缺点

（1）非线性大。在极距变化型电容传感器中，从机械位移变化 $\Delta\delta$ 变为电容变化 ΔC 是非线性的，利用测量电路（常用的电桥电路如图 9-24 所示）把电容变化转换成电压变化也是非线性的。因此，输出与输入之间的关系出现较大的非线性。采用差动式结构，非线性可以得到适当改善，但不能完全消除。当采用比例运算放大器电路（见图 9-25）时，可以得到输出电压与位移量的线性关系。输出阻抗采用固定电容 C_0，反馈阻抗采用电容传感器 C_x，根据运算放大器的运算关系，当激励电压为 u_0 时，输出电压为

$$u_y=-u_0\frac{C_0}{C_x} \tag{9-33}$$

所以

$$u_y=-u_0\frac{C_0\delta}{\varepsilon_0\varepsilon A} \tag{9-34}$$

由上式可知，输出电压 u_y 与电容式传感器的极板间距 δ 呈线性关系。这种电路常用于位移测量传感器。

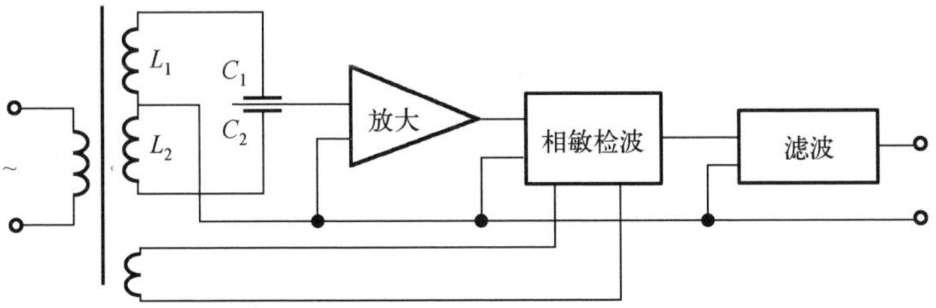

图 9-24　电容式传感器常用的电桥电路

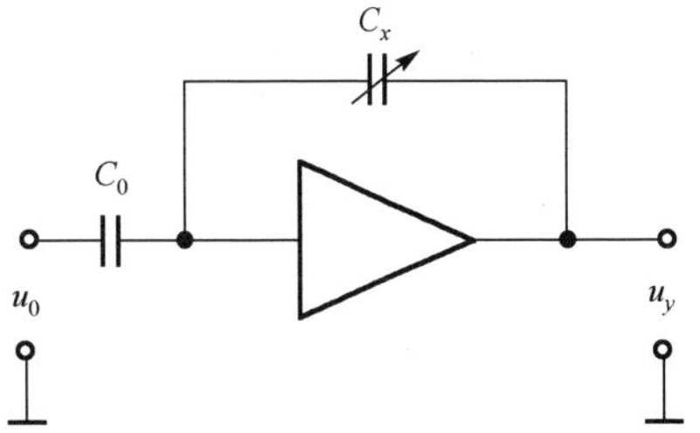

图 9-25　比例运算放大器电路

（2）电缆分布电容影响大。传感器两极板之间的电容很小，仅几十皮法，小的甚至只有几皮法。而传感器与电子仪器之间的连接电缆却具有很大的电容，如 1m 屏蔽线的电容最小的也有几皮法，最大的可达上百皮法。这使传感器电容的相对变化大大降低，灵敏度也降低，更严重的是因电缆本身放置的位置或形状不同，以及振动等都会引起电缆本身电容的较大变化，给测量带来误差。解决的办法有两种，一种是利用集成电路，使放大测量电路小型化，把它放在传感器内部，这样传输导线输出的是直流电压信号，不受分布电容的影响；另一种

是采用双屏蔽传输电缆，适当降低分布电容的影响。由于电缆分布电容对传感器的影响，电容式传感器的应用受到一定的限制。

9.4.3 电容式传感器的应用举例

1. 电容式测厚仪

图 9-26 所示为测量金属带材在轧制过程中厚度的电容式测厚仪的工作原理图。工作极板与金属带材之间形成两个电容，即 C_1、C_2。当金属带材在轧制中厚度发生变化时，将引起电容量的变化。通过检测电路可以反映这个变化，并转换和显示出金属带材的厚度。

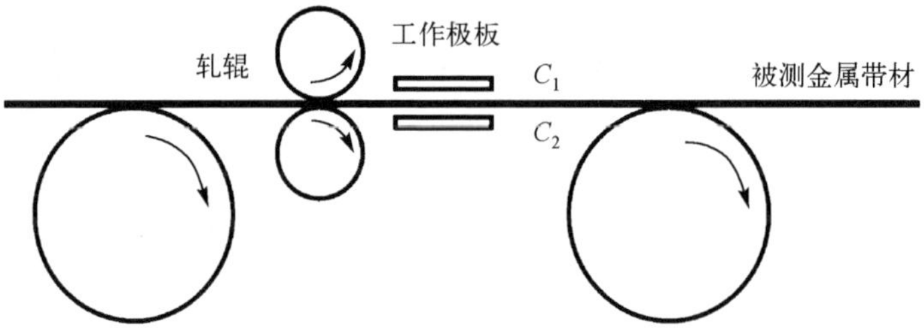

图 9-26 电容式测厚仪的工作原理图

2. 电容式转速传感器

电容式转速传感器的工作原理如图 9-27 所示。齿轮外沿面为电容器的动极板，当电容器定极板与齿顶相对时，电容量最大；当其与齿隙相对时，电容量最小。当齿轮转动时，电容量发生周期性变化，若通过测量电路将其转换为脉冲信号，则频率计显示的频率代表齿轮的转速大小。设齿轮齿数为 z，频率为 f，则转速 n（单位为 $\mathrm{r \cdot min^{-1}}$）为

$$n = \frac{60f}{z} \tag{9-35}$$

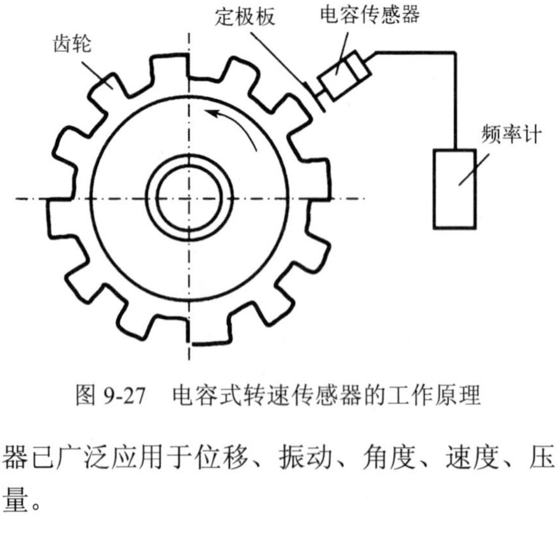

图 9-27 电容式转速传感器的工作原理

目前，电容式传感器已广泛应用于位移、振动、角度、速度、压力、转速、液位、料位及成分分析等方面的测量。

9.5　压电式传感器

压电式传感器是一种可逆传感器，它既可以将机械能转换为电能，又可以将电能转换为机械能。它是基于某些物质的压电效应工作的。

9.5.1　压电效应与压电材料

对于某些物质，当沿着一定方向对其加力而使其变形时，在其受力表面上会产生电荷，在去掉外力后，它又重新回到不带电状态，这种现象称为压电效应。相反，如果在这些物质的极化方向施加电场，那么这些物质就会在一定方向上产生机械变形或机械应力，当撤去外电场时，这些变形或应力也随之消失，这种现象称为逆压电效应，或称为电致伸缩效应。

明显呈现压电效应的敏感功能材料称为压电材料。常用的压电材料有两大类，一类是压电单晶体，如石英、酒石酸钾钠等；另一类是多晶压电陶瓷，又称压电陶瓷，如钛酸钡、锆钛酸铅、铌镁酸铅等。此外，还有高分子压电材料，如聚偏二氟乙烯（PVDF）。

石英晶体有天然石英和人造石英。天然石英的稳定性好，但资源少，并且大都存在一些缺陷。石英晶体的突出优点是性能非常稳定，机械强度高，绝缘性能也相当好。但其价格昂贵，且压电系数不高，因此一般仅用于校准用的标准传感器或精度要求很高的传感器。

压电陶瓷是人工高温烧结制造的经过极化处理后的多晶体压电材料。其压电系数比石英晶体大得多，并且具有制作工艺方便、耐湿、耐高温等优点，因此目前压电式传感器的压电材料大多采用压电陶瓷，其中最常用的是锆钛酸铅系列压电陶瓷。

目前已被应用开发的高分子压电材料是聚偏二氟乙烯，其 1972 年被首次应用以来，研制了多种用途的传感器，如压力、加速度和温度传感器，并且在生物医学领域得到了广泛应用。

下面以石英晶体为例，说明压电效应的机理。

石英（SiO_2）晶体的结晶形状为六角形晶柱，如图 9-28（a）所示。两端为一对称的棱锥，六棱柱是它的基本组织，纵轴 z-z 称为光轴，通过六角棱线垂直于光轴的轴线 x-x 称为电轴，垂直于棱面的轴线 y-y 称为机械轴，如图 9-28（b）所示。

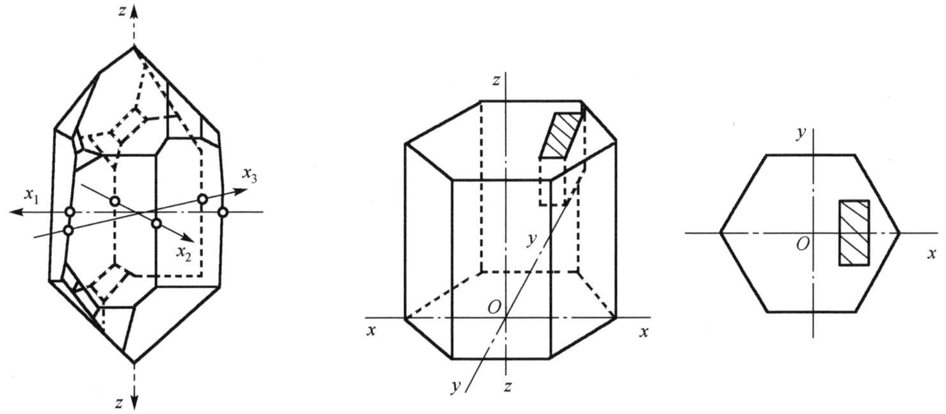

（a）石英晶体的结晶形状　　（b）石英晶体的晶轴

图 9-28　石英晶体

如果从晶体中切下一个平行六面体，并使其晶面分别平行于 z-z、y-y、x-x 轴线，那么这个晶体在正常状态下不呈现电性。当对其施加外力时，沿 x-x 方向将形成电场，其电荷分布在垂直于 x-x 轴的平面上。沿 x 轴方向加力产生纵向压电效应，沿 y 轴方向加力产生横向压电效应，沿相对两个平面加力产生切向压电效应，如图 9-29 所示。

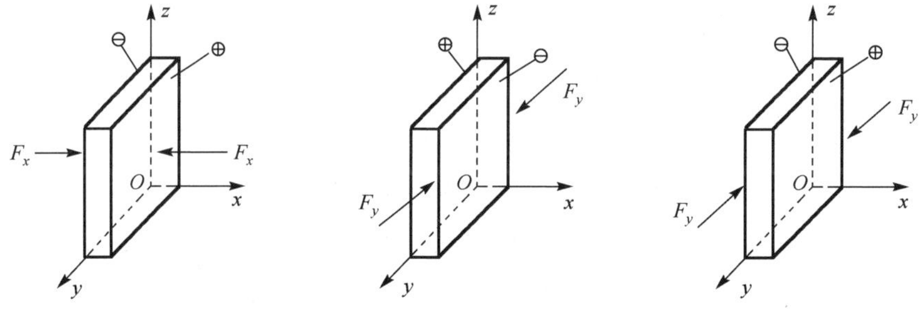

图 9-29　压电效应模型

实验证明，压电元件表面积聚的电荷量与作用力成正比。若沿单一晶轴 x-x 方向加力 F，则在垂直于 x-x 方向的表面积聚的电荷量为

$$Q = d_c F \tag{9-36}$$

式中，Q 为电荷量，单位为 C；d_c 为压电系数，单位为 C/N，与材质及切片方向有关；F 为作用力，单位为 N。

压电晶体具有方向性，当压电元件受力方向和受力方式不同时，压电系数也不同。当沿 z 轴方向加力时，压电系数为零，不能产生压电效应。

9.5.2 压电式传感器及其等效电路

压电元件两电极间的压电陶瓷或石英晶体为绝缘体，两个工作面是通过金属蒸镀形成的金属膜，从而构成一个电容器，如图 9-30（a）所示。其电容量为

$$C_a = \frac{\varepsilon_r \varepsilon_0 A}{\delta} \tag{9-37}$$

式中，ε_r 为压电材料的相对介电常数，石英晶体的 $\varepsilon_r = 4.5$；ε_0 为真空介电常数，$\varepsilon_0 = 8.854 \times 10^{-12}\,\mathrm{F \cdot m^{-1}}$；$A$ 为压电元件工作面的面积，单位为 m^2；δ 为极板间距，即压电元件厚度，单位为 m。

当压电元件受外力作用时，在两个极板上积聚数量相等、极性相反的电荷 Q，这相当于一个电荷源。若负载电阻无穷大，则压电元件的开路电压为

$$U = \frac{Q}{C_a} \tag{9-38}$$

于是可以把压电元件等效为一个电荷源和一个电容器并联的电路，如图 9-30（b）所示的点画线框；也可将其等效为一个电压源和一个电容器串联的电路，如图 9-30（c）所示的点画线框。其中，R_a 为压电元件的漏电阻。在工作时，压电式传感器要与测量电路连接，就要考虑连接电缆电容、放大器的输入电阻和输入电容。图 9-30（b）和图 9-30（c）所示的两

种电路是压电测试系统完整的等效电路，这两种电路只是表示方式不同，它们的工作原理是相同的。

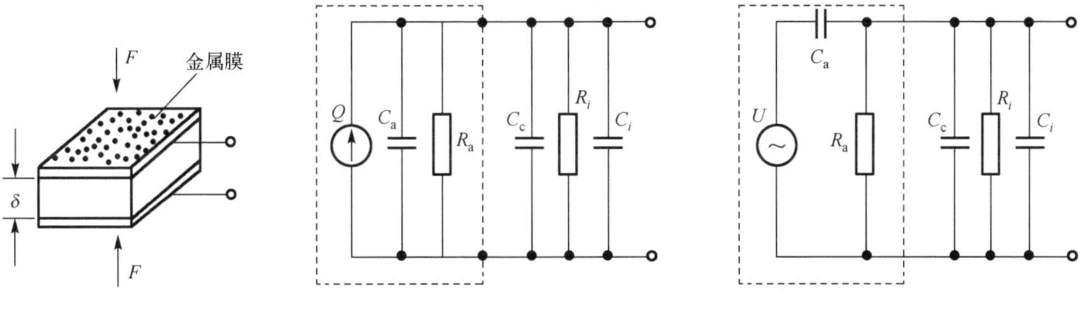

（a）电容器　（b）电荷等效电路　（c）电压等效电路

图 9-30　压电式传感器及其等效电路

由于不可避免地存在电荷泄漏，所以在利用压电式传感器测量静态或准静态量的值时，必须采取一定措施，使电荷从压电元件经测量电路的漏失减小到足够小的程度；而在进行动态测量时，电荷可以不断补充，从而供给测量电路一定的电流，故压电式传感器适宜进行动态测量。

9.5.3　压电元件常用的结构形式

在实际使用中，仅用单片压电元件工作，若想要产生足够的表面电荷需要很大的作用力，因此一般将两片或两片以上压电元件连接在一起使用。由于压电元件是有极性的，因此其连接方法有两种：并联和串联。图 9-31（a）所示为串联连接，上极板为正极，下极板为负极，中间是一个压电元件的负极与另一个压电元件的正极相连接，此时传感器本身电容小，输出电压大，适用于以电压为输出的场合，并要求测量电路有高的输入阻抗。图 9-31（b）所示为并联连接，两压电元件的负极集中在中间极板上，正极在上下两端并连接在一起，此时电容量大，输出电荷量大，适用于测量缓变信号和以电荷为输出的场合。

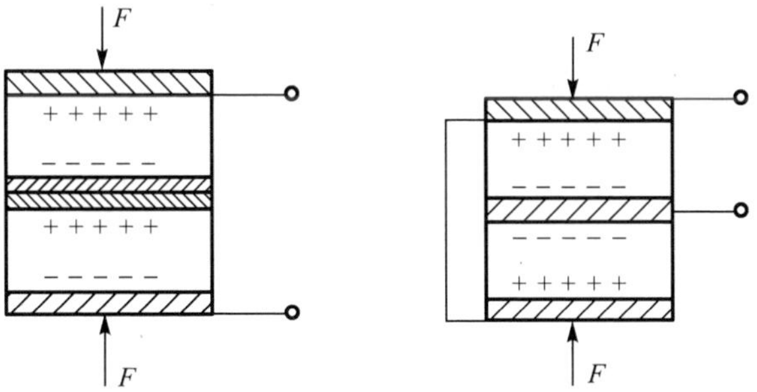

（a）串联连接　（b）并联连接

图 9-31　压电元件的串联与并联

压电元件在传感器中必须有一定的预紧力，以保证当作用力变化时压电元件始终受到压力，同时保证压电元件与作用力之间的全面均匀接触，获得输出电压（或电荷）与作用力的线性关系。但预紧力也不能太大，否则会影响其灵敏度。

9.5.4 压电式传感器的特点及应用

压电式传感器具有自发电和可逆两种重要特性，同时具有体积小、质量轻、结构简单、工作可靠、固有频率高、灵敏度和信噪比高等优点，因此压电式传感器得到了飞速发展和广泛的应用。在测试技术中，压电转换元件是一种典型的力敏元件，能测量最终能变换成力的物理量，如压力、加速度、机械冲击和振动等，因此在机械、声学、力学、医学和航天等领域都可见到压电式传感器的应用。

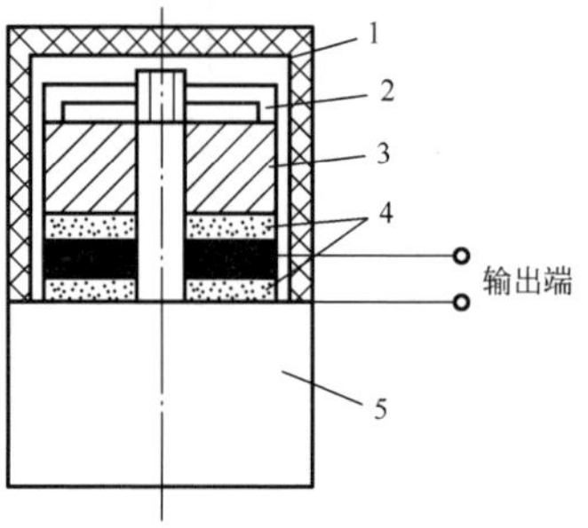

1—壳体；2—弹簧；3—质量块；4—压电晶片；5—基座。

图 9-32　压电式加速度传感器的结构

图 9-32 所示为压电式加速度传感器的结构。它主要由壳体 1、弹簧 2、质量块 3、压电晶片 4 和基座 5 组成。基座固定在被测物体上，基座的振动使质量块产生与振动加速度方向相反的惯性力，惯性力作用在压电晶片上，使压电晶片的表面产生并输出交变电压，这个输出电压与加速度成正比，经测量电路处理后，即可知加速度的大小。

9.6 磁电式传感器

磁电式传感器的基本工作原理是通过磁电作用将被测物理量的变化转换为感应电动势的变化。磁电式传感器包括磁电感应传感器、霍尔式传感器等。

9.6.1 磁电感应传感器

磁电感应传感器又称感应传感器，是一种机-电能量转换型传感器，不需要外部电源供电。其电路简单、性能稳定、输出阻抗小、具有一定的频率响应范围，适用于振动、转速、扭矩等的测量，但这种传感器的尺寸和质量都较大。

根据法拉第电磁感应定律，当 N 匝的线圈在磁场中运动切割磁力线或线圈所在磁场的磁通量 Φ 变化时，线圈中所产生的感应电动势 e 的大小取决于穿过线圈磁通量 Φ 的变化率，即

$$e = N\frac{\mathrm{d}\Phi}{\mathrm{d}t} \tag{9-39}$$

磁通量变化率与磁场强度、磁路电阻、线圈的运动速度有关，故改变其中任何一个因素，都会改变线圈的感应电动势。根据工作原理的不同，磁电感应传感器可分为恒定磁通式感应传感器与变磁阻式感应传感器两种。

1. 恒定磁通式感应传感器

图 9-33 所示为恒定磁通式感应传感器的结构原理图。当线圈在垂直于磁场方向做直线运动［见图 9-33（a）］或旋转运动［见图 9-33（b）］时，若以线圈相对磁场运动的速度 v 或角速度 ω 来表示，则产生的感应电动势 e 为

$$\begin{cases} e = NBlv \\ e = kNBA\omega \end{cases} \tag{9-40}$$

式中，l 为每匝线圈的平均长度；B 为线圈所在磁场的磁感应强度；A 为每匝线圈的平均截面积；k 为传感器的结构系数。

传感器的结构参数确定后，N、B、l、A、k 均为定值，感应电动势 e 与线圈相对磁场的运动速度 v 或角速度 ω 成正比，所以这类传感器基本上是作为速度传感器直接用来测量线速度或角速度的。如果在测量电路中接入积分电路或微分电路，其还可以用来测量位移或加速度。但由其工作原理可知，磁电感应传感器只适用于动态测量。

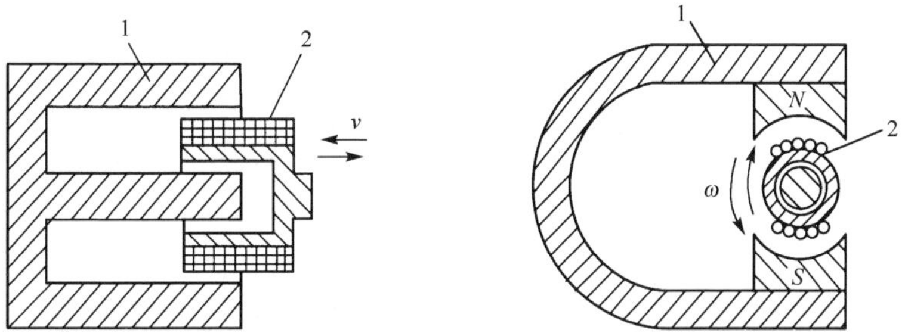

（a）线速度型　（b）角速度型

1—磁铁；2—线圈。

图 9-33　恒定磁通式感应传感器的结构原理图

2．变磁阻式感应传感器

变磁阻式感应传感器（变磁通式或变气隙式感应传感器）常用来测量旋转物体的角速度。其结构原理如图 9-34 所示。图 9-34（a）所示为开路变磁通式，线圈和永久磁铁静止不动，测量齿轮（由导磁材料制成）安装在被测旋转体上，随之一起转动，每转过一个齿，传感器磁路磁阻变化一次，线圈产生的感应电动势的变化频率等于测量齿轮上齿轮的齿数和转速的乘积。图 9-34（b）所示为闭合磁路变磁通式，被测旋转体带动椭圆形测量齿轮在磁场气隙中等速转动，使气隙平均长度发生周期性变化，因而磁路磁阻也发生周期性变化，磁通量同样发生周期性变化，在线圈中产生频率与转速成正比的感应电动势。

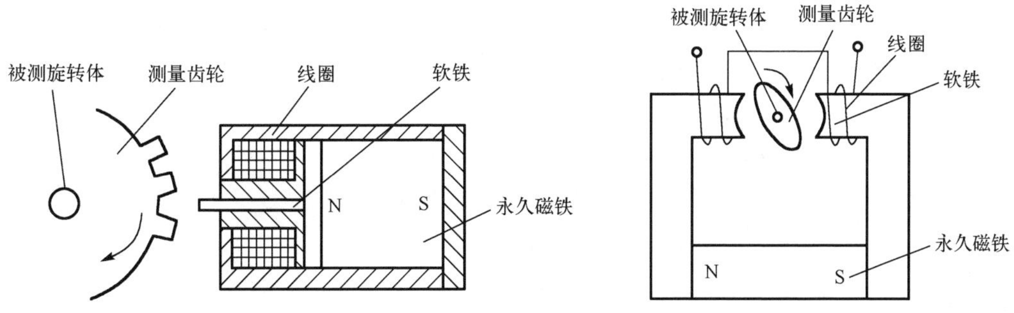

（a）开路变磁通式　（b）闭合磁路变磁通式

图 9-34　变磁阻式感应传感器结构原理

变磁阻式感应传感器对环境条件要求不高，能在−150～90℃的温度下工作，不影响测量精度，也能在油、水雾、灰尘等环境条件下工作。但它的工作频率下限较高，约为50Hz，上限可达100Hz。

9.6.2 霍尔式传感器

霍尔式传感器也是一种磁电式传感器。它是利用霍尔元件基于霍尔效应原理将被测量转换成电动势输出的一种传感器。用半导体材料制成的霍尔式传感器具有对磁场敏感度高、结构简单、使用方便、体积小、频率范围宽（从直流到微波）、动态范围大（输出电动势变化范围可达 1000∶1）、寿命长等特点，被广泛应用于直线位移、角位移、压力等物理量的测量。

1. 霍尔效应

当金属或半导体薄片置于磁场中，并有电流流过时，在垂直于电流和磁场的方向上将产生电动势，这种物理现象称为霍尔效应。

假设薄片为N型半导体，磁感应强度为B的磁场方向垂直于薄片，如图9-35所示，在薄片左右两端通以控制电流I，那么半导体中的载流子（电子）将沿着与电流I相反的方向运动。由于外磁场B的作用，电子受到磁场力F_L（洛伦兹力）而发生偏转，结果在半导体的后端面上电子积累带负电，而前端面缺少电子带正电，在前后端面间形成电场。该电场产生的电场力F_E阻止电子继续偏转。当F_E和F_L相等时，电子积累达到动态平衡。这时在半导体前后两端面之间（垂直于电流和磁场方向）建立的电场，称为霍尔电场，相应的电动势称为霍尔电动势U_H。霍尔电动势可用下式表示：

$$U_H = R_H \frac{IB}{d} = K_H IB \tag{9-41}$$

式中，I为电流；B为磁感应强度；R_H为霍尔常数，由载流材料的物理性质决定；K_H为灵敏度，与载流材料的物理性质和几何尺寸有关，表示在单位磁感应强度和单位控制电路中的霍尔电动势的大小；d为薄片（霍尔片）厚度。

如果磁场和薄片法线有α角，那么

$$U_H = K_H IB\cos\alpha \tag{9-42}$$

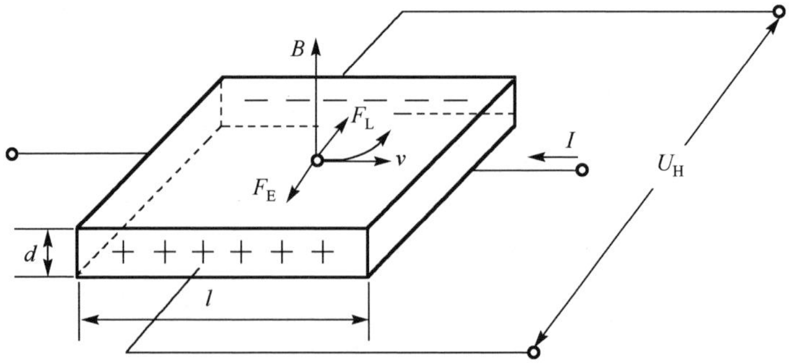

图9-35 霍尔效应原理

2. 霍尔元件

基于霍尔效应工作的半导体器件称为霍尔元件，霍尔元件多采用 N 型半导体材料。霍尔元件越薄（d 越小），K_H 就越大，薄膜霍尔元件的厚度只有 1μm 左右。霍尔元件由霍尔片、四根引线和壳体组成，如图 9-36 所示。霍尔片是一块半导体单晶薄片（尺寸一般为 $4\text{mm}\times 2\text{mm}\times 0.1\text{mm}$），在它长度方向的两端面上焊有 a、b 两根引线，称为控制电流端引线，通常用红色导线，其焊接处称为控制电极；在它的另两侧端面的中间以点的形式对称焊有 c、d 两根霍尔输出引线，通常用绿色导线，其焊接处称为霍尔电极。霍尔元件的壳体是用非导磁金属、陶瓷或环氧树脂封装的。目前最常用的霍尔元件材料有锗（Ge）、硅（Si）、锑化铟（InSb）、砷化铟（InAs）等半导体材料。霍尔元件在电路中可用图 9-36（c）所示的符号表示，其基本测量电路如图 9-36（d）所示。

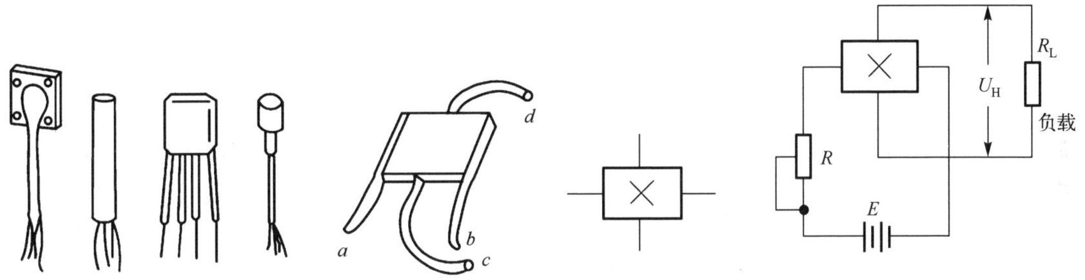

（a）外形　（b）结构　（c）符号　（d）基本测量电路

图 9-36　霍尔元件

3. 霍尔式传感器的应用

图 9-37 所示为一种霍尔式位移传感器。将霍尔元件置于磁场中，左半部磁场方向向上，右半部磁场方向向下，从 a 端通入电流 I。根据霍尔效应，左半部产生霍尔电动势 U_{H1}，右半部产生霍尔电动势 U_{H2}，两者的方向相反。因此，c、d 两端电动势为 $U_{H1}-U_{H2}$。如果霍尔元件在初始位置时 $U_{H1}=U_{H2}$，则输出为零；当改变磁极系统与霍尔元件的相对位置时，即可得到输出电压，其大小与位移量成正比。

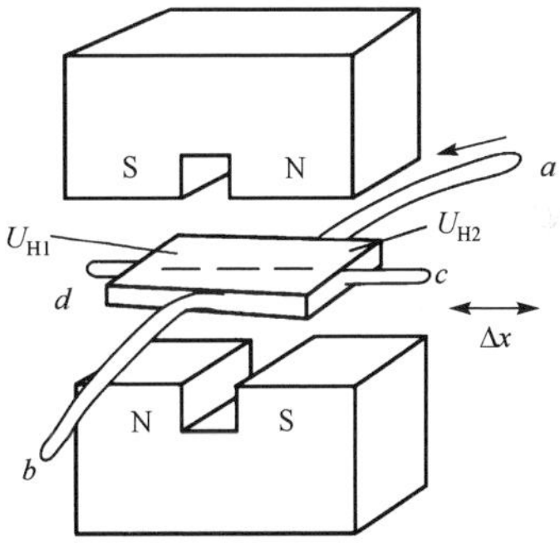

图 9-37　霍尔式位移传感器

9.7　光电式传感器

光电式传感器通常是指能感受到由紫外光到红外光的光能量，并能将光能转换成电信号的器件。在检测时，光电式传感器先将被测物理量的变化转换为光量的变化，再通过光电器件将光量的变化转化为电量的变化。其工作原理是利用某些物质的光电效应。

9.7.1　光电效应及光电器件

由光的粒子学说可知，光可以被认为是由具有一定能量的粒子组成的。光照射在物体上就可看成是一连串的具有能量 E 的粒子轰击在物体上。所谓光电效应，就是物体吸收了光子能量后产生的电效应。通常光照射到物体表面后产生的光电效应可分为外光电效应和内光电效应两类。

1. 外光电效应

光照射在某些物质（金属或半导体）上，使电子从这些物质表面逸出的现象称为外光电效应。基于外光电效应的光电器件属于光电发射型器件，如真空光电管、光电倍增管等。图 9-38 所示为真空光电管的结构原理图，在一个真空的玻璃泡内装有两个电极，一个是光电阴极，一个是光电阳极。光电阴极通常采用逸出功小的光敏材料（如铯）。光线照射到光敏材料上便有电子逸出，这些电子被具有正电位的光电阳极所吸引，在光电管内形成空间电子流，在外电路中就产生电流。若外电路接入一定阻值的电阻，则通过该电阻的电压随光照强弱而变化，从而实现将光信号转换为电信号的目的。

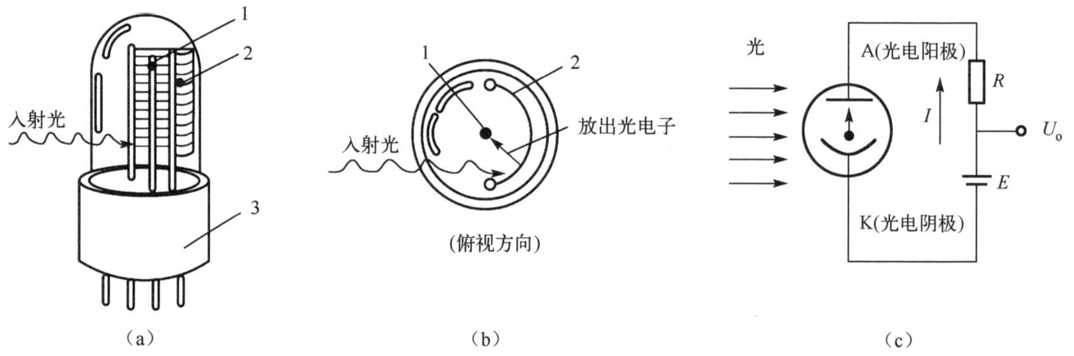

1—光电阳极；2—光电阴极；3—插头。

图 9-38 真空光电管的结构原理图

2. 内光电效应

内光电效应是指物质（金属或半导体）受到光照后所产生的光电子只在物质内部运动，而不会逸出的现象。内光电效应按其工作原理分为两种：光电导效应和光生伏特效应。

1）光电导效应

当半导体材料受到光照时会产生电子-空穴对，使其导电性能增强，光线越强，半导体材料的阻值越低。这种光照后电阻率发生变化的现象，称为光电导效应。基于这种效应的光电器件有光敏电阻（光电导型）和反向工作的光敏二极管、光敏三极管（光电导结型）。

光敏电阻是用具有光电导效应的光导材料制成的一种纯电阻元件，其阻值随光照增强而减小。光敏电阻常用的半导体材料有硫化镉、硒化镉等。图 9-39 所示为光敏电阻的工作原理图。在黑暗的环境下，它的阻值很高，电路中电流很小；当受到光照并且光辐射能量足够大时，光导材料禁带中的电子吸收光子能量跃迁到导带，激发出电子-空穴对，从而使电导率增加，电阻值减小，电路中电流变大。当光照停止时，光电效应自动消失，电阻值又恢复到原先的值。

光敏电阻具有灵敏度高、体积小、质量轻、光谱响应范围宽、机械强度高、耐冲击和振动、寿命长等优点，被广泛应用于照相机、防盗报警器、火灾报警器及自动控制技术中。

2）光生伏特效应

光生伏特效应是指半导体材料的 P-N 结受到光照后产生一定方向的电动势的效应。光生伏特型光电器件是自发电式的，属于有源器件。

以可见光作为光源的光电池是常用的光生伏特型器件，光电池常用的材料是硒和硅，也可以使用锗。图 9-40 所示为硅光电池的结构原理和图示符号。硅光电池也称为硅太阳能电池，它是用单晶硅制成的，在一块 N 型硅片上用扩散的方法掺入一些 P 型杂质从而形成一个大面积的 P-N 结，P 层做得很薄，从而使光线能穿透到 P-N 结上。当光照射在 P-N 结上时，若光子能量大于半导体材料的禁带宽度，则在 P-N 结附近激发出电子-空穴对，通常，这种由光生成的电子-空穴对称为光生载流子。在 P-N 结内电场（$N \rightarrow P$）的作用下，电子被推向 N 区，而空穴被拉向 P 区，P 区积累了大量的过剩空穴，N 区积累了大量的过剩电子，使 P 区带正电，N 区带负电，两端产生了电势。

硅太阳能电池轻便、简单，不会产生气体或热污染，易于适应环境。因此，凡是不能铺设电缆的地方都可采用硅太阳能电池，其尤其适用于为宇宙飞行器的各种仪表提供电源。

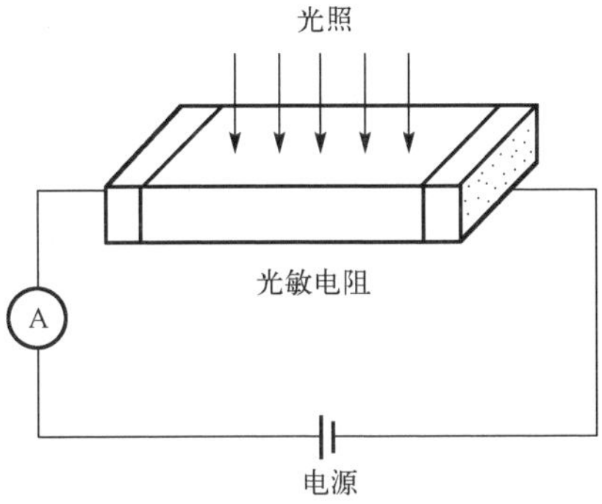

图 9-39　光敏电阻的工作原理图

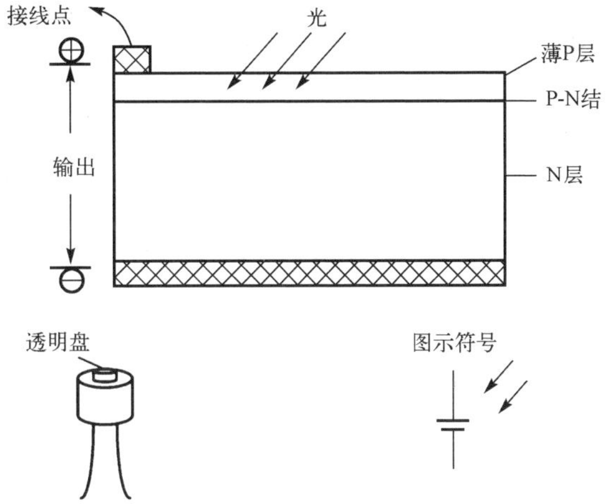

图 9-40　硅光电池的结构原理和图示符号

9.7.2　光电式传感器的应用

1．光电式传感器的工作形式

光电式传感器按其接收状态可分为模拟式光电传感器和脉冲式光电传感器。

1）模拟式光电传感器

模拟式光电传感器的工作原理基于光电器件的光电特性，因其光通量随被测量而变，光电流为被测量的函数，故又称光电传感器的函数运用状态。模拟式光电传感器的工作方式如图 9-41 所示。

（1）吸收式。被测物体位于恒定光源与光电器件之间，根据被测物体对光的吸收程度或对其谱线的选择来测定被测参数。如测量液体、气体的透明度、浑浊度，对气体进行成分分析，测定液体中某种物质的含量等。

（2）反射式。恒定光源发出的光投射到被测物体上，被测物体把部分光通量反射到光电器件上，根据反射的光通量的多少测定被测物体的表面状态和性质。例如，测量零件的表面粗糙度、表面缺陷、位移等。

（3）遮光式。被测物体位于恒定光源与光电器件之间，光源发出的光通量经被测物体后被遮去一部分，使作用在光电器件上的光通量减弱，减弱的程度与被测物体在光学通路中的位置有关。利用这一原理可以测量长度、厚度、线位移、角位移、振动等。

（4）辐射式。被测物体本身就是辐射源，它可以直接照射在光电器件上，也可以经过一定的光路后作用在光电器件上。光电高温计、比色高温计、红外侦察和红外遥感等的工作方式均属于这一类。

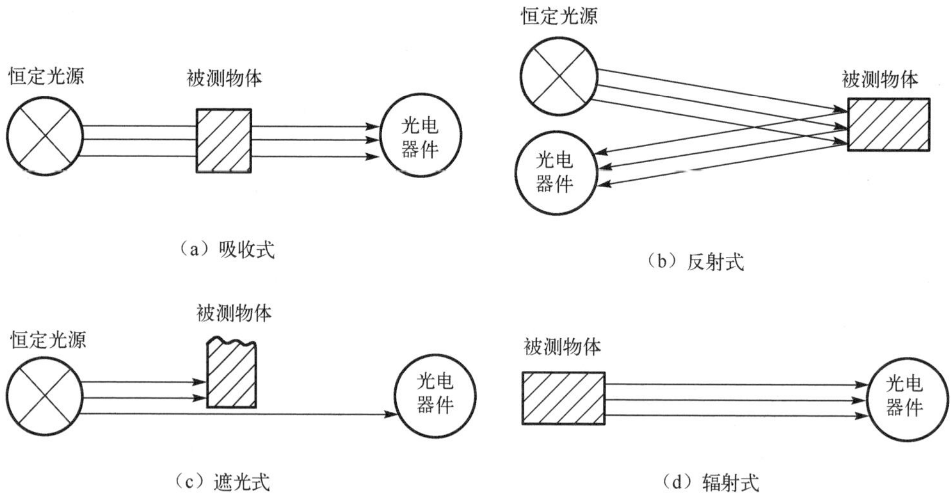

图 9-41 模拟式光电传感器的工作方式

2）脉冲式光电传感器

脉冲式光电传感器的光器元件的输出仅有两种稳定状态，也就是“通”或“断”的开关状态，所以也称它为光电器件的开关运用状态。这类传感器要求光电器件灵敏度高，但对光电特性的线性要求不高，主要用于零件或产品的自动计数、光控开关、电子计算机的光电输入设备、光电编码器及光电报警装置等方面。

2. 光电式传感器的应用举例

光电式传感器可以用来检测直接引起光量变化的非电量，如光强、光照度、辐射测温、气体成分分析等，也可以用来检验能转换成光量变化的其他非电量，如零件直径、表面粗糙度、应变、位移、振动、速度、加速度、物体的形状，以及工作状态的识别等。一般情况下它还具有非接触、高精度、高分辨率、高可靠性和响应快等优点，加上激光光源、光栅、光学码盘、CCD 器件、光导纤维等的相继出现和成功应用，使得光电式传感器在检测和控制领域得到了广泛的应用。下面是光电式传感器的应用实例。

1）测量工件表面的缺陷

用光电式传感器测量工件表面缺陷的工作原理如图 9-42 所示，激光管发出的光束先经过透镜 2、3 变为平行光束，再由透镜 4 把平行光束聚焦在工件的表面，形成宽约 0.1mm 的细长光带。光栏用于控制光通量。如果工件表面有缺陷（非圆、粗糙、裂纹），则会引起光束偏转或散射，这些光被硅光电池接收，即可转换成电信号输出。

2）测量转速

图 9-43 所示为用光电式传感器测量转速的工作原理。先在电动机的旋转轴上涂上黑白两色，当电动机转动时，反射光与不反射光交替出现，光电器件相应地间断接收光的反射信号，并输出间断的电信号，再经放大整形电路输出方波信号，最后由数字频率计测出电动机的转速。

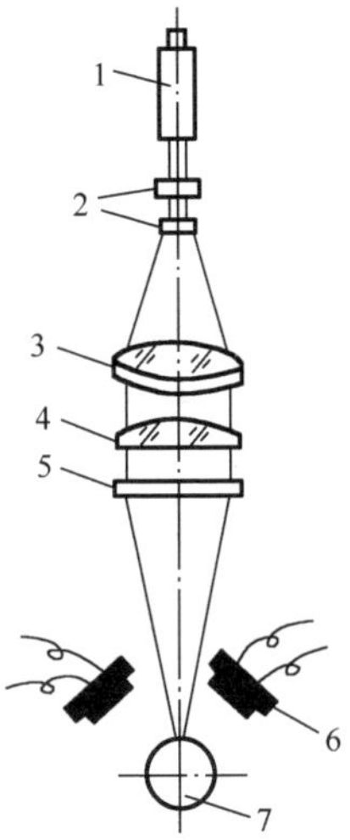

1—激光管；2、3、4—透镜；
5—光栏；6—光电池；7—工件。

图 9-42　用光电式传感器测量工件表面缺陷的工作原理

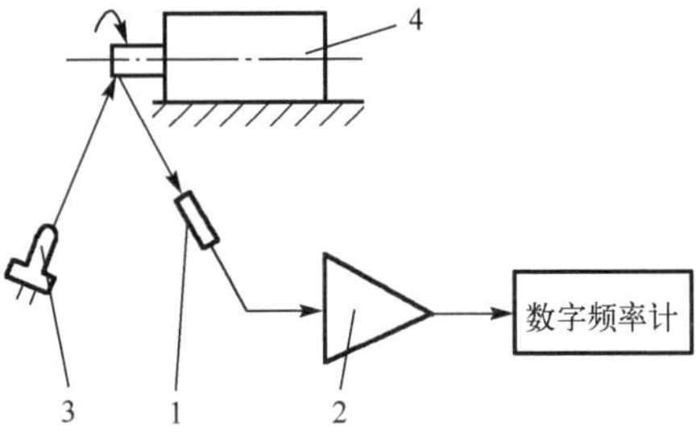

1—光电器件；2—放大整形电路；
3—光源；4—电动机。

图 9-43　用光电式传感器测量转速的工作原理

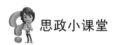

思政小课堂

环 保 意 识

绿水青山就是金山银山！我们需要积极发展创新清洁能源，提升环保意识，促进光伏发电快速发展及应用，为社会发展助力。

9.8　传感器的选用

在实际机械测试中，经常会遇到这样的问题：如何根据测试目的和实际条件合理地选用传感器？为此，本节在前述传感器的初步知识的基础上，介绍传感器的一些基本选用原则。

9.8.1　传感器的主要技术指标

由于传感器的类型五花八门，使用要求千差万别，因此无法全面列举衡量各种传感器质量优劣的统一性能指标。常见传感器的主要技术指标如表 9-2 所示。

表 9-2 常见传感器的主要技术指标

技术指标		说明
基本参数指标	量程指标	量程范围、过载能力等
	灵敏度指标	灵敏度、分辨力、满量程输出、输入/输出阻抗等
	精度相关指标	精度、误差、线性、滞后、重复性、灵敏度误差、稳定性等
	动态性能指标	固有频率、阻尼比、时间常数、频率响应范围、频率特性、临界频率、临界速度、稳定时间、过冲量、稳态误差等
环境参数指标	温度指标	工作温度范围、温度误差、温度漂移、温度系数、热滞后等
	抗冲振指标	允许各向抗冲振的频率、振幅及加速度、冲振所引入的误差等
	其他环境参数指标	抗潮湿、耐介质腐蚀能力、抗电磁干扰能力等
可靠性指标		工作寿命、平均无故障时间、保险期、疲劳性能、绝缘电阻、耐压及抗飞弧等
其他指标	使用有关指标	供电方式（直流、交流、频率及波形等）、功率、各项分布参数值、电压范围与稳定度等
	结构方面指标	外形尺寸、质量、壳体材质、结构特点等
	安装连接方面指标	安装方式、馈线等

9.8.2 传感器的选用原则

在设计一个测试系统时，首先考虑的是传感器的选择，其选择正确与否直接关系到测试系统的成败。

选择合适的传感器是一个较复杂的问题，现就其一般性讨论如下：

（1）首先要仔细研究测试信号，再确定测试方式和初步确定传感器类型，例如，是位移的测量还是速度、加速度、力的测量；

（2）分析测试环境和干扰因素。测试环境是否有磁场、电场、温度的干扰，测试现场是否潮湿等；

（3）根据测试范围确定某种传感器。例如，位移的测量要分析是测量小位移还是测量大位移。若测量小位移，则电感式传感器、电容式传感器、霍尔式传感器等可供选择；若测量大位移，则感应同步器、光栅传感器等可供选择；

（4）确定测量方式。在测试工程中是接触测量还是非接触测量。例如，对机床主轴回转误差的测量，就必须采用非接触测量；

（5）传感器的体积和安装方式，被测位置是否能放下和安装，传感器的来源、价格等因素。

当考虑好上述问题后，就能确定选用什么类型的传感器，然后继续考虑以下问题。

1）灵敏度

传感器的灵敏度越高，可以感知越小的变化量，即被测量稍有微小的变化，传感器就会有较大的输出。但灵敏度越高，与测量信号无关的外界噪声越容易混入，并且噪声也会被放大。因此，这要求传感器有较大的信噪比。

传感器的量程是和灵敏度紧密相关的一个参数。当输入量增大时，除非有专门的非线性校正措施，否则传感器不应在非线性区域内工作，更不能在饱和区域内工作。有些需在较强的噪声干扰下进行测试工作，被测信号叠加干扰信号后也不应进入非线性区域。因此，过高的灵敏度会影响其适用的测量范围。

若被测量是一个矢量，则传感器在被测量方向上的灵敏度应该越高越好，横向灵敏度越低越好；如果被测量是二维或三维矢量，那么还应要求传感器的交叉灵敏度越低越好。

2）线性范围

任何传感器都有一定的线性范围，在线性范围内输出与输入呈比例关系。线性范围愈宽，则表明传感器的工作量程愈大。

为了保证测量的精确度，传感器必须在线性区域内工作。例如，机械式传感器中的弹性元件，其材料的弹性极限是决定测量量程的基本因素。当超过弹性极限时，将产生非线性误差。

然而任何传感器都不容易保证其绝对线性，在某些情况下，在许可限度内，传感器也可以在其近似线性区域内应用。例如，极距变化型电容传感器、变气隙式感应传感器均采用在初始间隙附近的近似线性区域内工作。在选用传感器时必须考虑被测物理量的变化范围，令其非线性误差在允许范围以内。

3）响应特性

传感器的响应特性必须在所测频率范围内尽量保持不失真。虽然实际传感器的响应总有一些延迟，但延迟时间越短越好。

一般光电效应、压电效应等物性型传感器的响应时间短、工作频率范围宽。而结构型传感器，如电感、电容、磁电式传感器等，由于受到结构特性的影响和机械系统惯性的限制，其固有频率较低。

在动态测量中，传感器的响应特性对测试结果有直接影响，在选用时，应充分考虑到被测物理量的变化特点（如稳态、瞬变、随机等）。

4）稳定性

传感器的稳定性是指经过长期使用以后，其输出特性不发生变化的性能。传感器的稳定性有定量指标，超过使用期应及时进行测定。影响传感器稳定性的因素主要是环境与时间。

在工业自动化系统或自动检测系统中，传感器往往是在比较恶劣的环境下进行工作的，灰尘、油污、温度、振动等干扰是很严重的，这时传感器的选用必须优先考虑稳定性因素。

5）精度

传感器的精度表示传感器的输出与被测量的对应程度。因为传感器处于测试系统的输入端，因此传感器能否真实地反映被测量会直接影响整个测试系统。然而，传感器的精度并非越高越好，还要考虑经济性。传感器精度越高，价格越昂贵，因此应从实际出发进行选择。

此外，还应当了解测试目的是定性分析还是定量分析。如果属于相对比较性的试验研究，只需获得相对比较值即可，那么对传感器的精度要求可以低些。然而对于定量分析，为了必须获得精确量值，要求传感器应有足够高的精度。

习　题

9-1　什么是物性型传感器？什么是结构型传感器？试举例说明。

9-2　能量转换型传感器和能量控制型传感器有何不同？试举例说明。

9-3　金属电阻应变片与半导体应变片在工作原理上有何区别？各有何优缺点？应怎样针对具体情况进行选用？

9-4　有一个电阻应变片，R=120Ω，其灵敏度 S=2，设在工作时其应变为 1000με，ΔR 为多少？若将此应变片接成图 9-44 所示的电路，电源电压为 1.5V。试求：（1）无应变时电流表的示值；（2）有应变时的电流；（3）电流变化量；（4）分析能否从电流表中读出这个变化量。

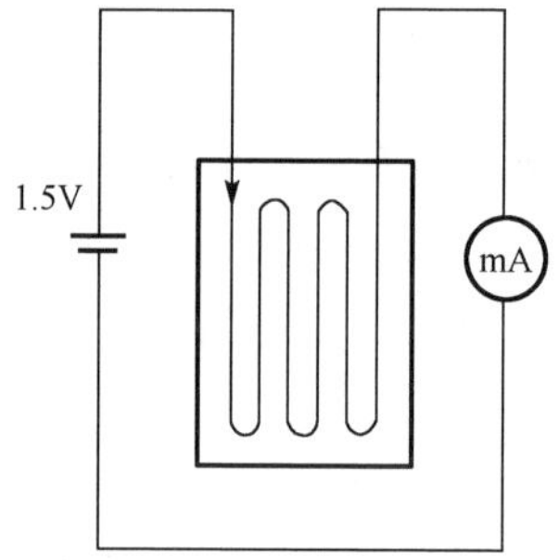

图 9-44　题 9-4 图

9-5　自感式传感器与差动变压器的异同是什么？

9-6　传感器采用差动形式有什么优点？试举例说明。

9-7　说明电涡流传感器的基本工作原理。

9-8　为什么极距变化型电容传感器的特性是非线性的？采取什么措施可改善其非线性特性？

9-9　为什么压电式传感器通常用来测量动态信号？

9-10　什么是霍尔效应？其物理本质是什么？用霍尔元件可测量哪些物理量？请举出两个例子说明。

9-11　什么是光电效应？它分为哪几类？与之对应的光电器件有哪些？

9-12　选用传感器的基本原则是什么？在应用传感器时应怎样运用这些原则？

第 10 章　信号调理与处理

被测物理量经过传感器会转换成电阻、电容或电感等电参数的变化，这些电参数一般都是比较微弱的电信号，不能满足测试要求，在实际测试过程中为了便于信号处理，通常需要将其进一步转换成电压或电流，电参数的信号转换、放大和调制等工作通过信号调理装置来完成。而经过调制之后的信号需要将高频信号不失真地恢复为原来的信号，并且在测试过程中会受到各种干扰的影响，为了抑制干扰噪声，提高信噪比，往往还需要滤波。

信号的调理和处理涉及的内容范围非常广泛，本章主要讨论常用的电桥、调制与解调和滤波环节的工作原理。

10.1　电　　桥

电桥能够将传感器转换后的电阻、电感或电容等电参数变为电压或电流信号并输出。由于桥式测量电路简单可靠，并具有较高精度和灵敏度，因此在测量装置中被广泛使用。电桥根据桥臂阻抗性质的不同可分为电阻电桥、电容电桥和电感电桥。按其电源性质的不同可分为直流电桥和交流电桥。直流电桥只能测量电阻的变化，交流电桥可用于测量电阻、电容和电感的变化。

10.1.1　直流电桥

采用直流电源的电桥称为直流电桥，直流电桥的桥臂只能为电阻，如图 10-1 所示。电阻 R_1、R_2、R_3、R_4 作为四个桥臂，*ac* 端（也称为输入端或电源端）接入直流电压 U_i，在 *bc* 端（也称为输出端或测量端）输出电压 U_o。

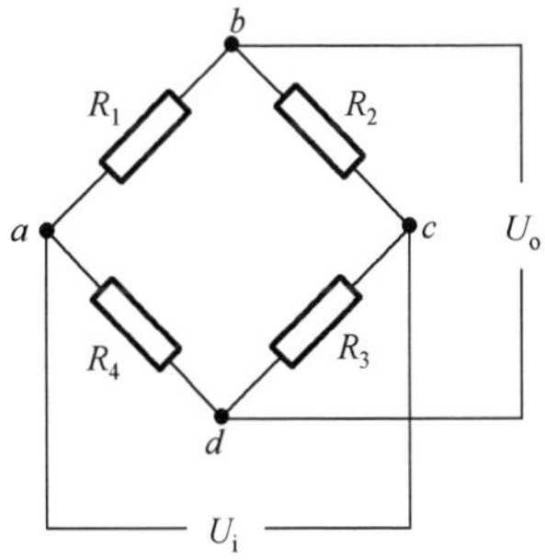

图 10-1　直流电桥

1．平衡条件

当直流电桥的输出端后接输入阻抗较大的仪表或放大电路时，可视为开路，其输出电流为零，此时有

$$I_1=\frac{U_i}{R_1+R_2},\ I_2=\frac{U_i}{R_3+R_4}$$

而电桥的输出电压为

$$U_o=U_{ab}-U_{ad}=I_1R_1-I_2R_4=\frac{U_i}{R_1+R_2}R_1-\frac{U_i}{R_3+R_4}R_4=\frac{R_1R_3-R_2R_4}{(R_1+R_2)(R_3+R_4)}U_i \tag{10-1}$$

从式（10-1）可以看出，要使电桥平衡，必须满足电桥的输出电压 U_o=0，从而可以得到

$$R_1R_3=R_2R_4 \tag{10-2}$$

式（10-2）就是直流电桥的平衡条件。

假设电桥四个桥臂的任何一个或多个电阻的阻值发生变化，那么电桥的输出电压就不为零，电桥就不能保持平衡状态，电桥的输出电压的值就能反映电阻的变化，利用电桥测量阻抗的变化就是基于这个原理进行工作的。

假设电桥的各个桥臂的阻值都变化，其阻值的增量分别为ΔR_1、ΔR_2、ΔR_3和ΔR_4，那么电桥的输出将变为

$$U_o=\frac{(R_1+\Delta R_1)(R_3+\Delta R_3)-(R_2+\Delta R_2)(R_4+\Delta R_4)}{(R_1+\Delta R_1+R_2+\Delta R_2)(R_3+\Delta R_3+R_4+\Delta R_4)}U_i \tag{10-3}$$

将上式展开，考虑到$\Delta R_i \ll R_i$（$i=1,2,3,4$），忽略式（10-3）右边分子中的二阶微小增量$\Delta R_i \Delta R_j$和分母中的微小增量ΔR_i，同时代入电桥的平衡条件式（10-2），则有

$$U_o=\frac{R_1\Delta R_3-R_2\Delta R_4+R_3\Delta R_1-R_4\Delta R_2}{(R_1+R_2)(R_3+R_4)}U_i \tag{10-4}$$

再次利用电桥的平衡条件式（10-2）进行整理，有

$$U_o=\frac{R_1R_2}{(R_1+R_2)^2}\left(\frac{\Delta R_1}{R_1}-\frac{\Delta R_2}{R_2}+\frac{\Delta R_3}{R_3}-\frac{\Delta R_4}{R_4}\right)U_i \tag{10-5}$$

因为在等臂电桥和电源端对称电桥中，$R_1=R_2$，所以有

$$U_o=\frac{1}{4}\left(\frac{\Delta R_1}{R_1}-\frac{\Delta R_2}{R_2}+\frac{\Delta R_3}{R_3}-\frac{\Delta R_4}{R_4}\right)U_i \tag{10-6}$$

在式（10-6）中，括号内为 4 个桥臂电阻变化率的代数和，各桥臂的运算规则是相对桥臂相加（同号），相邻桥臂相减（异号），这一特性简称加减特性。式（10-6）是非常重要的电桥输出特性公式。

2. 常用连接方式

在测试过程中，根据电桥在工作中桥臂电阻值变化的情况，电桥的连接方式可以分为半桥单臂、半桥双臂和全桥，如图 10-2 所示。

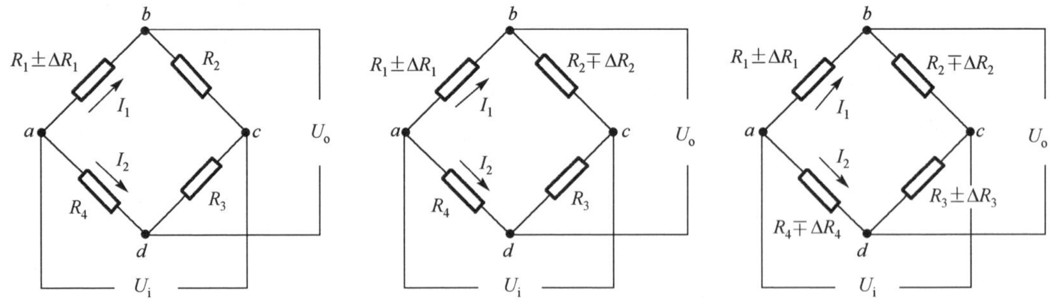

（a）半桥单臂　（b）半桥双臂　（c）全桥

图 10-2　直流电桥的连接方式

图 10-2（a）所示为半桥单臂连接方式，在工作时只有一个桥臂阻值随被测量的变化而变化。如R_1增加了ΔR_1，由式（10-1）可知，这时输出的电压为

$$U_o=\left(\frac{R_1+\Delta R_1}{R_1+\Delta R_1+R_2}-\frac{R_4}{R_3+R_4}\right)U_i$$

在实际应用中，为了简化桥路设计，同时为了得到电桥的最大灵敏度，往往取相邻两桥臂的电阻值相等，即 $R_1=R_2=R_0$， $R_3=R_4=R_0'$。若 $R_0=R_0'$，为了表示统一，用 ΔR 表示阻值的变化，则输出电压为

$$U_o=\frac{\Delta R}{4R_0+2\Delta R}U_i$$

因为桥臂阻值的变化值远小于其阻值，即 $\Delta R \ll R_0$，所以

$$U_o\approx\frac{\Delta R}{4R_0}U_i \tag{10-7}$$

由式（10-7）可知，电桥的输出电压 U_o 与输入电压 U_i 成正比。在 $\Delta R \ll R_0$ 的条件下，电桥的输出电压 U_o 也与 $\frac{\Delta R}{R_0}$ 成正比。

电桥的灵敏度定义为

$$S_B=\frac{U_o}{\frac{\Delta R}{R_0}} \tag{10-8}$$

因此，半桥单臂的灵敏度为 $S_B\approx\frac{1}{4}U_i$。

半桥单臂的连接方式存在着非线性误差，供桥电压不稳或温度变化都会造成漂移。为了提高电桥的灵敏度，可以采用图 10-2（b）所示的半桥双臂接法，这时有两个桥臂阻值随被测量的变化而变化，即 $R_1\to R_1\pm\Delta R_1$， $R_2\to R_2\mp\Delta R_2$。

当 $R_1=R_2=R_3=R_4$， $\Delta R_1=\Delta R_2=\Delta R$ 时，电桥的输出为

$$U_o=\frac{\Delta R}{2R_0}U_i \tag{10-9}$$

这时半桥双臂电桥的灵敏度就提高为 $S_B=\frac{1}{2}U_i$，较半桥单臂连接方式提高了一倍。

同样地，当采用图 10-2（c）所示的全桥接法时，在工作中四个桥臂都随被测量的变化而变化，即 $R_1\to R_1\pm\Delta R_1$， $R_2\to R_2\mp\Delta R_2$， $R_3\to R_3\pm\Delta R_3$， $R_4\to R_4\mp\Delta R_4$。

当 $R_1=R_2=R_3=R_4=R_0$， $\Delta R_1=\Delta R_2=\Delta R_3=\Delta R_4$ 时，电桥的输出为

$$U_o=\frac{\Delta R}{R_0}U_i \tag{10-10}$$

由此可见，不同的电桥接法，其输出电压也不一样，其中，全桥接法可以获得最大的输出，其灵敏度为 $S_B=U_i$，是半桥单臂接法的 4 倍。

3. 电桥测量的误差及其补偿

对电桥来说，测量误差主要来源于非线性误差和温度误差。

由式（10-7）可知，当采用半桥单臂接法时，其输出电压近似正比于 $\frac{\Delta R}{R_0}$，这主要是因

为输出电压的非线性，所以减少非线性误差的办法是采用半桥双臂和全桥接法，见式（10-9）和式（10-10）。这时，不仅消除了非线性误差，而且输出灵敏度也成倍提高。

温度误差是因为温度变化会引起阻值变化不同，即上述半桥双臂接法中 $\Delta R_1 \neq \Delta R_2$，全桥接法中 $\Delta R_1 \neq \Delta R_2$ 或 $\Delta R_3 \neq \Delta R_4$。因此，当使用电阻应变片时，为减少温度误差，在贴应变片时尽量使各应变片的温度一致，或者采用温度补偿片。

4．直流电桥的干扰

电桥输出电压与 $\dfrac{\Delta R}{R_0}$ 成正比，虽然 $\dfrac{\Delta R}{R_0}$ 是一个微小的量，但是其对电源电压不稳定所造成的干扰是不可忽略的。为了抑制干扰，通常采用如下措施：

（1）电桥的信号引线采用屏蔽电缆。

（2）屏蔽电缆的屏蔽金属网应该与电源至电桥的负接线端连接，且应该与放大器的机壳地隔离。

（3）放大器应该具有高共模抑制比。

10.1.2 交流电桥

由直流电桥原理可知，在已知输入电压及电阻变化率的情况下，电桥可以通过输出电压的变化测出电阻的变化值。当供桥电源为交流电源时，前述各等式仍旧成立，这时的电桥称为交流电桥，四个桥臂可为电容、电感或电阻。

当阻抗写成矢量形式时，电桥平衡条件式（10-2）可改写为

$$\vec{Z}_1\vec{Z}_3 = \vec{Z}_2\vec{Z}_4 \tag{10-11}$$

各阻抗的复指数形式分别为

$$\vec{Z}_1 = Z_1\mathrm{e}^{\mathrm{j}\varphi_1},\ \vec{Z}_2 = Z_2\mathrm{e}^{\mathrm{j}\varphi_2},\ \vec{Z}_3 = Z_3\mathrm{e}^{\mathrm{j}\varphi_3},\ \vec{Z}_4 = Z_4\mathrm{e}^{\mathrm{j}\varphi_4}$$

式中，Z_1,Z_2,Z_3,Z_4 分别为桥臂阻抗的模；$\varphi_1,\varphi_2,\varphi_3,\varphi_4$ 分别为桥臂阻抗的阻抗角。

将各阻抗的复指数形式代入式（10-11），有

$$Z_1Z_3\mathrm{e}^{\mathrm{j}(\varphi_1+\varphi_3)} = Z_2Z_4\mathrm{e}^{\mathrm{j}(\varphi_2+\varphi_4)} \tag{10-12}$$

上式成立的条件为等式两边阻抗的模相等、阻抗角相等，即

$$\begin{cases} Z_1Z_3 = Z_2Z_4 \\ \varphi_1+\varphi_3 = \varphi_2+\varphi_4 \end{cases} \tag{10-13}$$

因此，交流电桥平衡需要同时满足两个条件：相对桥臂阻抗模的乘积相等，其阻抗角的和相等。

交流电桥有不同的组合，常用的有电容、电感电桥。即相邻两臂接入电阻，另外两臂接入相同性质的阻抗，如图 10-3 所示。

对于图 10-3（a）所示的电容电桥，由式（10-11）和式（10-12）可知，其平衡条件为

$$\left(R_1+\frac{1}{\mathrm{j}\omega C_1}\right)R_3 = \left(R_4+\frac{1}{\mathrm{j}\omega C_2}\right)R_2$$

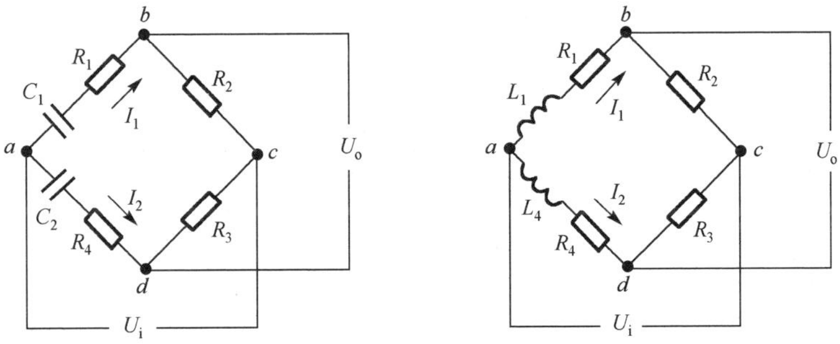

（a）电容电桥　（b）电感电桥

图 10-3　常见交流电桥

由上述等式两边实部与虚部分别相等可得到如下电桥平衡方程组

$$\begin{cases} R_1R_3 = R_2R_4 \\ \dfrac{R_3}{C_1} = \dfrac{R_2}{C_2} \end{cases} \tag{10-14}$$

同样地，图 10-3（b）所示的电感电桥的平衡条件为

$$(R_1 + \mathrm{j}\omega L_1)R_3 = (R_4 + \mathrm{j}\omega L_4)R_2$$

由上述等式两边实部与虚部分别相等可得到如下电桥平衡方程组

$$\begin{cases} R_1R_3 = R_2R_4 \\ L_1R_3 = L_4R_2 \end{cases} \tag{10-15}$$

图 10-4 所示为纯电阻交流电桥，由于导线间存在分布电容，因此在调节平衡时既要调电阻平衡，也要调电容平衡。

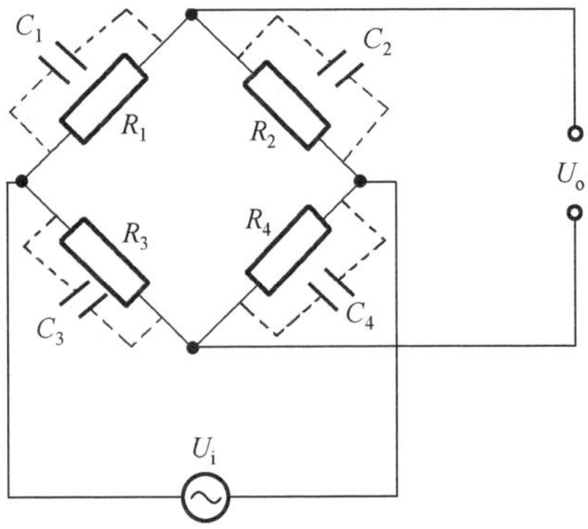

图 10-4　纯电阻交流电桥

由于交流电桥的平衡必须同时满足阻抗模乘积相等与阻抗角和相等两个条件，因此，与直流电桥相比，交流电桥的平衡调节要复杂得多。影响交流电桥测量精度及误差的因素比直流电桥也要多得多，如电桥各元件之间的互感耦合、泄漏电阻、元件间及元件对地之间的分布电容、邻近交流电路对电桥的感应影响等。因此，应尽可能地采取适当措施消除这些因素的影响。另外，对交流电桥的激励电源要求其电压波形和频率必须具有很好的稳定性，否则将影响到电桥的平衡。

10.2　调制与解调

一些被测量（如力、位移等）经过传感器变换以后常常是一些缓变的电信号。由于传感器输出的电信号一般为较低的频率分量（在直流至几十千赫兹之间），因此当被测信号比较弱时，为了实现信号的传输，尤其是远距离传输，可以对信号进行直流放大或交流放大。信号在传输过程中容易受到工频及其他信号的干扰，若对其进行直流放大则在传输过程中必须采用一定的措施抑制干扰信号的影响。在实际中，往往采用更有效的先调制后交流放大，将信号从低频区推移到高频区，这样可以提高电路的抗干扰能力和信号的信噪比。

调制与解调是一对信号变换过程，在工程上常常结合在一起使用。在测量过程中常常会碰到如力、位移等一些变化缓慢的被测量，经传感器后所得的电信号也是低频信号，如果直接对其进行直流放大，常会带来零点漂移和级间耦合等问题，造成信号的失真。因此，常常通过调制的手段先将这些低频信号（调制波）变成易于在信道中传输的高频信号（已调波），然后采用交流放大，克服直流放大带来的零漂和级间耦合等问题，最后采取解调的手段获得原来的缓变被测信号（调制波）。这种在传输中的信号变换过程称为调制与解调。

调制是使高频振荡信号的某个参数（幅值、相位或频率） 在被测低频缓变信号的控制下发生变化的过程。当被控制的量是高频振荡信号的幅值时，称为幅值调制，简称调幅（AM）；当被控制的量是高频振荡信号的频率或相位时，称为频率调制或相位调制，简称调频（FM）或调相（PM）。测试技术中常用的是调幅和调频。将控制高频振荡信号的低频信号称为调制波，载运低频信号的高频振荡信号称为载波，经过调制的高频波称为已调波，根据调制的方式不同，已调波又分为调幅波、调频波和调相波，如图 10-5 所示。解调是从已调波中提取或恢复原有的低频调制波的过程。解调的目的是不失真地恢复被调制的信号。解调是调制的逆过程。

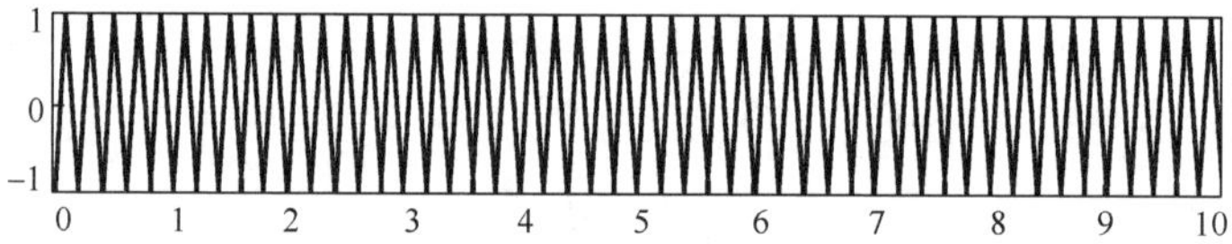

（a）载波

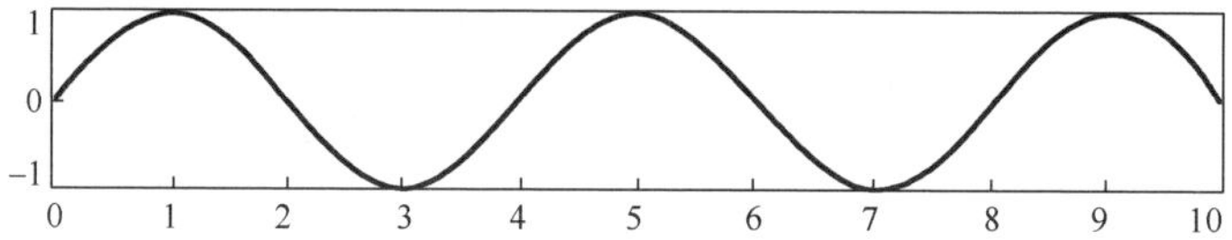

（b）调制波

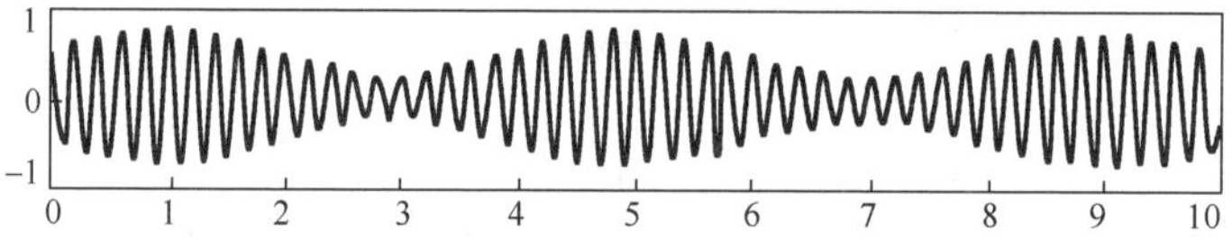

（c）调幅波

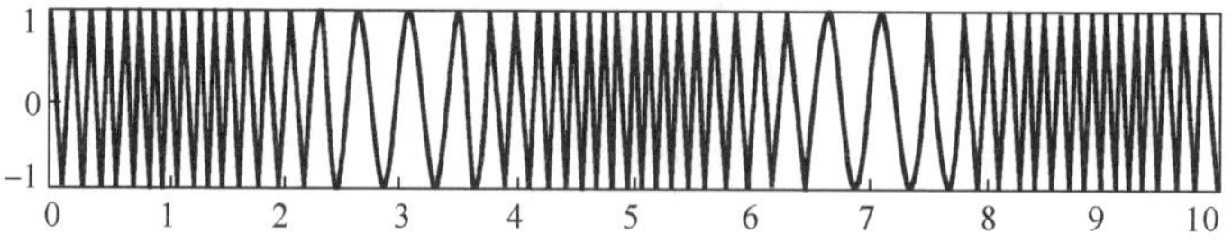

（d）调频波

图 10-5 载波、调制波、调幅波及调频波

本节将着重介绍以简谐信号作为载波的调幅与解调。

10.2.1 幅值调制

1. 工作原理

幅值调制将一个载波信号与被测信号相乘，使载波信号的幅值随被测信号的变化而变化。

假设被测信号为 $x(t)$，其最高频率成分为 f_m，载波信号为 $\cos(2\pi f_0 t)$，$f_0 >> f_m$。调幅波在时域中的表现就是被测信号和载波信号的乘积，即

$$x_m = x(t)\cdot\cos(2\pi f_0 t) = \frac{1}{2}[x(t)e^{-j2\pi f_0 t} + x(t)e^{j2\pi f_0 t}] \tag{10-16}$$

2. 调幅波的频域分析

下面我们分析调幅波的频域特点。如果 $x(t) \Leftrightarrow X(f)$，则由傅里叶变换的卷积性质可知，两个信号的时域乘积对应这两个信号的频域卷积，即

$$x(t)\cdot y(t) \Leftrightarrow X(f) * Y(f) \tag{10-17}$$

余弦函数的傅里叶变换为

$$\cos(2\pi f_0 t) \Leftrightarrow \frac{1}{2}[\delta(f+f_0)+\delta(f-f_0)] \tag{10-18}$$

利用傅里叶变换的频移性质，有

$$\begin{aligned} x(t)\cdot\cos(2\pi f_0 t) &\Leftrightarrow \frac{1}{2}[X(f)*\delta(f+f_0)+X(f)*\delta(f-f_0)] \\ &= \frac{1}{2}[X(f+f_0)+X(f-f_0)] \end{aligned} \tag{10-19}$$

图 10-6 所示为调幅过程、时域波形图和频谱图。通过频域分析可以看到，调幅使被测信号 $x(t)$ 的频谱由原点平移至载波频率 $\pm f_0$ 处，并且幅值变为原来的一半。载波频率 f_0 称为调幅波的中心频率，$f_0 + f_m$ 称为上旁频带，$f_0 - f_m$ 称为下旁频带。调幅以后，原信号 $x(t)$ 的有用部分从低频区推移到高频区。所以调幅过程相当于频谱“搬移”过程。

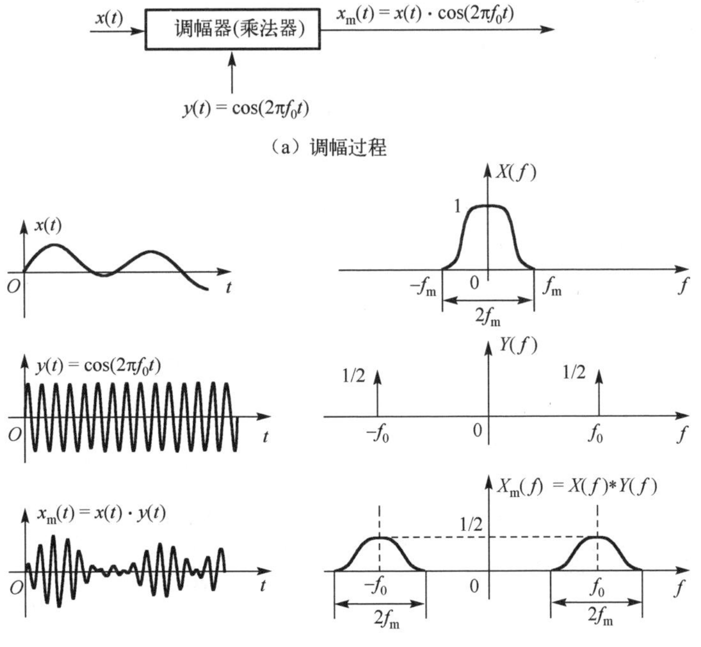

（b）时域波形图　　（c）频谱图

图 10-6　调幅过程、时域波形图和频谱图

由此可见，调幅的目的是便于缓变信号的放大和传送，而解调的目的是不失真地恢复被调制的信号。

10.2.2 幅值调制信号的解调

幅值调制信号的解调有多种方法，常用的有**同步解调、整流检波和相敏检波**。

1. 同步解调

若把调幅波再次与原载波信号相乘，则频域图形将再一次被进行“搬移”，其结果如图 10-7 所示。当用一个低通滤波器滤去频率大于 f_0 的成分时，可以复现原信号的频谱。但复现的频谱的幅值为原频谱幅值的一半，这可以通过放大来补偿。这一过程称为同步解调，同步是指解调时所乘的信号与调制时的载波信号具有相同的频率和相位。同步解调过程如图 10-8 所示。用等式表示为

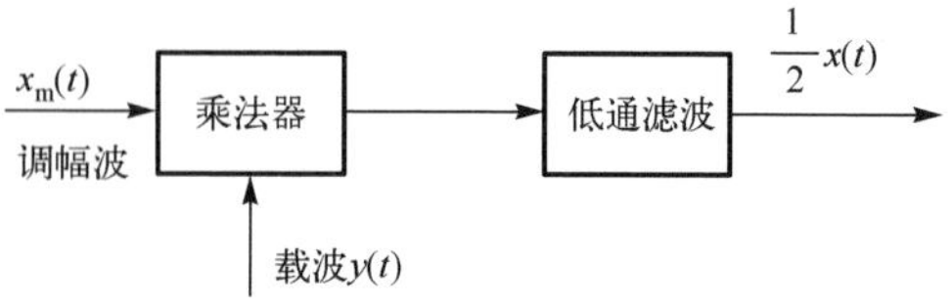

图 10-7　同步解调原理图

$$
\begin{aligned}
x_m(t)\cdot\cos(2\pi f_0 t) &= x(t)\cos(2\pi f_0 t)\cdot\cos(2\pi f_0 t) = x(t)\cdot\frac{1}{2}[1+\cos(4\pi f_0 t)] \\
&= \frac{1}{2}x(t)+\frac{1}{2}x(t)\cos(4\pi f_0 t)
\end{aligned}
\tag{10-20}
$$

同步解调后信号的频域表达式为

$$
x_m(t)\cdot\cos(2\pi f_0 t) = \frac{1}{2}X(f)+\frac{1}{4}[X(f+2f_0)+X(f-2f_0)] \tag{10-21}
$$

同步解调后的信号通过低通滤波器，将频率高于 f_0 的信号成分过滤掉，即将信号中心频率为 $\pm 2f_0$ 的部分滤掉，就可以得到 $\frac{1}{2}x(t)$。

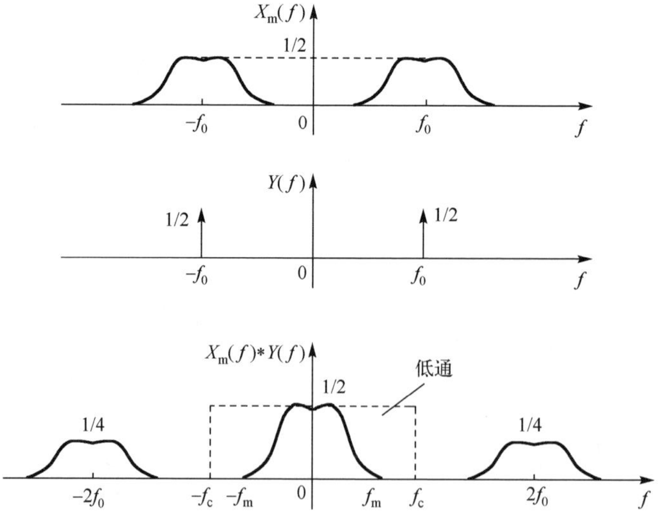

图 10-8　同步解调过程

同步解调的方法能恢复信号的极性，但信号幅值变为原来的一半。

2．整流检波

图 10-9 所示为整流检波过程波形图。若把调制信号进行偏置，叠加一个足够大的直流分量，使偏置后的信号都具有正电压，那么调幅波的包络线将具有原调制信号的形状，如图 10-9（c）所示。把该调幅波进行简单的半波或全波整流、滤波，并减去所加的偏置电压就可以恢复原调制信号。这种方法又称包络分析、包络检波。

若所加的偏置电压未能使信号电压都为正，则从图 10-10 可以看出，只有简单的整流不能恢复原调制信号，这时需要采用相敏检波方法。

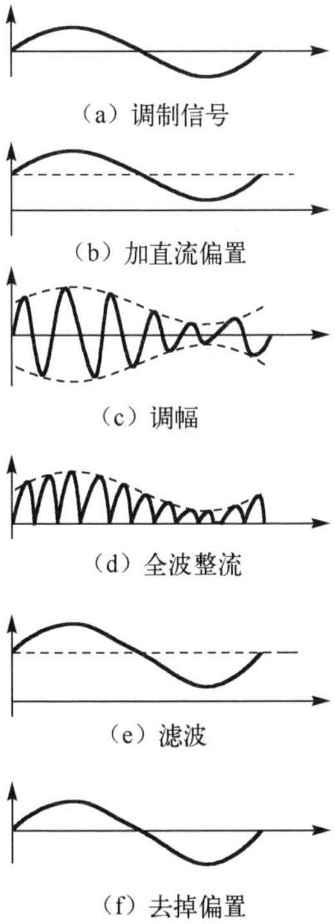

图 10-9 整流检波过程波形图

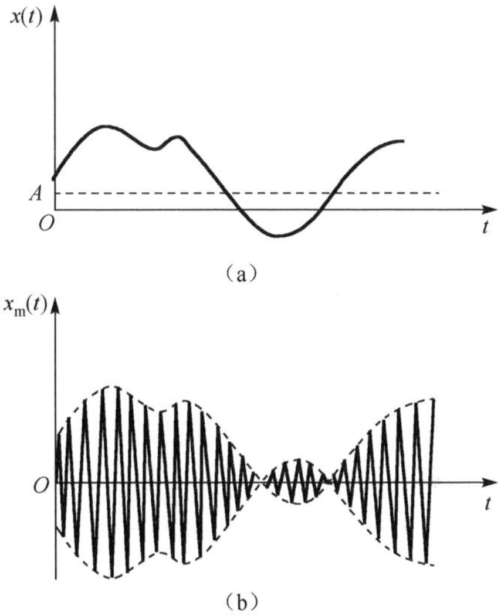

图 10-10 偏置电压不足解调失真

在采用整流检波法时，只有在调幅前加足够大的直流偏置才能恢复信号的极性。

3．相敏检波

相敏检波的特点是可鉴别调制信号的极性，所以在相敏检波过程中不要求对原信号加直流偏置。由图 10-10 可知，当交变信号在其过零线时正负符号发生突变，而其调幅波的相位在发生符号突变以后与载波比较有 180° 的相位跳变。因此，将载波信号与之比较，既能反映出原信号的幅值，又能反映其极性。

常见的二极管相敏检波器结构及其输入-输出关系如图 10-11 所示。它由四个特性相同的二极管 $D_1 \sim D_4$ 沿同一方向串联成一个桥式回路，桥臂上有附加电阻，用于桥路平衡。四个端点分别接在变压器 A 和 B 的次级线圈上，变压器 A 的输入信号为调幅波 $x_m(t)$，变压器 B 的输入信号为载波 $y(t)$，u_f 为输出。相敏检波器在工作时要求变压器 B 的二次边输出大于变压器 A 的二次边输出。

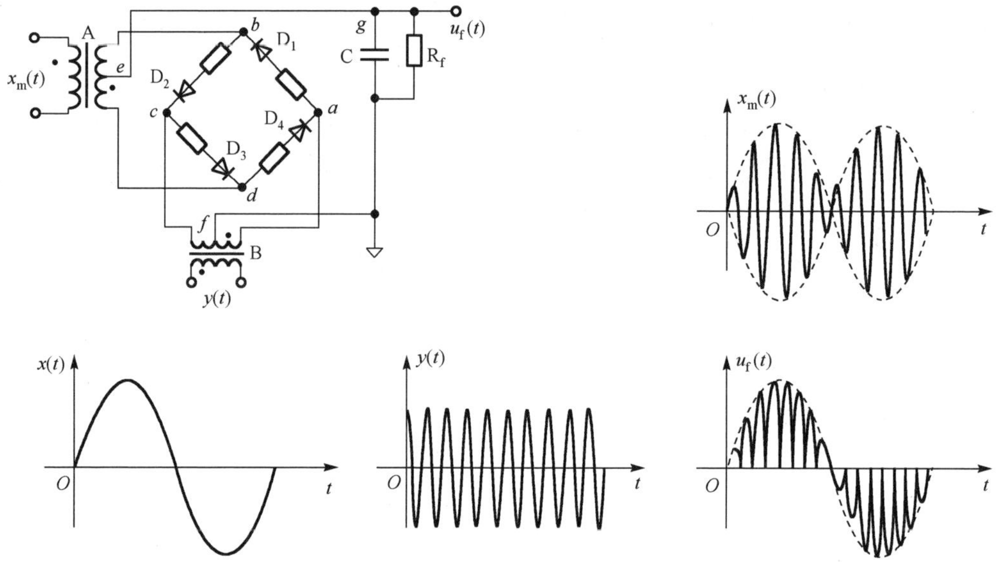

图 10-11　常见的二极管相敏检波器结构及其输入-输出关系

相敏检波器的工作原理就是利用调幅波和载波同相与反相的关系来鉴别调制信号的正负极性。相敏检波器信号图如图 10-12 所示，其中，1、2、3 三个点处波形的变化体现输入信号在载波作用下相敏检波器输出信号的情况。

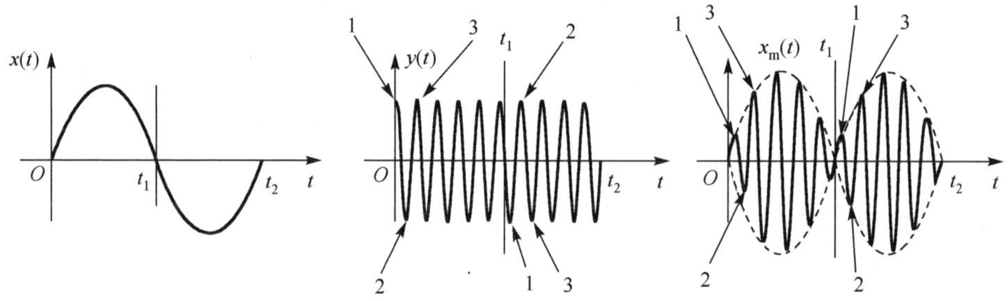

图 10-12　相敏检波器信号图

当 $x(t)>0$ 时（在 $0\sim t_1$ 时间内），$x_m(t)$与 $y(t)$同相，检波器输出 $u_f(t)>0$。

当 $x(t)<0$ 时（在 $t_1\sim t_2$ 时间内），$x_m(t)$与 $y(t)$反相，检波器输出 $u_f(t)<0$。

当调制信号 $x(t)>0$ 时（在 $0\sim t_1$ 时间内），$x_m(t)$与 $y(t)$同相包括 $x_m(t)$、$y(t)$同时大于零和 $x_m(t)$、$y(t)$同时小于零两种情况。

若 $x_m(t)>0$，$y(t)>0$，则二极管 D_1、D_2 导通，形成两个电流回路。回路 1：*f-a-b-e-g-f* 及回路 2：*f-g-e-b-c-f*，如图 10-13 所示。其中，回路 1 在负载电容 C 及电阻 R_f 上产生的输出为

$$u_{f_1}(t)=\frac{y(t)}{2}+\frac{x_m(t)}{2} \tag{10-22}$$

回路 2 在负载电容 C 及电阻 R_f 上产生的输出为

$$u_{f_2}(t)=-\frac{y(t)}{2}+\frac{x_m(t)}{2} \tag{10-23}$$

总输出为

$$u_f(t)=u_{f_1}(t)+u_{f_2}(t)=x_m(t) \tag{10-24}$$

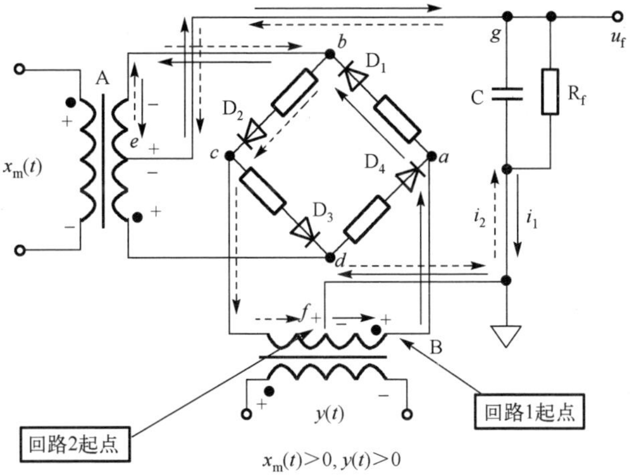

$x_m(t)>0, y(t)>0$

在0～t_1时间内$x(t)>0$，$x_m(t)$与$y(t)$同相

图 10-13　当 $x_m(t)>0$，$y(t)>0$ 时的电路图

若 $x_m(t)<0$，$y(t)<0$，则二极管 D_3、D_4 导通，在负载上形成两个电流回路。回路 1：*e-g-f-c-d-e* 和回路 2：*e-d-a-f-g-e*，如图 10-14 所示。其中，回路 1 在负载电容 C 及电阻 R_f 上产生的输出为

$$u_{f_1}(t)=\frac{y(t)}{2}+\frac{x_m(t)}{2} \tag{10-25}$$

回路 2 在负载电容 C 及电阻 R_f 上产生的输出为

$$u_{f_2}(t)=-\frac{y(t)}{2}+\frac{x_m(t)}{2} \tag{10-26}$$

总输出为

$$u_f(t)=u_{f_1}(t)+u_{f_2}(t)=x_m(t) \tag{10-27}$$

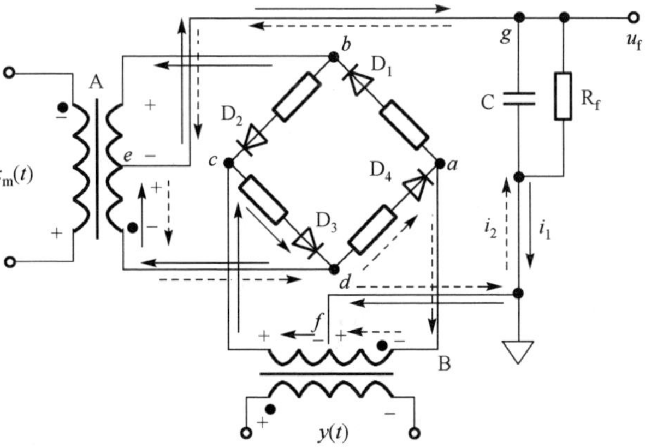

$x_m(t)<0$，$y(t)<0$

在0～t_1时间内$x(t)>0$，$x_m(t)$与$y(t)$同相

图 10-14　当 $x_m(t)<0$，$y(t)<0$ 时的电路图

由上述分析可知，当 $x(t)>0$ 时，无论调制波是否为正，相敏检波器的输出波形均为正，

即与调制信号极性保持相同。同时，相敏检波电路相当于在 $0\sim t_1$ 时间段对 $x(t)$ 全波整流，故解调后的频率是原调制波的 2 倍。

当调制信号 $x(t)<0$ 时（在 $t_1\sim t_2$ 时间内），$x_m(t)$与 $y(t)$ 反相。同样分析可得，无论怎样调制波极性，相敏检波器的输出波形均为负，即与调制信号极性保持相同。同时，相敏检波电路相当于在 $t_1\sim t_2$ 时间段对 $x(t)$ 全波整流后反相，解调后的频率比原调制波高 1 倍。

相敏检波法既能恢复信号的幅值，又能恢复信号的极性。

10.2.3　调制与解调的应用

1．动态电阻应变仪

图 10-15 所示为动态电阻应变仪的方框图。电桥通过振荡器供给等幅高频振荡电压（一般频率为 10kHz 或 15kHz），被测量（应变）通过电阻应变片调制电桥输出，电桥输出为调幅波，放大后，经相敏检波与低通滤波取出所测信号。

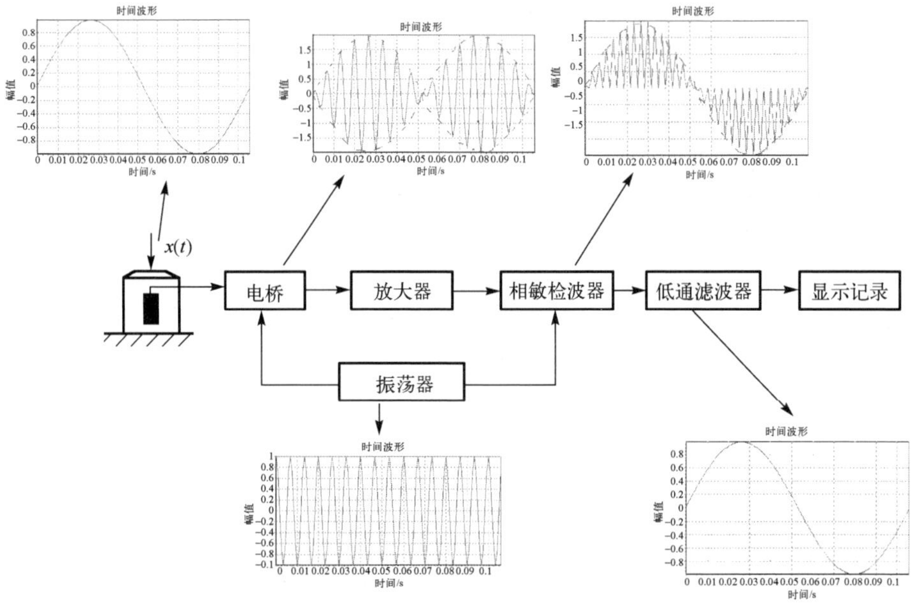

图 10-15　动态电阻应变仪的方框图

动态电阻应变仪各部分的作用如下：

电桥：将应变片电阻的变化转换为电流或电压信号。

振荡器：供给正弦波交流电压作为电桥的工作电压，并通过信号电压对它进行调幅，输出调幅电压信号送入放大器，同时它也为相敏检波器提供参考电压。

放大器：由于电桥输出的信号非常微弱，必须经过放大器将电桥送来的调幅电压进行不失真放大。

相敏检波器：它既具有检波器的作用，又能完成辨别被测信号相位（如应变信号的拉伸或压缩性质）的任务，实现解调。

低通滤波器：由于信号经过相敏检波后，波形中还包含着载波及其高次谐波，因此需要通过低通滤波器滤掉被测应变信号以外的高频成分，得到信号的原形。

动态电阻应变仪就是利用交流电桥进行调幅，采用相敏检波进行解调的。

2．扭矩测量仪

将应变片直接粘贴在扭矩测量仪传动轴的表面上，组成测量电桥。用相应的测量系统测量由于扭矩作用产生的剪应变或剪应力，从而计算出扭矩值。传动轴上的机械应变引起贴在传动轴上的应变片的电阻发生变化，使电桥失衡，产生与扭矩值成正比的电压。该电压通过振荡器转换成与扭矩值成正比的输出频率，其信号从发送线圈被送到接收线圈，通过解调器把信号解调，并转换成电压信号进行记录和显示。扭矩测量仪实物图如图 10-16 所示。

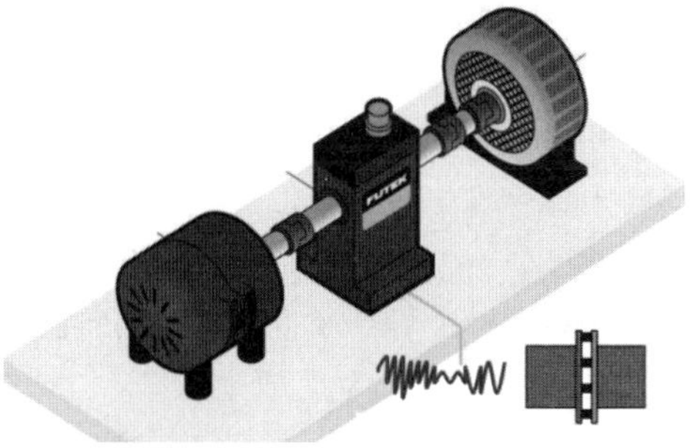

图 10-16　扭矩测量仪实物图

10.3　滤　波　器

在对测得信号进行分析和处理时，有用信号中常会掺杂着噪声，这些噪声有些是与信号同时产生的，有些是在信号传输过程中混入的。信噪比太小会影响信号的分析和处理过程及结果，所以从有用信号中消除或减弱噪声的干扰，成了信号处理的一个重要问题。根据有用信号的不同特性消除或减弱噪声的干扰，提取有用信号的过程称为滤波。实现滤波作用的装置称为滤波器。**滤波器是一种选频装置，只允许一定频带范围的信号通过，并极大地衰减其他频率成分。**滤波器在测试技术中可以起到消除噪声、消除干扰信号、分离不同频率的有用信号等作用。

10.3.1　滤波器的分类

滤波器最常用的分类方法是按照其通频带范围来分，可分成四类：低通滤波器、高通滤波器、带通滤波器和带阻滤波器。这四种滤波器的幅频特性曲线如图 10-17 所示。

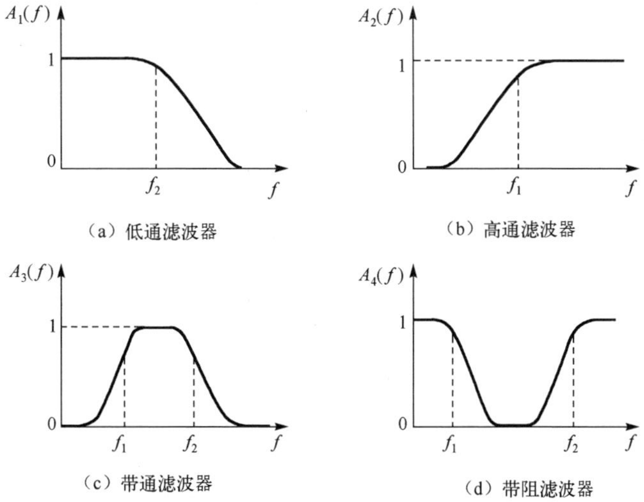

（a）低通滤波器　（b）高通滤波器

（c）带通滤波器　（d）带阻滤波器

图 10-17　四种滤波器的幅频特性曲线

（1）低通滤波器：只允许0～f_2间的频率成分通过，大于f_2的频率成分衰减为零。

（2）高通滤波器：与低通滤波器相反，它只允许f_1～∞间的频率成分通过，小于f_1的频率成分衰减为零。

（3）带通滤波器：只允许f_1～f_2间的频率成分通过，其他频率成分衰减为零。

（4）带阻滤波器：与带通滤波器相反，它将f_1～f_2间的频率成分衰减为零，其他频率成分几乎不受衰减地通过。

允许信号通过的频率范围称为滤波器的通频带，简称为通带。如低通滤波器的通带可表示为（0～f_2）。被滤波器阻挡或极大地衰减的频率范围称为滤波器的阻带。如带阻滤波器的阻带可表示为（f_1～f_2）。通频带与阻带的交界频率称为截止频率。对带通滤波器来说，f_1为下截止频率，f_2为上截止频率。

滤波器还有其他的分类方法，例如，按照构成滤波器的元件类型可分为 RC 滤波器和 RL 滤波器；按照电路性质可分为无源滤波器和有源滤波器；按照处理信号的性质可分为模拟滤波器和数字滤波器。近年来，虽然数字滤波技术已得到广泛应用，但模拟滤波器在信号检测、自动控制、信号处理及电子测量仪器等领域仍具有广泛的应用，本节主要讨论的是模拟滤波器。图 10-18 所示为滤波器分类图。

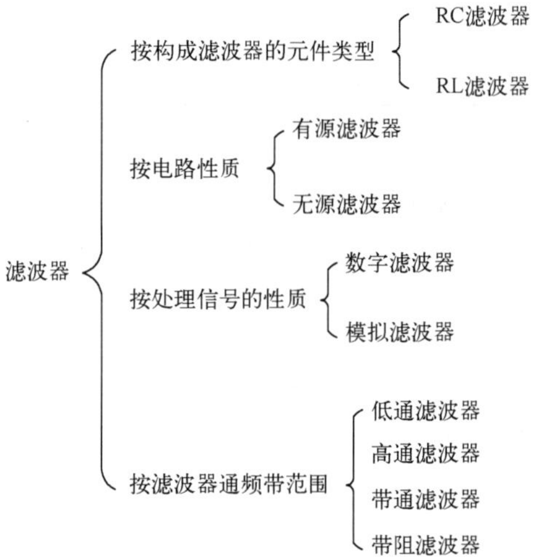

图 10-18 滤波器分类图

10.3.2 理想滤波器的频率特性

理想滤波器是一个理想化的模型，在物理上是不可能实现的，但是对它的讨论有助于进一步了解实际滤波器的传输特性。由图 10-17 可看出，四种滤波器在通频带和阻带之间存在一个过渡带，在过渡带内，信号受到不同程度的衰减。

根据线性系统的不失真测试条件，理想滤波器的频率响应函数为

$$H(\omega) = A_0 e^{-j\omega t_0} \tag{10-28}$$

式中，A_0，t_0都是常数。若滤波器的幅频特性和相频特性分别满足

$$|H(\omega)| = \begin{cases} A_0, & |\omega| \leqslant \omega_c \\ 0, & |\omega| > \omega_c \end{cases}, \quad \varphi(\omega) = -\omega t_0 \tag{10-29}$$

则该滤波器为理想滤波器。图 10-19 所示为理想低通滤波器的幅频特性曲线和相频特性曲线。理想滤波器满足不失真传递信号的条件，它能使信号中低于截止频率 ω_c 的频率成分无衰减地通过，无任何失真，而使高于 ω_c 的频率成分完全衰减。

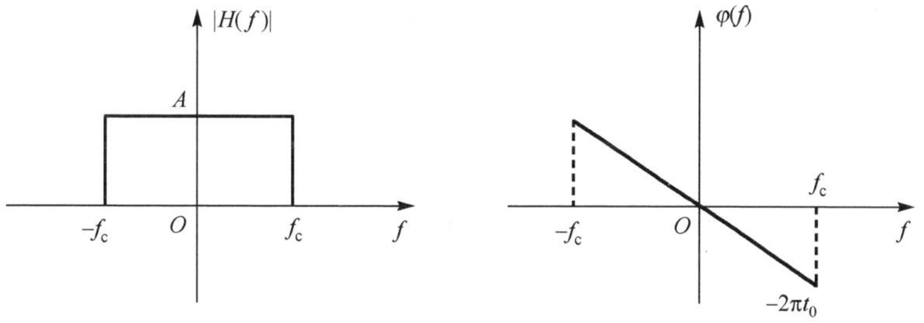

图 10-19　理想低通滤波器的幅频特性曲线和相频特性曲线

理想滤波器的单位脉冲响应函数 $h(t)$ 是频率响应函数 $H(\omega)$ 的傅里叶反变换，即

$$h(t)=\frac{1}{2\pi}\int_{-\omega_c}^{\omega_c}A_0\mathrm{e}^{-\mathrm{j}\omega t_0}\mathrm{e}^{\mathrm{j}\omega t}\mathrm{d}t=\frac{A_0\omega_c}{\pi}\sin\mathrm{c}[\omega_c(t-t_0)] \tag{10-30}$$

理想滤波器的单位脉冲响应如图 10-20 所示，理想滤波器的单位脉冲响应函数 $h(t)$ 的波形是一个峰值位于 t_0 时刻的 $\sin\mathrm{c}x$ 函数曲线。$h(t)$ 的波形关于 $t=t_0$ 对称，分布区间为 $(-\infty,\infty)$ 。当 $t<0$ 时，$\delta(t)=0$ ，而 $h(t)\neq 0$ ，这表明在 $\delta(t)$ 有输入之前，$h(t)$ 就已经有输出了，这种情况是不合理的，所以理想滤波器在物理上是不可能实现的。

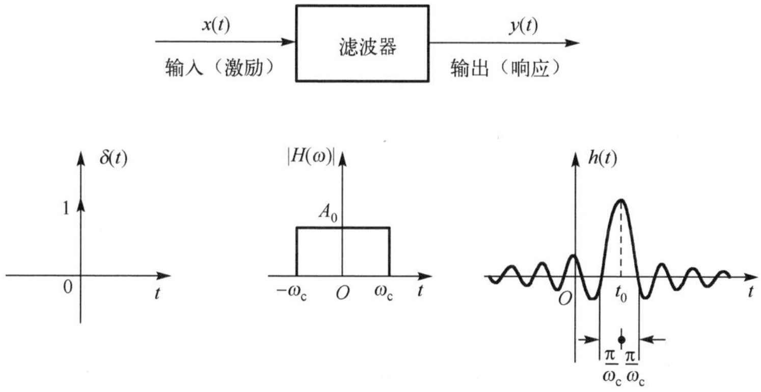

图 10-20　理想滤波器的单位脉冲响应

10.3.3　实际滤波器及其参数

由前面的讨论可知，理想滤波器在物理上是不可能实现的。工程上用的滤波器不是理想滤波器，但是按照一定规则构成的实际滤波器，如巴特沃斯滤波器、切比雪夫滤波器等，其幅频特性可以趋近理想滤波器的幅频特性。

对于理想滤波器，只需根据截止频率就可以说明它的特性。但对于实际滤波器，幅频特性在通带不是常数，通带和阻带之间没有明显的界线，而是存在过渡带。为了进一步了解实际滤波器的特性，除截止频率外，还常用波纹幅度、带宽、品质因数和倍频程选择性等参数来描述滤波器。图 10-21 所示为实际带通滤波器的基本参数。

1．截止频率

幅频特性等于 $A_0/\sqrt{2}$ 所对应的频率。在图 10-21 中，f_{c1} 为下截止频率，f_{c2} 为上截止频率。以 A_0 为参考值，由于 $20\lg\frac{A_0/\sqrt{2}}{A_0}=-3\text{dB}$，因此截止频率的幅值相对于 A_0 衰减了 3dB。

2．带宽 *B*

上、下截止频率之间的频率范围为滤波器的带宽，即 $B=f_{c2}-f_{c1}$，单位为 Hz。带宽决定着滤波器分离信号中的相邻频率成分的能力，即频率分辨力。带宽越小，滤波器的频率分辨力就越高。

若给理想滤波器输入单位阶跃信号，则可得到滤波器的输出波形如图 10-22 所示。由图 10-22 可看出，输出响应从零值（a 点）到稳定值 A_0 （b 点）需要一定的时间，这段时间称为建立时间 $T_e=t_b-t_a$。通过计算可知，滤波器对单位阶跃响应的建立时间 T_e 和带宽 B 成反比，即 BT_e =常数。

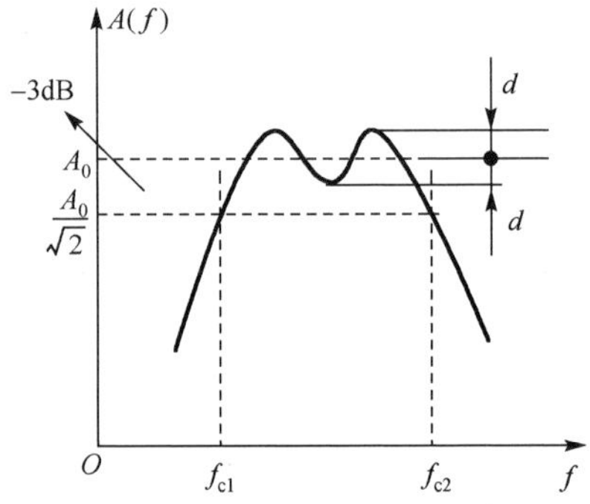

图 10-21　实际带通滤波器的基本参数

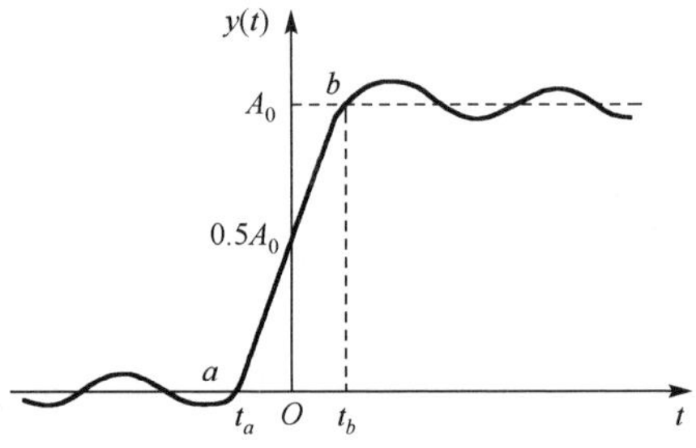

图 10-22　理想滤波器的单位阶跃响应

因此，滤波器的高分辨力和在测量时快速响应的要求是相互矛盾的，带宽越小，分辨力越高，但建立时间越长，滤波器的响应速度越慢。一般取 BT_e =5～10。

3．波纹幅度 *d*

在一定的频率范围内，实际滤波器的幅频特性曲线可能会出现波纹状变化，其波纹幅度 d 与幅频特性稳定值 A_0 的比越小越好，一般应远小于−3dB，即 $d\ll A_0/2$。

4．品质因数 *Q*

对于带通滤波器，通常把中心频率 f_c 和带宽 B 的比称为滤波器的品质因数，即

$$Q=\frac{f_c}{B} \tag{10-31}$$

其中，中心频率定义为上、下截止频率积的平方根，即 $f_c=\sqrt{f_{c1}f_{c2}}$。品质因数的大小影响带通滤波器在截止频率处幅频特性的形状。

5．倍频程选择性

实际滤波器在通带和阻带之间的过渡带的幅频特性曲线的倾斜程度表明了幅频特性衰减的快慢，它决定着滤波器对通带外的频率成分的衰减能力。通常用上截止频率 f_{c2} 与 $2f_{c2}$ 之间，

或者下截止频率 f_{c1} 与 $\frac{1}{2}f_{c1}$ 之间的幅频特性的衰减量来表示，即当频率变化一个倍频程时的衰减量。这就是倍频程选择性，通常用 dB 来表示。

$$-x\text{dB} = 20\lg\frac{A(f_{c2})}{A(2f_{c2})} = 20\lg\frac{A(f_{c1})}{A\left(\frac{1}{2}f_{c1}\right)} \tag{10-32}$$

很明显，衰减越快，滤波器选择性越好。对于远离截止频率的衰减量可以用十倍频程衰减数来表示。

6．滤波器因素 λ

滤波器因素是滤波器选择性的另一种表示方法，用滤波器幅频特性的–60dB 带宽与–3dB 带宽的比值来表示，即

$$\lambda = \frac{B_{-60\text{dB}}}{B_{-3\text{dB}}} \tag{10-33}$$

理想滤波器 $\lambda = 1$。一般要求滤波器 $1 < \lambda < 5$，λ 越大，滤波器选择性越好。

10.3.4　RC 滤波器

在测试系统中常用 RC 滤波器，因为它电路简单，抗干扰能力强，有较好的低频性能。

1．RC 低通滤波器

RC 低通滤波器的典型电路图如图 10-23（a）所示。

设滤波器的输入电压为 u_x，输出电压为 u_y，可建立系统的微分方程为

$$RC\frac{\mathrm{d}u_y}{\mathrm{d}t} + u_y = u_x \tag{10-34}$$

令 $\tau = RC$，τ 为时间常数。这是一个典型的一阶系统，频率响应函数为

$$H(\omega) = \frac{1}{1 + \mathrm{j}\tau\omega} \tag{10-35}$$

其幅频特性和相频特性分别为

$$A(\omega) = \frac{1}{\sqrt{1 + (\tau\omega)^2}} \tag{10-36}$$

$$\varphi(\omega) = -\arctan(\omega\tau) \tag{10-37}$$

幅频特性曲线和相频特性曲线分别如图 10-23（b）和图 10-23（c）所示。

当 $\omega = 1/\tau$ 时，$A(\omega) = 1/\sqrt{2}$，此时对应的频率为上截止频率，即

$$f_{c2} = \frac{1}{2\pi\tau} = \frac{1}{2\pi RC} \tag{10-38}$$

当 $f < \frac{1}{2\pi RC}$ 时，其幅频特性 $A(f) \approx 1$，信号不受衰减地通过。

当 $f=\dfrac{1}{2\pi RC}$ 时，$A(f)=\dfrac{1}{\sqrt{2}}$，即幅值比稳定幅值下降了 3dB。RC 决定截止频率，改变 RC 的值就可以改变滤波器的截止频率。

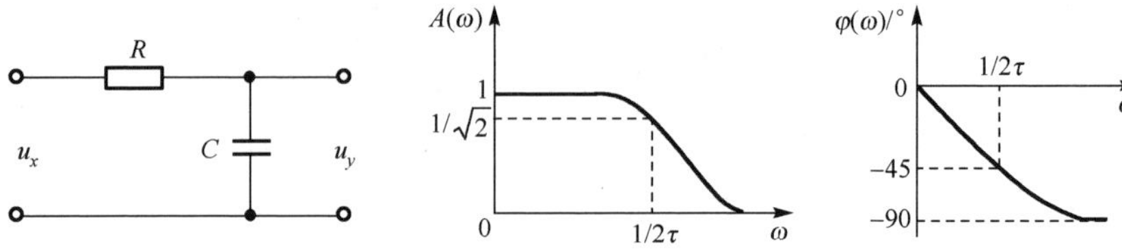

（a）（b）（c）

图 10-23 RC 低通滤波器的典型电路图及其幅频、相频特性曲线

当 $f>\dfrac{1}{2\pi RC}$ 时，输出 u_y 与输入 u_x 的积分成正比，即

$$u_y=\frac{1}{RC}\int u_x\mathrm{d}t \tag{10-39}$$

这时，RC 低通滤波器起积分器的作用。

2. RC 高通滤波器

RC 高通滤波器的典型电路图如图 10-24（a）所示。

设滤波器的输入电压为 u_x，输出电压为 u_y，可建立系统的微分方程为

$$u_y+\frac{1}{RC}\int u_y\mathrm{d}t=u_x \tag{10-40}$$

同样地，令 $\tau=RC$ 为时间常数，系统的频率响应函数为

$$H(\omega)=\frac{\mathrm{j}\tau\omega}{1+\mathrm{j}\tau\omega} \tag{10-41}$$

其幅频特性和相频特性分别为

$$A(\omega)=\frac{\tau\omega}{\sqrt{1+(\tau\omega)^2}} \tag{10-42}$$

$$\varphi(\omega)=\arctan\frac{1}{\omega\tau} \tag{10-43}$$

幅频特性曲线和相频特性曲线分别如图 10-24（b）和图 10-24（c）所示。

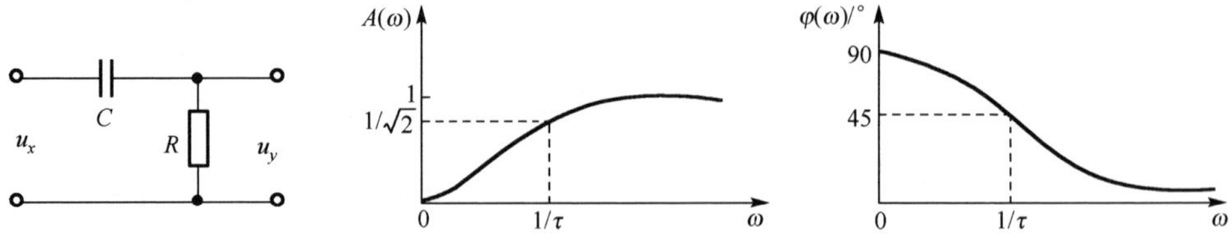

（a）（b）（c）

图 10-24 RC 高通滤波器的典型电路图及其幅频、相频特性曲线

当 $\omega=1/\tau$ 时，$A(\omega)=1/\sqrt{2}$，此时对应的频率为下截止频率，即

$$f_{c1}=\frac{1}{2\pi\tau}=\frac{1}{2\pi RC} \tag{10-44}$$

当 $f > \dfrac{1}{2\pi RC}$ 时，其幅频特性 $A(f) \approx 1$，信号不受衰减地通过。

当 $f = \dfrac{1}{2\pi RC}$ 时，$A(f) = \dfrac{1}{\sqrt{2}}$，即幅值比稳定幅值下降了 3dB。$RC$ 决定截止频率，改变 RC 的值就可以改变滤波器的截止频率。

当 $f < \dfrac{1}{2\pi RC}$ 时，输出 u_y 与输入 u_x 的微分成正比，即

$$u_y = RC\frac{\mathrm{d}u_x}{\mathrm{d}t} \tag{10-45}$$

这时，RC 高通滤波器起微分器的作用。

3．RC 带通滤波器

RC 带通滤波器可看成是低通滤波器和高通滤波器的串联，其电路图及幅频特性曲线如图 10-25 所示。RC 带通滤波器的频率响应函数为

$$H(\omega) = \frac{\mathrm{j}\tau_1\omega}{1+\mathrm{j}\tau_1\omega}\cdot\frac{1}{1+\mathrm{j}\tau_2\omega}$$

其幅频特性和相频特性分别为

$$A(\omega) = A_1(\omega)A_2(\omega) = \frac{\tau_1\omega}{\sqrt{1+(\tau_1\omega)^2}}\cdot\frac{1}{\sqrt{1+(\tau_2\omega)^2}} \tag{10-46}$$

$$\varphi(\omega) = \varphi_1(\omega) + \varphi_2(\omega) = \arctan\frac{1}{\omega\tau_1} - \arctan(\omega\tau_2) \tag{10-47}$$

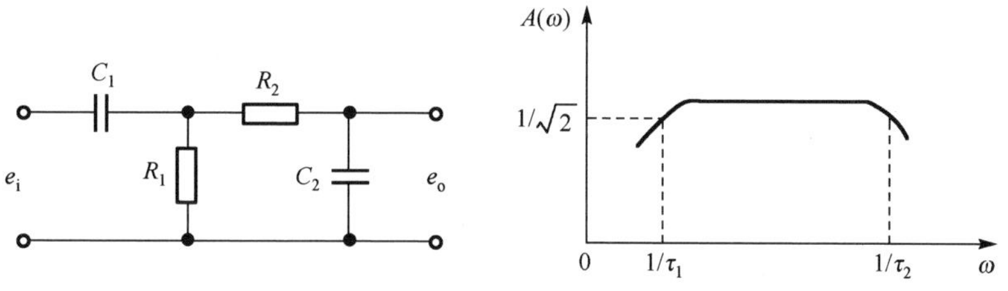

（a）　　（b）

图 10-25　RC 带通滤波器的电路图及幅频特性曲线

串联所得的带通滤波器以原高通滤波器的截止频率为下截止频率，以原低通滤波器的截止频率为上截止频率。

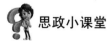

思政小课堂

科 技 兴 国

由于传感器关键技术和高档产品长期被西方发达国家垄断，因此我国中高档传感器产品几乎依赖国外进口。为突破困境，温家宝总理在《让科技引领中国可持续发展》讲话中提出，要着力突破传感网、物联网的关键技术，及早部署后 IP 时代相关技术研发，使信息网络产业成为推动产业升级、迈向信息社会的“发动机”。所以我们需要加强基础研究，加快产品研发，尽快掌握核心技术，早日突破技术壁垒和封锁。这就要求各位同学牢记使命担当，自觉

担负起国家科技自主创新发展的重任，努力学习科学文化知识，助力国家科技水平的提高，开辟属于中国科技的光辉大道。

习 题

10-1 阻值 R=120Ω，灵敏度 S=2 的电阻应变片与阻值 R=120Ω 的固定电阻组成电桥，供桥电压为 2V，并假定负载为无穷大。当电阻应变片的应变分别为 2με 和 2000με 时，求电路在分别按半桥单臂和半桥双臂连接时的输出电压，并比较两种情况下的灵敏度。

10-2 在使用电阻应变片时试图在工作电桥上增加电阻应变片数以提高灵敏度。试问，在下列情况下是否可提高灵敏度？说明原因。

（1）半桥双臂各串联一片。

（2）半桥双臂各并联一片。

10-3 将电阻应变片接成全桥，单臂工作，测量某一构件的应变，已知其变化规律为

$$\varepsilon(t) = 0.5\cos 10t + 0.25\cos 100t$$

如果电桥激励电压是 $u_0(t) = 2\sin 10000t$。求此电桥输出信号的频谱。

10-4 将某测力传感器中的一个电阻应变片接入直流电桥的一个桥臂。该电阻应变片在无负载时的电阻是 500Ω。传感器的灵敏度是 0.5Ω/N。如果电桥的激励电压为 10V，每一个桥臂的初始电阻是 500Ω，那么当施加的负载分别为 100N、200N 和 350N 时，电桥的输出是多少？

10-5 已知调幅波

$$x(t) = [100 + 30\cos(2\pi f_1 t) + 20\cos(6\pi f_1 t)]\cos(6\pi f_c t)$$

式中，f_c = 10kHz，f_1 = 500Hz。试求所包含的各分量的频率及幅值，并绘出调制信号与调幅波的频谱图。

10-6 图 10-26 所示为利用乘法器组成的调幅解调系统的方框图。设载波信号是频率为 f_0 的正弦波，试求：

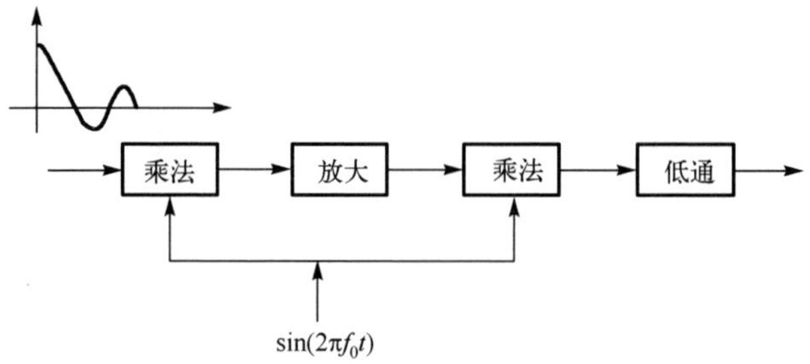

图 10-26 题 10-6 图

（1）各环节输出信号的时域波形。

（2）各环节输出信号的频谱图。

10-7 交流应变电桥的输出电压是一个调幅波。设供桥电压为 $E_0 = \sin(2\pi f_0 t)$，电阻变化量为 $\Delta R(t) = \cos(2\pi f_0 t)$，单臂工作，其中 $f_0 \gg f$。试求电桥输出电压 $e_y(t)$的频谱。

10-8　一个信号具有从 100～500Hz 范围的频率成分，若对此信号进行调幅，试求调幅波的带宽，若载波频率为 10kHz，则在调幅波中将出现哪些频率成分？

10-9　选择一个正确的答案：将两个中心频率相同的滤波器串联，可以达到（　　）的效果。

A．扩大分析频带

B．滤波器选择性变好，但相移增加

C．幅频特性、相频特性都得到改善

10-10　什么是滤波器的分辨力？它与哪些因素有关？

10-11　设某带通滤波器的下截止频率为 f_{c1}，上截止频率为 f_{c2}，中心频率为 f_c，试判断下列叙述是否正确。

（1）倍频程滤波器 $f_{c2}=\sqrt{2}f_{c1}$。（　　）

（2）$f_c=\sqrt{f_{c1}f_{c2}}$。（　　）

（3）滤波器的截止频率就是此通频带在幅值–3dB 处的频率。（　　）

（4）当下限频率相同时，倍频程滤波器的中心频率是 $\frac{1}{3}$ 倍频程滤波器的中心频率的 $\sqrt[3]{2}$ 倍。

（　　）

10-12　某 $\frac{1}{3}$ 倍频程滤波器的中心频率 f_0=500Hz，建立时间 T_e=0.8s。

（1）求该滤波器的带宽 B。

（2）求该滤波器的上、下截止频率 f_{c1}、f_{c2}。

（3）若中心频率改为 $f_0'=200\text{Hz}$，求该滤波器的带宽，上、下截止频率和建立时间。

10-13　已知某 RC 低通滤波器的 $R=1\text{k}\Omega$，$C=1\mu\text{F}$。

（1）确定函数 $H(s)$、$H(\omega)$、$A(\omega)$、$\varphi(\omega)$ 的表达式。

（2）若输入信号 $u_i=10\sin1000t$，求输出信号 u_o。

10-14　已知低通滤波器的频率响应函数为

$$H(\omega)=\frac{1}{1+\mathrm{j}\omega\tau}$$

式中，$\tau=0.05\text{s}$，当输入信号 $x(t)=0.5\cos10t+0.2\cos(100t-45^\circ)$ 时，求其输出 $y(t)$，并比较 $y(t)$与 $x(t)$的幅值与相位有何区别。

10-15　低通、高通、带通及带阻滤波器各有什么特点？画出它们的理想幅频特性曲线。

10-16　图 10-27 所示是实际滤波器的幅频特性曲线，指出它们分别属于哪一种滤波器，并在图上标出截止频率的位置。

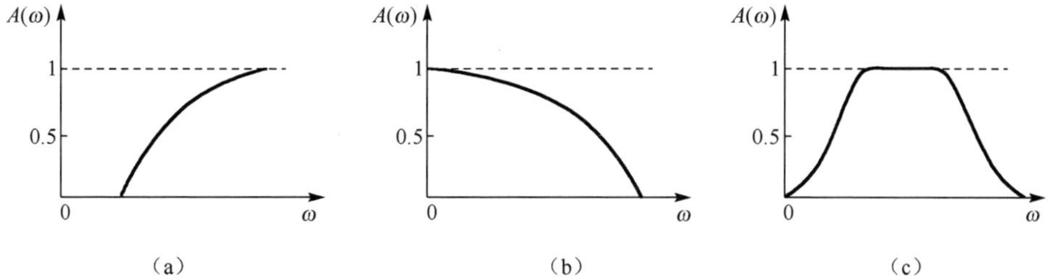

图 10-27　题 10-16 图

10-17　图 10-28 所示为 RC 低通滤波器，其中，C=0.01μF，输入信号 e_i 的频率 f=10kHz，输出信号滞后于输入信号 30°。

（1）R 值应为多少？

（2）如果输入电压的幅值为 100V，则其输出电压的幅值为多少？

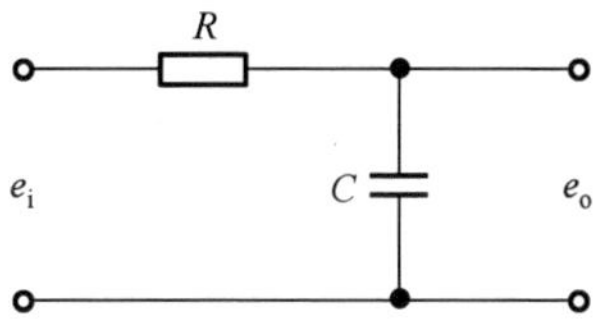

图 10-28　题 10-17 图

10-18　RC 低通滤波器的 R=10kΩ，C=1μF。试求：

（1）滤波器的截止频率 ω_c；

（2）当输入为 $x(t)$=10sin10t+2sin1000t 时，滤波器的稳态输出。

10-19　已知某滤波器的传递函数为 $H(s)=\dfrac{\tau s}{\tau s+1}$，式中，$\tau=0.04\text{s}$。当滤波器的稳态输出信号为 $y(t)=46.3\sin(200t+34^\circ)$ 时，求该滤波器的输入信号。

10-20　某滤波器如图 10-29 所示。

（1）这是什么类型的滤波器？计算其截止频率（单位用 Hz 表示）。

（2）对电路施加下面的输入信号，请确定 u_o。

$$u_i=5\sin(2\pi200t)+2.5\cos(2\pi1000t)+1.5\sin(2\pi1000t)\text{（mV）}$$

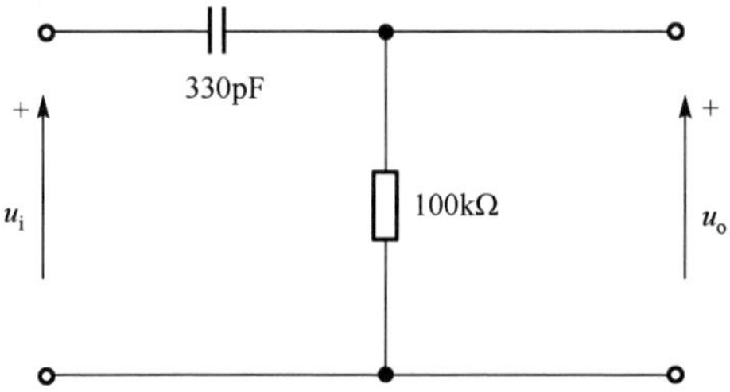

图 10-29　题 10-20 图

第 11 章　信号数字化处理

数字信号处理就是用数字方法处理信号，它利用计算机或数字信号分析处理设备，以数值计算的方法对信号进行分析处理，从而达到提取有用信息的目的。20 世纪 40 年代末，z 变换理论的出现使人们可以用离散序列表示波形，为数字信号处理奠定了理论基础；20 世纪 50 年代，电子计算机的出现及大规模集成电路技术的飞速发展，为数字信号处理奠定了物质基础；20 世纪 60 年代，一些高效信号处理算法的出现，尤其是 1965 年快速傅里叶变换的问世，为数字信号处理奠定了技术基础。与模拟信号相比，数字信号分析技术不但具有处理精度高、灵活性强、抗干扰性强和计算速度快等特点，而且可以完成很多模拟分析方法无法实现的运算分析。目前，数字信号处理已经得到越来越广泛的应用，其处理速度可以达到实时的程度，数字信号处理技术已形成一门新兴的学科。

传感器输出的往往是模拟信号，无法被计算机或数字信号分析处理设备处理，因此，往往需要先对模拟测试信号进行数字化处理，随后采用数字信号分析技术进行分析处理。本章介绍信号数字化的步骤和数字化过程中出现的问题，以及相关分析的内容。

11.1　信号数字化处理基本步骤

数字信号处理是一项非常复杂的工作，涉及系统分析、传感器及其特性、信号采样等内容，一般而言，数字信号处理的一般方法如图 11-1 所示。

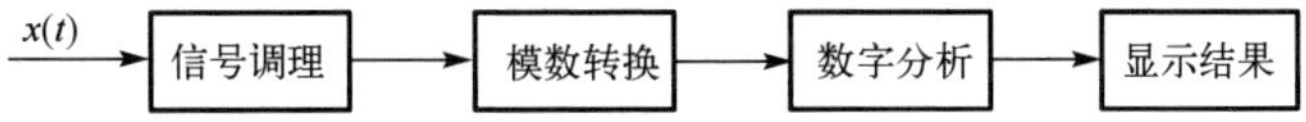

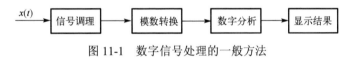

图 11-1　数字信号处理的一般方法

（1）模拟信号调理。在测试系统中传感器得到的信号一般都是模拟信号。模拟电压信号经过信号调理环节进行信号转换和调制，变成带宽有限、幅值适当的信号，为下一步模数转换做好准备。

（2）模数转换。此环节完成模拟电压采样、幅值量化及编码，将模拟电压信号转换为数字信号。首先，采样保持器按采样周期 T_n 把调理之后的信号采样为离散序列，这样的在时间轴上离散而幅值连续的信号称为采样信号。然后，量化编码装置将每一个采样信号的电压幅值转换为数字码，最终变为数字信号。

（3）数字分析。此环节的输入为数字信号，数字式分析仪或计算机将其分为点数固定的一系列数据块，实现信号的时域截断，进而完成各种分析运算，显示、输出分析结果。

在用数字式分析仪或计算机分析处理信号时，需要对连续测量的动态信号进行数字化处理，将其转换成离散的数字序列。数字化的过程主要包括对模拟信号离散采样和幅值量化。

时域模拟信号是按同一时间间隔采样得到的一系列离散值，为了实现转换过程，需要将采样值保持一段时间，保持中的采样值还是连续的模拟量，而数字量只能是离散值。所以，需要用量化单位对模拟量做整型量化，从而得到与模拟量对应的数字量。量化后的数字以编码形式表示。图 11-2 所示为信号模数转换的过程。

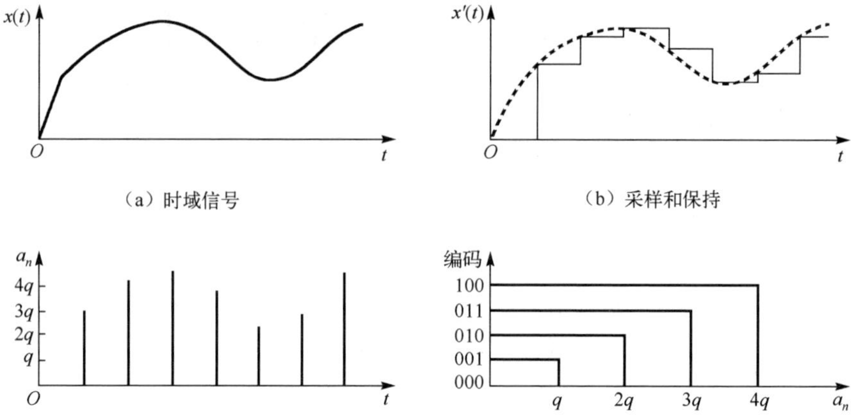

（a）时域信号 （b）采样和保持

（c）量化 （d）编码

图 11-2 信号模数转换的过程

11.2 信号数字化过程中出现的问题

11.2.1 时域采样、混叠和采样定理

时域采样是按以一定的时间间隔从模拟时间信号中抽取样本值，获得时间序列的过程。它的数学描述就是用间隔为 T_s 的周期单位脉冲序列 $g(t)$ 乘模拟信号 $x(t)$ 。

$$g(t)=\sum_{n=-\infty}^{\infty}\delta(t-nT_s),\quad n=0,\pm1,\pm2,\cdots \tag{11-1}$$

采样信号可以表示为

$$x_s(t)=x(t)\cdot g(t)=x(t)\cdot\sum_{n=-\infty}^{\infty}\delta(t-nT_s)=x(nT_s),\quad n=0,\pm1,\pm2,\cdots \tag{11-2}$$

上式说明模拟信号经时域采样后，各采样点的信号幅值为 $x(nT_s)$ ，其中，T_s 为采样间隔。时域采样过程如图 11-3 所示。函数 $g(t)$ 称为采样函数。

采样函数为周期单位脉冲序列，其频谱为

$$G(f)=\frac{1}{T_s}\sum_{n=-\infty}^{\infty}\delta\left(f-\frac{n}{T_s}\right),\quad n=0,\pm1,\pm2,\cdots \tag{11-3}$$

采样信号在时域中的表示形式是模拟信号和采样函数相乘，在频域中的表示形式是它们各自的频谱相卷积，即

$$X(f)*G(f)=X(f)*\frac{1}{T_s}\sum_{n=-\infty}^{\infty}\delta\left(f-\frac{n}{T_s}\right)=\frac{1}{T_s}X\left(f-\frac{n}{T_s}\right) \tag{11-4}$$

图 11-3（f）说明采样结果 $x(t)\cdot g(t)$ 必须唯一地确定原始信号，所以采样间隔的选择是一

个很重要的问题。采样间隔太小（采样频率高），在一定长的时间内其记录的数字序列就很长，使计算工作量增大；如果数字序列长度一定，则只能在很短的时间历程内处理信号，可能产生较大的误差。若采样间隔太大（采样频率低），则可能丢掉有用的信息。采样间隔 T_s 太大，即采样频率 f_s 太低，使得两函数在频谱卷积过程中平移距离过小，从而移至各采样脉冲处的频谱 $X(f)$ 会有一部分相互重叠，新合成的 $X(f)*G(f)$ 图形与原 $X(f)$ 图形不一致，这种现象称为混叠，如图 11-4 所示。频谱发生混叠后，改变了原来频谱中的部分幅值，这样就不可能将离散信号准确恢复为原来的时域信号 $x(t)$ 。如果信号 $x(t)$ 是带限信号，它的最高频率为 f_c ，那么当采样频率 $f_s \geqslant 2f_c$ 时，就不会出现混叠现象。

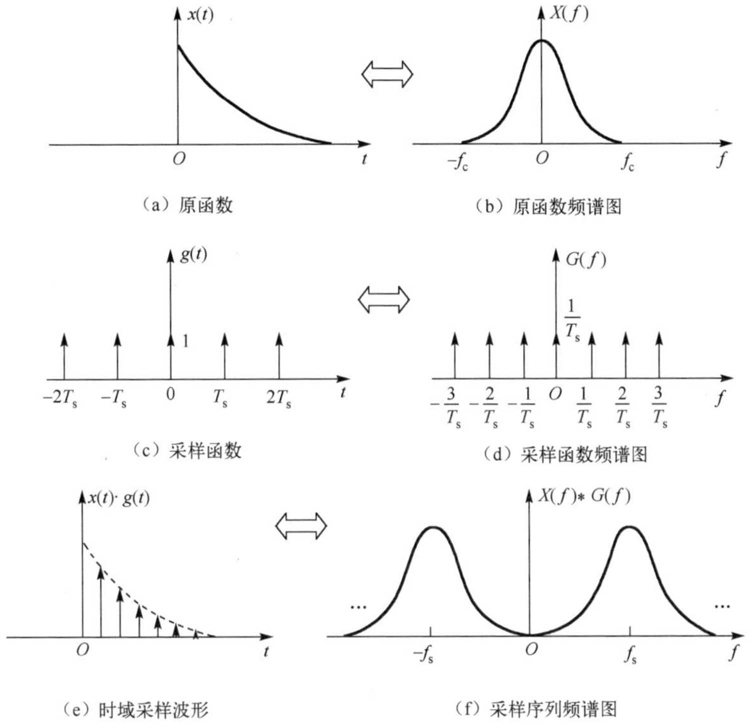

图 11-3　时域采样过程

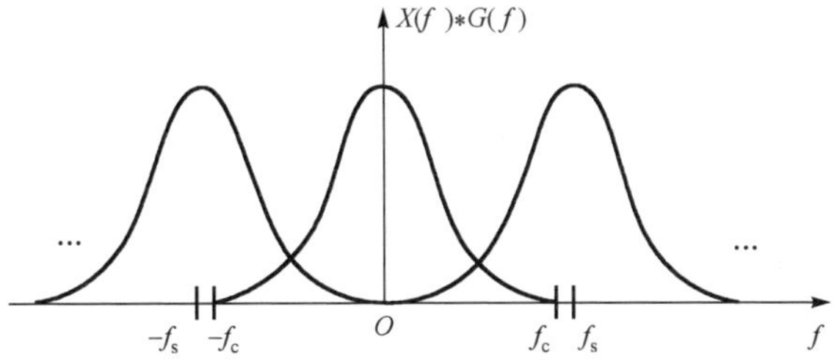

图 11-4　时域混叠现象

为了避免混叠，以便采样后仍能准确地恢复原信号，采样频率 f_s 必须大于或等于信号最高频率 f_c 的两倍，即 $f_s \geqslant 2f_c$ 。这就是采样定理。在实际工作中，采样频率一般为被处理信号的最高频率的 2.56 倍。

消除混叠的措施为降低信号中的最高频率或提高采样频率。

11.2.2 量化和量化误差

模数转换器的位数是一定的，其只能表达出有一定间隔的电平。当模拟信号采样点的电平落在两个相邻的幅值之间时，就要四舍五入到相邻的幅值上，这个过程称为量化，如图 11-5 所示。数字量最低位所代表的数值称为量化单位。量化单位越小，信号精度越高，但任何量化都会引起误差。

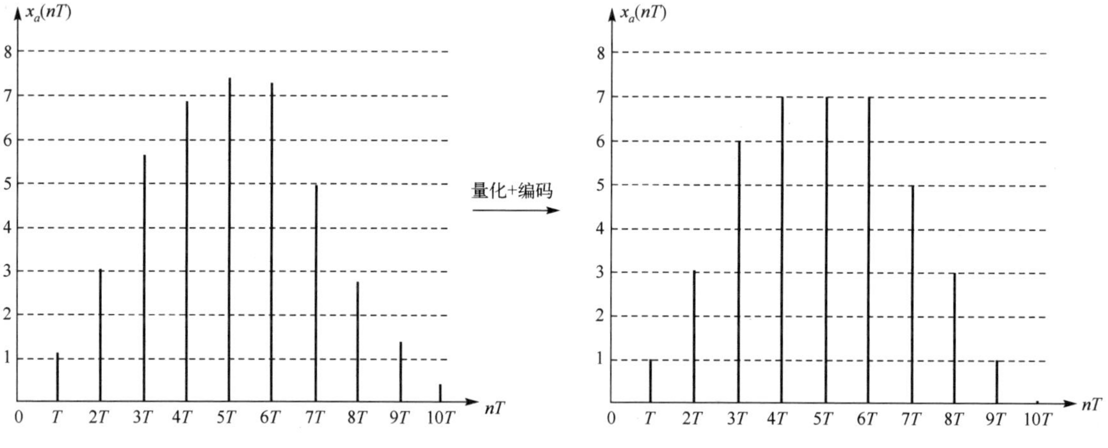

（a）采样时间信号　（b）数字时间信号

图 11-5　量化过程

由量化引起的误差称为量化误差。当输入信号随时间变化时，量化后的曲线呈阶梯形，对应的量化误差既与量化单位有关，又与被测信号 $x(t)$ 有关。当量化单位与被测信号的幅值比足够小时，量化误差可看作量化噪声。

11.2.3 截断、泄漏和窗函数

信号的历程是无限的，而在数字化处理时不可能对无限长的整个信号进行处理，所以必须把长时间的序列截断。截断是指在时域中将无限长的信号与有限宽的函数相乘，这个有限宽的函数就称为窗函数。最简单的窗函数是矩形窗函数，其时域信号和频域信号如图 11-6 所示。

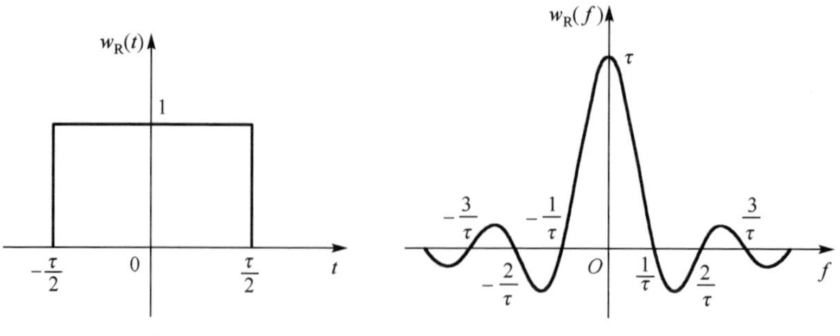

（a）　（b）

图 11-6 矩形窗函数的时域信号和频域信号

矩形窗函数在时域上的表达式为

$$w_R(t)=\begin{cases}1, & |t|\leqslant\dfrac{\tau}{2}\\[2mm] 0, & |t|>\dfrac{\tau}{2}\end{cases}$$

其频谱为

$$W_R(f)=\frac{1}{\pi f}\sin(\pi f\tau)=\tau\mathrm{sinc}(\pi f\tau)$$

设原信号 $x(t)$ 的频谱函数为 $X(f)$，根据傅里叶变换的卷积性质可知，用矩形窗函数截断后的信号的频谱为 $X(f)$ 和 $W_R(f)$ 的卷积。由于 $W_R(f)$ 为一个频带无限宽的函数，所以即使 $x(t)$ 为带限信号，截断后的频谱也必然是频带无限宽的函数，信号的能量会沿频率轴扩展开来，导致能量泄漏到 $x(t)$ 的频带以外。这种由于时域上的截断而在频域上出现附加频率分量的现象就叫作泄漏。

在图 11-6（b）中，$|f|<1/\tau$ 的部分称为 $W_R(f)$ 的主瓣，其余部分为附加频率分量，也称为旁瓣。泄漏和窗函数的旁瓣有关，如果窗的宽度越大，即时间序列截取的越长，则其频谱图中旁瓣所占的比例越小，泄漏越小，如图 11-7 所示。

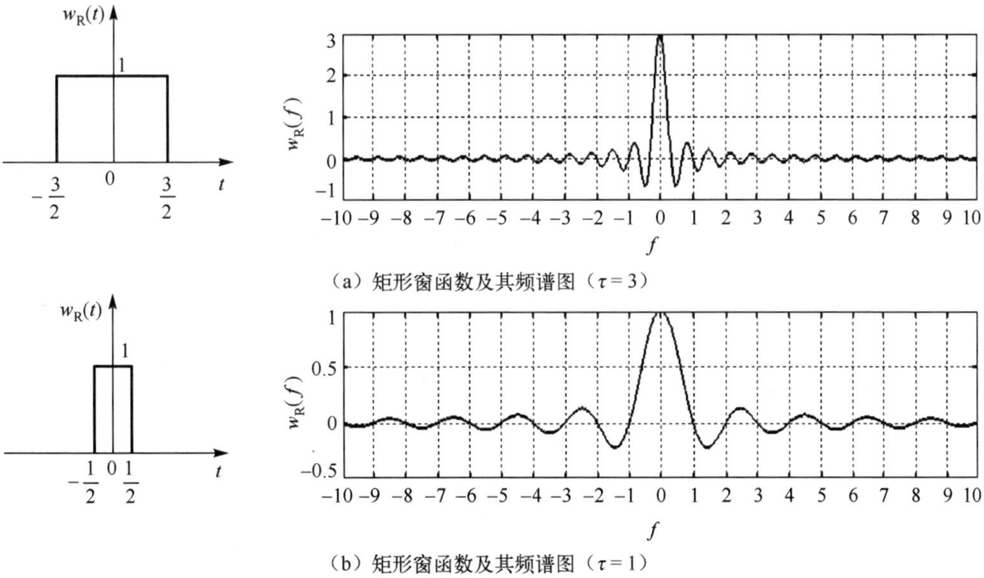

（a）矩形窗函数及其频谱图（$\tau=3$）

（b）矩形窗函数及其频谱图（$\tau=1$）

图 11-7　不同窗宽的矩形窗函数的旁瓣与主瓣所占的比例比较

除了常用的矩形窗函数，还有三角窗、汉明窗、汉宁窗等其他的窗函数。好的窗函数的频谱应尽可能衰减得快，即主瓣和旁瓣的比例应尽可能大。

只要有截断就会有泄漏，泄漏是不可避免的，但是可以采取一些措施减小泄漏：增加截断长度，加大窗宽，或者选用汉宁窗、三角窗等较好的窗函数等。表 11-1 所示为几种常用的窗函数的时域波形图及频谱图。

表 11-1 几种常用的窗函数的时域波形图及频谱图

函数	时域表达式	频谱函数	时域波形图	频谱图
三角窗	$w(t)=\begin{cases}1-\frac{2}{\tau}\lvert t\rvert, & \lvert t\rvert<\tau/2\\ 0, & \lvert t\rvert\geqslant\tau/2\end{cases}$	$W(f)=\frac{\tau}{2}\left[\frac{\sin(\pi f\tau)}{\pi f\tau}\right]^2$	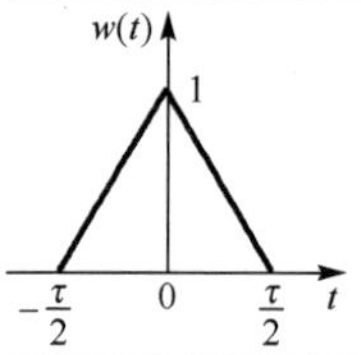	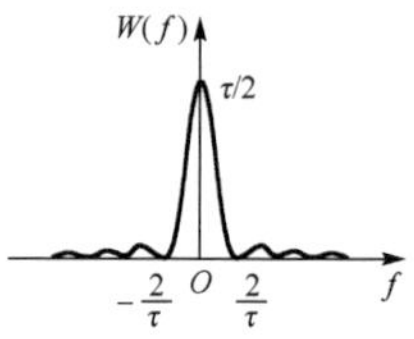
汉宁窗	$w(t)=\begin{cases}\frac{1}{2}+\frac{1}{2}\cos\frac{2\pi t}{\tau}, & \lvert t\rvert\leqslant\tau/2\\ 0, & \lvert t\rvert>\tau/2\end{cases}$	$W(f)=\frac{1}{2}Q(f)+\frac{1}{4}\left[Q\left(f+\frac{1}{\tau}\right)+Q\left(f-\frac{1}{\tau}\right)\right]$ $Q(f)=\tau\frac{\sin(\pi f\tau)}{\pi f\tau}$	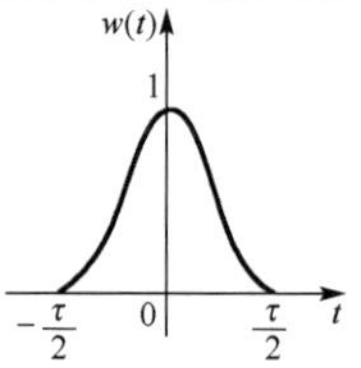	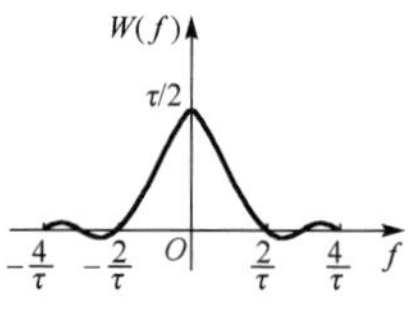

11.3 相关分析及应用

在测试信号的过程中，相关是一个非常重要的概念。相关代表的是在客观事物或过程中某两种特征量之间联系的紧密性。在测试信号时，相关是指变量之间的线性关系。

对确定性信号来讲，两个变量之间可以用函数关系来描述，两者一一对应并为确定的数值关系，两个随机变量之间就不具有这样确定的关系。但是，如果这两个变量之间具有某种内在的物理联系，那么通过大量统计就可以发现它们之间还是存在着某种虽不精确但却有相应的、表征其特性的近似关系。例如，在齿轮箱中，滚动轴承滚道上的疲劳应力和轴向载荷之间不能用确定性函数来描述，但是通过大量的统计可以发现，当轴向载荷较大时，疲劳应力也比较大，说明这两个变量之间存在一定的线性关系。

图 11-8 所示为两个随机变量 x 和 y 的相关性。根据由两个随机变量 x 和 y 组成的数据点的分布情况，可以看到，在图 11-8（a）中，变量 x 和 y 有较好的线性关系；在图 11-8（b）中，x 和 y 虽无确定关系，但从总体上看，两变量间具有某种程度的相关关系；在图 11-8（c）中，各点分布很散乱，可以说变量 x 和 y 之间是不相关的。

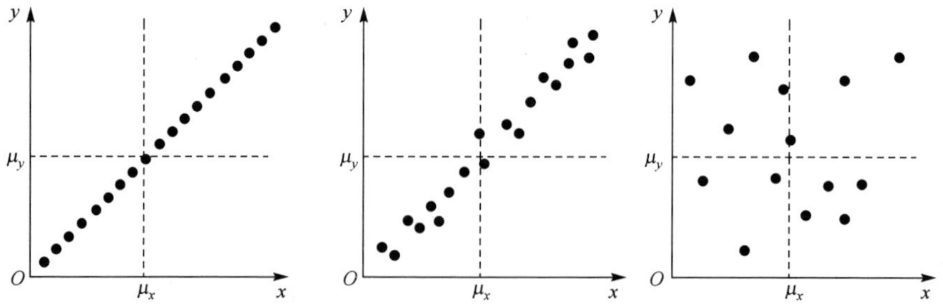

（a）（b）（c）

图 11-8 两个随机变量 x 和 y 的相关性

11.3.1 相关系数

随机变量 x 和 y 之间的相关程度常用相关系数 ρ_{xy} 表示。

$$\rho_{xy}(\tau)=\frac{\sigma_{xy}}{\sigma_x\sigma_y}=\frac{E[(x-\mu_x)(y-\mu_y)]}{\sqrt{E[(x-\mu_x)^2]E[(y-\mu_y)^2]}} \tag{11-5}$$

式中，σ_{xy} 为随机变量 x、y 的协方差；μ_x、μ_y 分别为随机变量 x、y 的均值；σ_x、σ_y 分别为随机变量 x、y 的标准差。

利用柯西-施瓦茨不等式

$$E[(x-\mu_x)(y-\mu_y)]^2 \leqslant E[(x-\mu_x)^2]E[(y-\mu_y)^2]$$

可以证明 $|\rho_{xy}|\leqslant 1$。ρ_{xy} 的绝对值越接近 1，x 和 y 的线性相关程度就越好。当 $\rho_{xy}=1$ 时，表示 x、y 两变量是理想的线性相关；当 $\rho_{xy}=-1$ 时，表示 x、y 两变量也是理想的线性相关，只是直线的斜率为负；当 $\rho_{xy}=0$ 时，表示 x、y 两变量之间完全不相关，如图 11-8（c）所示。

11.3.2 自相关分析

11.3.2.1 自相关函数的定义

$x(t)$ 是各态历经随机信号，$x(t+\tau)$ 是信号 $x(t)$ 时移 τ 后的信号，二者具有同样的均值 μ_x 和标准差 σ_x。两个信号样本的相关程度可以用相关系数来表示。若把相关系数 $\rho_{x(t)x(t+\tau)}$ 简写为 $\rho_x(\tau)$，则有

$$\begin{aligned}\rho_x(\tau)&=\frac{E[(x(t)-\mu_x)(x(t+\tau)-\mu_x)]}{\sqrt{E[(x(t)-\mu_x)^2]E[(x(t+\tau)-\mu_x)^2]}}\\&=\frac{\lim\limits_{T\to\infty}\frac{1}{T}\int_0^T[x(t)-\mu_x][(x(t+\tau)-\mu_x)]\mathrm{d}t}{\sigma_x^2}\end{aligned} \tag{11-6}$$

将分子展开，有

$$\lim_{T\to\infty}\frac{1}{T}\int_0^T x(t)\mathrm{d}t=\mu_x,\quad \lim_{T\to\infty}\frac{1}{T}\int_0^T x(t+\tau)\mathrm{d}t=\mu_x$$

从而可得

$$\rho_x(\tau)=\frac{\lim\limits_{T\to\infty}\frac{1}{T}\int_0^T x(t)x(t+\tau)\mathrm{d}t-\mu_x^2}{\sigma_x^2} \tag{11-7}$$

令 $R_x(\tau)=\lim\limits_{T\to\infty}\frac{1}{T}\int_0^T x(t)x(t+\tau)\mathrm{d}t$，可得

$$\rho_x(\tau)=\frac{R_x(\tau)-\mu_x^2}{\sigma_x^2} \tag{11-8}$$

式中，$R_x(\tau)$ 称为 $x(t)$ 的自相关函数。自相关函数反映信号自身取值随时间变化前后的相似性。需要说明的是，信号的性质不同，自相关函数有不同的表达形式。

对于周期信号（功率信号），自相关函数的表达形式为

$$R_x(\tau)=\lim_{T\to\infty}\frac{1}{T}\int_0^T x(t)x(t+\tau)\mathrm{d}t \tag{11-9}$$

对于非周期信号（能量信号），自相关函数的表达形式为

$$R_x(\tau)=\int_{-\infty}^{\infty}x(t)x(t+\tau)\mathrm{d}t \tag{11-10}$$

11.3.2.2 自相关函数的性质

自相关函数的性质如图 11-9 所示。

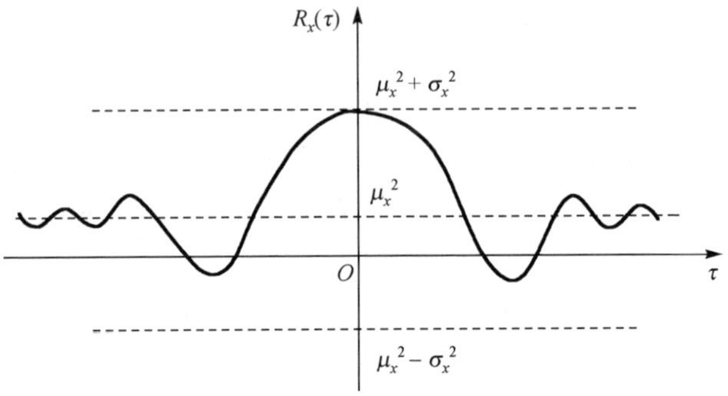

图 11-9 自相关函数的性质

（1）自相关函数为实偶函数，即 $R_x(\tau)=R_x(-\tau)$。

$$\begin{aligned}R_x(-\tau)&=\lim_{T\to\infty}\frac{1}{T}\int_0^T x(t)x(t-\tau)\mathrm{d}t\\&=\lim_{T\to\infty}\frac{1}{T}\int_0^T x(t+\tau)x(t+\tau-\tau)\mathrm{d}(t+\tau)\\&=R_x(\tau)\end{aligned}$$

（2）自相关函数在 $\tau=0$ 处值最大，且等于信号的均方值 ψ_x^2。

$$R_x(0)=\lim_{T\to\infty}\frac{1}{T}\int_0^T x^2(t)\mathrm{d}t=\psi_x^2=\sigma_x^2+\mu_x^2$$

此时 $\rho_x(0)=\dfrac{R_x(0)-\mu_x^2}{\sigma_x^2}=1$，说明当 $\tau=0$ 时，两信号完全相关。

（3）自相关函数的取值范围为 $\mu_x^2-\sigma_x^2\leqslant R_x(\tau)\leqslant\mu_x^2+\sigma_x^2$。

由式（11-8）得

$$R_x(\tau)=\rho_x(\tau)\sigma_x^2+\mu_x^2$$

因为 $\left|\rho_{xy}\right|\leqslant 1$，所以 $\mu_x^2-\sigma_x^2\leqslant R_x(\tau)\leqslant\mu_x^2+\sigma_x^2$。

（4）当 $\tau\to\infty$ 时，可以认为 $x(t)$ 和 $x(t+\tau)$ 之间没有相关性，这时 $\rho_x(\tau)\to 0$，即 $R_x(\tau)\to\mu_x^2$。

（5）周期信号的自相关函数仍为同频率的周期函数。

若周期函数为 $x(t)=x(t+nT)$，则其自相关函数为

$$\begin{aligned}R_x(\tau+nT)&=\frac{1}{T}\int_0^T x(t+nT)x(t+nT+\tau)\mathrm{d}(t+nT)\\&=\frac{1}{T}\int_0^T x(t)x(t+\tau)\mathrm{d}t=R_x(\tau)\end{aligned}$$

例 11-1 求正弦函数 $x(t)=A\sin(\omega_0 t+\theta)$ 的自相关函数。

解：根据式（11-9）得

$$
\begin{aligned}
R_x(\tau) &= \lim_{T\to\infty}\frac{1}{T}\int_0^T A\sin(\omega_0 t+\theta)\cdot A\sin[\omega_0(t+\tau)+\theta]\mathrm{d}t \\
&= \lim_{T\to\infty}\frac{A^2}{2T}\int_0^T \{\cos(\omega_0\tau)-\cos[\omega_0(2t+\tau)+2\theta]\}\mathrm{d}t \\
&= \frac{A^2}{2}\cos(\omega_0\tau)
\end{aligned}
$$

由例 11-1 的结果可知，正弦函数的自相关函数是余弦函数，当 $\tau=0$ 时取最大值。它保留了原来正弦函数中的幅值信息和频率信息，却丢失了初始相位信息。

11.3.2.3　自相关函数的应用

周期信号的自相关函数在 τ 很大的时候也不会衰减，并具有明显的周期性，从而可根据此特点判断信号中是否包含周期信号。表 11-2 所示为几种典型信号的自相关函数图。

表 11-2　几种典型信号的自相关函数图

信号类别	时域波形	自相关函数图
初相角随机变化的正弦信号	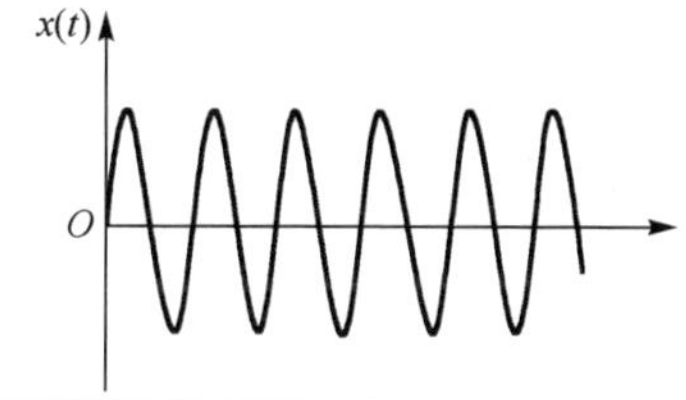	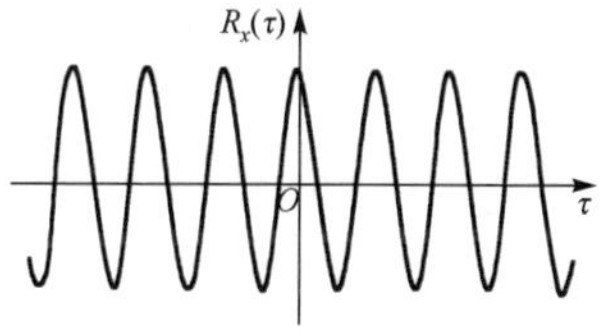
正弦波加随机噪声信号	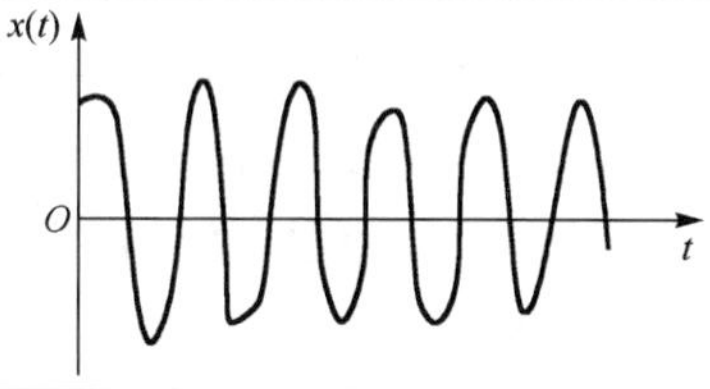	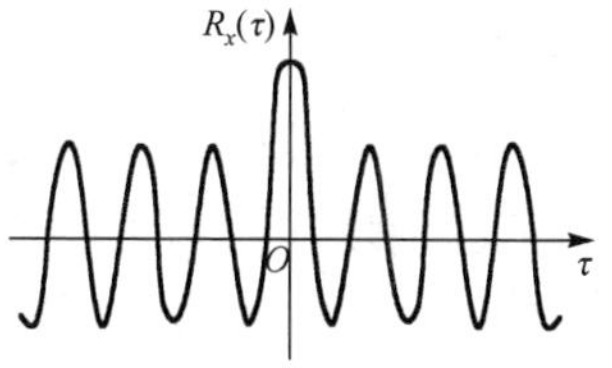
窄带随机信号	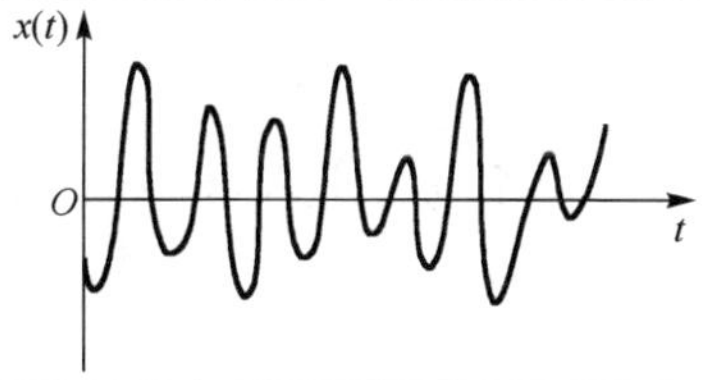	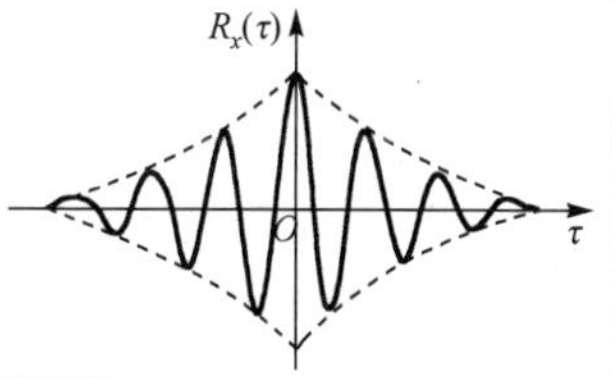
宽带随机信号	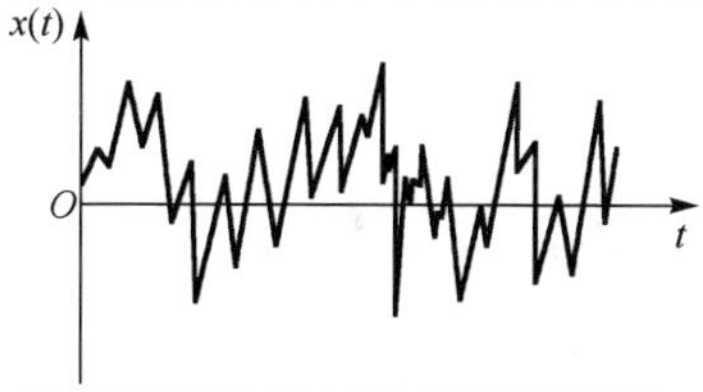	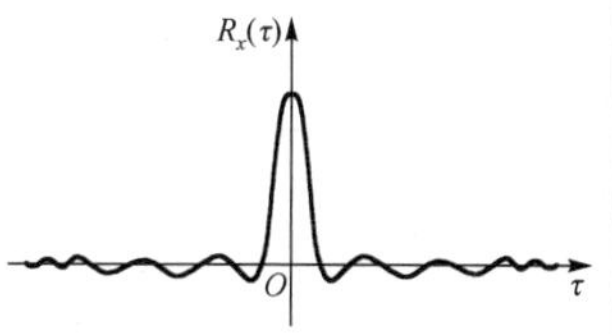
白噪声信号	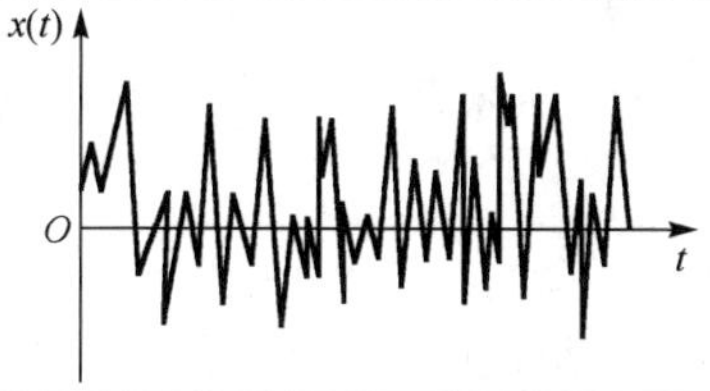	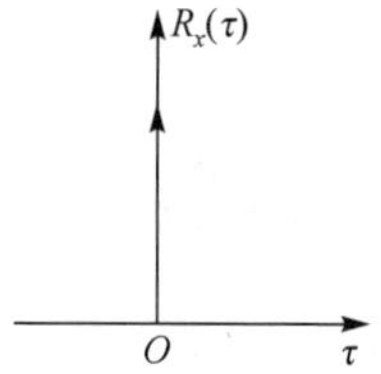

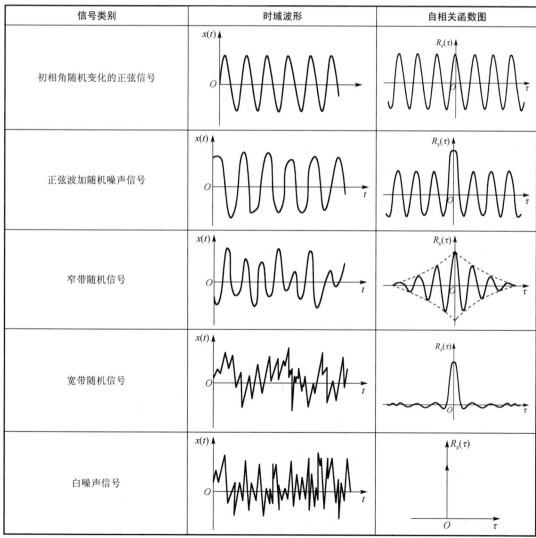

1．测试汽车平稳性

图 11-10 所示为汽车车身振动的自相关分析。在对汽车进行平稳性测试时，在汽车车身处测得的振动加速度时间历程曲线如图 11-10（a）所示，自相关函数如图 11-10（b）所示。可以看出，尽管测得信号本身呈现杂乱无章的样子，说明混有一定程度的随机干扰，但其自相关函数却有一定的周期性，其周期 T 约为 50ms，说明存在着周期性激励源，其频率 $f = 1/T = 20\text{Hz}$。

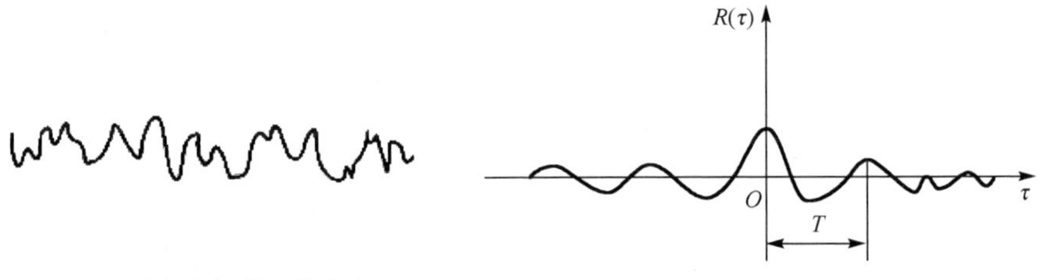

（a）振动加速度时间历程曲线　（b）自相关函数

图 11-10　汽车车身振动的自相关分析

2．诊断机器故障

正常的机器噪声是由大量、无序和大小近似相等的随机冲击噪声叠加的结果，其自相关函数很快衰减至零。当机器状态异常时，在随机噪声中将出现有规则的、周期性的脉冲信号，其幅值远大于正常噪声的幅值。

例如，当机械机构中因轴承磨损而增大间隙时，轴与轴承盖之间就会有撞击现象。同样地，当滚动轴承的滚道剥蚀、齿轮的某一个啮合面严重磨损等情况出现时，在随机噪声中均会出现周期信号。因此，在用声音诊断机器故障时，要在噪声中发现隐藏的周期分量，特别是在故障发生的初期，周期信号并不明显，当直接观察难以发现时，此时就可以采用自相关分析方法，依靠 $R(\tau)$ 的幅值和波动的频率查出机器故障的所在之处。

图 11-11 所示为机床变速箱噪声信号的自相关函数。图 11-11（a）所示是正常状态下噪声的自相关函数，随着 τ 的增大，$R(\tau)$ 迅速趋于横轴，这说明变速箱的噪声是随机噪声；相反，在图 11-11（b）中，变速箱噪声的自相关函数 $R(\tau)$ 中含有周期分量，当 τ 增大时，$R(\tau)$ 并不向横轴趋近，这说明变速箱处于异常工作状态。将变速箱中各根轴的转速与 $R(\tau)$ 的波动频率进行比较，就可以确定故障的位置。

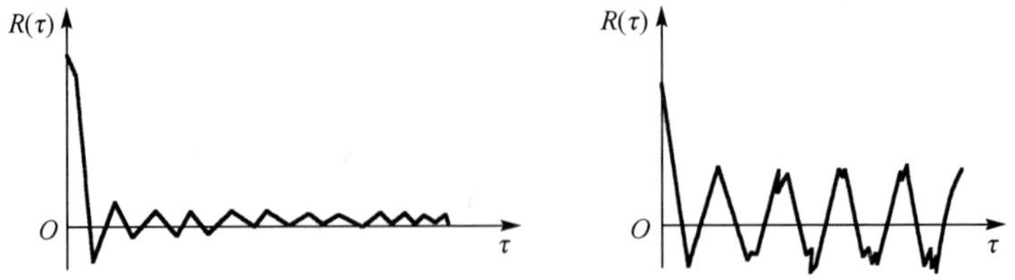

（a）正常状态　（b）异常状态

图 11-11　机床变速箱噪声信号的自相关函数

3．测量声音与墙面之间的距离

自相关函数可用来寻找信号自身之间的相似程度。图 11-12 所示为回波信号的自相关分析。图 11-12（a）所示的示意图是对着墙发出声音，一段时间后收到回声的过程。对原始的声音信号进行自相关分析，就可以得到两个峰值点的时间差，即原始声音和回声之间相差的时间，再乘声音在空气中的传播速度就可以求出声音与墙面之间的距离。

（a）示意图

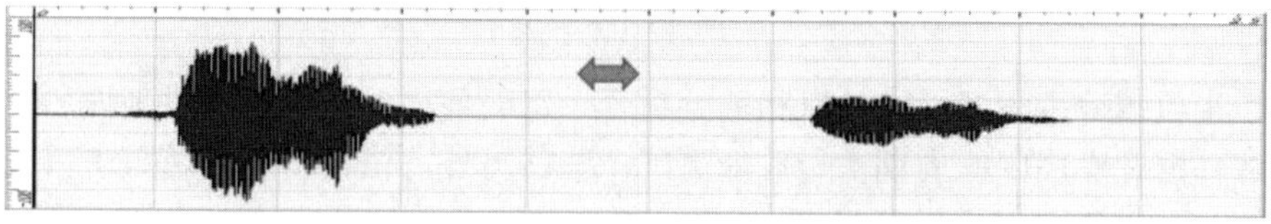

（b）频谱图

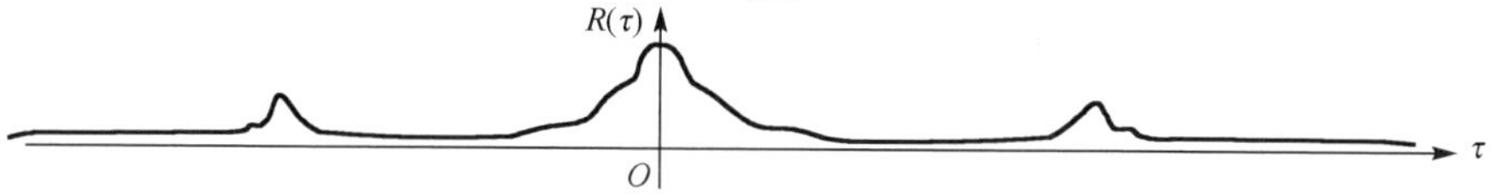

（c）自相关函数图

图 11-12　回波信号的自相关分析

4．分析表面加工质量

在车削加工过程中分析零件表面粗糙度时，利用自相关函数可以提取表面粗糙度中的周期成分，从而找到零件在加工过程中的误差成因（见图 11-13）。如刚度不够、车刀的周期性振动等都可能会造成误差。在图 11-13（a）中，lr 表示取样长度，R_z 表示轮廓最大高度。

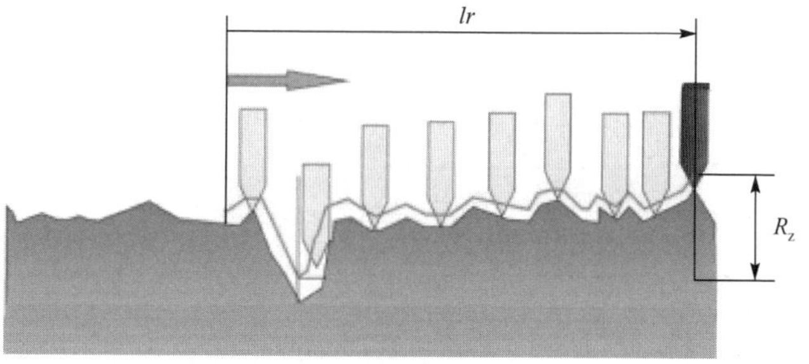

（a）示意图

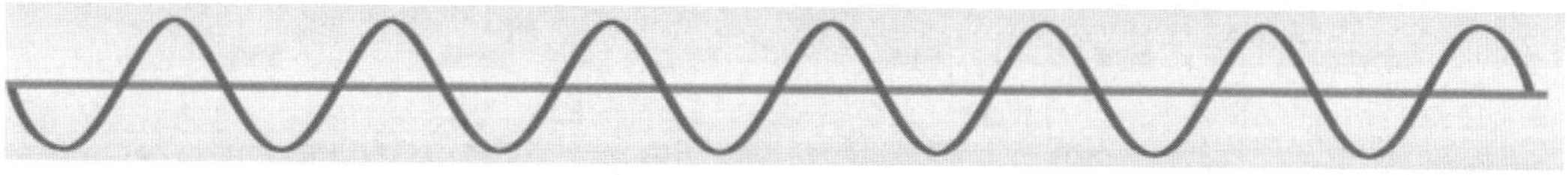

（b）自相关函数图

图 11-13　利用自相关函数分析车削加工过程中的误差成因

在通信、雷达、声呐等工程应用中，常常要判断接收机接收到的信号当中有无周期信号，这时利用自相关函数进行分析是十分方便的。在自相关函数中，即使一个微弱的正弦信号被淹没在强干扰噪声之中，但当 τ 足够大时，该正弦信号仍能清楚地被检测出来，如图 11-14 所示。

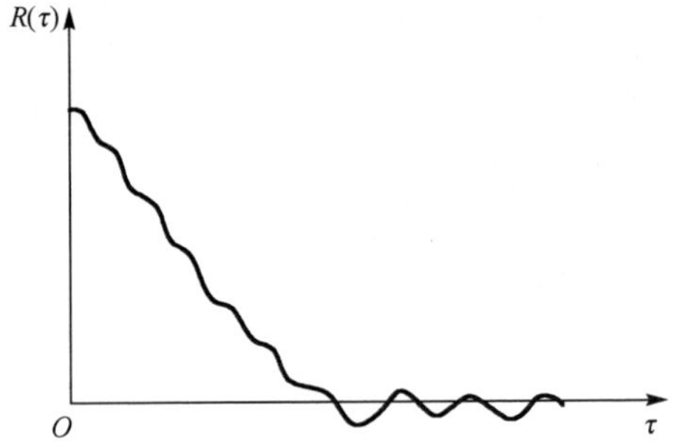

图 11-14 从强干扰噪声中检测到微弱的正弦信号

总之，在机械等工程应用中，自相关分析有一定的使用价值。但一般来说，用它的傅里叶变换来解释混在噪声中的周期信号可能更好一些。另外，由于自相关函数中丢失了初始相位信息，因此使它的应用受到限制。

11.3.3 互相关分析

11.3.3.1 互相关函数的定义

对于各态历经随机过程，两个随机信号 $x(t)$ 和 $y(t)$ 的互相关函数定义为

$$R_{xy}(\tau)=\lim_{T\to\infty}\frac{1}{T}\int_{-\frac{T}{2}}^{\frac{T}{2}}x(t)y(t+\tau)\mathrm{d}t \tag{11-11}$$

时移为 τ 的两个随机信号 $x(t)$ 和 $y(t)$ 的互相关系数为

$$\begin{aligned}\rho_{xy}(\tau)&=\frac{\lim\limits_{T\to\infty}\frac{1}{T}\int_{-\frac{T}{2}}^{\frac{T}{2}}[(x(t)-\mu_x)(y(t+\tau)-\mu_y)]\mathrm{d}t}{\sigma_x\sigma_y}\\&=\frac{\lim\limits_{T\to\infty}\frac{1}{T}\int_{-\frac{T}{2}}^{\frac{T}{2}}x(t)y(t+\tau)\mathrm{d}t-\mu_x\mu_y}{\sigma_x\sigma_y}=\frac{R_{xy}(\tau)-\mu_x\mu_y}{\sigma_x\sigma_y}\end{aligned} \tag{11-12}$$

11.3.3.2 互相关函数的性质

（1）互相关函数非偶函数，也非奇函数，但有 $R_{xy}(\tau)=R_{yx}(-\tau)$。

因为我们所讨论的随机过程是平稳的，所以在 t 时刻从样本采样计算的互相关函数应和在 $t-\tau$ 时刻从样本采样计算的互相关函数是一致的，即

$$\begin{aligned}R_{xy}(\tau)&=\lim_{T\to\infty}\frac{1}{T}\int_0^T x(t)y(t+\tau)\mathrm{d}t=\lim_{T\to\infty}\frac{1}{T}\int_0^T x(t-\tau)y(t)\mathrm{d}t\\&=\lim_{T\to\infty}\frac{1}{T}\int_0^T y(t)x(t-\tau)\mathrm{d}t=R_{yx}(-\tau)\end{aligned}$$

上式表明互相关函数不是偶函数，也不是奇函数，$R_{xy}(\tau)$ 与 $R_{yx}(-\tau)$ 在图形上对称于纵坐标轴。

(2)互相关函数的峰值不在 $\tau=0$ 处,其峰值偏离原点的位置 τ_0 反映了两信号时移的大小,此时两信号的相关程度最高。

（3）互相关函数的取值范围为 $\mu_x\mu_y-\sigma_x\sigma_y\leqslant R_{xy}(\tau)\leqslant\mu_x\mu_y+\sigma_x\sigma_y$。

由式（11-12）得 $R_{xy}(\tau)=\rho_{xy}(\tau)\sigma_x\sigma_y+\mu_x\mu_y$。因为 $|\rho_{xy}|\leqslant 1$，所以 $\mu_x\mu_y-\sigma_x\sigma_y\leqslant R_{xy}(\tau)\leqslant\mu_x\mu_y+\sigma_x\sigma_y$。

图 11-15 所示为互相关函数的以上 3 个性质。

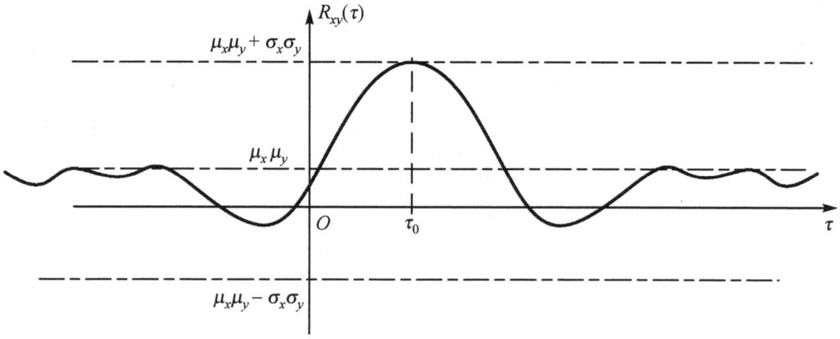

图 11-15　互相关函数的性质

（4）两个统计独立的随机信号，当其均值为零时，$R_{xy}(\tau)=0$。

（5）两个不同频率的周期信号，其相关函数为零，即不同频不相关。

若两个不同频率的周期信号的表达式分别为 $x(t)=x_0\sin(\omega_1 t+\theta_1)$，$y(t)=y_0\sin(\omega_2 t+\theta_2)$，则

$$\begin{aligned}R_{xy}(\tau)&=\lim_{T\to\infty}\frac{1}{T}\int_0^T x(t)y(t+\tau)\mathrm{d}t\\&=\frac{1}{T}\int_0^T x_0\sin(\omega_1 t+\theta_1)y_0\sin[\omega_2(t+\tau)+\theta_2]\mathrm{d}t\end{aligned}$$

根据正、余弦函数的正交性，可知 $R_{xy}(\tau)=0$，也就是说，两个不同频率的周期信号是不相关的。

（6）两个同频率的正、余弦函数相关，即同频相关。

（7）周期信号与随机信号的互相关函数为零。

例 11-2　求两个同频率的正弦函数 $x(t)=x_0\sin(\omega t+\theta)$ 和 $y(t)=y_0\sin(\omega t+\theta-\varphi)$ 的互相关函数 $R_{xy}(\tau)$。

解：因为两个信号均是周期函数，可以用一个共同周期内的平均值代替其整个历程的平均值，故

$$\begin{aligned}R_{xy}(\tau)&=\lim_{T\to\infty}\frac{1}{T}\int_0^T x(t)y(t+\tau)\mathrm{d}t\\&=\frac{1}{T}\int_0^T x_0\sin(\omega t+\theta)y_0\sin[\omega(t+\tau)-\varphi]\mathrm{d}t\\&=\frac{1}{2}x_0y_0\cos(\omega\tau-\varphi)\end{aligned}$$

由例 11-2 可知，两个均值为零且具有相同频率的周期信号，其互相关函数中保留了这两个信号的原频率 ω、对应的幅值 x_0 和 y_0 及相位差值 φ 的信息，即两个同频率的周期信号才有互相关函数，且不为零。

11.3.3.3 互相关函数的应用

互相关函数的性质使它在工程应用中有重要的价值。利用互相关函数可以测量系统的延时，如确定信号通过给定系统所滞后的时间。如果系统是线性的，则滞后的时间可以直接用输入-输出互相关图上峰值的位置来确定。在测试技术中，互相关技术得到了广泛的应用。下面是应用互相关技术进行测试的几个例子。

1．相关滤波

利用互相关函数可识别、提取混淆在噪声中的信号。例如，对一个线性系统激振，所测得的振动信号中含有大量的噪声干扰，根据线性系统的频率保持性，只有和激振频率相同的成分才可能是由激振引起的响应，其他成分均是干扰，因此，只要将激振信号和所测得的响应信号进行互相关处理，就可以得到由激振引起的响应，消除噪声干扰的影响。

旋转机械的转子会由动不平衡引起振动，其信号本身是与转子同频的周期信号，设为 $x(t)=A\sin(\omega t+\varphi_x)$。但是测振传感器测得的信号不可能是单纯的 $x(t)$，而是混在各种随机干扰噪声和其他频率的周期干扰噪声 $n(t)$ 之中的信号。为了提取信号 $x(t)$，虽然可用自相关分析的方法，但自相关函数中只能反映信号 $x(t)$ 的幅值信息（对应动不平衡量的大小），但丢失了相位信息（对应动不平衡量的方位），据此无法进行动平衡的调整。如果设法从转子上取出一个同频的参考信号 $y(t)=B\sin(\omega t+\varphi_y)$，那么可以用它去和检测到的信号 $x(t)+n(t)$ 进行互相关处理。由于噪声 $n(t)$ 与 $y(t)$ 是频率不相关的，两者的互相关函数恒为零，所以只有 $x(t)$ 与 $y(t)$ 的互相关函数 $R_{xy}(\tau)$ 存在，即

$$R_{xy}(\tau)=\frac{AB}{2}\cos(\omega_0 t+\varphi_y-\varphi_x)$$

式中，幅值 $AB/2$ 反映动不平衡量的大小，峰值的时间偏移量 τ_0 与相位差 $(\varphi_y-\varphi_x)$ 有如下关系：

$$\tau_0=\frac{\varphi_y-\varphi_x}{\omega_0}$$

测出 τ_0，根据已知的 ω_0 和 φ_y，即可求出 φ_x，这就测定了动不平衡量的方位，据此才可能进行动平衡的调整工作。

可见互相关分析更为全面。但是互相关分析一定要参考一个与被提取信号同频的信号，才能把所需信息提取出来，而自相关分析则不用参考信号。因此互相关分析的系统要复杂一些。

需要强调的是，自相关分析只能检测（或提取）混在噪声中的周期信号。而从原理上看，互相关分析不限于从噪声中提取周期信号，也有可能提取非周期信号，只要能设法建立相应的参考信号即可。

2．相关测速

在工程中常用两个间隔一定距离的传感器对运动物体的速度进行非接触测量。

1）声波传播速度的测量（传感器间距离已知，见图 11-16）

将声源和传感器等距摆放，如图 11-16（a）所示。将两个传感器接收到的声音信号进行互相关分析，可知两个信号的时间差为 3ms，从而可以计算出声波的速度约为 333m/s。这种互相关分析的方法在工程中经常用到。

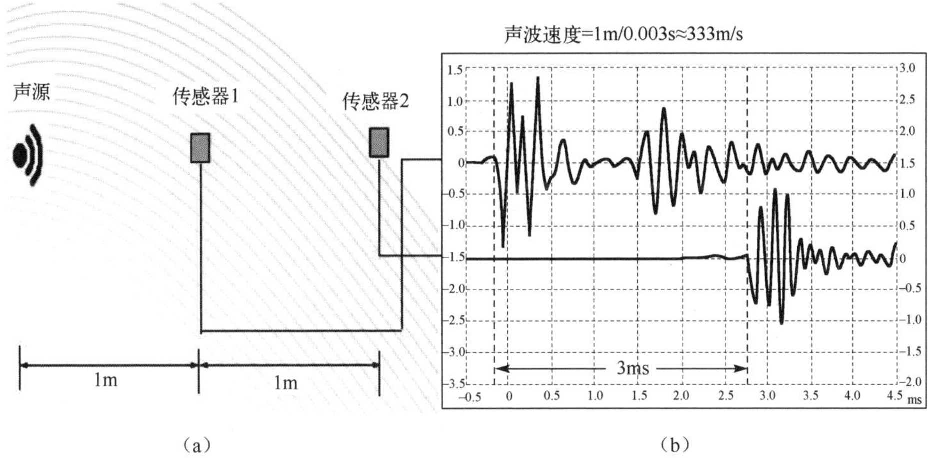

图 11-16　声波传播速度的测量

2）超声波流体速度的测量（传感器间距离已知，见图 11-17）

超声波流体速度的测量原理与声波传播速度的测量原理很相似。将两个传感器安装在管道上，距离已知，当管道里有流体流过时，会对发射器发射的超声波造成干扰，与接收端接收到的超声波干扰源是一样的，对两个传感器接收到的信号进行互相关分析就可以得到在已知距离下的传感器接收到信号的时间差，从而计算流体的流速。这种测量方式适合无损检测，不破坏管道的完整性，从外部就可以测出流体速度。

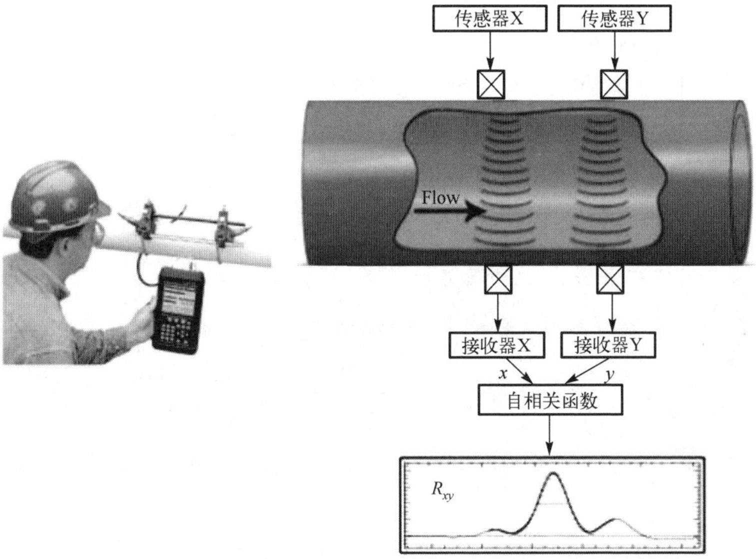

图 11-17　超声波流体速度的测量

3）热轧钢带运动速度的非接触测量

热轧钢带运动速度的非接触测量如图 11-18 所示。测量系统由性能相同的两组光电池、透镜、可调延时器和相关器组成。当运动的热轧钢带表面的反射光经透镜聚焦在相距为 d 的两个光电池上时，反射光通过光电池转换为电信号，经可调延时器延时，再进行互相关处理。当可调延时等于钢带上某点在两个测点之间经过所需的时间 τ_d 时，互相关函数为最大值。所测钢带的运动速度为 $v = d / \tau_d$。

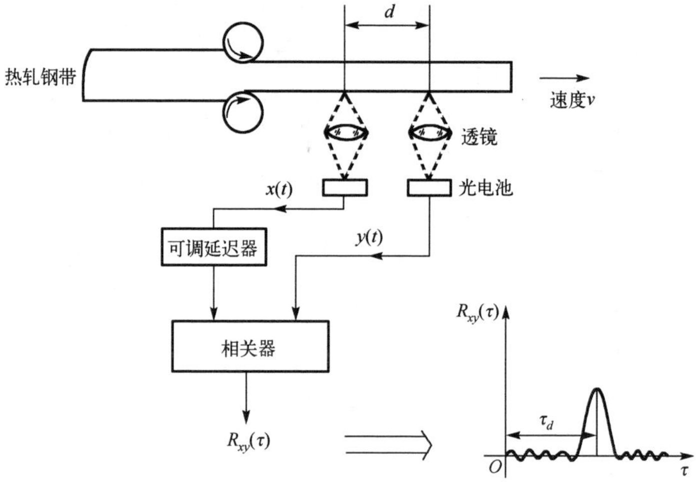

图 11-18 热轧钢带运动速度的非接触测量

利用相关测速的原理，在汽车前、后轴上分别放置传感器，可以测量汽车在冰面上行驶时车轮滑动加滚动的车速；在船体底部前、后一定距离处安装两套向水底发射、接收声呐的装置，可以测量航船的速度；在高炉输送煤粉的管道中，在一定距离处安装两套电容式相关测速装置，可以测量煤粉的流动速度和单位时间内的输煤量。

3. 故障的诊断

1）地下输油管道漏损位置的探测（声音的传播速度已知）

图 11-19 所示是确定深埋在地下的输油管漏损位置的示意图。漏损处 K 为向两侧传播声音的声源。在管道两侧分别放置传感器 1 和传感器 2，因为放置传感器的两点距漏损处不等远，所以漏油的声音传至两传感器会有时差 τ_m，在互相关图上 $\tau=\tau_m$ 处，$R_{x_1x_2}(\tau)$ 有最大值。由 τ_m 可确定漏损处的位置。

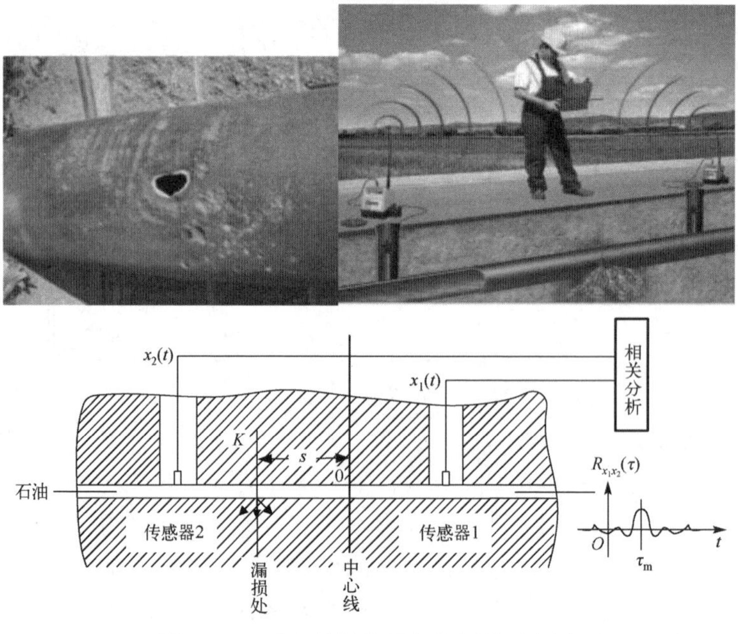

图 11-19 确定输油管漏损位置的示意图

假设传感器 2 与漏损处的距离为 x，声音通过管道的传播速度为 v，两传感器的中点至漏损处的距离为 s，传感器 1 听到声音的时间为 t_1，传感器 2 听到声音的时间为 t_2，则

$$\begin{cases} vt_2 = x \\ vt_1 = s + (x + s) \\ \tau_m = t_2 - t_1 \end{cases}$$

从而可得 $s = \frac{1}{2}v\tau_m$。

2）超声波探伤（超声波的传播速度已知，见图 11-20）

发射波遇到界面就会反射，遇到底面也会反射，进行互相关分析后，根据进行互照反射时间的不同，就可以看出是否有损伤。

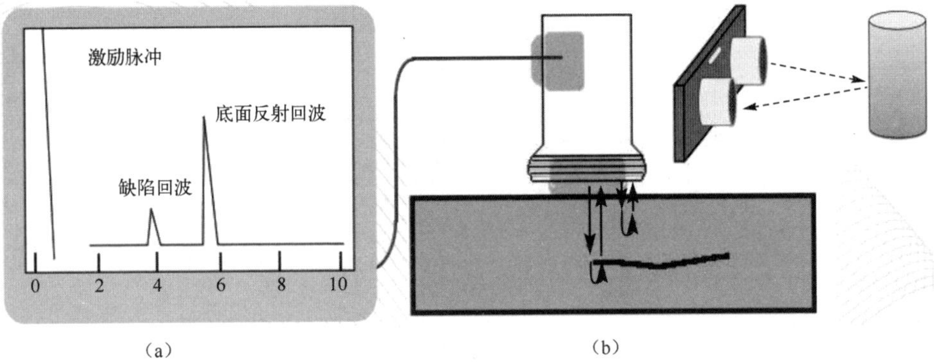

图 11-20　超声波探伤

4．传递通道的相关测定

互相关分析方法可以应用于对工业噪声传递通道的分析和隔离、对剧场音响传递通道的分析和音响效果的完善、对复杂管路振动的传递和振源的判别等。

1）车辆振动传递途径的识别

图 11-21 所示为汽车驾驶座振动传递途径的识别示意图，在发动机、驾驶座、后轮放置三个加速度传感器，将输出并放大的信号进行互相关分析，可以看到，发动机与驾驶座的互相关性较差，而后轮与驾驶座的互相关性较大，可以认为驾驶座的振动主要是由汽车后轮的振动引起的。

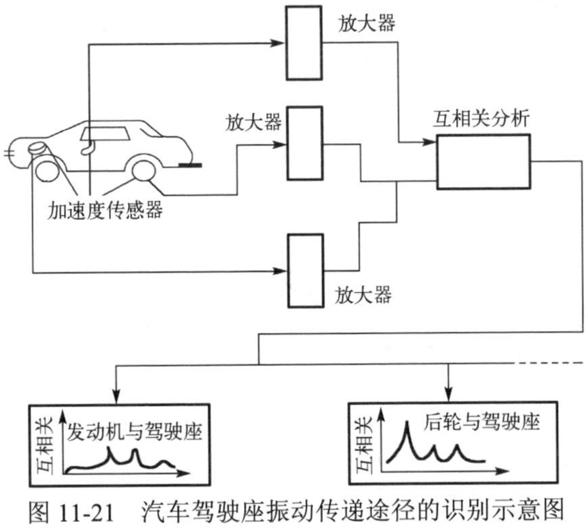

图 11-21　汽车驾驶座振动传递途径的识别示意图

2）复杂管路系统振动传递途径的识别

图 11-22 所示是复杂管路系统振动传递途径识别的示意图。主管路上测点 A 的压力正常，分支管路的输出点 B 的压力异常，将点 A、B 处的传感器的输出信号进行互相关分析，便可以确定哪条途径对 B 点压力变化的影响最大（注意：各条途径的长度不同）。

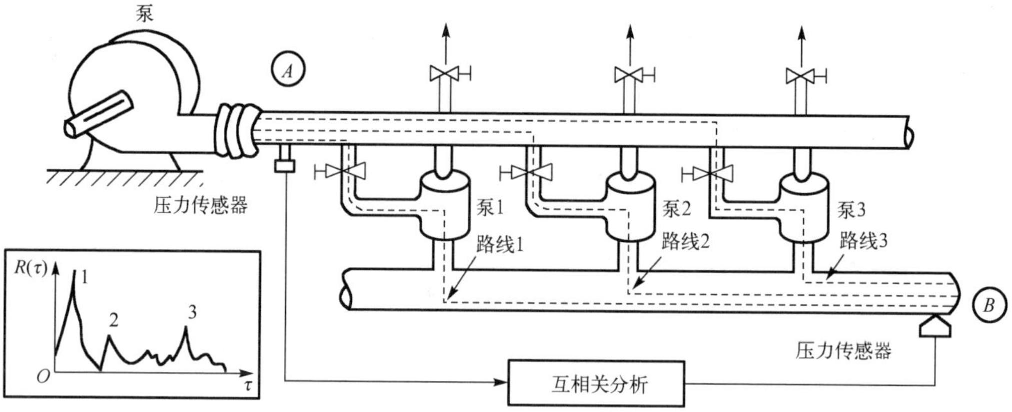

图 11-22　复杂管路系统振动传递途径识别的示意图

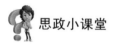

思政小课堂

做文明人，文明交通

汽车鸣笛抓拍系统通过对声音信号进行采集、滤波、频谱分析、相关分析等，可以将机动车喇叭声与电动车喇叭声、车辆行驶声、刹车声、轰鸣声等其他噪声精确区分，准确定位乱鸣喇叭的车辆位置，能自动识别车辆号牌，同时保存车辆鸣喇叭的声音文件，以反映机动车乱鸣喇叭的违法过程。所以同学们在生活中出行时，要做到礼让他人，文明出行。

习　题

11-1　什么叫采样定理？它在信号处理过程中起什么作用？

11-2　什么是混叠现象？怎样才能避免混叠？

11-3　分别对三个余弦信号 $x_1(t)=\cos(2\pi t)$、$x_2(t)=\cos(6\pi t)$、$x_3(t)=\cos(10\pi t)$ 进行采样，采样频率 $f_s=4\text{Hz}$，求：

（1）三个采样信号的序列；

（2）画出 $x_1(t)$、$x_2(t)$、$x_3(t)$ 的波形，并标出采样点位置。

11-4　什么是自相关分析？什么是互相关分析？它们主要有什么用途？

11-5　如何确定信号中是否含有周期成分（说出两种方法）？

11-6　求 $x(t)=\begin{cases} Ae^{-at}, & t\geqslant 0, a<0 \\ 0, & t<0 \end{cases}$ 的自相关函数。

11-7　求初始相角 ϕ 为随机变量的正弦函数 $x(t)=A\cos(\omega t+\phi)$ 的自相关函数，如果 $x(t)=A\sin(\omega t+\phi)$，$R_x(\tau)$ 有什么变化？

11-8　求图 11-23 所示的正弦波和方波的互相关函数。

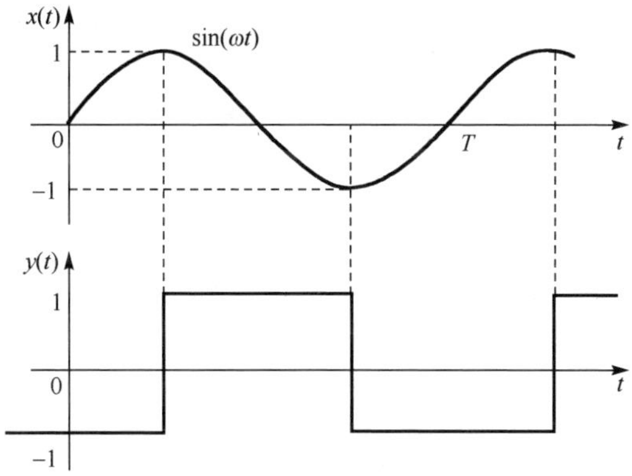

图 11-23　题 11-8 图

11-9　某一系统的输入信号为 $x(t)$，若输出 $y(t)$ 与输入 $x(t)$ 的波形相同，输入的自相关函数 $R_x(\tau)$ 和输入的互相关函数 $R_{xy}(\tau)$ 之间的关系为 $R_x(\tau)=R_{xy}(\tau+T)$，系统方框图及输入的自相关函数图和互相关函数图如图 11-24 所示，试说明该系统起什么作用。

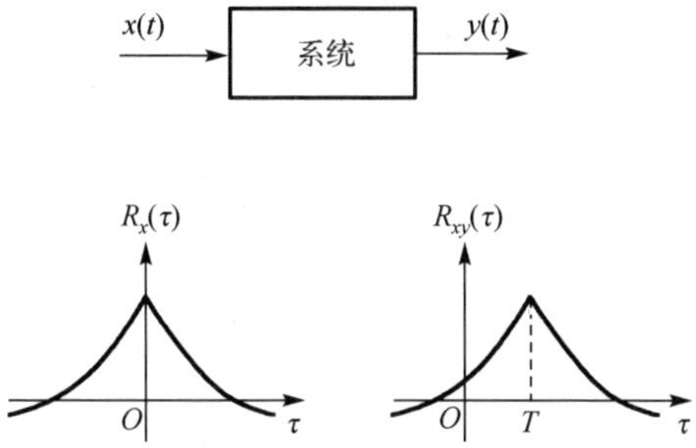

图 11-24　题 11-9 图

11-10　测得某信号的相关函数如图 11-25 所示，试分析该图形是自相关函数 $R_x(\tau)$ 图形还是互相关函数 $R_{xy}(\tau)$ 图形，为什么？从中可获得该信号的哪些信息？

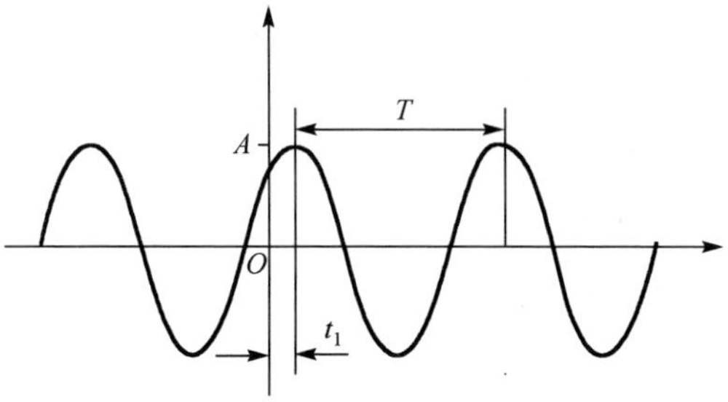

图 11-25　题 11-10 图

下　　篇

第 12 章　综合实例分析

12.1　机电系统简述

对机电系统而言，“检测”与“控制”就相当于人体的“五官”和“大脑”，如图 12-1 和图 12-2 所示。既“测”又“控”的系统，依据对被控对象参数的检测结果，按照人们预期的目标对被控对象实施控制。通俗地讲，“测”与“控”既包含了反馈控制，也是控制的核心思想。广义地讲，单独的检测系统或单独的控制系统也可以称为测控系统，因为检测与控制很难分开。

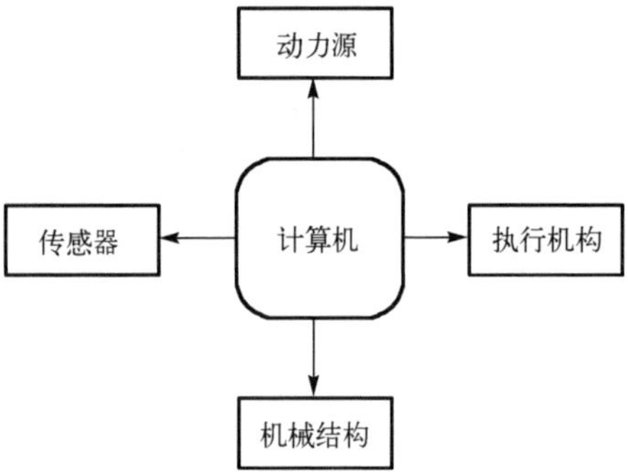

图 12-1　机电一体化五大要素

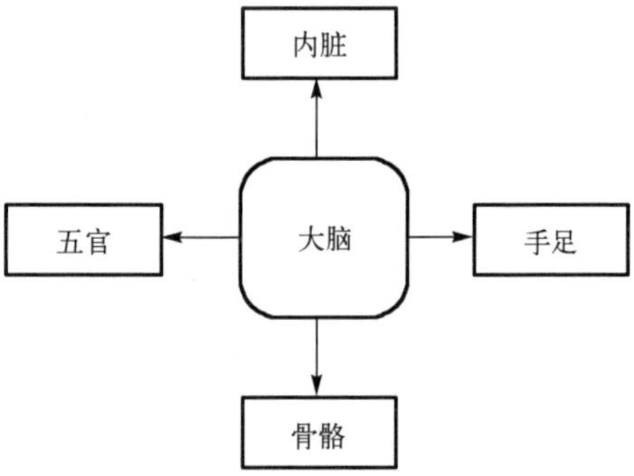

图 12-2　人体五大要素

12.2　检测技术分析实例

测试技术的设计围绕动态信号采集、分析与处理的基本原理与方法进行，通过信号仿真、对声信号或振动信号的采集与深入分析，以项目实例的形式使学生加深对本课程的理解。

12.2.1　信号仿真、采集与分析处理

在信号采集过程中一般需要考虑信号频率、采样频率、采样长度等几个参数。不同参数的选择对信号采集的效果会产生直接影响。为了掌握在信号采集过程中这些参数对采集过程及其效果产生的影响，利用 MATLAB、C 语言或其他计算机语言对信号采集与分析处理的过程进行仿真分析，具体要求如下：

利用 MATLAB 或 C 语言产生如下信号：

$$x(t) = a_1 \sin(2\pi f_1 t + \varphi_1) + a_2 \sin(2\pi f_2 t + \varphi_2) + a_3 \sin(2\pi f_3 t + \varphi_3) + a_4 n(t) \tag{12-1}$$

式中，$f_1 = 30\text{Hz}$、$f_2 = 400\text{Hz}$、$f_3 = 2000\text{Hz}$；$n(t)$为白噪声，均值为零，方差为 0.7；幅值a_1，a_2，a_3及相位φ_1，φ_2，φ_3任意设定。

对式（12-1）进行 DFFT 处理。讨论如下：

（1）设置不同的采样频率，画出时域波形图和进行傅里叶变换后的幅频谱图，并验证采样定理；

（2）分析采样频率、采样长度（采样点数）与频率分辨率的关系；

（3）不同幅值的噪声（不同信噪比）对信号时域分析和频域分析的影响；

（4）信号加不同窗函数对频谱泄漏分别产生的影响；

（5）分析整周期采样对频谱分析的影响。

12.2.2　对基于计算机的声信号的采集与分析

现代计算机集成了声卡等硬件，具有对声音、视频进行采样的功能，并能把模拟信号转换为数字信号。通过计算机上的麦克风及声卡，录制 3 人以上在不同环境噪声、不同发声状态下讲的同一句话。先利用软件将录制语音转换为数据文件 ASCII 码（txt 文本），再利用 MATLAB、C 语言或其他计算机语言对其进行频谱分析，画出时域图和频域图。

讨论：

（1）观察 APE、MP3、WMA 等音频格式文件的采样频率及其对音质的影响；

（2）对于人的讲话声音，采样频率至少为多少？

（3）不同人讲话声音的时域、频域分别有什么特点？根据你的分析，对声音信号通过怎样的分析可以用来识别某个人？

（4）要想使他人不易识别你的讲话声音，该怎么处理？

12.2.3　机械运行数据分析与处理

采集一转子实验台、齿轮箱或滚动轴承的振动数据，利用上述分析方法对其进行频谱分析，得到其时域和频域特征，分析机器振动原因：不平衡、不对中，齿轮啮合故障或滚动轴承内圈、外圈、滚珠等故障，并分析故障的特征及其诊断方法。

若不具备实验条件，可以给学生一组或多组实验数据，并对其进行分析研究。

讨论：

（1）如何设定采样频率和采样点数？给出频谱分辨率；

（2）进一步掌握整周期采样的机理及其实现方法；

（3）了解旋转机械常见故障及其诊断方法；

（4）拓展信号分析处理方法，如频谱细化、希尔伯特包络谱分析、经验模式分解、小波变换等。

12.3　控制技术分析实例

常见的控制问题可视其对控制对象的要求分为两类：当控制对象的输出偏离平衡状态或有这种趋势时，对它加以控制，使其回到平衡状态，这是调节器问题；对控制对象加以控制，使它的输出按某种规律变化，这是伺服机问题。本节主要对伺服机实例进行分析。

12.3.1 带钢卷取跑偏电液伺服控制系统

随着轧钢生产向自动化、连续化、高速化方向的发展，液压控制系统已成为现代轧钢设备的重要组成部分，在张力控制、位置控制和速度控制上都可以看到它们的应用。这里介绍生产中常用到的带钢卷取跑偏电液伺服控制系统。

电液伺服控制系统是指将电气（含电子系统）和液压两种控制方式结合起来组成的控制系统。在电液伺服控制系统中，用电气和电子元件（有时需要与计算机接口连接）来实现信号的检测、传递和处理，用液压传动来驱动负载。这样可以充分利用电气系统的方便性、智能性及液压系统响应速度快、负载刚度大的特点，使整个系统更具适应性。电液伺服控制系统是综合性能很好的控制系统。

在带钢的连续轧制过程中，跑偏控制是十分必要的。尽管在机组及辅助设备的设计中采取了许多使带钢定向运动的措施，但跑偏仍是不可避免的。引起跑偏的主要原因有：张力不适当或张力波动较大；辊系的不平行度和不水平度；辊子偏心或有锥度；带钢厚度不均、浪形及横向弯曲等。跑偏控制的作用是使带钢在准确的位置上运动，避免跑偏过大损坏设备或造成断带停产。同时，跑偏控制使带钢卷取整齐，从而减少带边的剪切量、提高成品率。卷取整齐的钢卷也给摆放、包装、运输和使用带来许多便利。

12.3.1.1 控制系统的组成和工作原理

带钢卷取跑偏电液伺服控制系统原理图如图 12-3 所示。该系统由液压能源装置、电液伺服阀、电流放大器、伺服液压缸、卷取机和光电检测器等部件组成。带钢的跑偏位移是系统的输入量，卷取机（或卷筒）的跟踪位移是系统的输出量。输入量与输出量的差值经光电检测器检测后由电流放大器放大，放大后的功率信号驱动电液伺服阀动作，进而控制伺服液压缸驱动卷取机（或卷筒）移动。液压能源装置为整个系统的工作提供足够的能量。除此之外，系统中还设置了辅助液压缸和液控单向阀组。辅助液压缸有两个作用：一是在卷完一卷带钢并要切断它前将光电检测器从检测位置退出，而在卷取下一卷前又能使光电检测器自动复位对准带边。这样可以避免在换卷过程中损坏光电检测器；二是在卷取不同宽度的带钢时调节光电检测器的位置。液控单向阀组可使伺服液压缸和辅助液压缸有较高的位置精度。

带钢卷取跑偏电液伺服控制系统的电路简图如图 12-4 所示。由于该系统的输出量是位移，输出量与输入量之间按负反馈设计连接，因此这是一个位置伺服系统，输出量可以连续跟踪输入量的变化。具体过程表现为：当带钢正常运行时，光电二极管接收一半的光照，其电阻为 R_1，调整电桥电阻 R_2 和 R_3，使 $R_1R_3=R_2R_4$，电桥平衡无输出；当带钢跑偏时，带边偏离光电检测器中线，电阻 R_1 随光照变化而变化，使电桥失去平衡，从而形成偏差信号 u_g，此信号经电流放大器放大后，在伺服阀差动连接的线圈上产生差动电流 Δi，伺服阀输出正比于此差动电流的油液流量，使伺服液压缸驱动卷取机的卷筒向跑偏的方向跟踪，从而实现带钢自动卷齐。由于光电检测器安装在卷取机的移动部件上，随同跟踪并实现直接位置反馈，所以很快就使光电检测器中线重新对准带边，于是在新的平衡状态下继续进行卷取，完成一次纠偏过程。

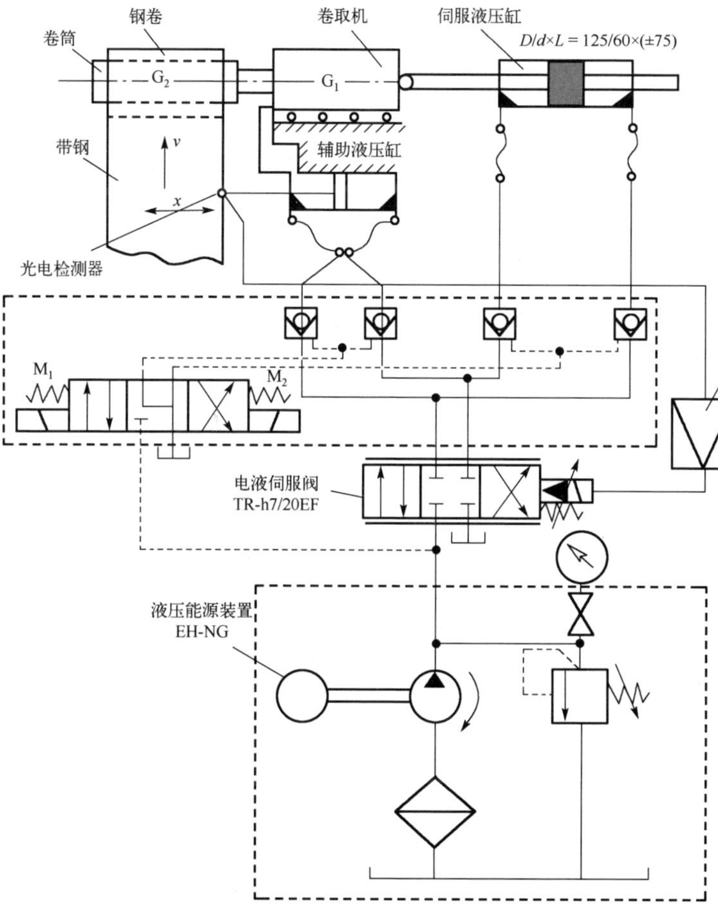

图 12-3　带钢卷取跑偏电液伺服控制系统原理图

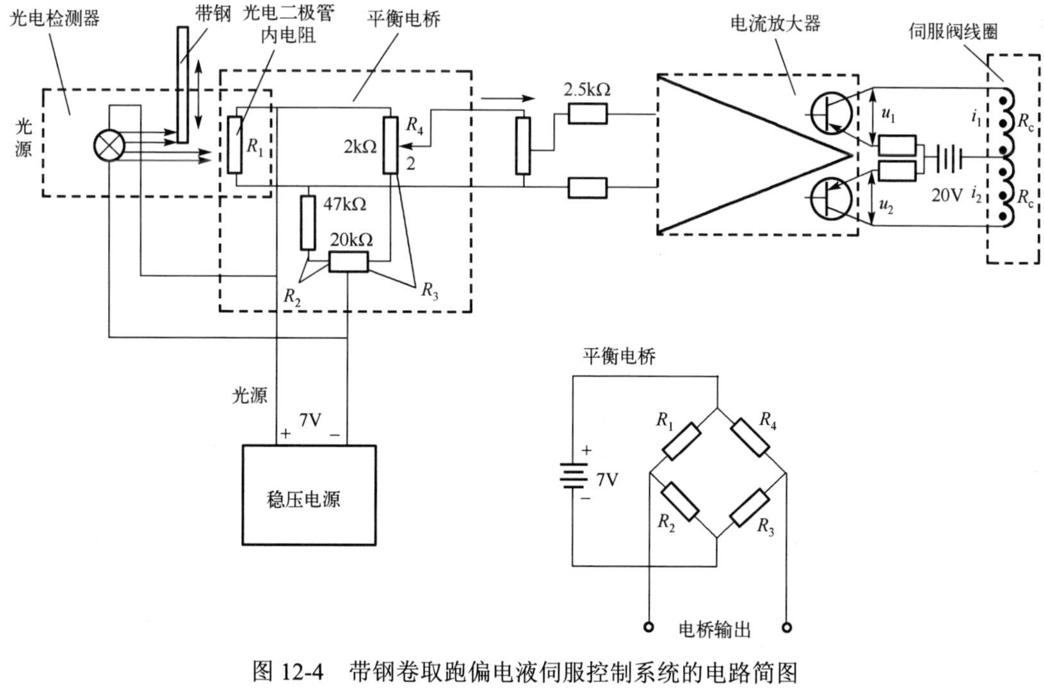

图 12-4　带钢卷取跑偏电液伺服控制系统的电路简图

带钢卷取跑偏电液伺服控制系统的主要设计数据如下：

带钢运行速度：$v=5\text{m/s}$；纠偏调节速度：$v_{\text{p}}=2.5\times10^{-2}\text{m/s}$；惯性负载：$m_{\text{t}}=2.75\times10^{4}\text{kg}$；系统频宽：$f_{\text{b}}=2\sim3\text{Hz}$；工作行程：$L=\pm75\text{mm}$；钢卷边部误差：$e=\pm(1\sim2)\text{mm}$。

除此之外，控制系统还要有足够的稳定裕量。带钢卷取跑偏电液伺服控制系统的方框图如图 12-5 所示。

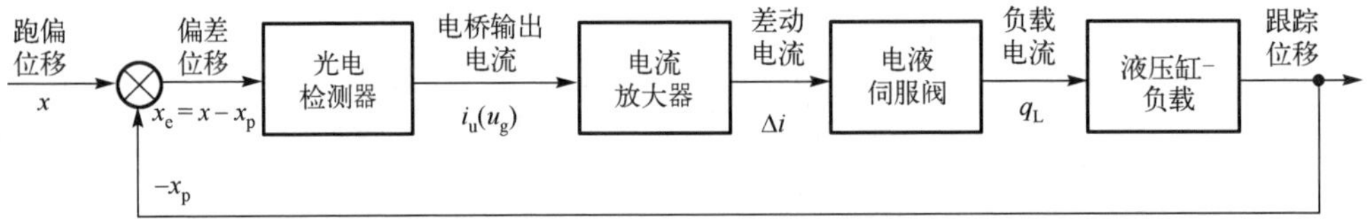

图 12-5　带钢卷取跑偏电液伺服控制系统的方框图

12.3.1.2　控制系统性能分析

系统分析是控制理论的重要组成部分，是完善系统设计的基础。常用的分析方法是理论与实验相结合。分析的内容是对现有系统的性能指标进行定量评估，目的是指出问题所在并提出系统改进的措施。图 12-5 所示系统是典型的可建模系统。在对这类系统进行分析时，首先建立该系统的数学模型，然后在此基础上对其进行性能分析。

1．控制系统的数学模型

1）光电检测器和电流放大器

光电检测器为反射式，其光路简图如图 12-6 所示。光源由稳压电源供电，光强稳定。由透镜组将点光源变成平行光是为了增大扫描面积并减少侧光干扰。光电检测器的开口大小，即发射部位与反射器之间的距离 s=0.55m，横向跑偏范围 x=±(6～8)mm。光电检测器的增益为

$$K_1=\frac{u_{\text{g}}}{x_{\text{e}}}=\text{const} \tag{12-2}$$

式中，x_{e} 为带钢跑偏量，单位为 m，$x_{\text{e}}=x-x_{\text{p}}$；$u_{\text{g}}$ 为光电检测器的输出电压，单位为 V。

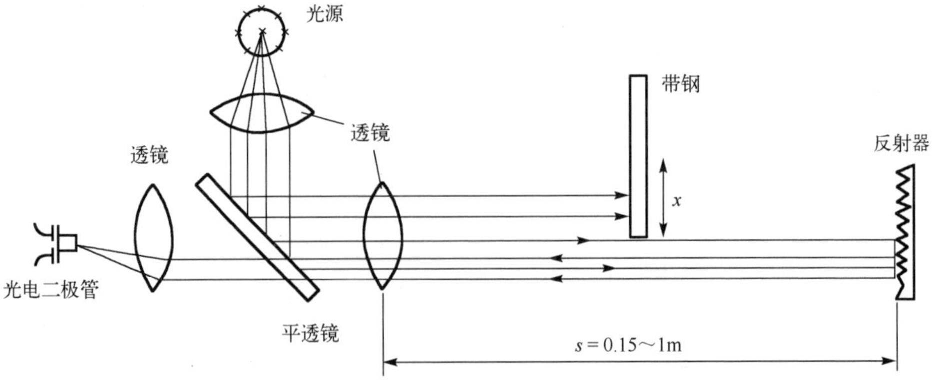

图 12-6　光电检测器光路简图

考虑到电液伺服阀线圈电感的影响，电流放大器通常引入深度电流负反馈，从而使电流

放大器有较高的输出电阻，减小线圈电路的时间常数，使电流放大器具有恒流源性质。电流放大器的增益为

$$K_2=\frac{\Delta i}{u_{\mathrm{g}}} \tag{12-3}$$

式中，Δi 为电流放大器输出的电流，单位为 A。

因此，光电控制器（包括光电检测器和电流放大器）的增益为

$$K_{\mathrm{i}}=\frac{\Delta i}{x_{\mathrm{e}}}=K_1K_2 \tag{12-4}$$

光路和电路调整好以后，光电控制器的增益可由测定实验求出。根据光电控制器的实测特性，其最大增益 K_{i3}=150A/m，现场采用的增益 K_{i1}=60A/m。由于光电检测器与电流放大器的时间常数都很小，可看作比例环节，因此光电控制器的传递函数为

$$G_{\mathrm{i}}(s)=\frac{\Delta I(s)}{X_{\mathrm{e}}(s)}=K_{\mathrm{i}} \tag{12-5}$$

2）电液伺服阀

控制系统中采用的是 TR-h7/20EF 型动圈双级滑阀位置反馈式电液伺服阀，其主要技术参数为：额定电流 $\Delta i_{\mathrm{R}}=0.3\mathrm{A}$；供油压力 p_{s}=4.5MPa；额定流量 $q_{\mathrm{R}}=0.5\times10^{-3}\mathrm{m^3/s}$；零位泄漏流量 $q_{\mathrm{c}}=8.3\times10^{-6}\mathrm{m^3/s}$；单个线圈电阻 $R_{\mathrm{c}}=40\Omega$；单个线圈电感 $L_{\mathrm{c}}=3\times10^{-3}\mathrm{H}$；颤振电流幅值和频率分别为 0.025A 和 50Hz。流量增益为

$$K_{\mathrm{sv}}=\frac{q_{\mathrm{R}}}{\Delta i_{\mathrm{R}}}=\frac{0.5\times10^{-3}}{0.3}=1.67\times10^{-3}[\mathrm{m^3/(s\cdot A)}] \tag{12-6}$$

如果认为压力源的压力 p_{s} 是恒定的，且不计液压油的惯性，令伺服阀的峰值时间、过渡过程时间和最大超调量分别为 $t_{\mathrm{p}}=0.035\mathrm{s}$、$t_{\mathrm{s}}=0.06\mathrm{s}$、$M_{\mathrm{p}}=9.5\%$，那么伺服阀的阻尼比和固有频率分别为 $\xi_{\mathrm{sv}}=0.6$、$\omega_{\mathrm{sv}}=112\mathrm{Hz}$，从而可得到伺服阀的传递函数为

$$G_{\mathrm{sv}}(s)=\frac{Q_{\mathrm{L}}(s)}{\Delta I(s)}=\frac{K_{\mathrm{sv}}}{\dfrac{s^2}{\omega_{\mathrm{sv}}^2}+\dfrac{2\xi_{\mathrm{sv}}}{\omega_{\mathrm{sv}}}s+1}=\frac{1.67\times10^{-3}}{\dfrac{s^2}{112^2}+\dfrac{2\times0.6}{112}s+1} \tag{12-7}$$

3）液压缸-负载

液压缸的技术参数为：活塞直径 $D=0.125\mathrm{m}$，活塞杆直径 $d=0.06\mathrm{m}$，活塞行程 $L=\pm0.075\mathrm{m}$，液压缸有效工作面积 $A_{\mathrm{P}}=9.45\times10^{-3}\mathrm{m^2}$，系统总的压缩容积（液压缸及与之相连的管路的容积）$V_{\mathrm{t}}=2LA_{\mathrm{P}}+V_{管}\approx2.48\times10^{-3}\mathrm{m^3}$。由于是惯性负载，所以液压缸-负载环节的传递函数为

$$\frac{X_{\mathrm{p}}(s)}{Q_{\mathrm{L}}(s)}=\frac{\dfrac{1}{A_{\mathrm{p}}}}{s\left(\dfrac{s^2}{\omega_{\mathrm{n}}{}^2}+\dfrac{2\xi_{\mathrm{h}}}{\omega_{\mathrm{n}}}s+1\right)} \tag{12-8}$$

式中，X_{p} 和 Q_{L} 分别是液压缸活塞的位移和负载流量。若取液压油的等效弹性模量 $\beta_{\mathrm{e}}=7\times10^8\mathrm{Pa}$，则液压缸-负载环节的固有频率为

$$\omega_n = \sqrt{\frac{4\beta_e A_p^2}{V_t m_t}} = \sqrt{\frac{4\times7\times10^8\times(9.45\times10^{-3})^2}{2.48\times10^{-3}\times2.75\times10^4}} = 60.5\,(\text{rad/s}) \tag{12-9}$$

液压缸-负载环节的阻尼比 ξ_h 也有相应的计算公式，由于该环节的黏性阻尼系数和涉及的伺服阀流量-压力系数都比较小，因此 ξ_h 的计算值偏小（导轨和液压缸的摩擦系数不容易测）。在卷取跑偏控制中可取 $\xi_h=0.2$。至此，可得到液压缸-负载环节的传递函数为

$$\frac{X_p(s)}{Q_L(s)} = \frac{\dfrac{1}{9.45\times10^{-3}}}{s\left(\dfrac{s^2}{60.5^2}+\dfrac{2\times0.2}{60.5}s+1\right)} \tag{12-10}$$

由式（12-5）、式（12-7）和式（12-10）可得带钢卷取跑偏电液伺服控制系统的方框图，如图 12-7 所示。

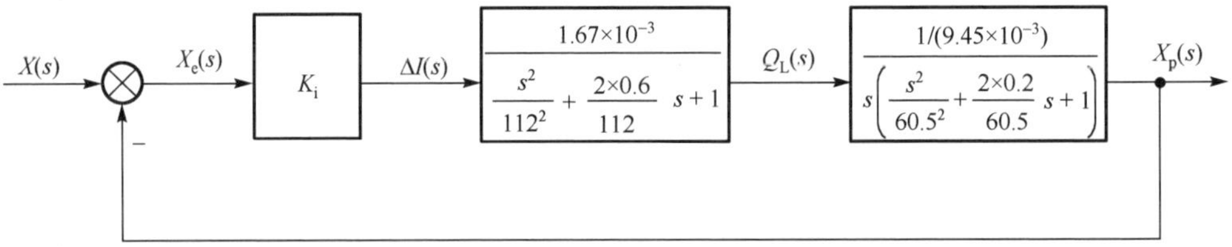

图 12-7 带钢卷取跑偏电液伺服控制系统的方框图

2. 控制系统的性能分析

首先校核该系统输出的力和速度是否满足负载驱动和速度调节的要求，然后对该系统进行稳定性校核，最后对响应的快速性和准确性进行优化。

1）驱动力

在伺服控制系统的分析和设计中，外加的工作负载对动态过程的影响一般是不计算的，因为它不影响系统的固有特性（如稳定性）。但校核系统的稳态驱动力是必要的。如果不计摩擦力和弹性力，那么液压缸驱动负载的力平衡方程为

$$p_L A_P = m_t a_m + F_L \tag{12-11}$$

式中，p_L、a_m 和 F_L 分别是液压缸的负载压力、活塞运动的最大加速度和滚动摩擦力负载。假设系统的调节运动是正弦运动，即 $a_m = v_m\omega = 2.5\times10^{-2}\times2\pi\times3 = 0.47\,(\text{m/s}^2)$。取滚动摩擦因数 $\mu = 0.05$，则 $F_L = \mu m_t g$，所以

$$p_L = \frac{m_t a_m + \mu m_t g}{A_P} = \frac{2.75\times10^4\times(0.47+0.05\times9.81)}{9.45\times10^{-3}}\,\text{Pa} \approx 2.8\text{MPa} < \frac{2}{3}P_s = 3\text{MPa} \tag{12-12}$$

这表明油源提供的压力能够满足液压缸驱动负载的要求。

2）跟踪速度

当负载压力 $p_L = 2.8\text{MPa}$ 时，负载流量为

$$q_L = q_R\sqrt{\frac{p_s - p_L}{p_s}} = 0.5\times10^{-3}\times\sqrt{\frac{4.5-2.8}{4.5}}\,\text{m}^3/\text{s} \approx 0.3\times10^{-3}\,\text{m}^3/\text{s} \tag{12-13}$$

跟踪速度为

$$v_p = \frac{q_L}{A_p} = \frac{0.3\times10^{-3}}{9.45\times10^{-3}}\,\text{m/s} \approx 3.2\times10^{-2}\,\text{m/s} > 2.5\times10^{-2}\,\text{m/s}$$

可见，伺服阀提供的流量可以满足跟踪速度的要求。

3）稳定性

一个闭环控制系统的基本设计完成以后，一定要对该系统进行稳定性校核，因为稳定性是控制系统必须满足的条件。下面的分析是在时域和频域中综合进行的。计算中将开环传递函数写成部分分式的形式，并取开环增益 $K=1.67\times10^{-3}\times K_i/(9.45\times10^{-3})=10$。其中，光电控制器增益 K_i 待定。系统开环伯德图如图 12-8 所示。由图 12-8 可得该系统的开环频率特性 MATLAB 语言程序如下：

```
num=[10];
den=conv([1/112^2  2*0.6/112  1],[1/60.5^2  2*0.2/60.5  1  0]);
sys =tf(num,den);
margin(sys)
grid
```

由图 12-8 可知，该系统是稳定的，且幅值裕量为 6.66dB、相位裕量为 79.6°。因此，只要光电控制器增益取 K_i=56.6A/m（保证 K=10）即可。该值在 K_i 的取值范围（0～150A/m）内，故可以满足要求。

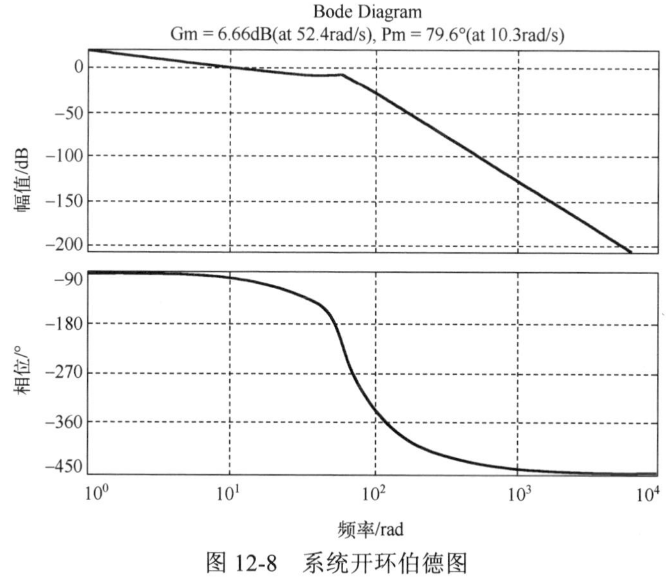

图 12-8　系统开环伯德图

4）响应速度

系统的单位阶跃、单位速度响应的 SIMULINK 模型如图 12-9（a）所示，其响应特性曲线如图 12-9（b）所示。

控制系统的响应速度可以用单位阶跃响应的调整时间 t_s 或系统的截止频率 ω_b 表示。由图 12-8 和图 12-9 可知，该系统的 t_s=0.5s，ω_b 略大于 10rad/s（略大于开环对数幅频特性的幅值穿越频率，即剪切频率，ω_c=10.3rad/s）。因此系统频宽 f_b<2Hz，与设计要求（2～3Hz）相比偏低。

5）稳态精度

从图 12-7 可以看出，该系统是 I 型系统，理论上可以无静差地跟踪单位阶跃信号和以恒定静差跟踪单位速度信号，这一点从图 12-9 中可以看出。然而，由于本系统的某些环节存在着死区和零漂，在建立数学模型时没有考虑这些因素，因此，即便是跟踪单位阶跃信号也可能存在静差，应该对此做一个初步的估算。

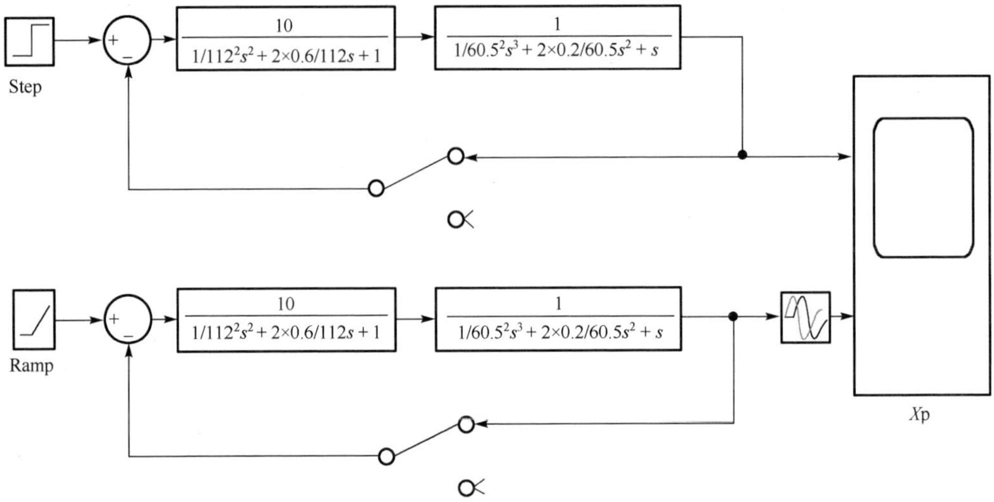

（a）SIMULINK模型

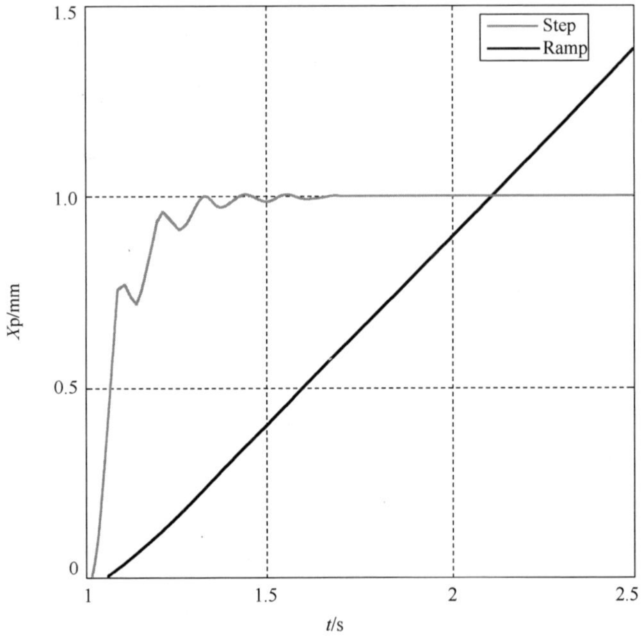

（b）响应特性曲线

图 12-9　系统的单位阶跃、单位速度响应

本系统存在死区的环节是电液伺服阀和执行机构，存在零漂的环节主要有光电检测器、电流放大器和电液伺服阀，通常将这些环节的死区和零漂都折算到电液伺服阀的零漂上，以此来计算稳态误差。

（1）电液伺服阀的死区。电液伺服阀的死区电流 $\Delta i_{\mathrm{D1}} = 6\mathrm{mA}$ 。造成死区的原因是阀口有一定的遮盖量和加工精度有限，致使阀芯与阀套间有一定的摩擦力。

（2）执行机构的死区。现场调试表明，克服液压缸及导轨摩擦力为所需的负载压力为 $\Delta p_t = 4\times10^5\,\text{Pa}$，执行机构的死区电流为

$$\Delta i_{D2} = \frac{\Delta p_t}{K_p} = \frac{4\times10^5}{2\times10^8}\text{A} = 2\text{mA} \tag{12-14}$$

式中，伺服阀的零位压力增益 $K_p=2\times10^8\text{Pa/A}$。

（3）电液伺服阀的零漂。按电液伺服阀的一般标准，其零漂应小于 3%，即电液伺服阀的零漂电流为

$$\Delta i_{d1} = \Delta i_R \times 3\% = 9\,(\text{mA}) \tag{12-15}$$

（4）光电控制器的零漂。光电控制器的零漂主要是电流放大器的零漂，设其为 1%，则折算到电液伺服阀上的零漂电流为 $\Delta i_{d2} = \Delta i_R \times 1\% = 3\,(\text{mA})$。于是，各环节的零漂和死区折算到电液伺服阀上的电流值为上述电流之和，即 $\Delta i_f = 20\text{mA}$。

3. 控制系统的改进措施

由上面的分析可知，该系统的响应速度和稳态精度还不能满足实际需求，其根本原因是液压缸-负载环节的固有频率 ω_n 偏低，致使开环增益不能提高（受稳定性限制）。为了改善系统性能，可采取一些措施。

1）提高液压缸-负载环节的固有频率 ω_n

ω_n 值提高以后，在同样的阻尼比下可使开环增益得到提高，从而提高系统的响应速度和稳态精度。从图 12-8 可以看出，若能使 ω_n=90rad/s，ω_{sv}=152rad/s，则在保证同样稳定储备的情况下可将 K 提高到 20，此时频宽 f_b 可达到 20Hz。这样系统的响应速度和稳态精度就能满足要求了。

提高 ω_n 的方法是增大活塞面积 A_p、减小负载质量 m_t 和控制容积 V_t。增大 A_p 要兼顾电液伺服阀和油源的流量输出能力，避免因此影响系统对输出速度的要求。减小 V_t 的途径是尽量减小液压缸的行程和缩短与之相连的管道。原系统液压缸的行程 L=±75mm，实际的调节行程只有±(1～2)mm，故取 L=±20mm 已经足够。为此，在原液压缸的两腔分别加 55mm 的垫块即可。这样可使 ω_n 增至 90rad/s 以上。

ω_n 的提高还可以通过选用高频伺服阀解决。

2）增大液压缸-负载环节的阻尼比 ξ_h

在其他参数不变的情况下，增大 ξ_h 可以减少超调量，同样可使开环增益提高。增大 ξ_h 可行的方法是增大电液伺服阀的流量-压力系数 K_c 或用一个层流液阻将液压缸的两腔连通，但增大 ξ_h 的缺点是增大了系统的功率损失和降低了系统的刚度。

3）电气补偿方法

在系统中串联一个滞后校正装置（PI 校正）可以提高稳态精度，但对响应速度改善不大。若要同时提高系统的稳态精度和响应速度，可以尝试加入串联滞后-超前校正装置（PID 校正）或采用其他校正方法。

12.3.2　电压-转角机电伺服控制系统

电压-转角机电伺服控制系统是一类小功率位置随动实验装置，在高校和科研院、所的自动化实验室中可以看到它们的应用。利用这套设备不仅可以完成一些验证性实验（需要设置必要的外部接口和测试孔），如位置伺服实验、直流电机调速实验、运算放大器性能实验、

PID 校正实验和功率放大器性能实验；还可以做一些设计性、研究性的实验，如将其与计算机接口连接，从而对一些控制方法进行研究。这类实验设备有多种成型产品被普遍用于教学和科研。

机电伺服控制系统主要用于小功率伺服控制。驱动负载能力和响应速度偏低是这类控制系统的缺点。但其在信号检测、传递、处理及新控制策略再生等方面表现的灵活性、准确性和经济性是其他控制系统不能比拟的。

12.3.2.1 控制系统的组成和工作原理

电压-转角机电伺服控制系统的电气原理如图 12-10 所示。该系统的输入量是给定的电压信号 U_i，输出量是直流伺服电动机 SYL-5 的转角 α。运算放大器 μA741 构成控制系统中的 PI 校正环节，可以增大系统的开环增益，从而提高系统的稳态精度。功率放大器由前置放大器 MC1536 和三级互补跟随器组成，具有较高的输入阻抗。系统中除设置位置反馈外，还设置了速度反馈，用来增加系统阻尼，减小直流伺服电机的时间常数，改善传递特性的线性度，从而进一步提高系统的动、静态品质。被控对象是直流伺服电机，它与位置反馈电位计和测速发电机同轴相连。该系统具有输出转角跟随输入电压变化的功能：当输入信号与位置反馈信号出现差值时，位置偏差信号经 PI 校正环节后与速度反馈信号进行比较，得到的速度偏差经功率放大后驱动直流伺服电机旋转，同时带动位置反馈电位计和测速发电机一起转动，最终消除偏差，直流伺服电机停止在与输入信号相应的位置上。位置反馈和速度反馈分别由电位计 WHJ-1.5kΩ、测速发电机 70CYD-1 和速度反馈分压电位计完成。由于反馈元件的精度对闭环控制系统的性能有重要影响，所以应该选用性能稳定、精度高的元件作为反馈元件。

该系统的主要技术参数：位置反馈电位计精度为 0.2%；功率放大器输出幅度为±22V；直流伺服电机堵转力矩为 0.5N • m；测速发电机线性误差<1%；直流伺服电机空载转速为 8 rad/s；测速发电机增益为 1.1～1.5V • s/rad。

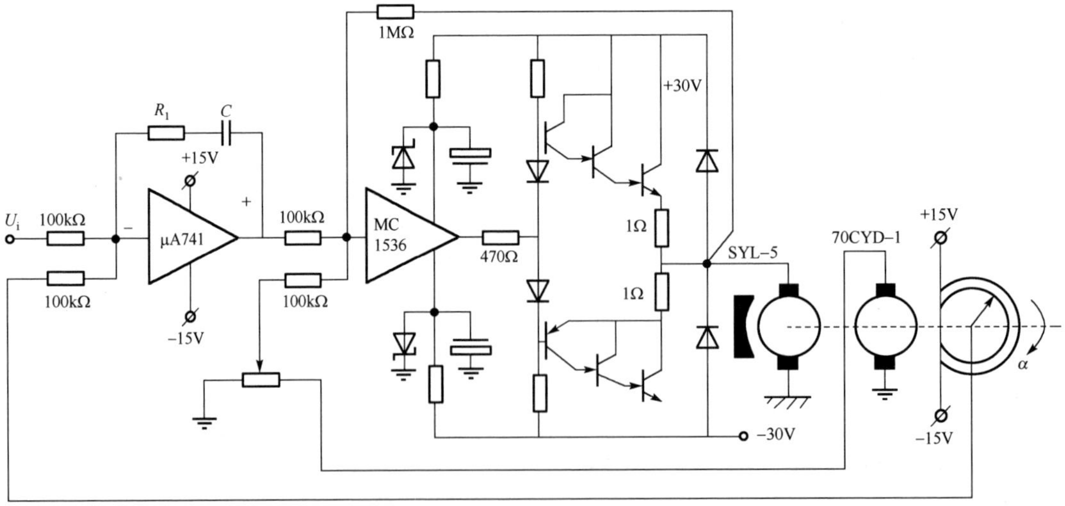

图 12-10 电压-转角机电伺服控制系统的电气原理

12.3.2.2　控制系统性能分析

1．控制系统的数学模型

根据图 12-10 可得相应的控制系统方框图，如图 12-11 所示。各环节数学模型的结构是已知的，模型中的参数可通过实验确定。

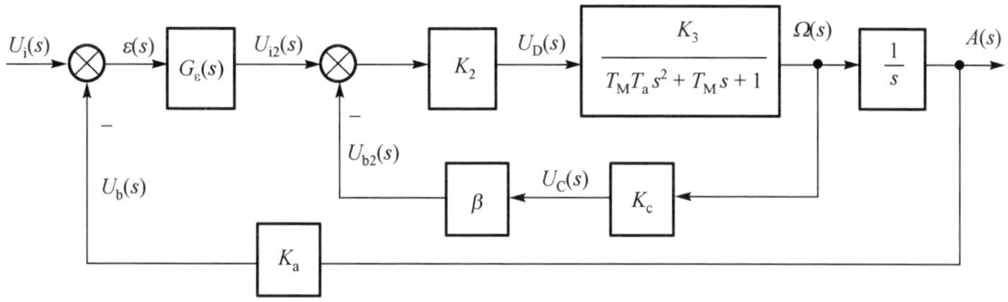

图 12-11　电压—转角机电伺服控制系统方框图

取 R_1=1.2MΩ，C=0.1μF，PI 校正环节的传递函数为

$$G_\varepsilon(s)=\frac{U_{i2}(s)}{\varepsilon(s)}=\frac{0.12s+1}{0.01s} \tag{12-16}$$

其他参数有些兼顾系统性能而定，有些可以通过实验求得，具体数值为：功率放大器增益 K_2=10；测速发电机传递系数 K_c=1.15V • s/rad；位置反馈电位计增益 K_a=4.7 V/rad；速度反馈分压系数 β=0.6；直流伺服电机传递系数 K_3=2.83rad/(V • s)；直流伺服电机机电时间常数 T_M=0.1s；直流伺服电机电磁时间常数 T_a=4ms。

至此，可以得到系统的传递函数。在对系统进行性能分析之前，说明两个问题：

（1）在图 12-11 所示系统中，前向通路的 PI 校正参数、功率放大器增益和速度反馈通路的分压比是改善系统性能的主要调整环节。这些环节参数的选择属于系统设计问题，有解析的方法，也有经验性的尝试方法。上面给出的是一组比较理想的参数，下面的分析是基于这组参数进行的。为了说明 PI 校正和速度反馈的作用，在分析中将考查三种系统结构（有一种结构涉及两种不同的 PI 校正参数、K_2 和 β）对两种输入信号的响应。三种系统结构如下：

结构 A：在图 12-11 中去掉 PI 校正环节和速度反馈环节的系统；

结构 B：在图 12-11 中去掉 PI 校正环节的系统；

结构 C_1：图 12-11 所示系统（K_P=l2，K_i=100，K_2=10，β=0.6）；

结构 C_2：图 12-11 所示系统（K_P=20，K_i=10，K_2=20，β=1.0）。

两种输入信号是单位阶跃信号和方波信号（幅值为 4V，频率为 4Hz）。

（2）采用 MATLAB 语言中的仿真工具 SIMULINK 对系统进行分析，得到的是时域结果。SIMULINK 是一种面向控制系统方框图的仿真软件，SIMU（仿真）和 LINK（连接）是它的两个显著特点。这种软件使复杂控制系统的仿真计算变得直观、简单。

2．控制系统的性能分析

图 12-12～图 12-14 所示分别为三种系统结构的 SIMULINK 仿真模型，设定各环节的参数后就可以进行仿真计算了。仿真结果可以在示波器（Oscilloscope）中显示，也可以用 plot()

函数将 MATLAB 工作空间的计算数据以图形方式绘制出来。图 12-15 和图 12-16 所示是不同系统结构和参数分别对两种输入信号的仿真结果。

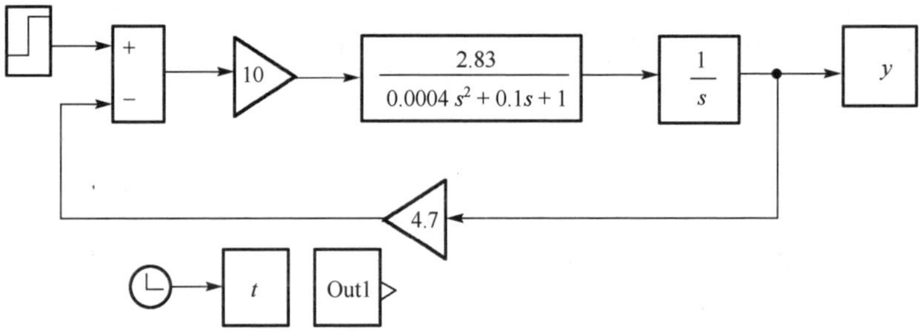

图 12-12 结构 A 的 SIMULINK 仿真模型

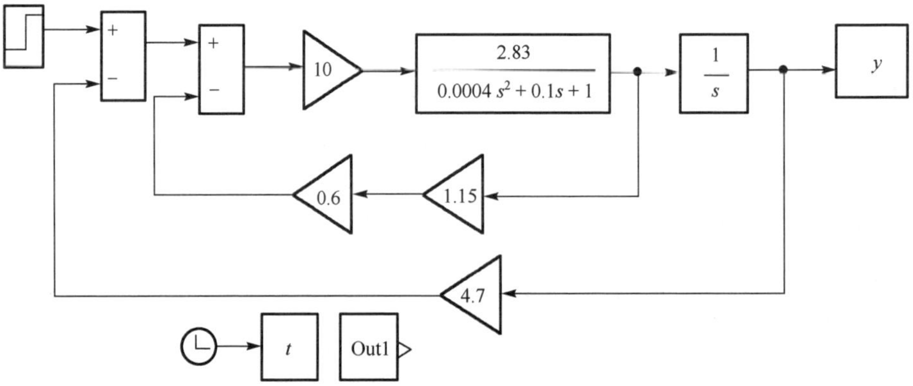

图 12-13 结构 B 的 SIMULINK 仿真模型

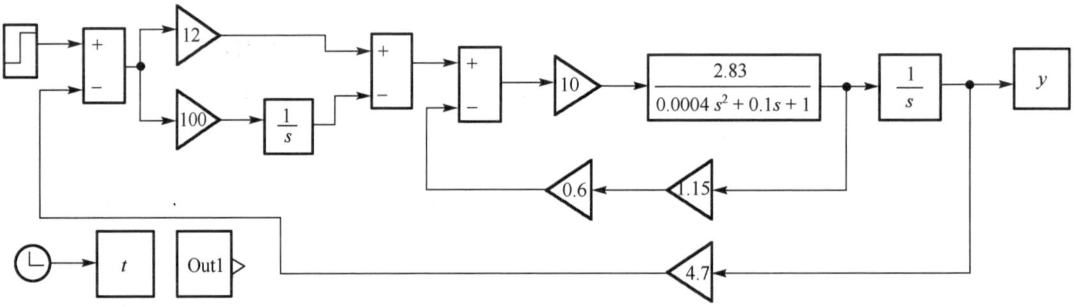

图 12-14 结构 C_1 的 SIMULINK 仿真模型

该系统在功率方面已经满足需求，下面只针对控制系统的稳定性、稳态精度和响应速度进行一些分析。

1）结构 A

结构 A 的开、闭环传递函数分别为

$$G_{kA}(s)=\frac{K_2K_3K_a}{s(T_MT_as^2+T_Ms+1)}=\frac{133.01}{s(0.0004s^2+0.1s+1)} \tag{12-17}$$

$$\Phi_A(s)=\frac{A(s)}{U_i(s)}=\frac{0.2128}{0.000003007s^3+0.0007518s^2+0.007518s+1} \tag{12-18}$$

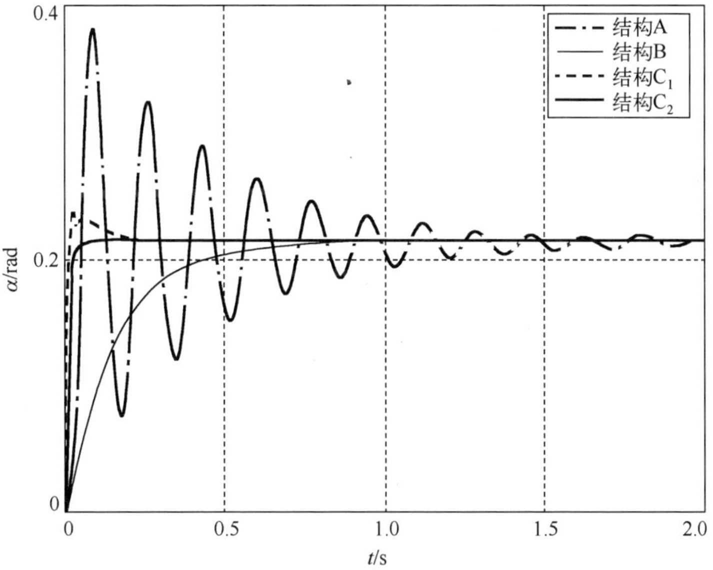

图 12-15　对单位阶跃信号的仿真结果

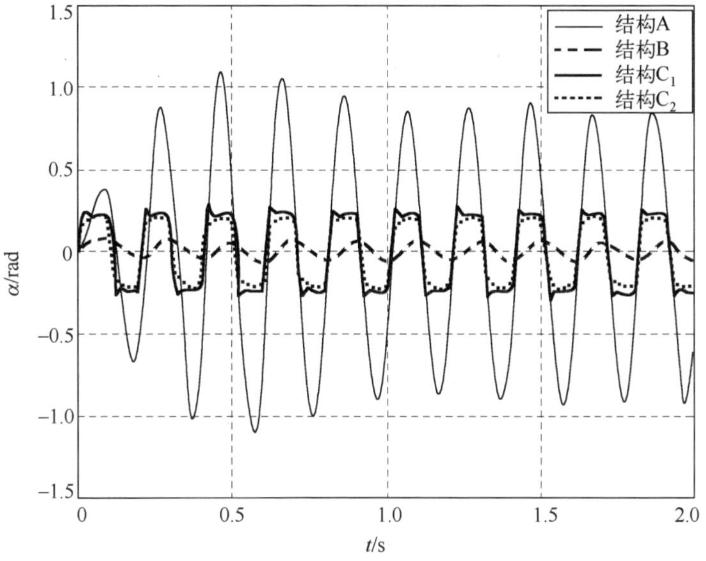

图 12-16　对方波信号的仿真结果

用 MATLAB 语言中的 ROOTS()函数可以求出该系统的闭环极点：

$$s_1=-245.35\text{，}\quad s_{2,3}=-2.33\pm 36.74\mathrm{j}$$

显然，系统是稳定的，因为所有闭环极点都分布在 s 左半平面，而且共轭复数极点 $s_{2,3}$ 是系统的闭环主导极点。这样，该系统可简化为一个二阶系统，其固有频率和阻尼比分别为

$$\omega_n=37\text{rad/s}\text{，}\quad \zeta=0.063$$

由此可以计算出该系统的时域、频域性能指标分别为

$$t_s = \frac{4}{\zeta\omega_n} \approx 1.7\text{s}, \quad M_p = e^{-\frac{\zeta\pi}{\sqrt{1-\zeta^2}}} = 82\%, \quad \omega_c \approx 37\text{rad/s}$$

$$t_p = \frac{\pi}{\omega_d} = 0.09\text{s}, \quad N = \frac{t_s\omega_d}{2\pi} \approx 10, \quad \gamma(\omega_c) \approx 7°$$

$$\omega_b = \omega_n\sqrt{1-2\zeta^2+\sqrt{2-4\zeta^2+4\zeta^4}} = 57\text{rad/s}$$

可以验证，上述理论计算与仿真结果是相符的（频域响应略）。

结构 A 的性能取决于它的两个特征参数——固有频率和阻尼比。该系统的阻尼比太小，在时域响应中表现为超调量大、振荡次数多和调整时间长。系统虽然是稳定的，但稳定裕量很小。由于该系统是 I 型系统，因此可无静差地跟踪单位阶跃输入。至于响应速度，由于系统频宽为 57rad/s（近似为 9Hz），因此在图 12-16 中表现为可以跟踪相应的方波信号。

2）结构 B

结构 B 的开、闭环传递函数和闭环极点分别为

$$G_{kB}(s) = \frac{K_2K_3K_a}{s(T_MT_as^2+T_Ms+1+K_2K_3K_c\beta)} = \frac{1.3785}{s(0.00001948s^2+0.0049s+1)} \tag{12-19}$$

$$\Phi_B(s) = \frac{A(s)}{U_i(s)} = \frac{0.2128}{0.000003007s^3+0.0007518s^2+0.1544s+1} \tag{12-20}$$

$$p_1 = -6.69, \quad p_{2,3} = -121.66 \pm 186.86\text{j}$$

系统是稳定的，而且实数极点 p_1 是系统的闭环主导极点。这样，该系统可简化为一个一阶系统，系统的时间常数 T=0.15s。因此有

$$t_s \approx 4T = 0.6\text{s}$$

加入速度反馈以后，系统闭环极点在 s 平面上的位置发生了变化。与结构 A 相比，闭环主导极点由一对离 jω 轴较近的复数极点变成一个离 jω 轴较远的实数极点，这表明系统的稳定性增强了，调整时间缩短了。同时，速度反馈增加了系统的阻尼，因而降低了系统的频宽，在图 12-16 中表现为无法跟踪相应的方波信号（幅值衰减和相位滞后都比较大）。由于系统仍是 I 型系统，因此无静差地跟踪单位阶跃输入是必然的。

3）结构 C

结构 C 选择了两种设计参数，同样可以求出它们的开、闭环传递函数和闭环极点。

$$G_{kC_1}(s) = \frac{K_2K_3K_a(0.12s+1)}{0.01s^2(T_MT_as^2+T_Ms+1+K_2K_3K_c\beta)} = \frac{647.88(0.12s+1)}{s^2(0.00001948s^2+0.0048711s+1)} \tag{12-21}$$

$$\Phi_{C_1}(s)=\frac{A(s)}{U_i(s)}=\frac{0.2128(0.12s+1)}{0.00000003s^4+0.000007518s^3+0.001544s^2+0.12s+1} \quad (12\text{-}22)$$

$$s_1=-9.43,\quad s_2=-100.93,\quad s_{3,4}=-70.12\pm 173.55\text{j}$$

$$\begin{aligned} G_{kC_2}(s)&=\frac{K_2K_3K_a(2s+1)}{0.1s^2(T_MT_as^2+T_Ms+1+K_2K_3K_c\beta)} \\ &=\frac{40.25(2s+1)}{s^2(0.000006052s^2+0.01513s+1)} \end{aligned} \quad (12\text{-}23)$$

$$\Phi_{C_2}(s)=\frac{A(s)}{U_i(s)}=\frac{566(2s+1)}{0.00000015s^4+0.0000375918s^3+0.02484s^2+2s+1} \quad (12\text{-}24)$$

$$p_1=-0.5,\quad p_2=-87.61,\quad p_{3,4}=-81.24\pm 380.31\text{j}$$

在结构 C_1 中，系统是稳定的。PI 校正不仅使系统由 I 型系统变成Ⅱ型系统，提高了系统的无差度，而且对闭环极点进行了合理配置，即引入闭环零点 z=–8.3，削弱了闭环极点 s_1=–9.43 的惯性作用，使此时的闭环系统近似为三阶系统。比较闭环极点到 jω 轴的距离可知，复数极点 $s_{3,4}$=–70.12±173.55j 的作用要大于实数极点 s_2=–100.93 的作用，而且时域响应说明了结构 C_1 的响应速度大于结构 B 的响应速度。

在结构 C_2 中，对上述过程做了更细致的调整，进一步改善了系统性能。

12.4　智能检测与控制技术

12.4.1　低通滤波器的设计

例 12-1　利用你所熟悉的信号分析与处理的常用软件工具，设计一个截止频率为 15Hz 的低通滤波器，并给出详细步骤和滤波器参数。

解：初步设计的采样频率取 200Hz，其中，0～15Hz 为通频带，最小衰减量为 10dB，其波动不超过 3dB，用 MATLAB 工具设计低通滤波器，编制的程序如下：

```
close all
clear
clc
Wp=15/100;                          %通频带
Ws=20/100;                          %过渡带
[n,Wn]=buttord(Wp,Ws,3,10);         %用 buttord()函数计算滤波器阶次和截止频率
[b,a]=butter(n,Wn,'low');           %低通滤波器计算
freqz(b,a,100,200);                 %滤波器频率响应曲线
grid on;                            %网格
hold on;                            %在原图上继续绘图
title('低通滤波器的频率响应曲线')   %曲线标题
```

15Hz 的低通滤波器响应曲线和工作变量分别如图 12-17 和图 12-18 所示。

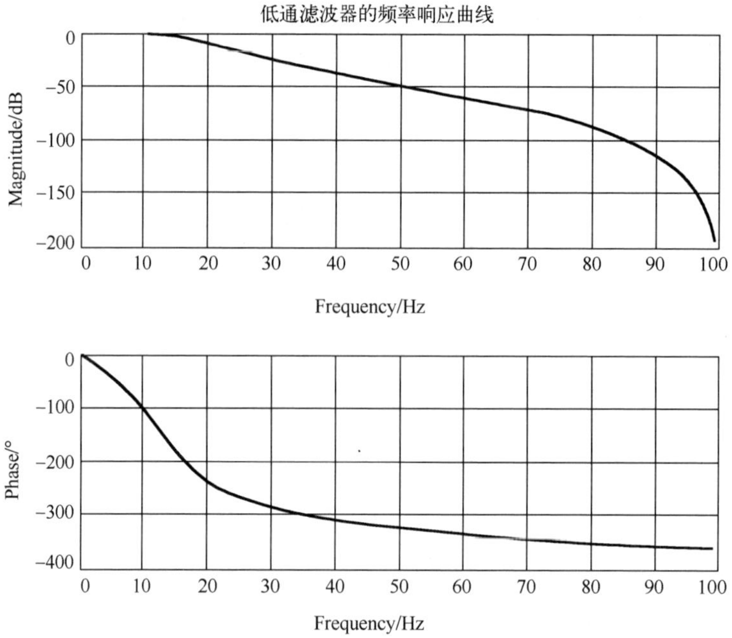

图 12-17 15Hz 的低通滤波器响应曲线

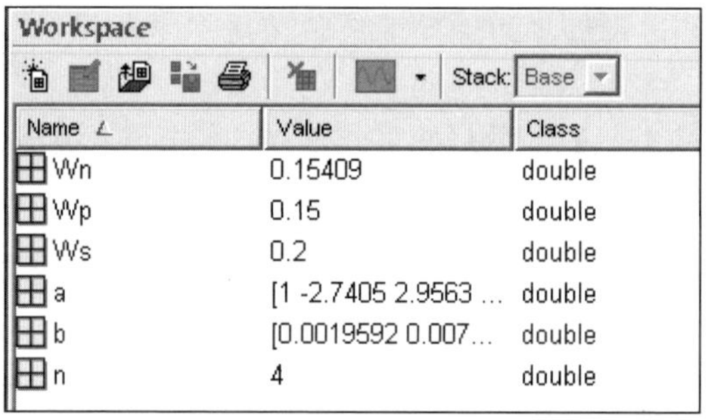

图 12-18 15Hz 的低通滤波器工作变量

12.4.2 频谱分析

例 12-2 某回转主轴系以 630r/min 的转速旋转，两个传感器过主轴轴线上、下布置，对其状态等角度间隔采样，每周等间隔采样点数为 600。试对获得的两组数据文件（Su.txt、Sd.txt）利用一定的数据处理方法和工具进行分析，并给出分析结果。要求：

（1）从采样数据文件中任意连续截取 10 整圈，分别绘制两个传感器的时域单周采样曲线图，观察图形的重复性（横坐标为等角度间隔，纵坐标为 mV），并求取其均方根误差；

（2）对两组信号分别进行 FFT 分析，分析其包含的主要频率成分，给出 FFT 频谱分析结果（其包含的主要频率成分、幅值大小、初始相位角），绘制频谱图；

（3）通过对这两组信号的分析处理，指出这两组信号的相位关系。

解：使用 MATLAB 工具设计程序如下：

```
close all;
clear;
```

```
clc;
load('F:\Su.txt');
load('f:\Sd.txt')
lengthSu=length(Su);                    %Su 数据长度
lengthSd=length(Sd);                    %Sd 数据长度
N=600;                                  %每周等间隔采样点个数
r=630;                                  %转速，单位为 r/min
fs=r/60*N;                              %采样频率
cyt=1/fs;                               %采样时间间隔
tSu=0:1/fs:(lengthSu-1)/fs;             %划分间隔
tSd=0:1/fs:(lengthSd-1)/fs;             %划分间隔
fSu=fs*(0:N-1)/lengthSu;                %划分间隔
fSd=fs*(0:N-1)/lengthSd;                %划分间隔
figure;
subplot(2,1,1);
plot(tSu,Su);
xlabel('等角度间隔(s)');
ylabel('mV');
legend('Su 时域曲线图');
subplot(2,1,2);
plot(tSd,Sd);
xlabel('等角度间隔(s)');
ylabel('mV');
legend('Sd 时域曲线图');
Std1=std(Su)
Std2=std(Sd)
figure;
subplot(3,1,1);
plot(tSu,Su);
xlabel('等角度间隔(s)');
ylabel('mV');
legend('Su 时域曲线图');
subplot(3,1,2);
Su_fft=fft(Su,lengthSu);
mag=abs(Su_fft);
plot(fSu(1:N/2),mag(1:N/2)*2/lengthSu);
xlabel('频率(Hz)');
ylabel('mV');
legend('Sufft 图');
subplot(3,1,3);
angleSu=angle(Su_fft);
plot(fSu(1:N/2),angleSu(1:N/2)*180/pi);
xlabel('频率(Hz)');
```

```
ylabel('相位(rad)');
legend('Sufft 相位图');
figure;
subplot(3,1,1);
plot(tSd,Sd);
xlabel('等角度间隔(s)');
ylabel('mV');
legend('Sd 时域曲线图');
subplot(3,1,2);
Sd_fft=fft(Sd,lengthSd);
mag=abs(Sd_fft);
plot(fSd(1:N/2),mag(1:N/2)*2/lengthSd);
xlabel('频率(Hz)');
ylabcl('mV');
legend('Sdfft 图');
subplot(3,1,3);
angleSd=angle(Sd_fft);
plot(fSd(1:N/2),angleSd(1:N/2)*180/pi);
xlabel('频率(Hz)');
ylabel('相位(rad)');
legend('Sdfft 相位图');
```

两组信号的时域曲线图如图 12-19 所示。

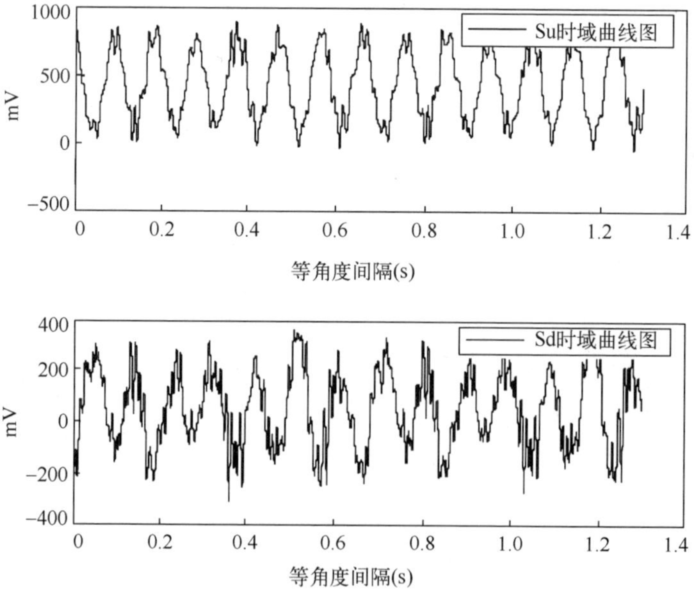

图 12-19 两组信号的时域曲线图

Su 频谱图和 Sd 频谱图分别如图 12-20 和图 12-21 所示。

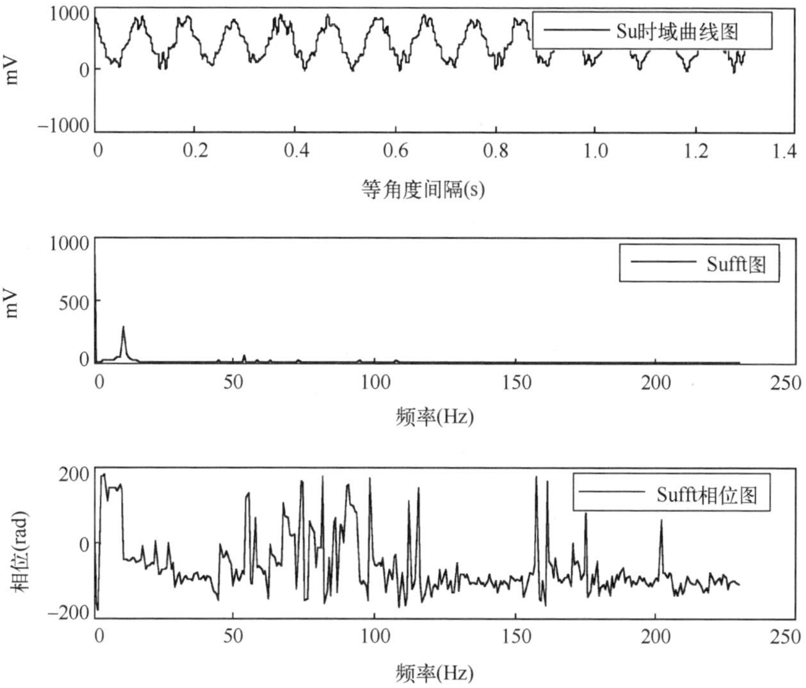

图 12-20　Su 频谱图

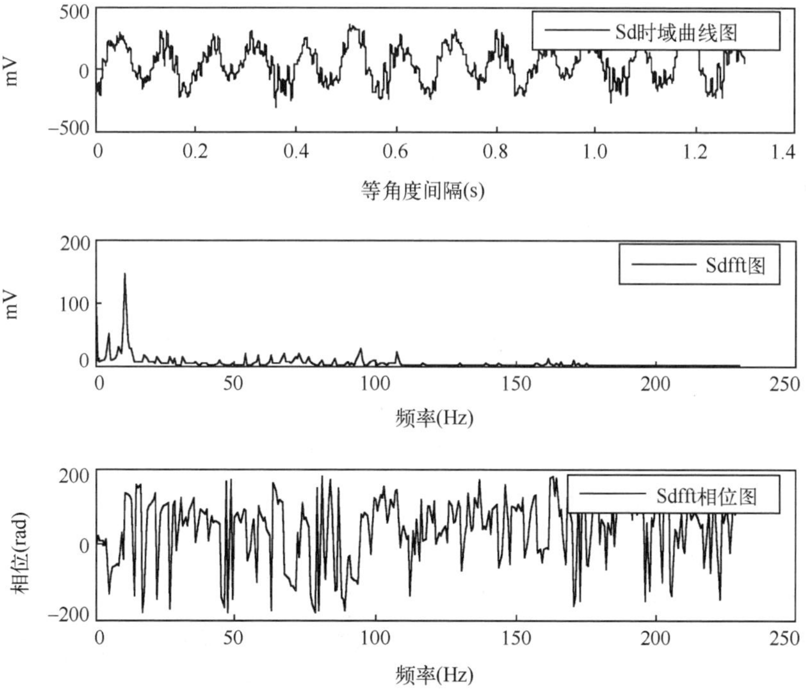

图 12-21　Sd 频谱图

工作空间变量与运行结果如图 12-22 所示。

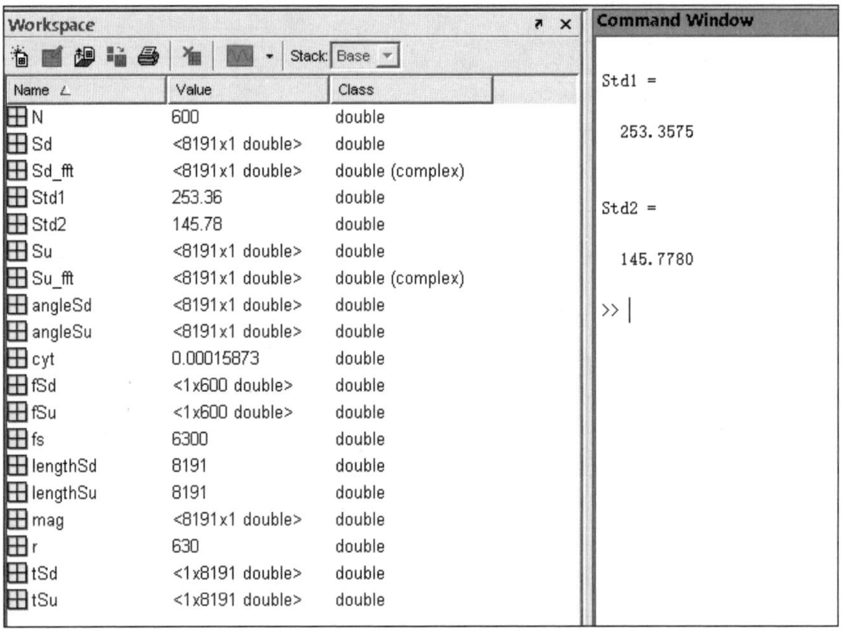

Workspace
Stack: Base
Name
Value
Class
N 600 double
Sd <8191x1 double> double
Sd_fft <8191x1 double> double (complex)
Std1 253.36 double
Std2 145.78 double
Su <8191x1 double> double
Su_fft <8191x1 double> double (complex)
angleSd <8191x1 double> double
angleSu <8191x1 double> double
cyt 0.00015873 double
fSd <1x600 double> double
fSu <1x600 double> double
fs 6300 double
lengthSd 8191 double
lengthSu 8191 double
mag <8191x1 double> double
r 630 double
tSd <1x8191 double> double
tSu <1x8191 double> double
Command Window
Std1 =
253.3575
Std2 =
145.7780
>>

图 12-22 工作空间变量与运行结果

结论：最后求得 Std1=253.3575，Std2=145.7780。通过频谱对比，Sd 文件中的信号比 Su 文件中的信号要滞后。

12.4.3 股票预测

例 12-3 在某股票数据网站采集一组数据，利用 MATLAB 软件，采用系统辨识理论知识对模型进行预测。

解： 以 IT 指数（399170）为例。预测过程如图 12-23~图 12-26 所示。

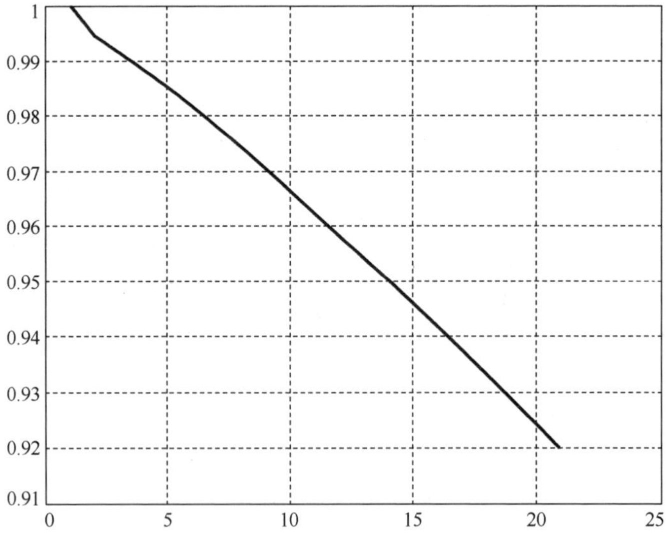

图 12-23 模型初步定阶

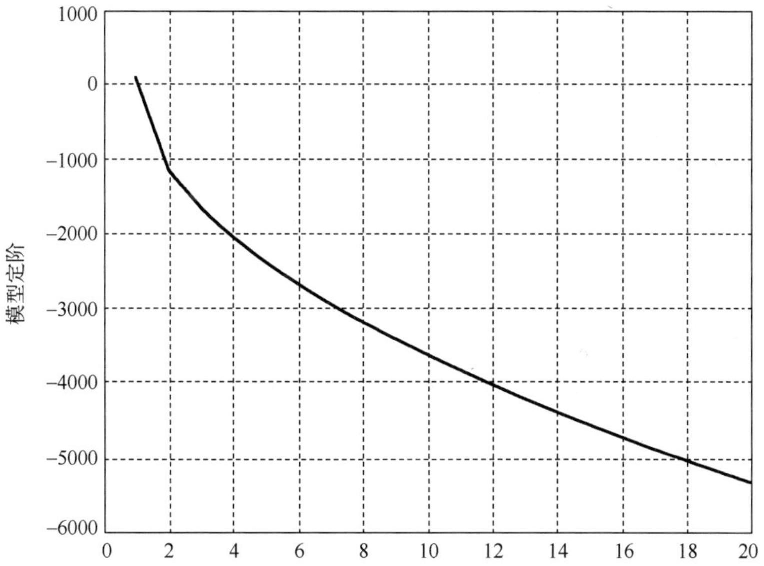

图 12-24　模型定阶

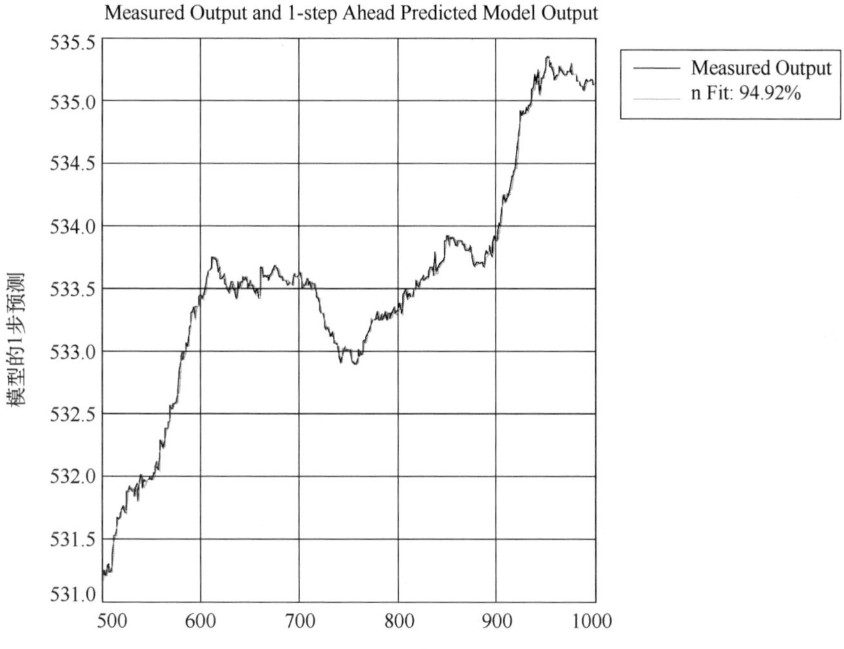

图 12-25　模型 1 步预测

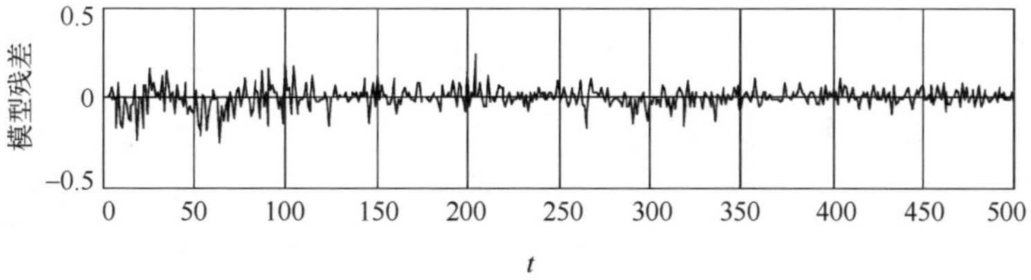

图 12-26　模型残差与相关性

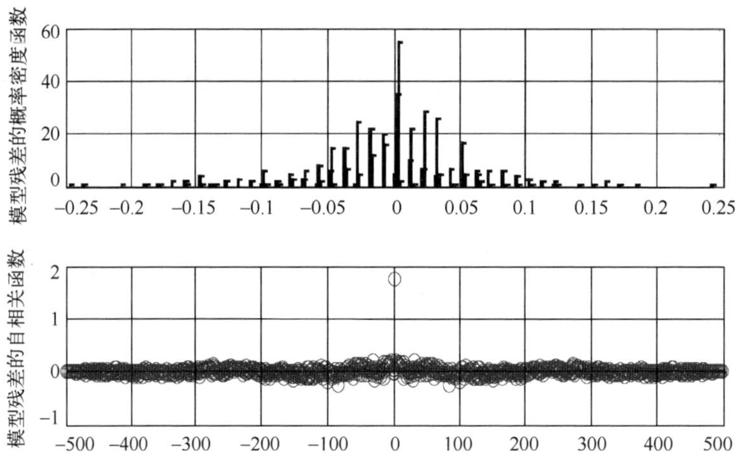

图 12-26 模型残差与相关性（续）

附程序：

```
clc
close all
clear all
load('F:\gupiao3.txt')
load('F:\gupiao4.txt')
x=gupiao3;
y=gupiao4;
y1=y(2:1000)-y(1:999);          %一阶差分
y2=detrend(y1);                 %去趋势
[ax,mx,stdx]=autosc(y2);        %归一化处理
m=iddata(y,[],1);
aic=autocorr(gupiao4);          %模型定阶
plot(aic),grid on,
for i=1:20
   [yhm(i),fitm(i)]=compare(m,armax(m,[i,1]),i);
end
 figure,plot(fitm);grid on;ylabel('模型定阶')
%pause
%由 fit 图可知模型的阶数，可以确定为二阶
n=armax(m(1:500),[2,2]);        %根据模型阶数调整
e=pe(m(1:500),n);               %模型残差计算
error=e.y;
t=-499:499;
figure(),compare(m(501:999),n,'g',1),grid on,ylabel('模型的 1 步预测');
figure();
subplot(3,1,1),plot(error),grid on,ylabel('模型残差'),xlabel('t');
subplot(3,1,2),hist(error,300),grid on,ylabel('模型残差的概率密度函数');
subplot(3,1,3),stem(t,xcorr(error)),grid on,ylabel('模型残差的自相关函数');
```

12.4.4　减震器设计

例 12-4　收集一组振动信号或利用已给的数据（2 输入 2 输出）进行数据处理，建立合理的系统模型，对系统输出进行预测，并对减震器的模型进行评价。

解：

（1）使用 xlsread 命令将数据从 Excel 中导入 MATLAB。

（2）求出数据的期望、方差和协方差，如图 12-27 所示。

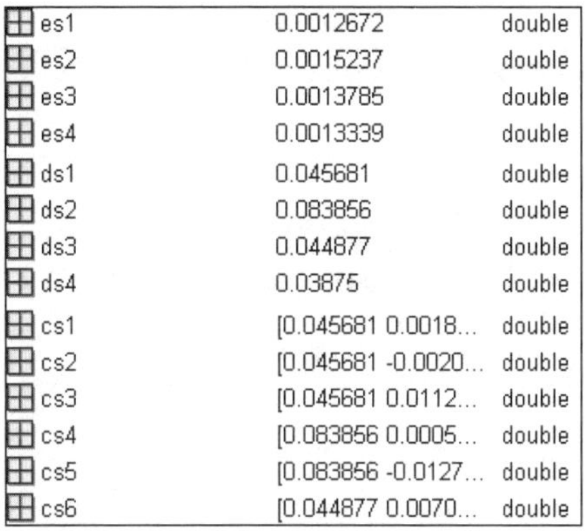

es1	0.0012672	double
es2	0.0015237	double
es3	0.0013785	double
es4	0.0013339	double
ds1	0.045681	double
ds2	0.083856	double
ds3	0.044877	double
ds4	0.03875	double
cs1	[0.045681 0.0018...	double
cs2	[0.045681 -0.0020...	double
cs3	[0.045681 0.0112...	double
cs4	[0.083856 0.0005...	double
cs5	[0.083856 -0.0127...	double
cs6	[0.044877 0.0070...	double

图 12-27　数据的期望、方差和协方差

（3）画出时域波形图，如图 12-28 所示。

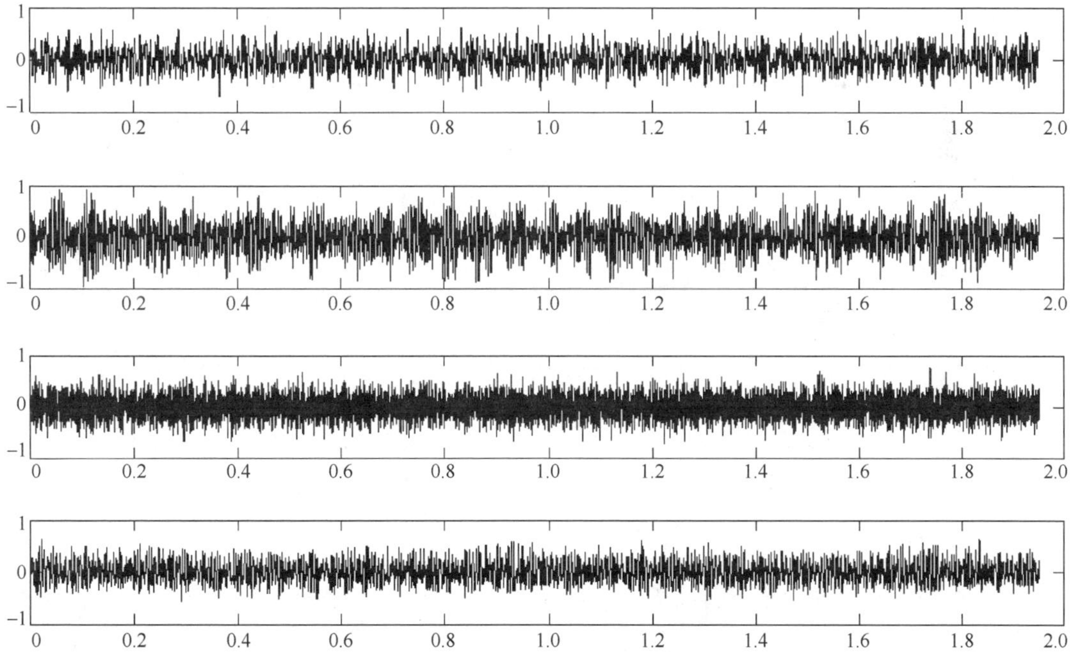

图 12-28　时域波形图

（4）画出概率密度分布图，如图 12-29 所示。

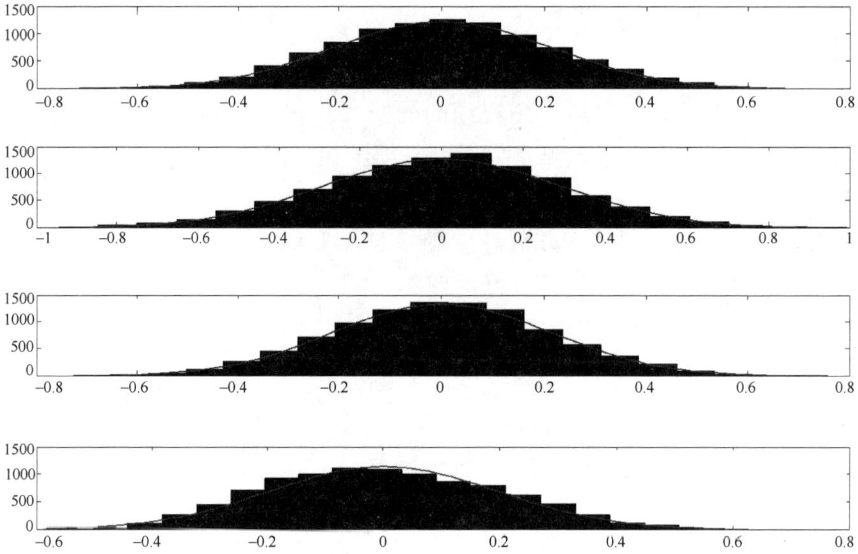

图 12-29 概率密度分布图

（5）判断自相关函数。

画出自相关图和偏自相关图，如图 12-30 所示。图中上、下两条横线分别表示自相关系数的上、下界，超出边界的部分表示存在相关关系。图 12-30（a）和图 12-30（b）所示为自相关图，分别表示各阶的自相关系数和滞后阶数，图 12-30（c）和图 12-30（d）所示为偏自相关图，分别表示各阶的偏自相关系数和滞后阶数。

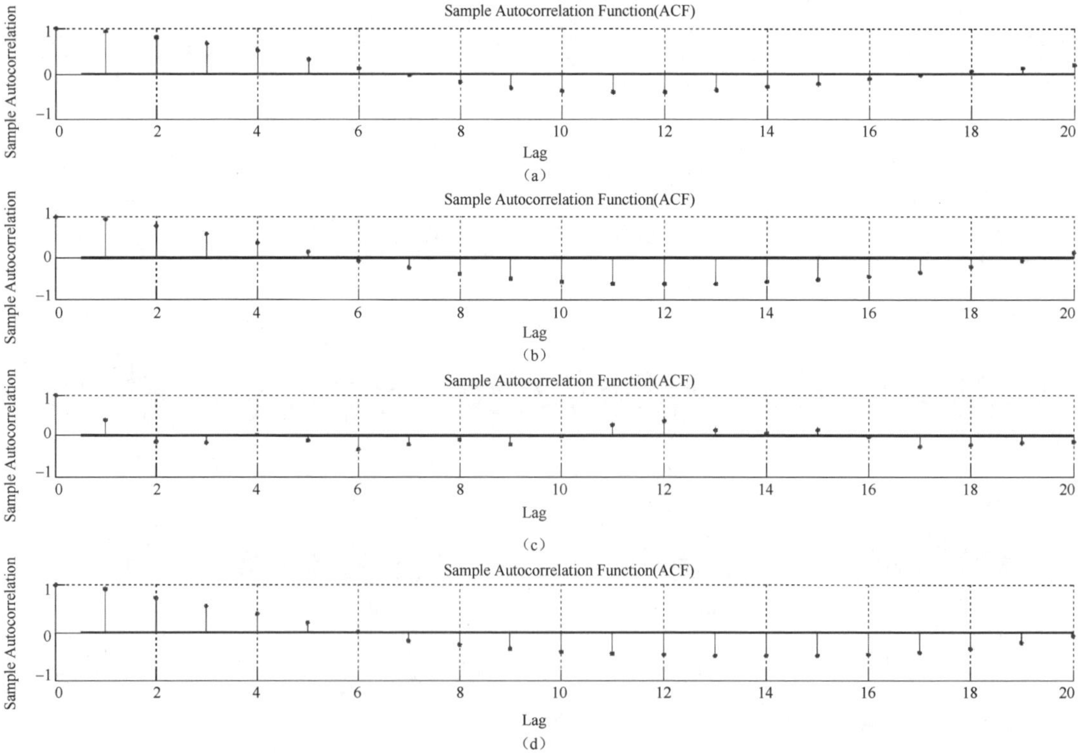

图 12-30 自相关图和偏自相关图

（6）判断互相关函数，如图 12-31 所示。

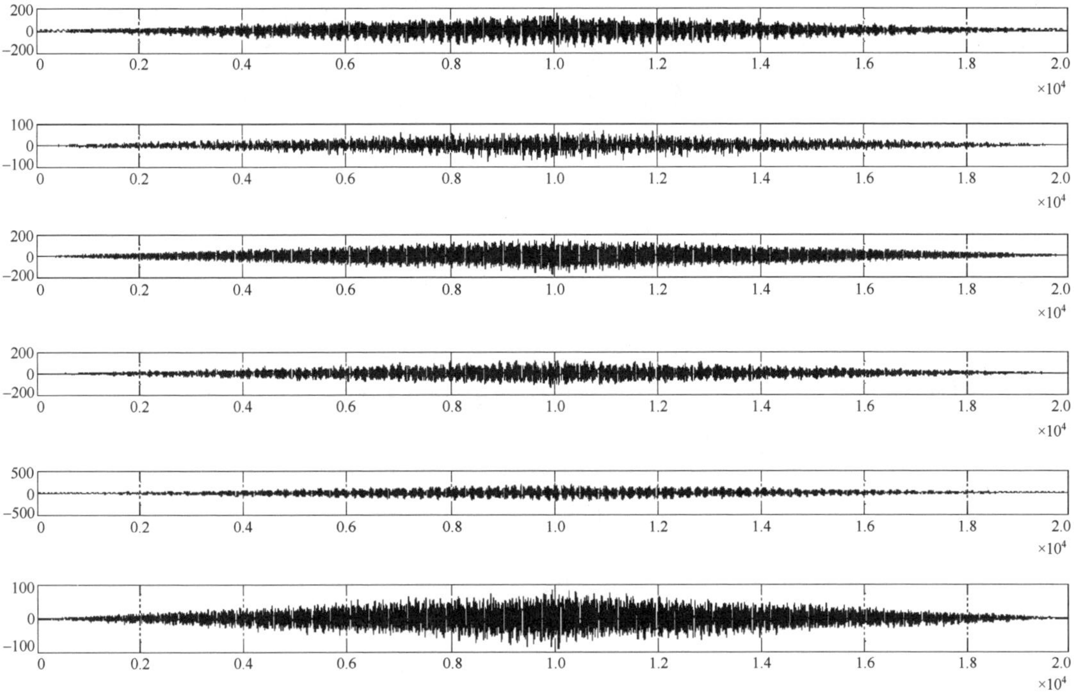

图 12-31　互相关函数

（7）分析数据平稳性，并进行前处理。

A：一阶差分。

B：去趋势。

C：归一化处理。

（8）y1 模型定阶，如图 12-32 所示。根据 AIC 准则（p=3，q=3）建模。

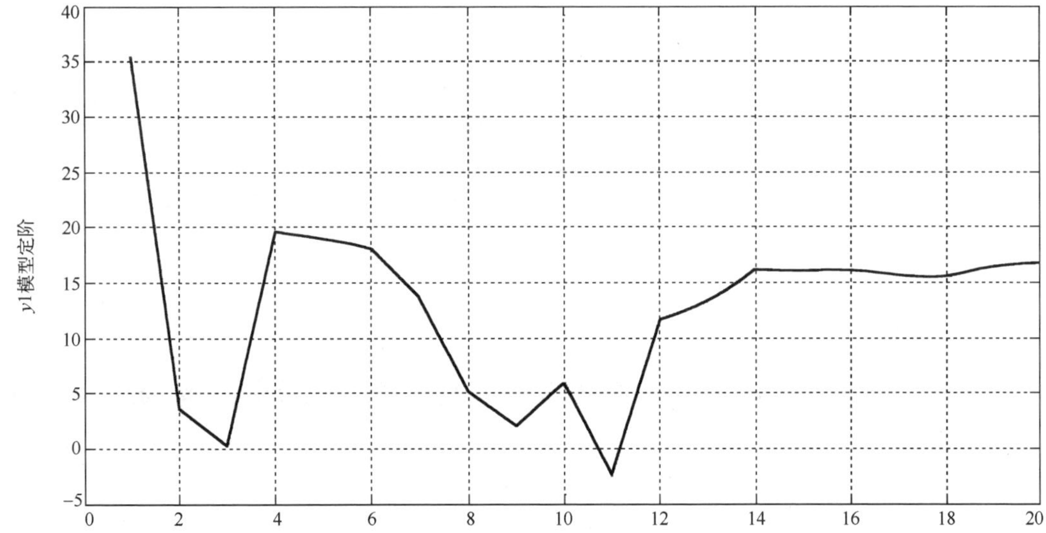

图 12-32　y1 模型定阶

```
Discrete-time IDPOLY model: A(q)y(t) = C(q)e(t)
A(q) = 1 - 0.2683 q^-1 + 0.3149 q^-2 - 0.2593 q^-3
C(q) = 1 + 0.8665 q^-1 + 0.4647 q^-2 + 0.0724 q^-3
Estimated using ARMAX
Loss function 0.00481133 and FPE 0.00482291
Sampling interval: 1
```

（9）y1 模型的 1 步预测如图 12-33 所示。

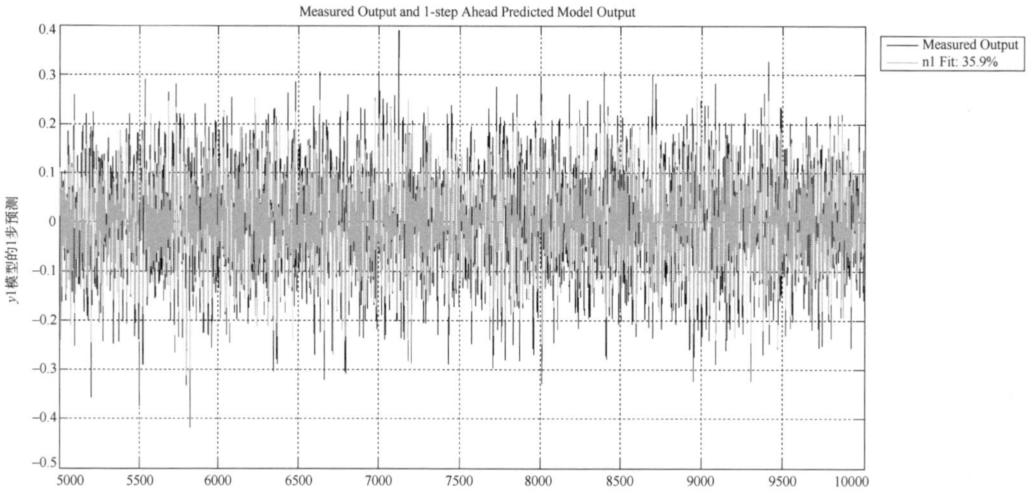

图 12-33 y1 模型的 1 步预测

（10）y1 模型的残差分析如图 12-34 所示。

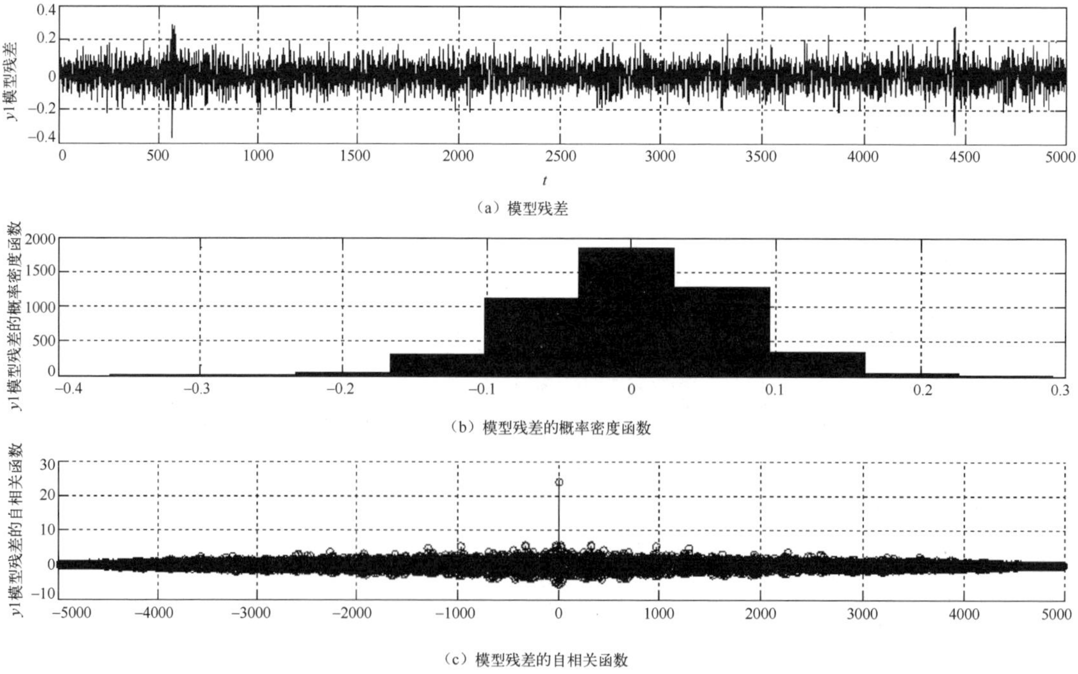

图 12-34 y1 模型的残差分析

（11）y2 模型定阶，如图 12-35 所示。根据 AIC 准则（p=3，q=3）建模。

```
Discrete-time IDPOLY model: A(q)y(t) = C(q)e(t)
A(q) = 1 - 0.2683 q^-1 + 0.3149 q^-2 - 0.2593 q^-3
C(q) = 1 + 0.8665 q^-1 + 0.4647 q^-2 + 0.0724 q^-3
Estimated using ARMAX
Loss function 0.00481133 and FPE 0.00482291
Sampling interval: 1
```

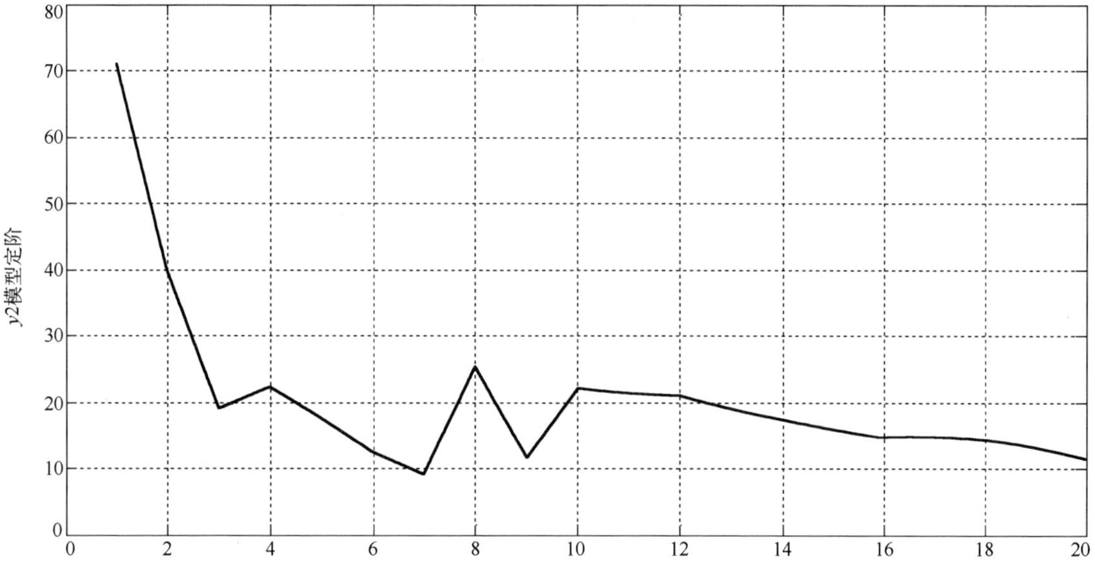

图 12-35　y2 模型定阶

（12）y2 模型的 1 步预测如图 12-36 所示。

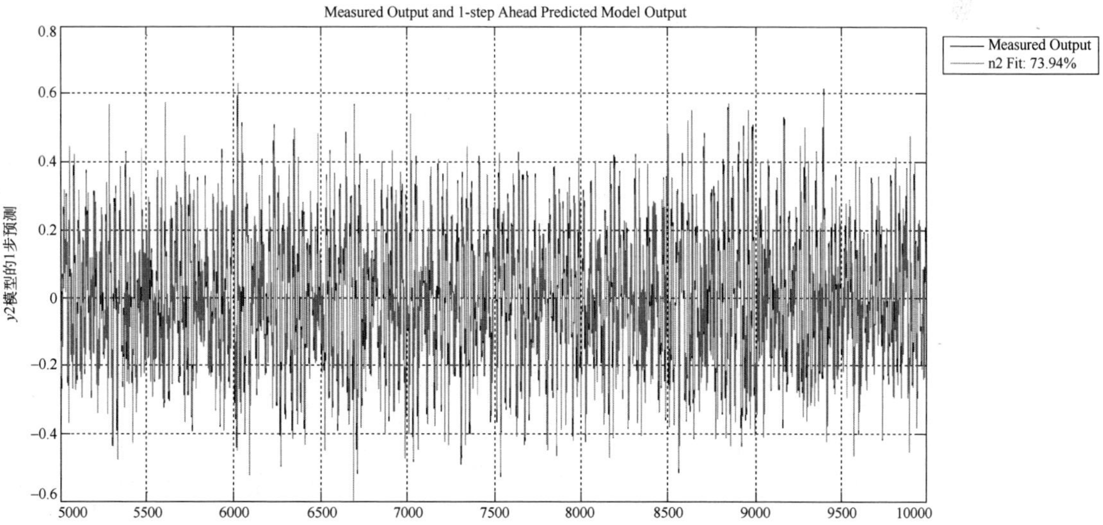

图 12-36　y2 模型的 1 步预测

（13）y2 模型的残差分析如图 12-37 所示。

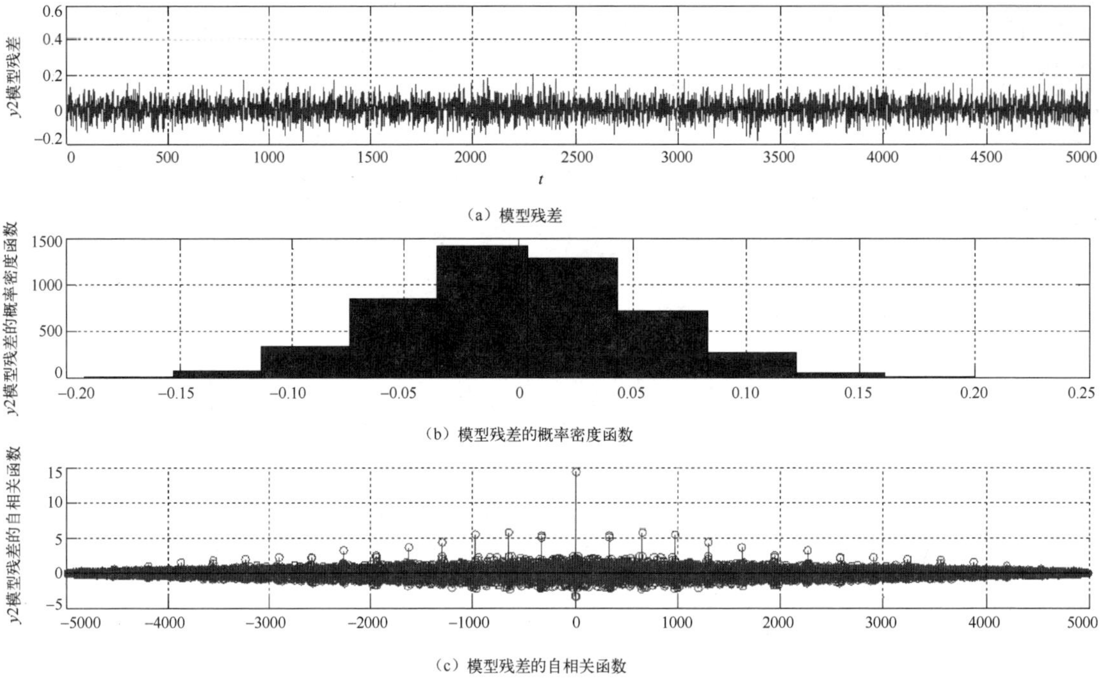

图 12-37 y2 模型的残差分析

附程序：

```
clc
close all
clear all
%导入数据
T=xlsread('C:\Users\Administrator\Desktop\data.xls','sheet1','A2:A10001')
x1=xlsread('C:\Users\Administrator\Desktop\data.xls','sheet1','B2:B10001')
y1=xlsread('C:\Users\Administrator\Desktop\data.xls','sheet1','C2:C10001')
x2=xlsread('C:\Users\Administrator\Desktop\data.xls','sheet1','D2:D10001')
y2=xlsread('C:\Users\Administrator\Desktop\data.xls','sheet1','E2:E10001')
%求期望、方差和协方差
es1=mean(x1);ds1=var(x1);
es2=mean(y1);ds2=var(y1);
es3=mean(x2);ds3=var(x2);
es4=mean(y2);ds4=var(y2);
cs1=cov(x1,y1)
cs2=cov(x1,x2);
cs3=cov(x1,y2);
cs4=cov(y1,x2);
cs5=cov(y1,y2);
cs6=cov(x2,y2);
%时域波形图
figure(1)
subplot(4,1,1);plot(T,x1);hold on;
subplot(4,1,2);plot(T,y1);hold on;
```

```
subplot(4,1,3);plot(T,x2);hold on;
subplot(4,1,4);plot(T,y2);hold on;
%画出概率密度分布图
figure(2)
subplot(4,1,1);histfit(x1,20);hold on;
subplot(4,1,2);histfit(y1,20);hold on;
subplot(4,1,3);histfit(x2,20);hold on;
subplot(4,1,4);histfit(y2,20);hold on;
%判断自相关函数
%画出自相关图，图中上、下两条横线分别表示自相关系数的上、下界，超出边界的部分表示存在相关关系，图(a)为各阶的自相关系数，图(b)为滞后阶数
figure(3)
subplot(4,1,1);autocorr(x1);grid on;[a1,b1]=autocorr(x1);
subplot(4,1,2);autocorr(y1);grid on;[a2,b2]=autocorr(y1);
subplot(4,1,3);autocorr(x2);grid on;[a3,b3]=autocorr(x2);
subplot(4,1,4);autocorr(y2);grid on;[a4,b4]=autocorr(y2);
%画出偏自相关图，图(c)为各阶的偏自相关系数，图(d)为滞后阶数
figure(4)
subplot(4,1,1);parcorr(x1);grid on;[c1,d1]=parcorr(x1);
subplot(4,1,2);parcorr(y1);grid on;[c2,d2]=parcorr(y1);
subplot(4,1,3);parcorr(x2);grid on;[c3,d3]=parcorr(x2);
subplot(4,1,4);parcorr(y2);grid on;[c4,d4]=parcorr(y2);
%判断互相关函数
figure(5)
x1y1=xcorr(x1,y1);subplot(6,1,1);plot(x1y1);grid on;
x1x2=xcorr(x1,x2);subplot(6,1,2);plot(x1x2);grid on;
x1y2=xcorr(x1,y2);subplot(6,1,3);plot(x1y2);grid on;
y1x2=xcorr(y1,x2);subplot(6,1,4);plot(y1x2);grid on;
y1y2=xcorr(y1,y2);subplot(6,1,5);plot(y1y2);grid on;
x2y2=xcorr(x2,y2);subplot(6,1,6);plot(x2y2);grid on;
%数据平稳性前处理
x11=x1(3:10000)-x1(2:9999);        %一阶差分
x111=detrend(x11);                 %去趋势
[ax,mx,stdx]=autosc(x111);         %归一化处理
y11=y1(3:10000)-y1(2:9999);        %一阶差分
y111=detrend(y11);                 %去趋势
[ax,mx,stdx]=autosc(y111);         %归一化处理
x22=x2(3:10000)-x2(2:9999);        %一阶差分
x222=detrend(x22);                 %去趋势
[ax,mx,stdx]=autosc(x222);         %归一化处理
y22=y2(3:10000)-y2(2:9999);        %一阶差分
y222=detrend(y22);                 %去趋势
[ax,mx,stdx]=autosc(y222);         %归一化处理
figure(6)
m1=iddata(y111,[],1);
aic=autocorr(y111);                %模型定阶
plot(aic),grid on,
```

```
for i=1:20
   [yhm1(i),fitm1(i)]=compare(m1,armax(m1,[i,1]),i);
end
plot(fitm1);grid on;ylabel('y1 模型定阶')
%由 fit 图可知，y1 模型的阶数可以确定为三阶，建立 y1 模型、对模型进行预测和残差分析
figure(7)
n1=armax(m1(1:5000),[3,3]);
e1=pe(m1(1:5000),n1);              %模型残差计算
error1=e1.y;
t=-4999:4999;
compare(m1(5001:9999),n1,'g',1),grid on,ylabel('y1 模型的 1 步预测');
figure(8)
subplot(3,1,1),plot(error1),grid on,ylabel('y1 模型残差'),xlabel('t');
subplot(3,1,2),hist(error1,10),gridon,ylabel('y1 模型残差的概率密度函数');
subplot(3,1,3),stem(t,xcorr(error1)),gridon,ylabel('y1 模型残差的自相关函数');
%建立 y2 模型、对模型进行预测和残差分析
figure(9)
m2=iddata(y2,[],1);
aic=autocorr(y2);                  %模型定阶
plot(aic),grid on,
for i=1:20
   [yhm2(i),fitm2(i)]=compare(m2,armax(m2,[i,1]),i);
end
plot(fitm2);grid on;ylabel('y2 模型定阶')
%由 fit 图可知，y2 模型的阶数可以确定为三阶，建立 y2 模型、对模型进行预测和残差分析
figure(10)
n2=armax(m2(1:5000),[3,3]);
e2=pe(m2(1:5000),n2);              %模型残差计算
error2=e2.y;
t=-4999:4999;
compare(m2(5001:9999),n2,'g',1),grid on,ylabel('y2 模型的 1 步预测');
figure(11)
subplot(3,1,1),plot(error2),grid on,ylabel('y2 模型残差'),xlabel('t');
subplot(3,1,2),hist(error2,10),gridon,ylabel('y2 模型残差的概率密度函数');
subplot(3,1,3),stem(t,xcorr(error2)),gridon,ylabel('y2 模型残差的自相关函数');
```

参 考 文 献

[1] Katsuhiko Ogata. 现代控制工程[M]. 4 版. 卢伯英，于海勋，等译. 北京：电子工业出版社，2007.

[2] Richard C. Dorf，Robret H. Bishop. 现代控制系统[M]. 8 版. 谢红卫，邹逢兴，张明，等译. 北京：高等教育出版社，2004.

[3] Jean-Jacques E. Slotine，Weiping Li. 应用非线性控制[M]. 程代展，等译. 北京：机械工业出版社，2006.

[4] Hassan K. Khalil. 非线性系统[M]. 3 版. 朱义胜，等译. 北京：电子工业出版社，2005.

[5] 张晓丹. 自动控制原理[M]. 武汉：华中科技大学出版社，2015.

[6] 张昕，蔡玲. 控制工程基础与信号处理[M]. 北京：北京理工大学出版社，2018.

[7] 赵丽娟，等. 控制工程基础与应用[M]. 2 版. 徐州：中国矿业大学出版社，2017.

[8] 王划一，杨西侠. 自动控制原理[M]. 3 版. 北京：国防工业出版社，2017.

[9] 黄家英. 自动控制原理[M]. 2 版(上、下册). 北京：高等教育出版社，2003.

[10] 吴麒，王诗宓，杜继宏，等. 自动控制原理[M]. 2 版(上、下册). 北京：清华大学出版社，2006.

[11] 夏德钤，翁贻方. 自动控制理论[M]. 2 版. 北京：机械工业出版社，2004.

[12] 刘丁. 自动控制理论[M]. 北京：机械工业出版社，2006.

[13] 胡寿松. 自动控制原理[M]. 5 版. 北京：科学出版社，2007.

[14] 王划一，杨西侠. 自动控制原理[M]. 2 版. 北京：国防工业出版社，2009.

[15] 郑大钟. 线性系统理论[M]. 2 版. 北京：清华大学出版社，2002.

[16] 王诗宓，杜继宏，窦日轩. 自动控制理论例题习题集[M]. 北京：清华大学出版社，2002.

[17] 苏鹏声，焦连伟. 自动控制原理[M]. 北京：电子工业出版社，2003.

[18] 刘豹，唐万生. 现代控制理论[M]. 3 版. 北京：机械工业出版社，2006.

[19] 谢克明. 现代控制理论基础[M]. 北京：北京工业大学出版社，1999.

[20] 张晓华，薛定宇. 系统建模与仿真[M]. 北京：清华大学出版社，2006.

[21] 邱关源. 网络理论分析[M]. 北京：科学出版社，1982.

[22] 尔桂花，窦日轩. 运动控制系统[M]. 北京：清华大学出版社，2002.

[23] 金以慧. 过程控制[M]. 北京：清华大学出版社，1993.

[24] 张涛. 机器人引论[M]. 北京：机械工业出版社，2010.

[25] 谭民，徐德，侯增广，等. 先进机器人控制[M]. 北京：高等教育出版社，2007.

[26] 孙优贤，褚健. 工业过程控制技术（方法篇）[M]. 北京：化学工业出版社，2006.

[27] 孙优贤，邵惠鹤. 工业过程控制技术（应用篇）[M]. 北京：化学工业出版社，2006.

[28] 黄琳. 稳定性与鲁棒性的理论基础[M]. 北京：科学出版社，2003.

[29] 王锦标. 计算机控制系统[M]. 北京：清华大学出版社，2004.

[30] 韩英铎，王仲鸿，陈淮金. 电力系统最优分散协调控制[M]. 北京：清华大学出版社，1997.

[31] 王树青，乐嘉谦. 自动化与仪表工程师手册[M]. 北京：化学工业出版社，2010.

[32] 日本自动车技术会. 汽车工程手册 4：动力传动系统设计篇[M]. 中国汽车工程学会，译. 北京：北京理工大学出版社，2010.

[33] 刘小河. 非线性系统分析与控制引论[M]. 北京：清华大学出版社，2008.
[34] 刘小河，管萍，刘丽华. 自适应控制理论及应用[M]. 北京：科学出版社，2011.
[35] 万百五，韩崇昭，蔡远利. 控制论——概念、方法与应用[M]. 北京：清华大学出版社，2009.
[36] 马洁，付兴建. 控制工程数学基础[M]. 北京：清华大学出版社，2010.
[37] 马洁. 运动系统多层递阶自适应预报与控制[M]. 北京：机械工业出版社，2010.
[38] 贾民平，张洪亭. 测试技术[M]. 3 版. 北京：高等教育出版社，2016.
[39] 黄长艺，严普强. 机械工程测试技术基础[M]. 3 版. 北京：机械工业出版社，1995.
[40] 熊诗波，黄长艺. 机械工程测试技术基础[M]. 3 版. 北京：机械工业出版社，2006.
[41] 刘培基，王安敏. 机械工程测试技术[M]. 北京：机械工业出版社，2004.
[42] 谢里阳，孙红春，林贵瑜. 机械工程测试技术[M]. 北京：机械工业出版社，2012.
[43] 李力. 机械信号处理及其应用[M]. 武汉：华中科技大学出版社，2007.
[44] 吴祥. 测试技术[M]. 南京：东南大学出版社，2014.
[45] 高成，杨松，佟维妍，等. 传感器与检测技术[M]. 北京：机械工业出版社，2015.
[46] 张春华，肖体兵，李迪. 工程测试技术基础[M]. 武汉：华中科技大学出版社，2011.
[47] 徐凯宏，王俭，宋文龙，等. 工业工程测试与控制技术[M]. 哈尔滨：东北林业大学出版社，2016.